“十二五”普通高等教育本科国家级规划教材

量子力学教程

（第三版）

曾谨言　著

科学出版社
北　京

内 容 简 介

本书可作为高等院校物理及有关专业本科生的量子力学课程（64学时）教材. 讲课内容如下（括号内为估计的授课学时）：波函数与Schrödinger方程（7）、一维势场中的粒子（6）、力学量用算符表达（6）、力学量随时间的演化与对称性（5）、中心力场（6）、电磁场中粒子的运动（3）、量子力学的矩阵形式与表象变换（4）、自旋（6）、力学量本征值问题的代数解法（4）、微扰论（5）、量子跃迁（6）、其他近似方法（6）. 为便于读者更深入掌握有关内容，部分章节中安排了一些例题、练习题和思考题（用小号字排出）. 每章末附有适量的习题，供读者选做.

图书在版编目（CIP）数据

量子力学教程/曾谨言著. —3版. —北京：科学出版社，2014.1

"十二五"普通高等教育本科国家级规划教材

ISBN 978-7-03-039242-8

Ⅰ.①量… Ⅱ.①曾… Ⅲ.①量子力学-高等学校-教材 Ⅳ.①O413.1

中国版本图书馆CIP数据核字（2013）第288457号

责任编辑：窦京涛/责任校对：刘亚琦

责任印制：霍　兵/封面设计：迷底书装

科学出版社 出版

北京东黄城根北街16号

邮政编码：100717

http://www.sciencep.com

保定市中画美凯印刷有限公司印刷

科学出版社发行　各地新华书店经销

*

2003年 2月第 一 版　开本：720×1000 1/16

2014年 1月第 三 版　印张：18 3/4

2024年11月第二十九次印刷　字数：378 000

定价：45.00元

（如有印装质量问题，我社负责调换）

序　言

本书的前身《量子力学导论》(北京大学出版社，1991)是根据作者在北京大学30年的教学经验写成的. 在20世纪90年代，该书为国内很多高校采用为量子力学基本教材. 20世纪80年代以来，量子力学理论和实验出现了令人瞩目的进展. 为了把一些最重要的成果反映到教材中，作者根据在北京大学和清华大学(基础科学班)多年的教学经验，于2003年将该书改写为《量子力学教程》. 2008年，第二版问世，并作为教育部普通高等教育"十一五"国家级规划教材，由科学出版社出版. 到目前，本书已普遍为国内高校选用为量子力学教材. 2013年被评选为"十二五"普通高等教育本科国家级规划教材. 本书各版的修订过程中，采纳了很多读者和同行专家的宝贵建议，特此表示诚挚感谢.

根据作者在北京大学和清华大学多年的教学经验，对于如何进行量子力学教学和培养创新性人才，有下面几点体会供同行参考. 量子力学是一门比较成熟，但还在发展中的学科. 教师在教学中应尽量贯彻启发式的教学，不要只满足于传授知识，而应注重培养学生如何思考问题、提出问题和解决问题的能力. 我在丹麦哥本哈根玻尔研究所工作期间，我国派遣了很多高中生到哥本哈根大学留学，他们很用功，选课很多. 有一次，A. Bohr对我谈及此事，他说：中国留学生选课比丹麦最优秀的学生选课要多得多，这并不好. 高校学生不应该满足于读很多书，而应该学会" how to think".

学生选修一门课，学习的是间接知识。自然科学中任何一个新概念和原理，总是在旧的概念和原理与新的实验现象的矛盾中诞生的. 教师讲课不必完全按照历史的发展线索讲，但在可能的情况下，应引导学生自己去思考，自己去设想一个解决问题的方案. 在此过程中，即使学生错了，也不要紧，他可以由此得到极为宝贵的独立工作能力的锻炼. 如果设想出来的方案与历史上解决此问题的方案不一样，那就更好，在科学史上殊途同归的事例是屡见不鲜的. 对于这样的学生，就应格外鼓励. 对于能够对书本或老师的讲法提出不同观点的学生，应该予以重视. "尽信书，不如无书"，对待前人的知识遗产，既不可轻率否定，也不可盲目相信. 如果学生能指出书本或老师的讲法有缺点或错误，而经过分析以后，证明学生是正确的，就应该格外鼓励. 我的做法是给予免试. 韩愈在《师说》一文中说过："弟子不必不如师，师不必贤于弟子 "；"道之所存，师之所存也". 教与学是一个双向关系，教师可以在与学生讨论中学到很多东西. 我多年的经历表明，在与同学讨论中学到了很多东西. 应该在教学过程中提倡讨论的风气. Heisenberg 说过:" Science is rotted in conversation". 本书各版的修订过程中,就反映了同学们提出的很多宝贵意见.

*　　　　*　　　　*

近年来,量子力学前沿领域出现了一些大家比较关注的问题,特别是涉及纠缠和不确定度关系的议论.下面简单介绍一下有关的情况.

1927 年,Heisenberg 提出不确定性原理(uncertainty principle)[①],是科学史中的一个重大里程碑.经典力学中,一个粒子在同一时刻的坐标和动量具有确定值,粒子的运动状态用相空间(正则坐标与正则动量空间)中的一个点来描述. 而在量子力学中,按照不确定性原理,一个粒子在同一时刻的坐标和动量不具有确定值. 或者说,一个粒子的坐标和动量不具有共同本征态,表现在量子态用 Hilbert 空间中的一个矢量,而不是用相空间中的一个点来描述. 这标志量子力学与经典力学的本质差异.

不确定性原理的数学表达式,即不确定度关系(uncertainty relation). 在量子力学教材中通常表述如下:对于任意两个可观测量 A 和 B,

$$\Delta A \Delta B \geqslant \frac{1}{2} | [A,B] | \equiv \frac{1}{2} | C | \tag{1}$$

式中 $\Delta X = \sqrt{\langle \psi | X^2 | \psi \rangle - \langle \psi | X | \psi \rangle^2}$ 是标准误差(方均根偏差),$X=(A,B)$,$\langle C \rangle = \langle \psi | C | \psi \rangle$,$C=[A,B]/\mathrm{i}$. 不确定度关系(1)及其证明,首先由 Robertson[②]、Kennard[③]、Weyl[④] 等给出(参见 3.3.1 节). 在量子力学教材中,不确定度关系(1)是基于波函数的统计诠释和 Schwartz 不等式而得出的. 它给出在量子态 $|\psi\rangle$ 下,两个可观测量 A 和 B 的测量值的不确定度(标准误差)的乘积所受到的限制. 上述不确定度关系(1)不涉及具体的测量,是给定的量子态 $|\psi\rangle$ 所固有的[⑤],已经在众多实验中得到验证[⑥],是没有争议的. 特别是对于单个粒子的坐标和动量,$A=x$,$B=p_x$,$C=\hbar$ 是一个非零的普适常量,所以在任何量子态下,一个粒子的坐标和动量在原则上就不能同时具有确定值. 这就是不确定性原理的一个重要论断.

Schrödinger 很早就指出[⑦],与不确定度关系(1)的平方相应的表示式的右

---

① W. Heisenberg, Zeit. Physik. **43** (1927) 172; 英译本见 Quantum Theory and Measurement, J. A. Wheeler & W. H. Zurek 主编 (Princeton University Press, NJ, 1984) 62.

② H. P. Robertson, Phys. Rev. **34** (1929) 163.

③ E. H. Kennard, Zeit. Phys. **44** (1927) 326.

④ H. Weyl, Gruppentheorie und quantenmechanik, Hirzel, Leipzig, 1928.

⑤ J. Erhart, S. Sponar, G. Sulyok, G. Badurek, M. Ozawa and Y. Hasegawa, Nature Physics. **8** (2012) 185.

⑥ O. Nairz, M. Arndt, & A. Zeilinger, Phys. Rev. **A65** (2002) 以及所引文献.

⑦ E. Schrödinger, Sitz. Preuss. Akad. Wiss. **14** (1930) 296-303; 英译本见: arXiv: quant-ph/9903100 v2 (2000).

侧,还应加上一项正定的协变项

$$(\Delta A)^2(\Delta B)^2 \geqslant \left|\frac{1}{2}\langle\psi|AB-BA|\psi\rangle\right|^2+\frac{1}{4}[\langle\psi|AB+BA|\psi\rangle-4\langle\psi|A|\psi\rangle\langle\psi|B|\psi\rangle]^2 \tag{2}$$

在一般情况下,Schrödinger 给出的不确定度关系(2)给出的$(\Delta A)^2(\Delta B)^2$,大于不确定度关系(1)给出的限制.

应该指出,Heisenberg 原来讨论的是测量误差-干扰关系(measurement error-disturbance)

$$\varepsilon(A)\eta(B) \geqslant \frac{1}{2}|[\langle A,B\rangle]| \tag{3}$$

其中 $\varepsilon(A)$是可观测量 A 的测量误差,$\eta(B)$反映可观测量 B 受到的测量仪器的干扰(包括反冲等)。我国老一辈物理学家王竹溪先生把 Heisenberg 原来讨论的关系翻译为测不准关系,是有根据的. 文献[⑧]早已指出,测量误差-干扰关系(3)在形式上不完全正确的. 后来 Ozawa[⑨] 把测量误差-干扰关系(3)修订为

$$\varepsilon(A)\eta(B)+\varepsilon(A)\Delta B+\eta(B)\Delta A \geqslant \frac{1}{2}|[\langle A,B\rangle]| \tag{4}$$

基于所谓"弱测量"(weak measurement),文献[⑤⑩]给出了测量误差-干扰关系(3)的实验验证. 由此,引发很多议论. 有人认为,应该对量子力学教材中有关部分进行修改. 也有人对 Ozawa 的测量误差-干扰关系(4)提出质疑[⑪]. 近期,C. Branciard[⑫]基于近似联合测量(approximate joint-measurement),提出如下 error-tradeoff relation

$$\Delta B^2\varepsilon_A^2+\Delta A^2\varepsilon_B^2+2\sqrt{\Delta A^2\Delta B^2-\frac{1}{4}C_{AB}^2}\,\varepsilon_A\varepsilon_B \geqslant \frac{1}{4}C_{AB}^2 \tag{5}$$

式中 ΔA 与 ΔB 是标准偏差,ε_A 与 ε_B 是测量误差的方均根偏差. 文献[⑫]还讨论了关系式(3),(4),(5)或类似的关系式之间的联系. 我们认为,不妨把关系式(3),(4),(5)或类似的关系式都简称为测不准关系.

应当指出,测量误差-干扰关系(测不准关系)与不确定度关系的含义并不相同,不可混为一谈. 更不可把测量误差-干扰关系与不确定性原理混为一谈. 测量误差-干扰关系(测不准关系)的修订,不会动摇不确定性原理的普适性和量子力学理论的基础(参见 3.3.1 节).

---

⑧ L. E Ballentine, Rev. Mod. Phys. **42**(1970) 358.

⑨ M. Ozawa, Phys. Rev. **A67**(2003) 042105; Phys. Lett. **A320**(2004) 367.

⑩ L. A. Rozema, A. Darabi, D. H. Mahler, A. Hayat, Y. Soudagar, and A. M. Steinberg, Phys. Rev. Lett. **109**(2012) 100404.

⑪ R. Cowen, Nature **498**(2013) 419; P. Busch, P. Lahti & R. F. Werner, arxiv. /1306. 1565 (2013).

⑫ C. Branciard, PNAS **100**(2013) 6742-6727.

*　　　　　　　　*　　　　　　　　*

在 Heisenberg 提出不确定性原理 8 年之后，Schrödinger 猫态佯谬一文[13]提出"纠缠"(entanglement)概念，对量子力学正统理论是否适用于宏观世界提出质疑.同年稍早，EPR 佯谬[14]对量子力学正统理论的完备性提出质疑. 该文借助二粒子(无自旋)的纠缠态，展示出量子力学的非局域关联(non-local correlation). 在尔后长达几十年时间中，EPR 佯谬与 Schrödinger 猫态佯谬一直成为量子力学争论的课题. 但迄今所有实验观测都与基于局域实在论(local realism)而建立起来 Bell 不等式(CHSH 不等式)相矛盾，而与量子力学的预期一致[15][16][17]. 现今人们已经普遍认同，纠缠是一个非常基本但又很奇特的概念[18]. 我们很惊奇地发现，在如此长时期内，Heisenberg 的不确定性原理与 Schrödinger 的纠缠两个概念之间的密切关系，似未引起人们的广泛注意[19].

关键点是要搞清纠缠的确切含义(以下限于讨论纯态的纠缠). 纠缠的一种流行的看法是："与波动-粒子二象性属于单个粒子性质相反，量子纠缠至少涉及两个粒子". 例如，Aspect[20] 一文提到：

"In contrast to wave-particle duality, which is a one-particle feature, entanglement involves at least two particles".

另一种看法是："纠缠并不一定涉及两个粒子，而只涉及(至少)两个彼此对易的可观测量(observables)"[18][21][22]. 例如，V. Vedral[22] 提到：

"What exactly is entanglement? After all is said and done, it takes (at least) two to tangle, although these two need not be particles. To study entanglement, two or more subsystems need to be identified, together with the appropriate degrees of freedom that might be entangled. These subsystems are technically known as modes. Most formally, entanglement is the degree of correlation between observables pertaining to different modes that exceeds any correlation allowed by the laws of classical physics."

现今，只涉及单个粒子的两个彼此对易的可观测量的纠缠态已经在很多实验

---

⑬ E. Schrödinger, Naturwissenschaften, **23**(1935) 807.

⑭ A. Einstein, B. Podolsky, & N. Rosen, Phys. Rev. **47**(1935) 777.

⑮ J. Bell, Physics **1**(1964) 195.

⑯ J. F. Clauser, M. A. Horne, A. Shimony, R. A. Holt, Phys. Rev. Lett. **23**(1969) 880.

⑰ A. Aspect, Nature **398**(1999) 189; S. Gröblacher, *et al.*, Nature **446**(2007) 871.

⑱ P. Knight, Nature **395**(1998) 52.

⑲ M. Q. Ruan & J. Y. Zeng, Chin. Phys. Lett. **20**(2003) 1420

⑳ A. Aspect, Nature **446**(2007) 866.

㉑ Y. Hasegawa, R. Loidl, G. Badurek, M. Baron, H. Rauch, Nature **425**(2003) 45.

㉒ V. Vedrel, Nature **453**(2008) 1004.

室中被制备出来. 例如,在 Dürr 等㉓的实验中,制备了一个原子的动量与它的内部电子态的纠缠态. 在 C. Monroe 等㉔实验中,制备出在 Paul 阱中的一个$^{9}Be^{+}$的内部态(电子激发态)与其质心运动(即离子的空间运动)的纠缠态.

我们认为,后一种看法更全面一些. 一般而言,量子纠缠涉及至少两个可对易可观测量. 这两个可观测量,既可属于同一个粒子,也可属于两个粒子. 按照这种看法,纠缠与非局域性并不完全等同㉕.

为确切起见,谈及一个纠缠态,必须指明,它是什么样的两个(或多个)对易的可观测量的同时测量结果之间的关联⑲. 例如,对易的两个可观测量 A 和 B 的纠缠纯态,有如下两个特点㉖:

(a) 测量之前,A 和 B 都不具有确定的值(即不是 A 和 B 的共同本征态).

(b) A 和 B 的同时测量值之间有确切的关联(几率性的).

可以注意到,不确定度关系主要强调:涉及不同自由度的两个不对易的可观测量,不能同时具有确定值,或者说它们不具有共同本征态[满足$\langle\psi|C|\psi\rangle=0$ 的特殊的量子态$|\psi\rangle$除外]. 如果两个可观测量属于不同度,就一定是对易的,就不涉及不确定度关系. 而纠缠则是涉及不同自由度的两个(或多个)对易的可观测量的共同测量之间的关联. 所以,纠缠与不确定度关系可能有一定联系,是可以理解的.

为此,我们必须讨论多自由度或多粒子体系. 一个多自由度或多粒子体系的量子纯态,可以用一组对易的可观测量完全集的共同本征态来完全确定㉗. 一组可对易的可观测量原则上是可以共同测定的. 在实验上,相当于进行一组完备可观测量的测量,用以完全确定地制备体系的一个纯态.

设$(A_1,A_2,\cdots)$构成体系的一组 CSCO,其共同本征态记为$\{|A_1',A_2',\cdots\rangle\}$. 同样,设$(B_1,B_2,\cdots)$构成体系的另一组 CSCO,其共同本征态记为$\{|B_1',B_2',\cdots\rangle\}$. 定义厄米对易式矩阵 $C=C^{+}$,其矩阵元素为$C_{\alpha\beta}\equiv[A_\alpha,B_\beta]/\mathrm{i}$,用以描述$(A_1,A_2,\cdots)$中的任何一个量与$(B_1,B_2,\cdots)$中任何一个量的对易关系. 考虑到不确定度关系的普遍性,A_α与B_β的测量不确定度也应满足如下不确定度关系

$$\Delta A_\alpha \Delta B_\beta \geqslant \frac{1}{2}|\langle[A_\alpha,B_\beta]\rangle| = \frac{1}{2}|C_{\alpha\beta}| \tag{6}$$

下面我们考虑,在 CSCO$(A_1,A_2,\cdots)$的给定的共同本征态下,彼此对易的各可观测量$(B_1,B_2,\cdots)$的同时测量值之间的关联. 我们试探性地给出如下一个纯态的纠缠判据㉘:

㉓ S. Dürr, T. Nonn & G. Rempe, Nature **395**(1998) 33.

㉔ C. Monroe, D. M. Meekhof, B. E. King, D. J. Wineland, Science **272**(1996) 1131.

㉕ N. Brunner, N. Gisin & V. Scarani, New Journal of Physics **7**(2005) 88.

㉖ A. Mair, A. Vaziri, G. Weith & A. Zeilinger, Nature **412**(2001) 313.

㉗ P. A. M. Dirac, The Principles of Quantum Mechanics, 4th. ed., 1958, Oxford University Press; C. Cohen-Tanoudji, *et al.*, Quantum Mechanics, vol. 1, p. 144;或见本书 3.3.3 节

㉘ J. Y. Zeng, Y. A. Lei, S. Y. Pei & X. C. Zeng, arXiv: //1306.3325 (2013),或见曾谨言,量子力学,第五版,卷Ⅱ,科学出版社,2013,3.4.3 节.

(a) 设矩阵 C 的每一行 $i(i=1,2,\cdots)$，至少有一个矩阵元素 C_{ij} $(j=1,2,\cdots)$ 不为零，或者说，矩阵 C 的每一行的所有元素不全为零.

(b) 对于所有 $\{|\psi\rangle=|A_1',A_2',\cdots\rangle\}$，$\langle\psi|C|\psi\rangle$ 不完全为 0.

如果条件(a)和(b)都满足，则在量子态 $\{|\psi\rangle=|A_1',A_2',\cdots\rangle\}$ 态下，对 $(B_1,B_2,\cdots)$ 进行完备测量时，它们的同时测量结果是彼此关联的(几率性)，即 $\{|\psi\rangle=|A_1',A_2',\cdots\rangle\}$ 是 $(B_1,B_2,\cdots)$ 的纠缠态.

如果条件(a)满足，而条件(b)不满足，则不能判定所有的量子态 $\{|A_1',A_2',\cdots\rangle\}$ 都是或都不是 $(B_1,B_2,\cdots)$ 的纠缠态.

读者不难用常见的纠缠态来进行验证(参见本书 8.5.4 节).

*　　　　*　　　　*

与任何一个自然科学理论一样，量子力学是在不断发展中的一门学科，而且充满争议. 从积极的角度来看待过去长时期有关量子力学理论的争论，C. Teche㉙说:

“The paradoxes of the past are about to the technology of the future.”的确，在过去的 20 多年中，量子信息理论和技术、量子态工程、纳米材料学科等领域都有了长足的进展。在 20 世纪即将结束之际，P. Davis 写道㉚:

“The 19th century was known as the *machine age*, the twentieth century will go down in history as the *information age*. I believe that the twenty-first century will be the *quantum age*.”

对此，有人持不同看法，认为 21 世纪将是生物学的世纪. 我们认为，这两种说法都有一定道理. 不同学科领域的进展是互相影响和互相渗透的. 显然，如果没有 20 世纪物理学的进展，如光谱学、显微镜、X 射线与核磁共振等技术，现代生物学和医学的进展就难以理解. 物理学研究的是自然界最基本的，但相对说来又是比较简单的规律. 生物学与医学的规律要复杂得多，它的发展与化学和物理学等基础学科的进展密切相关. 可以期望，在 21 世纪，这些领域都会有出乎人们意料之外的进展. 对于我们中华民族的伟大复兴，这是一个难得的机遇，寄希望于我国广大的年轻科学工作者.

㉙ C. Teche, Science **290**(2001) 20.

㉚ 参见 T. Hey & P. Walters, The New Quantum Universe. Cambridge University Press, 2003, page xi. 中文译本，雷奕安译，《新量子世界》，湖南科技出版社，2005.

第二版序言

《量子力学教程》(第一版)(科学出版社,2003 年)出版以来,已为国内很多高等院校采用为教材或主要参考书.还有不少高校(由于出版信息不畅通)仍在使用本书的前身——《量子力学导论》(北京大学出版社,1991 年).根据多年以来使用本教材的众多读者和教师反映的情况和提出的宝贵建议,作者对第一版的少部分内容做了修改.

(1)关于角动量代数,按照钱伯初教授的建议,改用大家惯用的讲法(Dirac).对于角动量代数的 Schwinger 讲法有兴趣的读者,可以参阅《量子力学》(现代物理学丛书),卷Ⅰ相应的章节.

(2)鉴于能级有简并的量子体系的力学量完全集(CSCO),特别是守恒量完全集(CSCCO),在应用量子力学处理实际问题中的重要性,在本书 3.3.3 节中做了较详细的分析.

(3)对于三个(或多个)量子比特的纠缠态(GHZ 态)的某些实验观测,量子力学正统理论与局域实在论(local realism)有完全相反的确切预期(perfect prediction).近年来的实验观测结果都与量子力学正统理论一致而与局域实在论尖锐矛盾.所以在 8.4 节讲述两个量子比特的纠缠态(Bell 基)之后,简单介绍了三量子比特的 GHZ 态及相应的 CSCO.

本教材各章之后所给出的习题,在孙婷雅编《量子力学教程习题剖析》(科学出版社,2004 年)中给出了详细解答.希望增强用量子力学处理具体问题能力的读者,可以参阅钱伯初与曾谨言编著的《量子力学习题精选与剖析》(科学出版社).对于有志报考研究生或出国留学深造的读者,还可以选读《量子力学》(现代物理学丛书),卷Ⅰ和卷Ⅱ.

曾谨言

2007 年 8 月

于北京大学物理学院

第一版序言

12年前，作者所著《量子力学导论》出版以来，已为国内很多高等院校采用为基本教材(72学时). 3年前，作者应聘任清华大学兼职教授，为基础科学班讲授量子力学课(4×16学时). 根据这些年教学实践的经验，为了更好地贯彻启发式教学和更符合读者的认识规律，并为适应当前教改的实际需要(适当缩短课堂授课时间)，作者在基础科学班的教学中对授课内容的选择和安排，做了较大变动. 此外，鉴于过去十几年中，量子力学的实验和理论研究的前沿领域出现了令人瞩目的进展，Nature，Science，Phys. Rev. Lett. 等国际重要学术刊物上发表了一系列重要报告. 为及时把一些最重要的成果反映到教材中来，作者在基础科学班的教学中，对量子力学教学内容做了一些修订. 一方面把原来教材中确属比较次要的内容删去，同时对于一些确属基础性的重要新内容做简要介绍，最后形成了这个《量子力学教程》(64学时). 最近又被列选为"十一五"国家级规划教材，由科学出版社出版.

为贯彻培养创新人才的方针，在北京大学和清华大学多年的教学中，作者总是鼓励同学们要自己去钻研问题，并勇于提出自己的看法. 为贯彻因材施教，还对考试方式做了一些尝试性改革，对于在学习过程中能提出确有创见的同学给予免试. 可喜的是，有的同学在本科生阶段就做出了一些有价值的工作，发表在国内外学术刊物上. 作者深信韩愈在《师说》中所言："弟子不必不如师，师不必贤于弟子."在过去的3年中，很多同学对教材内容提出了许多很有见地的意见. 特别要感谢胡盛穗、郑维喆、王雪同学对教材修改提出了一个系统的《建议》. 阮曼奇、张家良、魏薇、俞佳、李梅、陈裕、周琦、郑琛、续光宇、彭颖、李倩等同学也对教材内容的修订提了很多很宝贵的意见. 作者在此表示深切感谢. 作者还真诚欢迎采用本书作为基本教材的老师和同学们，对教材内容的进一步修订提出建议，以共同提高我国的量子力学教学水平.

应该提到，本书是作为量子力学入门的基础教材，有了这个扎实的基础，同学们可以较顺利地进入其他现代物理领域和相关交叉学科课程的学习. 但对于有志在量子理论方面深造，或打算攻读硕士和博士学位的同学，还需选读不同程度或不同侧重的量子力学著作.

勤劳智慧的中华民族在历史上曾经对人类文明做出过光辉的贡献. 作者深信，在未来几代人的努力下，我们伟大的祖国在21世纪必将对人类的科学文化做出更重大贡献.

曾谨言

2002年11月

于北京大学物理学院

清华大学物理系

量子物理学百年回顾*

相对论和量子力学的提出,是 20 世纪物理学的两个划时代的里程碑. Einstein 提出的狭义相对论,改变了 Newton 力学中的绝对时空观,指明了 Newton 力学的适用范围,即只适用于速度 v 远小于光速的物质的运动($v/c \ll 1$, $c=2.998\times10^8$ m/s,是真空中的光速). 量子力学则涉及物质运动形式和规律的根本变革. 20 世纪前的经典物理学(如经典力学、电动力学、热力学与统计物理学等),只适用于描述一般宏观条件下物质的运动,而对于微观世界(原子和亚原子世界)和一定条件下的某些宏观现象(如极低温下的超导、超流、Bose-Einstein 凝聚等),则只有在量子力学的基础上才能说明. 量子物理学一百年的历史证明,它是历史上最成功、并为实验精确检验了的一个理论①~③. 量子物理学对说明极为广泛的许多自然现象,取得了前所未有的成功②. 物质属性及其微观结构这个古老而根本的问题,只有在量子力学的基础上,才能在原则上得以阐明. 例如,物体为什么有导体、半导体和绝缘体之分? 又如,元素周期律的本质是什么? 原子与原子是怎样结合成分子的(化学键的本质)? 所有涉及物质属性和微观结构的诸多近代学科,无不以量子力学作为其理论基础. 量子物理学还引发了极为广泛的新技术上的应用. 据估计,基于量子力学发展起来的高科技产业(如激光器、半导体芯片、计算机、电视、电子通信、电子显微镜、核磁共振成像、核能发电等),其产值在发达国家国民生产总值中目前已超过 30%①. 可以说,没有量子力学和相对论的建立,就没有人类的现代物质文明.

历史的经验值得注意. 在量子物理学提出一百年后,对它走过的历程做一个简要回顾,不仅可以加深我们对量子物理学的理解,并对物理学的进一步发展,可得到有益的启示.

在 19 世纪末,物理学家中普遍存在一种乐观情绪,认为对复杂纷纭的物理现象的本质的认识已经完成. 他们陶醉于 17 世纪建立起来的力学体系,19 世纪建立起来的电动力学以及热力学和统计物理学. J. C. Maxwell 于 1871 年在剑桥大学就

---

* 《量子物理学百年回顾》适合于读者自学阅读. 初次阅读时,只要求了解其梗概. 在学习本课程中或在学完本课程之后再重温此文,也许有助于更深入理解量子力学.

① M. Tegmark & J. A. Wheeler, Scientific American **284**(2001) 68-75, 100 Years of Quantum Mysteries.

② A. Zeilinger, Nature **408**(2000) 639-641, The Quantum Centennial.

③ D. Kleppner & R. Jackiw Science **289**(2000) 893-898, One Hundred Years of Quantum Physics.

职演说中提到:“在几年中,所有重要的物理常数将被近似估计出来……给科学界人士留下的只是提高这些常数的观测值的精度.”[①]据统计,在 1890～1900 年期间,充斥物理学期刊的是:原子光谱(各种元素的光谱线波长数据)以及物质各种属性的测量结果,如黏性(viscosity)、弹性(elasticity)、电导率(electric conductivity)、热导率(thermal conductivity)、膨胀系数(coefficient of expansion)、折射系数(refraction coefficient)和热弹系数(thermoelastic coefficient)等. 值得注意,这些描述本质上是经验性的.

然而,自然科学总是在不断地发展. 在充满喜悦的气氛中,一些敏锐的物理学家已逐渐认识到经典物理学中潜伏着的危机. 20 世纪伊始,W. Thomson(Kelvin 勋爵)就指出[②]:经典物理学的上空悬浮着两团乌云. 第一团乌云涉及电动力学中的“以太”(aether). 当时人们认为电磁场依托于一种固态介质,即“以太”,电磁场描述的是“以太”的应力. 但是,为什么天体能无摩擦地穿行于“以太”之中? 为什么人们无法通过实验测出“以太”本身的运动速度[③]? 第二团乌云则涉及物体的比热,即观测到的物体比热总是低于经典物理学中能量均分定理给出的值. 例如,固体比热(固体被看成由许多原子组成,诸原子在各自的平衡位置附近作小振动),按经典物理学中的能量均分定理,应为 $3R$($R=8.314\ 510\pm8.4\times10^{-6}\,\mathrm{J\cdot mol^{-1}\cdot K^{-1}}$ 是气体常数),而实验观测值总是低于此值($3R$ 只是高温极限值,即 Dulong-Petit 值). 又例如,双原子分子(具有三个平动自由度,两个转动自由度,还有一个振动自由度,包含动能项和势能项),按能量均分定理,比热应为 $\frac{7}{2}R$. 但在常温下,其观测值为 $\frac{5}{2}R$,而当温度 $T\to0\mathrm{K}$ 时,则趋于零. 看来这些问题都涉及在温度不是很高的情况下体系的部分自由度被冻结的问题. 这个谜团只有在后来建立起来的量子物理学中才能阐明. 这些现象在本质上是涉及物质体系的能量量子化.

任何重大科学理论的提出,都有其历史必然性. 在时机成熟时(实验技术水平、实验资料的积累、理论的准备等),就会应运而生. 但科学发展的进程往往是错综复杂的. 通向真理的道路往往是曲折的. 究竟通过怎样的道路,以及在什么问题上首先被突破和被谁突破,则往往具有一定的偶然性和机遇.

*　　　　*　　　　*

① 见 xi 页注①.

② W. Thomson, Phil. Mag. **2**(1901) 1, 19th Century Clouds over the Dynamical Theory of Heat and Light.

③ 对于第一个问题的回答是:电磁场本身就是物质存在的一种形式. 作为实物的(material)“以太”是不存在的. 对后一问题的阐明,则由 A. Einstein 的狭义相对论(1905)给出.

量子理论的突破，首先出现在黑体辐射能量密度随频率的分布规律上. 1900 年，M. Planck(1858～1947)有机会看到黑体辐射能量密度在红外波段(低频区)的精密测量结果，了解到 Wein 半经验公式在低频区与观测有明显偏离，他提出了一个两参数公式(后来被称为 Planck 公式)

$$E(\nu)\mathrm{d}\nu = \frac{c_1\nu^3\mathrm{d}\nu}{\mathrm{e}^{c_2\nu/T}-1} \tag{1}$$

式中，$E(\nu)\mathrm{d}\nu$ 表示在频率范围$(\nu,\nu+\mathrm{d}\nu)$和单位体积中的黑体辐射能量，c_1 与 c_2 是两个参数. Planck 公式在全波段都与观测极为符合(图 1). 在高频区，Planck 公式就化为 Wien 公式

$$E(\nu)\mathrm{d}\nu = c_1\nu^3\mathrm{e}^{-c_2\nu/T}\mathrm{d}\nu \tag{2}$$

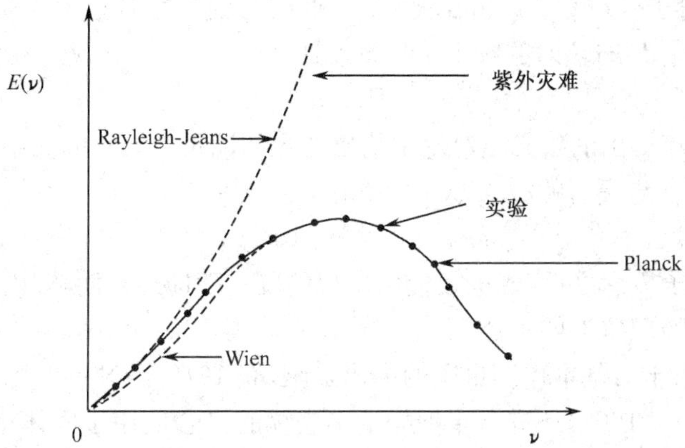

图 1　黑体辐射能量密度 $E(\nu)$随频率 ν 的变化示意图

两者都与观测结果很吻合. 但在低频区($\mathrm{e}^{c_2\nu/T}-1\approx c_2\nu/T$)，Planck 公式化为

$$E(\nu)\mathrm{d}\nu = \frac{c_1}{c_2}T\nu^2\mathrm{d}\nu \tag{3}$$

它比 Wien 公式有较大改进. 应当提到，J. W. Rayleigh(1900)以及 J. H. Jeans (1905)根据经典电动力学和统计物理理论曾经得出一个黑体辐射公式

$$E(\nu)\mathrm{d}\nu = \frac{8\pi kT}{c^3}\nu^2\mathrm{d}\nu \tag{4}$$

A. Einstein 首先注意到 Planck 公式的低频极限式(3)与 Rayleigh-Jeans 公式(4)相同($c_1/c_2=8\pi k/c^3$，k 为 Boltzmann 常数). 但 Rayleigh-Jeans 公式在高频极限是发散的，与实验尖锐矛盾，历史上称为紫外灾难(ultra-violet catastrophe). 如果黑体辐射能量密度真的像 Rayleigh-Jeans 分布那样，人的眼睛盯着看炉子内的热物质时，紫外线就会使眼睛变瞎①.

Planck 提出的如此简单一个公式，能在全波段与观测结果如此惊人地符合，

---

① 见 xi 页注①.

很难说是偶然的. 实验物理学家们相信这里必定蕴藏着一个非常重要，但尚未被人们揭示出来的科学原理. 经过近两个月的探索，Planck 发现①，如作如下假定，则可以从理论上导出他的黑体辐射公式(1). 这假定是：对于一定频率 ν 的辐射，物体只能以 $h\nu$ 为单位吸收或发射它，h 是一个普适常量(后来人们称之为 Planck 常量). 换言之，物体吸收或发射电磁辐射，只能以"量子"(quantum)的方式进行，每个"量子"的能量为 $\varepsilon=h\nu$，称为"作用量子"(quantum of action). 从经典力学来看，能量不连续的概念是绝对不允许的. 所以，尽管从这个量子假设可以导出与实验观测极为符合的 Planck 公式，在相当长一段时间中 Planck 的工作并未引起人们的重视.

首先注意到量子假设有可能解决经典物理学所碰到的其他困难的是年轻的 A. Einstein(1879～1955). 他(1905)试图用量子假设去说明光电效应中碰到的疑难，提出了光量子(light quantum)概念②. 他认为辐射场就是由光量子组成. 每一个光量子的能量 E 与辐射的频率 ν 的关系是

$$E = h\nu \tag{5}$$

他还根据他同年提出的狭义相对论中给出的光的动量和能量的关系 $p=E/c$，提出光量子的动量 p 与辐射的波长 $\lambda(=c/\nu)$ 有下列关系

$$p = h/\lambda \tag{6}$$

采用光量子概念之后，光电效应中出现的疑难随即迎刃而解. 由于对光电效应的研究和数学物理理论的卓越贡献，Einstein 获得 1921 年 Nobel 物理学奖. 在此之前，Planck 由于对基本作用量子的突出贡献，获 1918 年 Nobel 奖. Einstein 以及 P. J. W. Debye(1907)还进一步把能量不连续的概念应用于固体中原子的振动，成功地解决了当温度 $T\to 0\text{K}$ 时，固体比热趋于零的现象. 到此，Planck 提出的能量不连续的概念才逐渐引起物理学家的注意.

*　　　　*　　　　*

量子理论第一个突破来自辐射(radiation，包括光)的实验和经典理论的矛盾. 它的第二个突破则来自物质(matter，即实物粒子)及其与辐射的相互作用的实验与经典理论的矛盾③.

J. J. Thomson(1896)发现电子后，曾经提出过如下原子模型：正电荷均匀分布于原子中(原子半径～10^{-10} m)，而电子则以某种规则排列镶嵌其中. 1911 年 E. Rutherford根据 α 粒子对原子散射实验中出现的大角度偏转现象(图 2，Thomson

---

① M. Planck, Ann. der Physik **4**(1901) 553. 黑体辐射公式为 $E(\nu)=\frac{8\pi h\nu^3}{c^3}\cdot\frac{1}{e^{h\nu/kT}-1}$，与式(1)比较，参数 $c_1=8\pi h/c^3$，$c_2=h/k$，k 为 Boltzmann 常数.

② A. Einstein, Ann. der Physik **17**(1905) 132.

③ 见 xi 页注③.

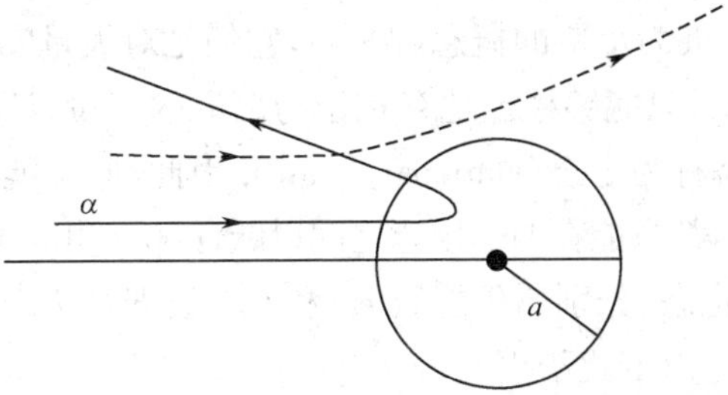

图 2　Rutherford 的 α 粒子对原子的散射

模型对此完全无法解释)，提出了原子的“有核模型”：原子的正电荷以及几乎全部的质量都集中在原子中心很小的区域中(半径$<10^{-14}$ m)，形成原子核，而电子则围绕原子核旋转(类似行星绕太阳旋转). 此模型可以很好地解释 α 粒子的大角度偏转，但却遇到了如下两大难题：

(1) 原子的稳定性问题. 电子围绕原子核旋转的运动是加速运动. 按照经典电动力学，电子将不断辐射能量而减速，轨道半径会不断缩小，最后将掉到原子核上去，原子随之塌缩(其寿命估算为 $\tau \sim 10^{-12}$ s)①，并相应发射出一个很宽的连续辐射谱，这与观测到的原子的线状光谱矛盾. 此外，Rutherford 模型原子对于外界粒子的碰撞也是很不稳定的. 但现实世界表明，原子稳定地存在于自然界. 矛盾尖锐地摆在人们面前，如何解决呢？

(2) 原子的大小问题. 19 世纪统计物理学的估算，原子的大小约为 10^{-10}m. 在 Thomson 模型中，根据电子的空间排列构形的稳定性，可以找到一个合理的特征长度. 而在经典物理的框架中来考虑 Rutherford 模型，却找不到一个合理的特征长度. 根据电子质量 m_e 和电荷 e，在经典电动力学中可以找到一个特征长度，即 $r_c = e^2/m_e c^2$(经典电子半径)$\approx 2.8\times 10^{-15}$ m$\ll 10^{-10}$ m，完全不适合用于表征原子大小. 何况原子中电子的速度 $v \ll c$，光速 c 不应出现在原子的特征长度中.

此时，丹麦年轻物理学家 N. Bohr(1885～1962)有机会(1912)来到 Rutherford 的实验室，深深为这些矛盾所吸引. 他深刻地认识到，在原子世界中必须背离经典电动力学，应该采用新的观念. 他一开始就深信作用量子(quantum of action)h 是解决原子结构问题的关键. 首先，把 h 引进 Rutherford 模型中，按照量纲分析，即可找到一个合理的特征长度

$$a = \hbar^2/m_e e^2 \approx 0.53\times 10^{-10}\,\text{m} \tag{7}$$

(后来人们称之为 Bohr 半径). 在解决原子的稳定性问题时，Bohr 有机会(1913 年初)了解到原子线状光谱的规律(氢原子光谱的 Balmer 线系，光谱的组合规则等)，

---

① 见 xi 页注①.

发现了原子光谱与原子结构之间的本质联系，终于提出了他的原子的量子论[①]. 这理论包括了下列两个极为重要的概念(假定)，它们是对大量实验事实的深刻概括.

(1)原子能够，而且只能够稳定地存在于与离散的能量(E_1，E_2，…)相应的一系列的状态中. 这些状态称为定态(stationary state). 因此，原子能量的任何变化，包括吸收或发射电磁辐射，都只能在两个定态之间以跃迁(transition)的方式进行.

(2)原子在两个定态(分别属于能级 E_n 和 E_m，设 $E_n>E_m$)跃迁时，发射或吸收的电磁辐射的频率 ν_{mn} 由下式给出

$$\nu_{mn}=(E_n-E_m)/h \qquad (\text{频率条件}) \tag{8}$$

简言之，Bohr 量子论的核心思想有两条：一是原子的具有离散能量的定态概念，二是两个定态之间的量子跃迁概念和频率条件.

如果说原子能量量子化概念还可以从 Planck-Einstein 的光量子论中找到某种启示，定态和量子跃迁概念及频率条件则是 Bohr 很了不起的创见，是他对原子稳定性和原子线状光谱规律作了深入分析后概括出来的. 按照经典电动力学，具有特征频率 ν_c 的荷电体系，所发射出的电磁辐射的频率应为 $n\nu_c$($n=1,2,3,\cdots$)，即总是特征频率的整数倍. Bohr 的重要贡献在于把原子线状光谱与原子在两个定态之间的量子跃迁联系起来，即把原子辐射的频率与两个定态的能量之差联系起来. 这就抓住了原子光谱的组合规则的本质. 组合规则(波数 $\tilde{\nu}=1/\lambda=\nu/c$)

$$\tilde{\nu}_{mn}=T_m-T_n \tag{9}$$

正是频率条件(8)的反映. 把光谱项 T_n 与原子的分立的定态能量 E_n 联系起来，$T_n=-E_n/hc$，其物理意义就十分清楚了.

当然，仅仅根据 Bohr 的两条基本假定，还不能把原子的分立能级定量地确定下来. Bohr 处理这个问题的指导思想是对应原理(correspondence principle)，即大量子数极限下，量子体系的行为应该趋于与经典体系相同. 他根据对应原理的思想，求出了氢原子的能级公式，并导出了角动量量子化条件.

Bohr 的量子论首先打开了人们认识原子结构的大门，取得了很大成功，但它的局限性和存在的问题也逐渐为人们所认识. 首先，Bohr 理论虽然成功地说明了氢原子光谱的规律性，对于更复杂的原子(如氦原子)的光谱，就完全无能为力. 光谱学中，除了谱线的波长(波数)之外，还有一个重要的观测量，即谱线的(相对)强度，Bohr 理论未能提供处理它的系统方法. 其次，Bohr 理论还只能处理周期运动，而不能处理非束缚态(如散射)问题. 从理论体系来讲，能量量子化概念与经典力学是不相容的，多少带有人为的性质，其物理本质还不清楚. 这一切都推动早期量子论的进一步发展. 量子力学就是在克服早期量子论的困难和局限性中建立起来的.

---

① N. Bohr, Phil. Mag. **26**(1913) 1,471,857，On the Theory of Atomic Constitution.

*　　　　*　　　　*

在 Planck-Einstein 的光量子论(光具有波动粒子两重性，$E=h\nu$，$p=h/\lambda$)和 Bohr 的原子论的启发之下，法国物理学家 L. de Broglie(1892～1987)仔细分析了光的微粒说与波动说的发展历史，并注意到几何光学与经典粒子力学的相似性，根据类比的方法，他设想实物(静质量 $m\neq 0$ 的)粒子也具有波动性，即和光一样，也具有波动粒子两重性. 这两方面必有类似的关系相联系，而 Planck 常数必定出现在其中①. 他假定，与一定能量 E 和动量 p 的实物粒子相联系的波(他称为"物质波"，matter wave)的频率和波长分别为

$$\nu = E/h, \quad \lambda = h/p \tag{10}$$

他提出这个假定的动机，一方面是企图把作为物质存在的两种形式(光和 $m\neq 0$ 的实物粒子)统一起来，另一方面是为了更深入地理解微观粒子能量的不连续性，以克服 Bohr 理论带有人为性质的缺陷. de Broglie 把原子定态(stationary state)与驻波(stationary wave)联系起来，即把束缚运动实物粒子的能量量子化与有限空间中驻波的波长(或频率)的分立性联系起来. 例如，长度为 L 的两端固定的弦振动的驻波波长为 $\lambda=2L/n$，$n=1,2,3,\cdots$. 虽然从尔后建立起来的量子力学来看，这种联系还有不确切之处，能处理的问题也很有限，但它的物理图像是很有启发性的. 例如，氢原子中作稳定的圆周运动的电子所相应的驻波的形状如图 3 所示. 绕原子核传播一周之后，驻波应光滑地衔接起来，这就要求圆周长是波长的整数倍，即

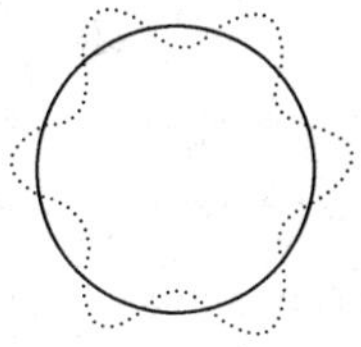

图 3

$$2\pi r = n\lambda, \quad n = 1,2,3,\cdots \tag{11}$$

r 是圆轨道半径. 用 $\lambda=2\pi r/n$ 代入 de Broglie 关系式(10)，可求出粒子动量 $p=nh/2\pi r=n\hbar/r$，因而角动量为

$$J = rp = n\hbar, \quad n = 1,2,3,\cdots \tag{12}$$

这正是 Bohr 的角动量量子化条件. 这样，根据驻波条件就很自然地得出了角动量量子化条件，从而可以说明了粒子能量的离散性.

物质波假设提出之后，人们自然会问：实物粒子既然是波，那么，为什么人们在过去长期的实践中把它们看成经典粒子，并没有犯什么错误？为说明这一点，追溯一下人类对于光的本性的认识的历史是有启发的. 在 17 世纪，Newton 的光的微粒说占统治地位. 到 19 世纪，由于光的干涉和衍射实验成功，光的波动性才为人们确认. 但只当光学仪器的特征长度与光波长可相比拟的情况下，干涉和衍射现象才会显示出来. 例如，对比一下光的针孔成像和圆孔衍射实验的关系是有趣的. 针孔成像可用光的直线传播来说明，即用几何光学来处理是恰当的. 这是由于"针孔"的

---

① L. de Broglie, Comptes Rendus **177**(1923) 507; Nature **112**(1923) 540.

半径(如 0.1mm)比可见光波长(400～700nm)仍然大得多的缘故.如把针孔半径 a 不断缩小,当 a 接近于光波长 λ 时,针孔成像将不复存在,而代之以圆孔衍射图像.此时,用几何光学来描述就很不恰当,而必须代之以波动光学.对于 de Broglie 的物质波,情况也类似.由于 h 是一个很小的量,从宏观的尺度来看,物质粒子的波长一般是非常短的,其波动性并未显示出来[①].但到了原子世界中,物质粒子的波动性就会表现出来.此时如仍用经典粒子力学去处理就不恰当,而必须代之以一种新的波动力学.

实物粒子的波动性的直接实验证实是 1927 年才实现的.Davisson 和Germer[②]用一束具有一定能量和动量的电子射向金属镍单晶表面,观测到了电子衍射的现象,并证实了 de Broglie 关系 $\lambda=h/p$ 是正确的.后来,无数的事实都表明,不仅是电子,而且质子、中子、原子、分子等都具有波动性.波动性是实物粒子普遍具有的.特别是最近(1999),观测到 C_{60} 分子束的衍射[③],C_{60} 是迄今已观测到波粒二象性的质量最重和结构最复杂的实物粒子.

*　　　　*　　　　*

奥地利年轻物理学家 Schrödinger(1887～1961)注意到了 de Broglie 的工作,他在苏黎世做了一个报告,介绍了物质波的思想.P. Debye 对他提出:"You speak about waves, but where is the wave equation?"[④]不久(1926 年初),Schrödinger 就提出了一个波动方程[⑤](后来人们称之为 Schrödinger 方程),它是含波动函数对空间坐标的二阶微商的偏微分方程.Schrödinger 把原子的离散能级与微分方程在一定的边条件下的本征值问题联系在一起,成功地说明了氢原子、谐振子等的能级和光谱规律.与此几乎同时,但稍早几个月,Heisenberg(1901～1976)与 Born 和 Jordon 建立了矩阵力学[⑥].矩阵力学的提出,与 Bohr 的量子论有很密切的关系,特别是 Bohr 的对应原理思想对 Heisenberg 有重要影响.Heisenberg 特别强调,任何物理理论中,只应出现可以观测的物理量(如光谱线的波长(波数)、光谱项、量子数、谱线

---

① 宏观世界中,处于热平衡下的实物粒子,总是具有一定的热运动能量.对于非相对论情况,粒子能量 $E=p^2/2m$.如用 $E\approx kT$ 来估算粒子的热运动能量,则 $p\approx 1/\sqrt{2mkT}$,因而 $\lambda\approx h/\sqrt{2mkT}\propto 1/\sqrt{mT}$,与温度 T 和粒子质量 m 有关.由此可以理解,为什么只有在极低温下,才有可能观测到宏观量子态,如金属超导态、超流态和 BEC(Bose-Einstein 凝聚体).可参阅 Nature **416**(2002),3 月 14 日出版的一期上关于 BEC 的一系列综述文献.

② C. J. Davisson & L. H. Germer, Nature **119**(1927) 558.

③ M. Arndt et al., Nature **401**(1999) 680.

④ 见 xi 页注①.

⑤ E. Schrödinger, Ann. der Physik **79**(1926) 36,489;**80**(1926) 437;**81**(1926) 109.

⑥ W. Heisenberg, Zeit. Physik **33**(1925) 879.

M. Born, P. Jordon, Zeit. Physik **34**(1925) 858.

M. Born, W. Heisenberg, P. Jordon, Zeit. Physik **35**(1926) 557.

强度等). 它一方面继承了 Bohr 量子论中合理的内核,如原子的离散能级和定态、量子跃迁和频率条件等概念,但同时又摒弃了一些没有实验根据的传统概念,如粒子轨道运动的概念. 在矩阵力学中,赋予每一个物理量(如粒子的坐标、动量、能量等)以一个矩阵,它们的代数运算规则与经典物理量不同,两个量的乘积一般不满足交换律. 量子体系的有经典对应的各力学量(矩阵或算符)之间的关系(矩阵方程或算符方程),形式上与经典力学相似,但运算规则不同. 矩阵力学成功地解决了谐振子、转子、氢原子等的分立能级、光谱线频率和强度等问题,引起物理学界普遍重视. 但当时的物理学家对于矩阵代数很陌生,接受矩阵力学是不大容易的. 庆幸的是,Schrödinger 的波动力学也几乎同时提了出来,它的核心是波动方程,这是所有物理学家都熟悉的数学工具. 对这一点,物理学家(特别是老一辈物理学家)都感到特别欣慰. 不久,Schrödinger 就发现了矩阵力学和波动力学之间的联系,它们只是用了不同的数学语言来表述,而在实质上是完全等价的①. 紧接着,Dirac和 Jordon 提出一种称为变换理论的更普遍的形式②,他们指出,矩阵力学和波动力学只不过是量子力学规律的无限多种表达形式中的两种. 后来,人们统称之为量子力学.

量子力学提出后,它不仅成功地阐明了原子结构问题,而且打通了理解尺度较大的分子和固体、液体和气体物理,以及更小尺度的原子核物理的道路. 例如,Heitler和 London 对氢分子结合机制的研究,开辟了理解原子之间作用力(化学键)的道路,物理和化学两个领域的分界线实际上已经消失. Bloch 的能带论的提出,阐明了固体有金属、半导体和绝缘体之分. Heisenberg 对金属电子相互作用的研究,说明了某些元素的强磁性. Gamow 用粒子的势垒隧穿(tunnelling)概念,说明了 α 衰变的机制,这一点对后来核能的利用有重要意义. 在这短短几年中的一系列发现,标志着物理学历史上一个空前成就的时期,被公认为是物理学的一个英雄时代. 参加过这一阶段工作的 Condon 这样描述当时令人眼花缭乱的情景,"事情以这样快的步伐发生,以致所有物理学家,不论年长的或年轻的,都患了极度的精神上的消化不良症"③.

众所周知,Schrödinger 波动方程是关于实物粒子波动的非相对论性理论. Dirac(1902~1984)在 1927 年关于电磁场量子化的工作④对此作了补充. 这样,涉及非相对论性的实物粒子与电磁场作用的所有问题,原则上都可以解决. 量子理论

---

① E. Schrödinger, Ann. der Physik **79**(1926) 734.

② P. A. M. Dirac, Proc. Roy. Soc. (London) **A112**(1926) 661.
P. Jordon, Zeit. Physik **37**(1926)383;**38**(1926) 513.
P. A. M. Dirac, *The Principles of Quantum Mechanics*, 4th. ed., (1958).

③ P. Robertson, *The Early Years*, *The Niels Bohr Institute*, 1921~1930. Akademisk Forlag, 1979. 中译本,《玻尔研究所的早年岁月》,杨福家,卓益忠,曾谨言译,科学出版社,(1985).

④ P. A. M. Dirac, Proc. Roy. Soc. (London) **A114**(1927) 243,710.

往纵深发展的很重要一步，是 Dirac 于 1928 年提出的相对论性波动方程(Dirac 方程)[①]. 这个方程的主要成果之一，是对氢原子光谱的精细结构和电子的自旋的本质给予了满意的描述. 另一个重大成果是预言反物质的存在，并为后来实验所证实. 在 Dirac 上述两项工作的基础上，在 20 世纪 30 年代诞生了量子场论，构成了量子力学发展的另一个大领域. 关于量子场论及以后粒子物理的发展的概括情况，可在文献中找到，将不在本文中讲述. 关于非相对性量子力学理论的后期进展中，还应提到 R. P. Feynman(1918～1988)在 20 世纪 40 年代的路径积分(path integral)理论[②]的工作. 量子力学与经典力学的密切关系，在路径积分中展现得格外清楚. 如果说 Heisenberg 的矩阵力学是经典正则力学的量子对应，Schrödinger 的波动力学则与经典力学中的 Jacobi-Hamilton 方程有密切的关系. 概括起来，它们都与经典力学的 Hamilton 形式有渊源关系. 与此不同，Feynman 的路径积分理论则与经典力学的 Lagrange 形式有密切关系，其突出的优点是易于推广到相对论情况，所以在量子场论中有广泛的应用.

*　　　　*　　　　*

尽管量子力学在提出后的短短几年中，取得如此辉煌的成就，令人欢欣鼓舞，但是关于量子力学的诠释及适用范围，却出现了激烈的争论[③]. 特别是 Schrödinger 方程中的“波函数”的物理含义是什么？M. Born 通过对散射实验中粒子的角分布的分析，提出了“波函数的概率诠释”[④]. 它得到了无数实验的支持. Bohr 相信，“量子理论诠释的关键在于，必须把彼此矛盾的波动与粒子这两种描述协调起来”. 他认为，“波粒二象性(wave-particle duality)是辐射(radiation)和实物粒子(material particle)都具有的内禀的和不可避免的性质”. “波动与粒子描述是两个理想的经典概念，各自有其适用范围. 在特定的物理现象的实验探索中，辐射与实物都可展现其波动性或粒子性. 但这两种理想的描绘中的任何单独一方，都不能对所研究的现象给出完整的说明”. 为了表达这种彼此不相容，而且为了完整描述又都是必要的逻辑关系，Bohr 提出了“互补性原理”(complementarity principle). Heisenberg 则沿着另一种思路来考虑，他把问题简单反过来问：量子理论本身决定什么东西能被实验观测到？经过计算，他得出如下惊人的结论：“正如人们能从数学表达看出那样，……人们无法知道一个粒子同时的坐标和动量.”即测量坐标或动量的任何实验，必然导致对其共轭变量的信息的不确定性. 两个变量的不确定度之乘积不能

---

① P. A. M. Dirac, Proc. Roy. Soc. (London) **A117**(1928) 610.

② R. P. Feynman, Rev. Mod. Phys. **20**(1948) 367.

③ 见 xix 页注③.

④ M. Born, Zeit. Physik **38**(1926) 803.

小于由 Planck 常量给出的一个量. 特别是对于一个实物粒子的正则坐标 q 和正则动量 p，它们的不确定度满足

$$\Delta q \Delta p \geqslant \hbar/2 \tag{13}$$

这个关系给出了在微观世界中应用经典粒子的坐标和动量概念时应受到的限制，后来人们称之为 Heisenberg 不确定度关系(uncertainty relation)，它展示了量子力学和经典力学规律的本质上的差异.

Einstein 对波函数的概率诠释持反对意见，他倾向于决定论性的(deterministic)描述. 他有一句广泛被人们引用的名言

"I can't believe that God plays dice."

*　　　　*　　　　*

Schrödinger 也极其反对"概率波"观点. 他倾向于认为：波函数本身代表一个实在的物理上的可观测量，一个粒子可以想象为一个物质波包. 在 1927 年 Solvey 会议之后，以 Bohr 和 Heisenberg 为代表的观点[①②](Copenhagen 诠释)成为量子力学的正统诠释. Copenhagen 诠释的关键是波函数的统计诠释，它的两个理论支柱就是 Bohr 的互补性原理和 Heisenberg 的不确定度关系. 以 Einstein 和 Schrödinger 为代表的另一方，针对 Copenhagen 诠释提出了很尖锐的批评. 这集中反映在两篇著名的文献中，后来被称为 Schrödinger 猫佯谬[③]和 EPR(Einstein-Podolsky-Rosen)佯谬[④]. Schrödinger 猫佯谬一文中，首次提出"纠缠态"(entangled state)一词(指多粒子体系或多自由度体系的一种不能表示为直积形式的叠加态)，并用一个假想试验来说明，把叠加波函数的概率诠释应用于宏观世界，会得出何等荒谬的结论. 他对量子力学规律是否适用于宏观世界提出质疑. EPR 一文则针对波函数的概率诠释，以叠加态来说明"波函数对物理实在的描述是不完备的"，并坚持定域实在论(local realism)的观点，用纠缠态来说明"量子力学对物理实在的描述是不自洽的". 后来，Bohm 用两个自旋为 1/2 的粒子的自旋纠缠态，把 EPR 佯谬更为简明地表述出来[⑤].

在 20 世纪 60 年代中期，这场争论有一个很大转折. Bell 基于定域实在论和存在隐变量(hidden variable)的观点，分析了自旋单态下的两个自旋为 1/2 的粒子，对于这两个粒子的自旋沿不同方向的投影的关联，他得出了一个著名的不等式(Bell 不等式)[⑥]. 根据这个不等式，可以在实验上检验究竟是正统量子力学正确，

---

① W. Heisenberg, Zeit. Physik **43**(1927) 172. 英译文见 *Quantum Theory and Measurement*, J. A. Wheeler and W. H. Zurek 主编，Princeton Univ. Press, 1983, p. 62～84. 下引本页文献③的英译文，见同书 p. 152～167.

② N. Bohr, Nature **121**(1928)580; Phys. Rev. **48**(1935) 696.

③ E. Schrödinger, Naturwissenschaften **23**(1935) 807, 823, 844. 英译文见文献①.

④ A. Einstein, B. Podolsky & N. Rosen, Phys. Rev. **47**(1935) 777.

⑤ D. Bohm, *Quantum Theory*, Constable, London, (1954).

⑥ S. J. Bell, Physics **1**(1965) 195; Rev. Mod. Phys. **38**(1966) 447; J. F. Clsuser, M. A. Horne, A. Shimony. R. A. Holt, Phys. Rev. Lett. **23**(1969) 880.

还是定域实在论正确. A. Aspect 等的实验观测[①]以及后来所有有关实验都证明,量子力学的预言是正确的,而定域实在论给出的不等式和隐变量的观点与实验相悖.

"All modern experiments confirm the quantum predictions with unprecedented precision, and ... a local realistic explanation of nature is not possible."[①]

"The experimental violation of mathematical relations known as Bell's inequalities sounded the death-knell of Einstein's idea of 'local realism' in quantum mechanics. But which concept, locality or realism, is the problem?"[③]

针对 Schrödinger 提出的"量子力学规律对于宏观世界是否适用"的问题,相继出现了一系列理论和实验工作. Zeh 与 Zurek[④] 等提出用退相干(decoherence)的机制,来说明为什么在宏观世界中实际上观测不到 Schrödinger 猫所处的那种纠缠态. 他们认为,只当体系与世界其他部分完全隔绝的情况下,其量子态的相干叠加性才能得以保持. 事实上,宏观体系不可避免与周围环境相互作用,在一般条件下,宏观体系将非常快速地失去其量子态的相干叠加性. 近年来,实验工作者还做了一系列有价值的工作,相继在介观尺度[⑤]和宏观尺度[⑥]上实现了 Schrödinger 猫态(cat-like state).

但应该指出,尽管在量子力学基本理论诠释的长期争论中,Einstein 和 Schrödinger 并没有占上风,但人们公认,是他们首先认识到量子力学的深层次含义. Einstein 首先认识到量子物理[②]

"would lead to a major change in our view of the world, particularly by giving randomness a new and much more fundamental role than before."

EPR 佯谬的争论促进了人们对于宏观量子叠加态,特别是纠缠态,进行了大量实验上和理论上的研究,并由此孕育着一门新兴学科——量子信息论(quantum information theory)的诞生,它涉及量子计算(quantum computation)、量子密码学(quantum cryptography)、量子远程传态(quantum teleportation)、量子对策论(quantum game theory)等.

与任何一门自然科学一样,我们应该把量子力学看成一门还在**发展中的**学科. 除了量子信息论领域之外,量子力学正逐步渗透到生命科学领域,其前景实在难以

---

① A. Aspect, P. Grangier and G. Roger, Phys. Rev. Lett. **47**(1981) 460; **49**(1982) 1804.

① 对于量子力学正统理论与局域实在论的争论,实验检验的近期进展的评述,参见 A. Aspect, Nature **398**(1999) 189 以及所引文献(9-13);M. A. Rowe, *et al.*, Natare **409**(2001) 791;S. Gröblacher, *et al.*, Nature **446**(2007) 871;G. Kirchmair, *et al.*, Natare **460**(2009) 494 以及引文献.

③ A. Aspect, Nature **446**(2007) 866.

④ H. D. Zeh, Foundation of Physics **1**(1970) 69;W. H. Zurek, Phys. Today **44**(Oct. 1991) 36; Rev. Mod. Phys. **75**(2003) 715.

⑤ C. Monroc, et al., Science **272**(1996) 1131.

⑥ J. R. Friedman, *et al.*, Nature **406**(2000) 43;C. H. Van der Wal, *et al.*, Science **290**(2000) 773.

预测. 尽管迄今所有实验都肯定了量子力学的正确性，但这只表明：它在人类迄今实践所及的领域是正确的. 量子力学并非绝对真理，量子力学并没有，也不可能关闭人们进一步认识自然界的道路. 量子力学与广义相对论之间的矛盾并未解决①. 量子力学理论的争论，或许是一个更深层次的争论的一部分. 在进一步探索中，人们对自然界中物质存在的形式和运动规律的认识，也许还有更根本性的变革.

① 例如，见 G. Amelino-Camelia, Nature **408**(2000) 661-664, Quantum Theory's Last Challenge; Nature **448**(2007) 257, Walk the Planck.

目　录

序言

第二版序言

第一版序言

量子物理学百年回顾

第 1 章　波函数与 Schrödinger 方程 …… 1

1.1　波函数的统计诠释 …… 1

1.1.1　实物粒子的波动性 …… 1

1.1.2　波粒二象性的分析 …… 4

1.1.3　概率波,多粒子体系的波函数 …… 6

1.1.4　动量分布概率 …… 9

1.1.5　不确定性原理与不确定度关系 …… 10

1.1.6　力学量的平均值与算符的引进 …… 12

1.1.7　统计诠释对波函数提出的要求 …… 14

1.2　Schrödinger 方程 …… 15

1.2.1　Schrödinger 方程的引进 …… 15

1.2.2　Schrödinger 方程的讨论 …… 16

1.2.3　能量本征方程 …… 19

1.2.4　定态与非定态 …… 20

1.2.5　多粒子体系的 Schrödinger 方程 …… 22

1.3　量子态叠加原理 …… 22

1.3.1　量子态及其表象 …… 22

1.3.2　量子态叠加原理,测量与波函数坍缩 …… 23

习题 1 …… 25

第 2 章　一维势场中的粒子 …… 27

2.1　一维势场中粒子能量本征态的一般性质 …… 27

2.2　方势 …… 31

2.2.1　无限深方势阱,离散谱 …… 31

2.2.2　有限深对称方势阱 …… 33

2.2.3　束缚态与离散谱 …… 34

2.2.4 方势垒的反射与透射 …… 36
2.2.5 方势阱的反射、透射与共振 …… 40
2.3 δ势 …… 42
2.3.1 δ势的穿透 …… 42
2.3.2 δ势阱中的束缚态 …… 43
2.3.3 δ势与方势的关系，波函数微商的跃变条件 …… 45
2.4 一维谐振子 …… 46
习题 2 …… 49
第 3 章 力学量用算符表达 …… 53
3.1 算符的运算规则 …… 53
3.2 厄米算符的本征值与本征函数 …… 61
3.3 共同本征函数 …… 64
3.3.1 不确定度关系的严格证明 …… 64
3.3.2 $(\boldsymbol{l}^2, l_z)$的共同本征态，球谐函数 …… 67
3.3.3 对易力学量完全集(CSCO) …… 69
3.3.4 量子力学中力学量用厄米算符表达 …… 71
3.4 连续谱本征函数的“归一化” …… 71
3.4.1 连续谱本征函数是不能归一化的 …… 71
3.4.2 δ函数 …… 72
3.4.3 箱归一化 …… 73
习题 3 …… 75
第 4 章 力学量随时间的演化与对称性 …… 77
4.1 力学量随时间的演化 …… 77
4.1.1 守恒量 …… 77
4.1.2 能级简并与守恒量的关系 …… 79
4.2 波包的运动，Ehrenfest 定理 …… 81
*4.3 Schrödinger 图像与 Heisenberg 图像 …… 83
4.4 守恒量与对称性的关系 …… 85
4.5 全同粒子体系与波函数的交换对称性 …… 89
4.5.1 全同粒子体系的交换对称性 …… 89
4.5.2 两个全同粒子组成的体系 …… 91
4.5.3 N 个全同 Fermi 子组成的体系 …… 93
4.5.4 N 个全同 Bose 子组成的体系 …… 94
习题 4 …… 95
第 5 章 中心力场 …… 97
5.1 中心力场中粒子运动的一般性质 …… 97

5.1.1 角动量守恒与径向方程 97
5.1.2 径向波函数在 $r \to 0$ 邻域的渐近行为 99
5.1.3 两体问题化为单体问题 100
5.2 无限深球方势阱 101
5.3 三维各向同性谐振子 103
5.4 氢原子 107
习题 5 115
第 6 章 电磁场中粒子的运动 118
6.1 电磁场中荷电粒子的运动,两类动量 118
6.2 正常 Zeeman 效应 121
6.3 Landau 能级 122
习题 6 126
第 7 章 量子力学的矩阵形式与表象变换 128
7.1 量子态的不同表象,幺正变换 128
7.2 力学量(算符)的矩阵表示 131
7.3 量子力学的矩阵形式 134
7.3.1 Schrödinger 方程 134
7.3.2 平均值 135
7.3.3 本征方程 135
7.4 Dirac 符号 136
7.4.1 右矢(ket)与左矢(bra) 136
7.4.2 标积 136
7.4.3 态矢在具体表象中的表示 137
7.4.4 算符在具体表象中的表示 138
7.4.5 Schrödinger 方程 138
7.4.6 表象变换 139
7.4.7 坐标表象与动量表象 140
习题 7 142
第 8 章 自旋 145
8.1 电子自旋态与自旋算符 146
8.1.1 电子自旋态的描述 146
8.1.2 电子自旋算符,Pauli 矩阵 147
8.2 总角动量的本征态 150
8.3 碱金属原子光谱的双线结构与反常 Zeeman 效应 154
8.3.1 碱金属原子光谱的双线结构 154
8.3.2 反常 Zeeman 效应 155

8.4 多电子体系的自旋态，纠缠态 …… 157
8.4.1 2电子的自旋单态与三重态 …… 157
8.4.2 Bell基 …… 160
8.4.3 GHZ态 …… 161
8.5 纠缠与不确定性原理 …… 163
8.5.1 纠缠的确切含义 …… 163
8.5.2 纠缠与不确定性原理的关系 …… 165
8.5.3 纯态的一个纠缠判据 …… 165
8.5.4 几个示例 …… 167
习题8 …… 168
第9章 力学量本征值问题的代数解法 …… 170
9.1 谐振子的Schrödinger因式分解法 …… 170
9.2 角动量的本征值与本征态 …… 173
9.3 两个角动量的耦合，Clebsch-Gordan系数 …… 176
习题9 …… 181
第10章 微扰论 …… 183
10.1 束缚态微扰论 …… 183
10.1.1 非简并态微扰论 …… 184
10.1.2 简并态微扰论 …… 187
10.2 散射态微扰论 …… 193
10.2.1 散射态的描述 …… 193
10.2.2 Lippman-Schwinger方程 …… 195
10.2.3 Born近似 …… 197
10.2.4 全同粒子的散射 …… 199
习题10 …… 200
第11章 量子跃迁 …… 203
11.1 量子态随时间的演化 …… 203
11.1.1 Hamilton量不含时的体系 …… 203
11.1.2 Hamilton量含时体系的量子跃迁的微扰论 …… 205
11.1.3 量子跃迁理论与定态微扰论的关系 …… 208
11.2 突发微扰与绝热微扰 …… 209
11.2.1 突发微扰 …… 209
11.2.2 量子绝热近似及其成立的条件 …… 211
11.3 周期微扰，有限时间内的常微扰 …… 215
11.4 能量-时间不确定度关系 …… 218
11.5 光的吸收与辐射的半经典理论 …… 221

11.5.1　光的吸收与受激辐射 …… 222
11.5.2　自发辐射的 Einstein 理论 …… 224
习题 11 …… 226
第 12 章　其他近似方法 …… 228
12.1　Fermi 气体模型 …… 228
12.2　变分法 …… 230
12.2.1　能量本征方程与变分原理 …… 230
12.2.2　Ritz 变分法 …… 232
12.2.3　Hartree 自洽场方法 …… 234
12.3　分子结构 …… 235
12.3.1　Born-Oppenheimer 近似 …… 235
12.3.2　氢分子离子 H_2^+ 与氢分子 H_2 …… 237
12.3.3　双原子分子的转动与振动 …… 242
习题 12 …… 245
数学附录 …… 247
A1　波包 …… 247
A1.1　波包的 Fourier 分析 …… 247
A1.2　波包的运动和扩散，相速与群速 …… 248
A2　δ 函数 …… 250
A2.1　δ 函数定义 …… 250
A2.2　δ 函数的一些简单性质 …… 251
A3　Hermite 多项式 …… 252
A4　Legendre 多项式与球谐函数 …… 253
A4.1　Legendre 多项式 …… 254
A4.2　连带 Legendre 多项式 …… 255
A4.3　球谐函数 …… 256
A4.4　几个有用的展开式 …… 258
A5　合流超几何函数 …… 258
A6　Bessel 函数 …… 260
A6.1　Bessel 函数 …… 260
A6.2　球 Bessel 函数 …… 261
A7　自然单位 …… 262
常用物理常数简表 …… 264
量子力学参考书 …… 266

本书配套教辅《量子力学教程习题剖析》，书号：978-7-03-012115-8，定价：25.00元. 科学出版社电子商务平台购买二维码如下：

扫一扫

第 1 章　波函数与 Schrödinger 方程

1.1　波函数的统计诠释

1.1.1　实物粒子的波动性

在 Planck-Einstein 的光量子论(光具有波粒二象性)的启发下,面对 Bohr 的原子的量子论取得的成功和碰到的困难,de Broglie(1923)[①]提出了实物粒子(静质量 $m\neq 0$ 的粒子,如电子)也具有波粒二象性(wave-particle duality)的假设,即与动量为 p 和能量为 E 的粒子相应的波的波长 λ 和频率 ν 为

$$\lambda = h/p, \quad \nu = E/h \tag{1}$$

并称之为物质波(matter wave). 电子的波动性在 Davisson & Germer 的实验中得到证实[②]. 他们从衍射条纹的分析得出的波长与式(1)相当符合. 后来,人们又在实验中观测到分子和中子的波动性[③④]. 在 1994 年又观测到 Van der Waals 结团(cluster)束的干涉现象[⑤]. 最近 Arndt 等又观测到 C_{60} 分子束的衍射现象[⑥]. 这是迄今已在实验上观测到其波动性的质量最重,而且结构最复杂的粒子. 在他们的实验中,从约 1000K 的高温炉中升华出来的 C_{60} 分子束,经过两条准直狭缝(collimation slits,缝宽 10μm,前后两缝相距约 1m 远),然后射向一个吸收光栅(光栅每条缝宽 50nm,相邻缝距 100nm),测得的衍射图像如图 1.1(a)所示.

为了从实际的光栅衍射实验装置的复杂性中摆脱出来,以便比较清楚地阐明波粒二象性,在示意图 1.2 中给出一个双缝干涉图像. 图中有一束 C_{60} 分子(颇似一个"小足球")射向一个双缝装置. 在其行进过程中,显示出波动图像,经过双缝之后的波,发生相干叠加,这与经典波动的双缝干涉图像并无差异. 但最后在探测屏上(图 1.2 右侧)记录下来的都是一个一个的 C_{60} 分子. 粒子的双缝干涉是最直观地展现波粒二象性的实验,也是量子力学中最难理解的现象. R. P. Feynman 在他著

---

① L. de Broglie, Nature **112**(1923) 540. Waves and Quanta.

② C. J. Davisson & L. H. Germer, Nature **119**(1927) 558. The Scattering of Electron by a Single Crystal of Nickel.

③ I. Estermann & O. Stern, Zeit. Phys. **61**(1930) 95. Beugung von Molekularstrahlen.

④ H. Halban & P. Preiswerk, C. R. Acad. Sci. **203**(1936) 73. Preuve Experimentale de la Diffraction.

⑤ W. Schollkopf & J. Toennies, Science **266**(1994) 1345. Nondestructive Mass Selection of Small Van der Waals Cluster.

⑥ M. Arndt, *et al.*, Nature **401**(1999) 680. Wave-Panticle Duality of C_{60} Molecules.

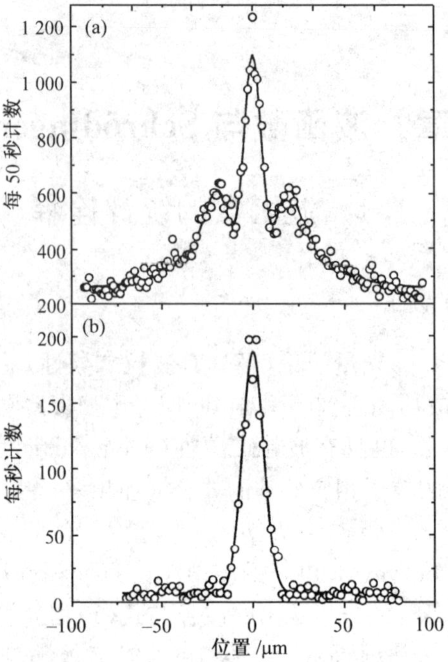

图 1.1　C_{60}分子(fullerens)的干涉图像

(a)实验记录(圆圈)是每 50 秒的 C_{60}分子计数. 实线所示是用 Kirchhoff 衍射理论拟合的结果. 波长 $\lambda=h/Mv$, M 是 C_{60}分子质量, v 是其速度. 光栅的相邻缝距为 100nm, 每条缝宽 50nm. 由图可以清楚看出中央的干射图像高峰和两侧一级衍射峰和谷.

(b)上述干涉装置中,不设置光栅情况下的 C_{60}分子的记数(每秒 C_{60}分子计数).

(本图取自 M. Arndt et al. Nature **401**(1999)680.)

名的讲座①中把它描绘成

"... a phenomenon which is impossible, *absolutely* impossible, to explain in any classical way, and which has in the heart of quantum mechanics,... We can not make the mystery go away by 'explaining' how it works. We will just *tell* you how it works."

为了更好地理解微观粒子在双缝干涉中呈现出的量子特征,先对比一下用经典粒子(如子弹)与经典波(如声波)来做类似的双缝实验的结果.

图 1.3(a)中,一挺机枪从远处向靶子进行点射,机枪与靶子之间有一堵子弹不能穿透的墙,墙上有两条缝. 当只开缝 1 时,靶上子弹的密度分布为 $\rho_1(x)$;当只开缝 2 时,靶上子弹的密度分布为 $\rho_2(x)$;当双缝齐开时,经过缝 1 的子弹与经过缝

① R. P. Feynman, R. B. Leighton, M. Sands, *The Feynman Lectures on Physics*, Vol. Ⅲ, *Quantum Mechanics*.

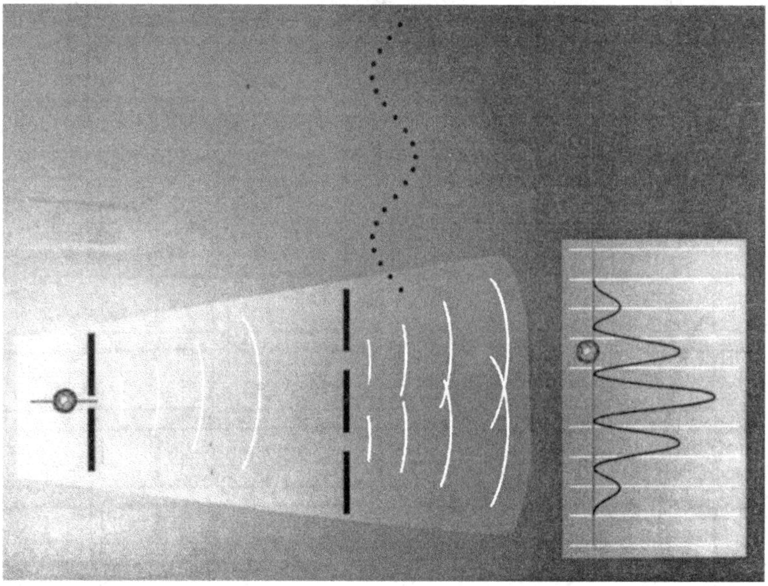

图 1.2　C_{60}分子的双缝干涉示意图

一束 C_{60}分子从左射向双缝装置. 在 C_{60}进行途中，显示出其波动性（如图中部所示），但在被观测时（图右侧所示）记录下的是一个一个的 C_{60}分子（像一个"小足球"）. C_{60}是一个具有很多自由度的复杂分子，在它经过双缝装置时，可能吸收或发出辐射（图中部虚线），但其波长比缝宽大得多，人们不能从它判定 C_{60}分子是从哪一条缝穿过的.（此图取自 A. I. M. Rae, Nature **401**(1999)651.）

2 的子弹，各不相干地一粒一粒地打到靶上，所以靶上子弹密度的分布简单地等于两个密度之和，$\rho_{12}(x)=\rho_1(x)+\rho_2(x)$. 换言之，子弹经过缝 1(2) 的运动轨道，与缝 2(1) 存在与否，并无关系.

图 1.3(b) 给出声波的双缝干涉图像. S 表示一个具有稳定频率 ν 的声源，声波经过一个具有双缝的隔音板，在它后面有一个"吸音板"，到达板上的声波将被吸收，并把声波强度分布显示出来. 当只开缝 1 时，显示出声波强度分布用 $I_1(x)$ 描述；当只开缝 2 时，强度分布用 $I_2(x)$ 描述；当双缝齐开时，强度分布用 $I_{12}(x)$ 描述. 实验表明，$I_{12}\neq I_1+I_2$. 当只开一条缝时声音很强的地方（如 A 点和 B 点），在双缝齐开时，声音可能变得很弱. 原因是由于出现了声波的干涉现象.

设分别打开缝 1 和缝 2 时的声波用 $h_1(x)\mathrm{e}^{\mathrm{i}2\pi\nu t}$ 和 $h_2(x)\mathrm{e}^{\mathrm{i}2\pi\nu t}$ 描述，双缝齐开时的声波则用 $[h_1(x)+h_2(x)]\mathrm{e}^{\mathrm{i}2\pi\nu t}$ 描述（波的相干叠加性！），因此声波强度分布为

$$\begin{aligned} I_{12}(x) &= |h_1(x)+h_2(x)|^2 \\ &= |h_1(x)|^2+|h_2(x)|^2+h_1(x)h_2^*(x)+h_1^*(x)h_2(x) \\ &= I_1(x)+I_2(x)+\text{干涉项}\neq I_1(x)+I_2(x) \end{aligned} \tag{2}$$

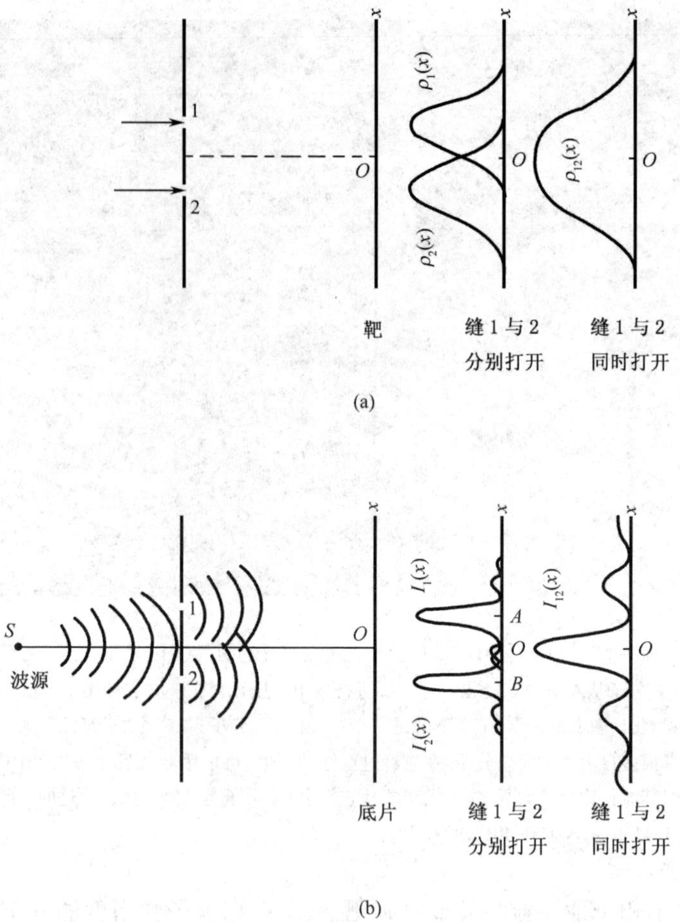

图 1.3

(a)机枪点射的子弹密度分布 $\rho(x)$;(b)经典波的双缝和单缝干涉波强度 $I(x)$的比较.

由于干涉项的影响,经典波的强度分布与经典粒子的密度分布大不相同.

人们可以设想,如在图 1.3(b)所示实验中,用 C_{60} 分子束来代替声波,则观测到的双缝干涉图像应该没有什么差异(如图 1.2 所显示那样). 但此时波的强度是代表被测到的 C_{60} 分子的计数/单位时间. 人们应如何理解在干涉实验中 C_{60} 分子所展现出的这种波粒二象性呢?

1.1.2 波粒二象性的分析

人们对物质粒子波动性的理解,曾经经历过一场激烈的论争. 包括波动力学创始人 Schrödinger, de Broglie 等在内的一些人,对于物质粒子波动性的见解,都曾经深受经典概念的影响. 他们曾经把电子波理解为电子的某种实际结构,即看成三维空间中连续分布的某种物质波包①,因而呈现出干涉与衍射等现象.波包的大小即电子的大小,波包的群速度即电子的运动速度.

但稍加分析,这种看法就碰到了难以克服的困难.例如,在非相对论情况下,自由粒子能量 $E=p^2/2m$,利用 de Broglie 关系,可得

$$\omega = \hbar k^2/2m, \quad k = 2\pi/\lambda \tag{3}$$

所以波包的群速度(见附录 A1)为

$$v_g = \mathrm{d}\omega/\mathrm{d}k = \hbar k/m = p/m = v \tag{4}$$

即经典粒子的速度.但由于 v_g 依赖于 k,

$$\frac{\mathrm{d}v_g}{\mathrm{d}k} = \frac{\mathrm{d}^2\omega}{\mathrm{d}k^2} = \frac{\hbar}{m} \neq 0 \tag{5}$$

自由粒子的物质波包必然要扩散.即使原来的波包很窄,在经历一段时间后,也会扩散到很大的空间中去;或者更形象地说,随时间的推移,粒子将愈来愈"胖".这与实验是矛盾的.实验上观测到的一个个电子,总处于空间一个小区域中,例如,在一个原子内,其广延不会超过原子的大小(约 0.1nm).

此外,在电子衍射实验中,电子波碰到晶体表面后发生衍射,衍射波将沿不同方向传播开去.如果把一个电子看成三维空间的物质波包,则在空间不同方向观测到的只能是"电子的一部分",这与实验完全矛盾.实验上测得的(如计数器或照相底片上记录到的)总是一个一个的电子,各具有一定的质量和电荷等.

物质波包的观点显然夸大了波动性一面,而实质上抹杀了粒子性一面,是带有片面性的.

与物质波包相反的另一种看法是:波动性是由于有大量电子分布于空间而形成的疏密波.它类似于空气振动出现的纵波,即由于分子密度疏密相间而形成的一种分布.这种看法也与实验矛盾.实际上做过这样的电子衍射实验,即让入射电子流极其微弱,电子几乎是一个一个地通过仪器.但只要时间足够长,底片上仍将出现衍射花样②.这表明电子的波动性并不是很多电子在空间聚集在一起时才呈现的现象.单个电子就具有波动性.事实上,正是由于单个电子具有波动性,才能理解氢原子(只含一个电子!)中电子运动的稳定性以及能量量子化这样一些量子现象.

因此,把波动性看成大量电子分布于空间所形成的疏密波的看法也是不正确的,它夸大了粒子性一面,而实质上抹杀了粒子的波动性一面,也带有片面性.

然而,电子究竟是什么东西?是粒子?还是波?"电子既不是粒子,也不是

---

① 例如,F. Bloch, Phys. Today **29**(1976) 23.

② 例如,P. G. Merli, G. F. Missiroli G. Pozzi, Am. J. Phys. **44** (1976) 306. C. Jönsson, Zeit. Physik **161**(1961) 454;Am. J. Phys. **42**(1974) 4.

波”[①]. 更确切地说，它既不是经典粒子，也不是经典的波. 我们也可以说，电子既是粒子，也是波，它是粒子和波动两重性矛盾的统一. 但这个波不再是经典概念下的波，粒子也不再是经典概念中的粒子.

为了更清楚地理解这一点，下面我们对经典物理学中的粒子和波动概念做一个简要的回顾.

在经典力学中谈到一个“粒子”时，总意味着这样一个客体，它具有一定的质量和电荷等属性，此即物质的“颗粒性”(corpuscularity)或“原子性”(atomicity). 但与此同时，按照日常生活的经验，还认为它在空中运动时有一条确切的轨道，即在每时每刻都有一定的位置和速度. 物质粒子的“原子性”是实验证实了的(如电子具有确定的质量和电荷). 但粒子有完全确切的轨道的看法只是经典力学理论体系中的概念. 在宏观世界中，轨道概念是一个很好的近似(如炮弹的轨道、卫星绕地球运动的轨道等). 但在微观世界中，粒子轨道运动的概念并未被实验证实.

在经典力学中谈到一个“波动”时，总是意味着某种实在的物理量的空间分布作周期性的变化(如空气中的密度波、固体中的压强波、超流体中的压强波和温度波)，但波动性更本质的特征是呈现出干涉和衍射等现象，而干涉和衍射的本质在于波的相干(coherent)叠加性.

在经典概念下，粒子与波的确是难以统一到同一客体上去. 然而究竟应该怎样正确理解波粒二象性呢?

1.1.3 概率波，多粒子体系的波函数

仔细分析一下实验可以看出，电子所呈现出来的粒子性，只是经典粒子概念中的“原子性”或“颗粒性”，即总是以具有一定的质量和电荷等内禀(intrinsic)属性的客体出现在实验中，但并不与“粒子有确切的轨道”的概念有必然的联系. 而电子呈现出的波动性，也只不过是波动最本质的东西——波的相干叠加性，但并不一定与某种实在的物理量在空间的波动联系在一起.

把粒子性与波动性统一起来，更确切地说，把微观粒子的“原子性”与波的“相干叠加性”统一起来的是 M. Born(1926)提出的概率波. 他是在用 Schrödinger 方程来处理散射问题时为解释散射粒子的角分布而提出来的. 他认为量子力学中的波函数所描述的，并不像经典波那样代表什么实在的物理量的波动，只不过是刻画粒子在空间的概率分布的概率波(probability wave)而已.

现在来分析电子的双缝干涉实验. 设入射电子流很微弱，电子几乎是一个一个地经过双缝，然后在感光底片上被记录下来. 起初，当感光时间较短时，底片上出现一些点子，它们的分布看起来没有什么规律. 当感光时间足够长时，底片上感光点子愈来愈多，就会发现有些地方点子很密，有些地方则几乎没有点子. 最后，底片上

---

① *The Feynman Lectures on Physics*, Vol. Ⅲ, *Quantum Mechanics*. §1.1.

的感光点子的密度分布将构成一个有规律的花样，与 X 光衍射中出现的花样完全相似. 就强度分布来讲，与经典波(如声波、压强波)是相似的，而与机枪子弹在靶上的密度分布完全不同. 这种现象应怎样理解呢?

原来，在底片上 $\boldsymbol{r}$ 点附近干涉花样的强度

$\propto$在 $\boldsymbol{r}$ 点附近感光点子的数目

$\propto$在 $\boldsymbol{r}$ 点附近出现的电子的数目

$\propto$电子出现在 $\boldsymbol{r}$ 附近的概率

设干涉波波幅用 $\psi(\boldsymbol{r})$ 描述，与光学中相似，干涉花样的强度在空间的分布则用 $|\psi(\boldsymbol{r})|^2$ 描述. 但这里干涉波强度 $|\psi(\boldsymbol{r})|^2$ 的意义与经典波根本不同，它是刻画电子出现在 $\boldsymbol{r}$ 点附近的概率大小的一个量. 更确切地说，$|\psi(\boldsymbol{r})|^2\Delta x\Delta y\Delta z$ 表征在 $\boldsymbol{r}$ 点处的体积元 $\Delta x\Delta y\Delta z$ 中找到粒子的概率. 这就是 Born 提出的波函数的概率诠释. 它是量子力学的基本原理之一. 它的正确性已被无数实验观测(如散射粒子的角分布)所证实.

按照 M. Born 的统计诠释，波函数 $\psi(\boldsymbol{r})$ 常常称为概率波幅(probability amplitude). 应该说，在非相对论的情况下(没有粒子产生和湮没现象)，概率波概念正确地把物质粒子的波动性与原子性统一了起来.

根据波函数的统计诠释，很自然要求该粒子(不产生，不湮没)在空间各点的概率之总和为 1，即要求波函数 $\psi(\boldsymbol{r})$ 满足下列条件

$$\int_{(\text{全})}|\psi(\boldsymbol{r})|^2\mathrm{d}^3r = 1 \quad (\mathrm{d}^3r = \mathrm{d}x\mathrm{d}y\mathrm{d}z) \tag{6}$$

这称为波函数的归一化(normalization)条件. 但应该强调，对于概率分布来说，重要的是相对概率分布. 不难看出，$\psi(\boldsymbol{r})$ 与 $C\psi(\boldsymbol{r})$(C 为常数)所描述的相对概率分布是完全相同的. 因为在空间任意两点 $\boldsymbol{r}_1$ 和 $\boldsymbol{r}_2$ 处，$C\psi(\boldsymbol{r})$描述的粒子的相对概率为

$$\left|\frac{C\psi(\boldsymbol{r}_1)}{C\psi(\boldsymbol{r}_2)}\right|^2 = \left|\frac{\psi(\boldsymbol{r}_1)}{\psi(\boldsymbol{r}_2)}\right|^2 \tag{7}$$

与 $\psi(\boldsymbol{r})$描述的相对概率完全相同. 换言之，$C\psi(\boldsymbol{r})$与 $\psi(\boldsymbol{r})$描述的是同一个概率波. 所以，波函数有一个常数因子不定性. 在这一点上，概率波与经典波有本质的差别. 一个经典波的波幅若增大一倍，则相应的波动的能量将为原来的 4 倍，因而代表完全不同的波动状态. 正因为如此，经典波根本谈不上"归一化"，而概率波则可以进行归一化①. 因为，假设

$$\int_{(\text{全})}|\psi(\boldsymbol{r})|^2\mathrm{d}^3r = A(\text{实常数}) > 0 \quad (\text{平方可积}) \tag{8}$$

则显然有

---

① 在量子力学中，为处理问题方便，还引进一些理想的、不能归一化的波函数，如平面波函数，δ 函数等，见 1.1.7 节.

$$\int_{(全)} \left| \frac{1}{\sqrt{A}} \quad \psi(\boldsymbol{r}) \right|^2 \mathrm{d}^3 r = 1 \tag{9}$$

但 $\psi(\boldsymbol{r})$ 与 $A^{-1/2}\psi(\boldsymbol{r})$ 描述的是同一个概率波. $\psi(\boldsymbol{r})$ 没有归一化,而 $A^{-1/2}\psi(\boldsymbol{r})$ 是归一化的. $A^{-1/2}$ 称为归一化因子. 波函数归一化与否,并不影响概率分布有何变化.

还应提到,即使加上归一化条件,波函数仍然有一个模为 1 的相因子的不定性,或者说,相位(phase)不定性. 因为,假设 $\psi(\boldsymbol{r})$ 是归一化的波函数,则 $\mathrm{e}^{\mathrm{i}\alpha}\psi(\boldsymbol{r})$($\alpha$ 为实常数)也是归一化的,而 $\psi(\boldsymbol{r})$ 与 $\mathrm{e}^{\mathrm{i}\alpha}\psi(\boldsymbol{r})$ 描述的是同一个概率波.

练习 1. 设 $\psi(x)=A\mathrm{e}^{-\alpha^2x^2/2}$,$\alpha$ 为常数. 求归一化常数 A.

练习 2. 设 $\psi(x)=\mathrm{e}^{ikx}$,求粒子的位置概率的分布. 此波函数能否归一化?

练习 3. 设 $\psi(x)=\delta(x)$,求粒子的位置概率的分布. 此波函数能否归一化?

练习 4. 设粒子波函数为 $\psi(x,y,z)$,求在 $(x,x+\mathrm{d}x)$ 范围中找到粒子的概率.

练习 5. 设用球坐标表示,粒子波函数表为 $\psi(r,\theta,\varphi)$,求

(a) 粒子在球壳 $(r,r+\mathrm{d}r)$ 中被测到的概率;

(b) 在 (θ,φ) 方向的立体角元 $\mathrm{d}\Omega=\sin\theta\mathrm{d}\theta\mathrm{d}\varphi$ 中找到粒子的概率.

以上讨论的是单个粒子的波函数. 设一个体系包含两个粒子,波函数用 $\psi(\boldsymbol{r}_1,\boldsymbol{r}_2)$ 表示,其物理意义是

$$|\psi(\boldsymbol{r}_1,\boldsymbol{r}_2)|^2\mathrm{d}^3r_1\mathrm{d}^3r_2$$

表示测得粒子 1 在空间体积元 $(\boldsymbol{r}_1,\boldsymbol{r}_1+\mathrm{d}\boldsymbol{r}_1)$ 中、同时粒子 2 在空间体积元 $(\boldsymbol{r}_2,\boldsymbol{r}_2+\mathrm{d}\boldsymbol{r}_2)$ 中的概率.

注意,$\psi(\boldsymbol{r}_1,\boldsymbol{r}_2)$ 描述的不是 3 维空间中某种实在物理量的波动,而是 6 维空间中的概率波. 这个 6 维空间只不过是标记一个具有 6 个自由度的体系的坐标的抽象空间而已.

对于 N 个粒子组成的体系,它的波函数表示为

$$\psi(\boldsymbol{r}_1,\boldsymbol{r}_2,\cdots,\boldsymbol{r}_N) \tag{10}$$

其中 $\boldsymbol{r}_1(x_1,y_1,z_1),\boldsymbol{r}_2(x_2,y_2,z_2),\cdots,\boldsymbol{r}_N(x_N,y_N,z_N)$ 分别表示各粒子的空间坐标. 此时

$$|\psi(\boldsymbol{r}_1,\boldsymbol{r}_2,\cdots,\boldsymbol{r}_N)|^2\mathrm{d}^3r_1\mathrm{d}^3r_2\cdots\mathrm{d}^3r_N$$

表示

粒子 1 出现在 $(\boldsymbol{r}_1,\boldsymbol{r}_1+\mathrm{d}\boldsymbol{r}_1)$ 中,

同时粒子 2 出现在 $(\boldsymbol{r}_2,\boldsymbol{r}_2+\mathrm{d}\boldsymbol{r}_2)$ 中,

……

同时粒子 N 出现在 $(\boldsymbol{r}_N,\boldsymbol{r}_N+\mathrm{d}\boldsymbol{r}_N)$ 中的概率.

归一化条件表示为

$$\int_{(全)}|\psi(\boldsymbol{r}_1,\boldsymbol{r}_2,\cdots,\boldsymbol{r}_N)|^2\mathrm{d}^3r_1\mathrm{d}^3r_2\cdots\mathrm{d}^3r_N=1$$

所以 $\psi(\boldsymbol{r}_1,\boldsymbol{r}_2,\cdots,\boldsymbol{r}_N)$描述的是抽象的 $3N$ 维位形空间(configuration space)中的概率波.

练习 6. 对于用 $\psi(\boldsymbol{r}_1,\boldsymbol{r}_2)$描述的二粒子体系,求测得粒子 1 在$(\boldsymbol{r}_1,\boldsymbol{r}_1+\mathrm{d}\boldsymbol{r}_1)$中的概率.

答: $\mathrm{d}^3\boldsymbol{r}_1\int \mathrm{d}^3\boldsymbol{r}_2\,|\psi(\boldsymbol{r}_1,\boldsymbol{r}_2)|^2$.

以后,为表述简便,引进符号

$$(\psi,\psi)\equiv\int_{(全)}\mathrm{d}\tau\psi^*\psi=\int_{(全)}\mathrm{d}\tau|\psi|^2 \tag{11}$$

其中 $\int_{(全)}\mathrm{d}\tau$ 代表对体系的全部坐标空间进行积分. 例如

对于一维粒子, $\int_{(全)}\mathrm{d}\tau=\int_{-\infty}^{+\infty}\mathrm{d}x$

对于三维粒子, $\int_{(全)}\mathrm{d}\tau=\iiint_{-\infty}^{+\infty}\mathrm{d}x\mathrm{d}y\mathrm{d}z$

对于 N 个粒子组成的体系

$$\int_{(全)}\mathrm{d}\tau=\int_{-\infty}^{+\infty}\cdots\int_{-\infty}^{\infty}\mathrm{d}x_1\mathrm{d}y_1\mathrm{d}z_1\cdots\mathrm{d}x_N\mathrm{d}y_N\mathrm{d}z_N$$

这样,归一化条件就可以简单表示为

$$(\psi,\psi)=1 \tag{12}$$

1.1.4 动量分布概率

按照波函数 $\psi(\boldsymbol{r})$的统计诠释,在空间 $\boldsymbol{r}$ 点找到粒子的概率$\propto|\psi(\boldsymbol{r})|^2$. 试问,如测量粒子的其他力学量,其概率分布如何? 这些力学量中最常碰到的是动量、能量和角动量. 下面以动量为例来讨论.

按照已为衍射实验证实了的 de Broglie 关系,若 ψ 为一个平面单色波(波长 λ,频率 ν),则相应的粒子动量为 $p=h/\lambda$,能量为 $E=h\nu$. 在一般情况下,ψ 是一个波包,由许多平面单色波叠加而成,即含有各种波长(频率)的分波,因而相应的粒子动量(能量)有一个分布. 与测量粒子的位置相似,也可以设计某种实验装置来测量粒子的动量,晶体衍射实验(图 1.4)就是其中一种.

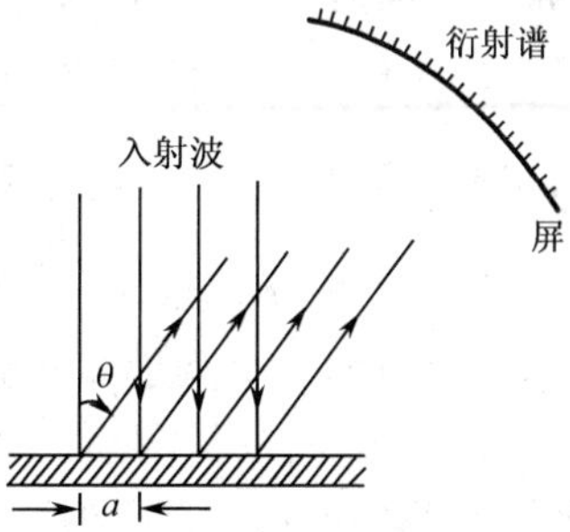

图 1.4

在分析测量动量的实验之前,不难想到,与 $|\psi(\boldsymbol{r})|^2$表示粒子在坐标空间中的概率密度相似,$|\varphi(\boldsymbol{p})|^2$表示粒子的动量分布的概率密度,这里$\varphi(\boldsymbol{p})$是 $\psi(\boldsymbol{r})$按平面波展开(Fourier 展开)的波幅,即

$$\psi(\boldsymbol{r})=\frac{1}{(2\pi\hbar)^{3/2}}\int\varphi(\boldsymbol{p})\mathrm{e}^{\mathrm{i}\boldsymbol{p}\cdot\boldsymbol{r}/\hbar}\mathrm{d}^3p \tag{13}$$

其逆表示式为

$$\varphi(\boldsymbol{p})=\frac{1}{(2\pi\hbar)^{3/2}}\int\psi(\boldsymbol{r})\mathrm{e}^{-\mathrm{i}\boldsymbol{p}\cdot\boldsymbol{r}/\hbar}\mathrm{d}^3r \tag{14}$$

$|\varphi(\boldsymbol{p})|^2$ 代表 $\psi(\boldsymbol{r})$ 中含有平面波 $\mathrm{e}^{\mathrm{i}\boldsymbol{p}\cdot\boldsymbol{r}/\hbar}$ 的成分，所以粒子动量为 $\boldsymbol{p}$ 的概率与 $|\varphi(\boldsymbol{p})|^2$ 成比例是自然的，即粒子动量在 $(\boldsymbol{p},\boldsymbol{p}+\mathrm{d}\boldsymbol{p})$ 范围中的概率为 $|\varphi(\boldsymbol{p})|^2\mathrm{d}^3p$.

不难证明

$$\int_{-\infty}^{+\infty}|\varphi(\boldsymbol{p})|^2\mathrm{d}^3p=\int_{-\infty}^{+\infty}|\psi(\boldsymbol{r})|^2\mathrm{d}^3r=1 \tag{15}$$

因为利用式(14)及 Fourier 积分公式，可得

$$\begin{aligned}&\int_{-\infty}^{+\infty}\varphi^*(\boldsymbol{p})\varphi(\boldsymbol{p})\mathrm{d}^3p\\&=\iiint_{-\infty}^{+\infty}\mathrm{d}^3p\mathrm{d}^3r\mathrm{d}^3r'\psi^*(\boldsymbol{r})\psi(\boldsymbol{r}')\frac{1}{(2\pi\hbar)^3}\mathrm{e}^{\mathrm{i}\boldsymbol{p}\cdot(\boldsymbol{r}-\boldsymbol{r}')/\hbar}\\&=\iint_{-\infty}^{+\infty}\mathrm{d}^3r\mathrm{d}^3r'\psi^*(\boldsymbol{r})\psi(\boldsymbol{r}')\delta(\boldsymbol{r}-\boldsymbol{r}')\\&=\int_{-\infty}^{+\infty}\mathrm{d}^3r|\psi(\boldsymbol{r})|^2=1\end{aligned} \tag{16}$$

下面来分析电子衍射实验(图 1.4). 设电子(动量为 p)沿垂直方向射到单晶表面，即入射波为具有一定波长 $\lambda=h/p$ 的平面波，则衍射波将沿一定的角度 θ_n 出射，θ_n 由下式(Bragg 公式)决定

$$\sin\theta_n=\frac{n\lambda}{a}=\frac{nh}{pa},\quad n=1,2,3,\cdots \tag{17}$$

式(17)给出了衍射角 θ_n(特别是 θ_1)与入射粒子动量 p 的确定关系. 如果入射波是一个波包，它的每一个 Fourier 分波(平面波)将各自按照一定的角分布 θ_n(由式(17)决定)出射，因而衍射波分解成一个波谱(称为谱的分解). 在足够远处，它们将在空间中分开，这可用探测仪器在屏上测得. 沿 θ 角出射的波的幅度 $f(\theta)$ 正比于入射波包中相应的 Fourier 分波的幅度，因而沿 θ 方向的衍射波强度 $\propto|f(\theta)|^2\propto|\varphi(\boldsymbol{p})|^2$. 在衍射过程中，波长未改变，即粒子动量的值未改变(虽然方向改变了). 所以，衍射波谱的分布反映了衍射前粒子动量的概率分布. 因此，对于一个粒子，它在 θ 方向被测到的概率 $\propto|f(\theta)|^2\propto|\varphi(\boldsymbol{p})|^2$，即粒子动量为 $\boldsymbol{p}$ 的概率 $\propto|\varphi(\boldsymbol{p})|^2$.

1.1.5 不确定性原理与不确定度关系

Born 对波函数的统计诠释，把波粒二象性统一到概率波的概念上. 在此概念中，经典波的概念只是部分地(波的叠加性)被保留了下来，而另一部分内容则被摒弃. 例如，概率波并不是什么实在的物理量在三维空间的波动，而一般说来是多维位形空间中的概率波. 同样，经典粒子的概念也只是部分地(原子性，以及力学量之间某些关系)被保留了下来，而另一部分内容则被摒弃. 例如，轨道的概念(粒子运

动过程中每一时刻有确定的位置 $\boldsymbol{r}(t)$ 和动量 $\boldsymbol{p}(t)$). 所以经典粒子运动的图像和概念对于微观粒子不可能全盘适用. 试问:由于波粒二象性,经典粒子运动的概念究竟多大程度上适用于微观世界? Heisenberg 的不确定性原理(uncertainty principk)及其教学表示式不确定度关系(uncertainty relation)对此做了最集中和最形象的概括. 下面我们从分析几个简单例子入手,根据波函数的统计诠释来进行讨论.

例 1 设一维粒子具有完全确定的动量 p_0,即动量的不确定度 $\Delta p=0$. 相应的波函数为平面波

$$\psi_{p_0}(x) = \mathrm{e}^{\mathrm{i}p_0 x/\hbar} \tag{18}$$

所以 $|\psi_{p_0}(x)|^2=1$,即粒子在空间各点的概率都相同(不依赖于 x). 换言之,粒子的位置是完全不确定的,即粒子位置的不确定度 $\Delta x=\infty$.

例 2 设一维粒子具有完全确切的位置 x_0,即位置的不确定度 $\Delta x=0$. 相应的波函数为

$$\psi_{x_0}(x) = \delta(x-x_0) \tag{19}$$

其 Fourier 展开为

$$\varphi_{x_0}(p) = \frac{1}{\sqrt{2\pi\hbar}}\int \psi_{x_0}(x)\mathrm{e}^{-\mathrm{i}px/\hbar}\mathrm{d}x = \frac{1}{\sqrt{2\pi\hbar}}\mathrm{e}^{-\mathrm{i}x_0 p/\hbar} \tag{20}$$

所以 $|\varphi_{x_0}(p)|^2=1/2\pi\hbar$,这表明粒子动量取各种值的概率都相同(不依赖于 p). 所以动量完全不确定,即 $\Delta p=\infty$.

思考题:波函数(18)和(19)是否可以归一化?(答:否)

例 3 考虑用 Gauss 波包(图 1.5)$\psi(x)=\mathrm{e}^{-\alpha^2x^2/2}$ 描述的粒子,$|\psi(x)|^2=\mathrm{e}^{-\alpha^2x^2}$. 可以看出,

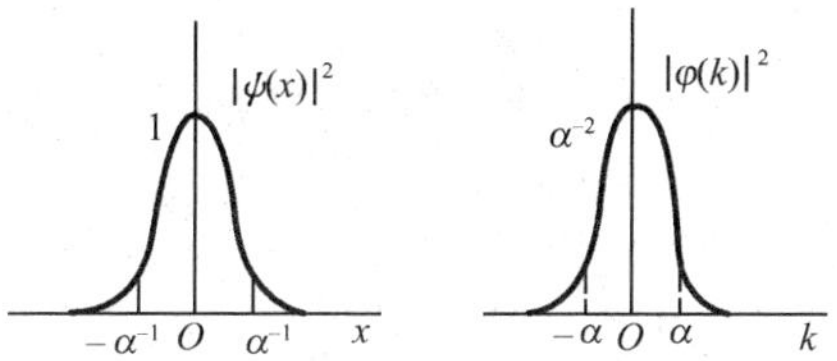

图 1.5

粒子位置主要局限在 $|x|\leqslant 1/\alpha$ 的区域中,即 $\Delta x\sim 1/\alpha$. $\psi(x)$ 的 Fourier 变换为

$$\varphi(k) = \frac{1}{\sqrt{2\pi}}\int \mathrm{e}^{-\alpha^2x^2/2}\mathrm{e}^{-\mathrm{i}kx}\mathrm{d}x = \frac{1}{\alpha}\mathrm{e}^{-k^2/2\alpha^2}$$

所以

$$|\varphi(k)|^2 = \frac{1}{\alpha^2}\mathrm{e}^{-k^2/\alpha^2}$$

可以看出,$\Delta k\sim\alpha$. 因此,对于 Gauss 波包

$$\Delta x\cdot\Delta k\sim 1 \tag{21}$$

再利用 de Broglie 关系,$p=\hbar k$,可得出

$$\Delta x\cdot\Delta p\sim\hbar \tag{22}$$

此即不确定度关系. 在得出此关系时,de Broglie 关系是至关紧要的. 式(21)对于经典 Gauss 波

包也是成立的. 但要得出式(22),则必须利用 $p=\hbar k$. 不确定度关系的更普遍的表示式和更严格的证明见 3.3.1 节. 可以证明

$$\Delta x \cdot \Delta p \geqslant \hbar/2 \tag{23}$$

以上分析表明,不管粒子处于什么量子态下,它的位置(坐标)和动量不能同时具有完全确定的值,这就是 Heisenberg 的不确定性原理,式(23)是它的数学表示式,它是波粒二象性的反映. 在物理上可如下理解:按照 de Broglie 关系 $p=h/\lambda$,由于波长 λ 是描述波在空间变化快慢的量,是与整个波动相联系的量,因此,正如"在空间某一点 x 的波长"的提法没有意义一样,"微粒子在空间某一点 x 的动量"的提法也同样没有意义. 这样,粒子运动轨道的概念就没有意义. 这从日常生活经验或从经典力学中粒子运动的概念来讲,是很难接受的,但它却是波粒二象性的必然结果. 当然,从宏观的尺度来看,由于 h 是一个非常小的量,不确定度关系与我们日常生活经验并无什么矛盾. 事实上,人们迄今对于宏观粒子做过的同时精密测量得出的 Δx 与 Δp 之积,数量级都远大于 h. 所以在一般的宏观现象中,人们仍然不妨使用轨道运动等经典力学概念.

1.1.6 力学量的平均值与算符的引进

粒子处于波函数 $\psi(\boldsymbol{r})$ 所描述的状态下,虽然不是所有力学量①都具有确定的值,但它们都有确定的概率分布,因而有确定的平均值①. 例如,位置 x 的平均值为

$$\overline{x} = \int_{-\infty}^{+\infty} |\psi(\boldsymbol{r})|^2 x \mathrm{d}^3 r \tag{24}$$

这里假定了波函数已归一化②. 又例如,势能 $V(\boldsymbol{r})$ 的平均值为

$$\overline{V} = \int_{-\infty}^{+\infty} |\psi(\boldsymbol{r})|^2 V(\boldsymbol{r}) \mathrm{d}^3 r \tag{25}$$

但怎样计算动量的平均值? 前面已提到,由于波粒二象性,"粒子在空间某一点的动量"的提法是没有意义的. 因此,不能像求势能平均值那样来求动量平均值,即

$$\overline{\boldsymbol{p}} \neq \int |\psi(\boldsymbol{r})|^2 \boldsymbol{p}(\boldsymbol{r}) \mathrm{d}^3 r \tag{26}$$

我们必须换一种方式来处理这问题.

按前面所述,给定波函数 $\psi(\boldsymbol{r})$ 之后,测得粒子动量在 $(\boldsymbol{p}, \boldsymbol{p}+\mathrm{d}\boldsymbol{p})$ 中的概率为 $|\varphi(\boldsymbol{p})|^2 \mathrm{d}^3 p$,其中

---

① 量子力学的英文文献和教材中,把坐标、动量、角动量、能量等力学量称为可观测量(observable). 在本书中,力学量和可观测量作为同义语使用. 力学量的平均值也称为期待值(expectation value).

② 有时把平均值记为 $\overline{x}=\langle x\rangle$, $\overline{V}=\langle V\rangle$. 如波函数并未归一化,则式(24)、式(25)应换为

$$\langle x\rangle = \int_{-\infty}^{+\infty} \psi^*(\boldsymbol{r}) x \psi(\boldsymbol{r}) \mathrm{d}^3 r \bigg/ \int_{-\infty}^{+\infty} \psi^*(\boldsymbol{r}) \psi(\boldsymbol{r}) \mathrm{d}^3 r = (\psi, x\psi)/(\psi,\psi)$$

$$\langle V\rangle = \int_{-\infty}^{+\infty} \psi^*(\boldsymbol{r}) V(\boldsymbol{r}) \psi(\boldsymbol{r}) \mathrm{d}^3 r \bigg/ \int_{-\infty}^{+\infty} \psi^*(\boldsymbol{r}) \psi(\boldsymbol{r}) \mathrm{d}^3 r = (\psi, V\psi)/(\psi,\psi)$$

$$\varphi(\boldsymbol{p}) = \frac{1}{(2\pi\hbar)^{3/2}}\int_{-\infty}^{+\infty}\psi(\boldsymbol{r})\mathrm{e}^{-\mathrm{i}\boldsymbol{p}\cdot\boldsymbol{r}/\hbar}\mathrm{d}^3 r \tag{27}$$

因此，可以借助于 $\varphi(\boldsymbol{p})$来间接计算动量的平均值（利用式(13)和式(14)）

$$\overline{\boldsymbol{p}} = \int_{-\infty}^{+\infty}\mathrm{d}^3 p|\varphi(\boldsymbol{p})|^2\boldsymbol{p} = \int_{-\infty}^{+\infty}\mathrm{d}^3 p\varphi^*(\boldsymbol{p})\boldsymbol{p}\varphi(\boldsymbol{p}) \tag{28}$$

$$= \iint_{-\infty}^{+\infty}\mathrm{d}^3 p\mathrm{d}^3 r\psi^*(\boldsymbol{r})\frac{1}{(2\pi\hbar)^{3/2}}\mathrm{e}^{\mathrm{i}\boldsymbol{p}\cdot\boldsymbol{r}/\hbar}\boldsymbol{p}\varphi(\boldsymbol{p})$$

$$= \iint_{-\infty}^{+\infty}\mathrm{d}^3 r\mathrm{d}^3 p\psi^*(\boldsymbol{r})\frac{1}{(2\pi\hbar)^{3/2}}(-\mathrm{i}\hbar\boldsymbol{\nabla})\mathrm{e}^{\mathrm{i}\boldsymbol{p}\cdot\boldsymbol{r}/\hbar}\varphi(\boldsymbol{p})$$

$$= \int_{-\infty}^{+\infty}\mathrm{d}^3 r\psi^*(\boldsymbol{r})(-\mathrm{i}\hbar\boldsymbol{\nabla})\psi(\boldsymbol{r}) \tag{29}$$

这样，我们就找到了用 $\psi(\boldsymbol{r})$来直接计算动量平均值的公式，而不必借助于 $\psi(\boldsymbol{r})$的 Fourier 变换 $\varphi(\boldsymbol{p})$来间接计算（见式(27)，式(28)）. 但这时就出现了一种新的数学工具——算符. 令①

$$\hat{\boldsymbol{p}} = -\mathrm{i}\hbar\boldsymbol{\nabla} \tag{30}$$

则式(29)可表示为

$$\overline{\boldsymbol{p}} = \int\psi^*(\boldsymbol{r})\hat{\boldsymbol{p}}\psi(\boldsymbol{r})\mathrm{d}^3 r \tag{31}$$

$\hat{\boldsymbol{p}}$ 称为动量算符. 上式表明，动量平均值与波函数 $\psi(\boldsymbol{r})$的梯度密切相关. 这是可以理解的，因为按照 de Broglie 关系，动量与波长的倒数（波数）成比例，所以波函数的梯度愈大，即波长愈短（波数愈大），动量平均值也就愈大.

动能 $T=p^2/2m$ 和角动量 $\boldsymbol{l}=\boldsymbol{r}\times\boldsymbol{p}$ 的平均值也可类似求出

$$\overline{T} = \int\psi^*(\boldsymbol{r})\hat{T}\psi(\boldsymbol{r})\mathrm{d}^3 r,\quad \hat{T} = -\frac{\hbar^2}{2m}\boldsymbol{\nabla}^2 \quad（动能算符） \tag{32}$$

$$\overline{\boldsymbol{l}} = \int\psi^*(\boldsymbol{r})\boldsymbol{l}\psi(\boldsymbol{r})\mathrm{d}^3 r,\quad \boldsymbol{l} = \boldsymbol{r}\times\hat{\boldsymbol{p}} \quad（角动量算符） \tag{33}$$

$\boldsymbol{l}$ 是一个矢量算符，它的三个分量可以表示为

$$\begin{aligned}
\hat{l}_x &= y\hat{p}_z - z\hat{p}_y = -\mathrm{i}\hbar\left(y\frac{\partial}{\partial z} - z\frac{\partial}{\partial y}\right)\\
\hat{l}_y &= z\hat{p}_x - x\hat{p}_z = -\mathrm{i}\hbar\left(z\frac{\partial}{\partial x} - x\frac{\partial}{\partial z}\right)\\
\hat{l}_z &= x\hat{p}_y - y\hat{p}_x = -\mathrm{i}\hbar\left(x\frac{\partial}{\partial y} - y\frac{\partial}{\partial x}\right)
\end{aligned} \tag{34}$$

一般说来，粒子的力学量 A 的平均值可如下求出

$$\overline{A} = \int\psi^*(\boldsymbol{r})\hat{A}\psi(\boldsymbol{r})\mathrm{d}^3 r = (\psi,\hat{A}\psi) \tag{35}$$

---

① 算符上面的∧符号是为了强调它是一个算符. 算符与普通的数的主要差别在于：两个算符的乘积一般不满足交换律（参见 3.1 节）. 在不引起误解的情况下，往往可以把∧号略去不写.

$\hat{A}$ 是与力学量 A 相应的算符. 如波函数未归一化，则

$$\overline{A} = (\psi,\hat{A}\psi)/(\psi,\psi) \tag{36}$$

对于有经典对应的力学量所相应的算符的写法，以及力学量与算符之间更深刻的关系，将在第 3 章中讨论. 例如，在势场 $V(\boldsymbol{r})$ 中的粒子，与经典 Hamilton 量 $H=T+V$ 相应的算符表示为

$$\hat{H} = -\frac{\hbar^2}{2m}\nabla^2 + V(\boldsymbol{r}) \tag{37}$$

思考题：给定归一化波函数 $\psi(\boldsymbol{r})$ 后，粒子坐标的平均值可由下式给出

$$\bar{\boldsymbol{r}} = \int \psi^*(\boldsymbol{r})\boldsymbol{r}\psi(\boldsymbol{r})\mathrm{d}^3 r$$

如用 $\psi(\boldsymbol{r})$ 的 Fourier 变换 $\varphi(\boldsymbol{p})$（见式(13)，式(14)）来计算 $\bar{\boldsymbol{r}}$，应如何表示？

答：

$$\bar{\boldsymbol{r}} = \int \varphi^*(\boldsymbol{p})\hat{\boldsymbol{r}}\varphi(\boldsymbol{p})\mathrm{d}^3 p, \quad \hat{\boldsymbol{r}} = \mathrm{i}\hbar\frac{\partial}{\partial \boldsymbol{p}} \tag{38}$$

1.1.7 统计诠释对波函数提出的要求

统计诠释赋予了波函数确切的物理含义. 根据统计诠释，究竟应对波函数 $\psi(\boldsymbol{r})$ 提出哪些要求？

(a)根据统计诠释，要求 $|\psi(\boldsymbol{r})|^2$ 取有限值似乎是必要的，即要求 $\psi(\boldsymbol{r})$ 取有限值. 但应注意，$|\psi(\boldsymbol{r})|^2$ 只是表示概率密度，而在物理上只要求在空间任何有限体积中找到粒子的概率为有限值即可. 因此，并不排除在空间某些孤立奇点处 $|\psi(\boldsymbol{r})|\to\infty$. 例如，设 $\boldsymbol{r}=\boldsymbol{r}_0$ 是 $\psi(\boldsymbol{r})$ 的一个孤立奇点，τ_0 是包围 $\boldsymbol{r}_0$ 点在内的任何有限体积，则按统计诠释，只要

$$\int_{\tau_0} |\psi(\boldsymbol{r})|^2 \mathrm{d}^3 r = \text{有限值} \tag{39}$$

就是物理上可以接受的. 如取 $\boldsymbol{r}_0=0$（坐标原点），τ_0 是半径为 r 的小球，显然，当 $r\to 0$时，式(39)的积分值应趋于 0，即要求 $r^3|\psi(\boldsymbol{r})|^2\to 0$；如 $r\to 0$ 时，$\psi\sim 1/r^s$，则要求① $s<3/2$.

(b)按照统计诠释，一个真实的波函数需要满足归一化条件（平方可积）

$$\int_{(全)} |\psi(\boldsymbol{r})|^2 \mathrm{d}^3 r = 1 \tag{40}$$

但概率描述中实质的问题是**相对概率**. 因此，在量子力学中并不排除使用某些不能归一化的理想的波函数. 例如，平面波 $\psi(\boldsymbol{r})\sim \mathrm{e}^{\mathrm{i}\boldsymbol{p}\cdot\boldsymbol{r}/\hbar}$，$\delta$ 波包 $\psi(\boldsymbol{r})\sim\delta(\boldsymbol{r})$. 实际的波函数当然不会是一个理想的平面波或 δ 波包. 但如果粒子态可以用一个很大的波包来描述，波包的广延比所处理问题的特征长度大得多，而且在问题所涉及的空间

---

① 对于二维情况，要求 $s<1$；对于一维情况，要求 $s<1/2$.

区域中粒子的概率密度可近似视为常数,则不妨用平面波来近似代替.例如,在散射理论中,入射粒子态常用平面波来描述.

(c)按照统计诠释,要求$|\psi(\boldsymbol{r})|^2$单值.是否由此可得出要求$\psi(\boldsymbol{r})$单值?否.在量子力学中还会有在$\boldsymbol{r}$空间中不单值的波函数(如计及自旋后的电子波函数,见第8章).

(d)波函数$\psi(\boldsymbol{r})$及其各阶微商的连续性.这要根据体系所处势场$V(\boldsymbol{r})$的性质来分析.一般地要求$\psi(\boldsymbol{r})$及其微商连续是不正确的(例如,见2.2节,2.3节的分析).在学习了表象理论(特别是离散表象)之后,就会对波函数的统计诠释和量子态有更深入的理解(见第7章).

1.2 Schrödinger 方程

1.2.1 Schrödinger 方程的引进

考虑到随时间t的演化,一个微观粒子的量子态用波函数$\psi(\boldsymbol{r},t)$来描述.当$\psi(\boldsymbol{r},t)$确定后,粒子的任何一个力学量的平均值及其测值概率的分布都完全确定.因此,量子力学中最核心的问题就是要解决波函数$\psi(\boldsymbol{r},t)$如何随时间演化以及在各种具体情况下找出描述体系状态的各种可能的波函数.这个问题由Schrödinger(1926)提出的波动方程得以圆满解决.下面采用一个简单的思路来引进这个方程.但应该强调,Schrödinger方程是量子力学最基本的方程,其地位与Newton方程在经典力学中的地位相当.实际上应该认为它是量子力学的一个基本假定,并不能从什么更根本的假定来证明它.它的正确性,归根到底,只能靠实验来检验.

先讨论自由粒子.其能量与动量的关系是

$$E = p^2/2m \tag{1}$$

m是粒子质量.按照de Broglie关系,与粒子运动相联系的波的角频率ω和波矢$\boldsymbol{k}$($|\boldsymbol{k}|=2\pi/\lambda$)由下式给出

$$\omega = E/\hbar, \quad \boldsymbol{k} = \boldsymbol{p}/\hbar \tag{2}$$

或者说,与具有一定能量E和动量$\boldsymbol{p}$的粒子相联系的是平面单色波

$$\psi(\boldsymbol{r},t) \sim \mathrm{e}^{\mathrm{i}(\boldsymbol{k}\cdot\boldsymbol{r}-\omega t)} = \mathrm{e}^{\mathrm{i}(\boldsymbol{p}\cdot\boldsymbol{r}-Et)/\hbar} \tag{3}$$

由上式可以看出

$$\mathrm{i}\hbar\frac{\partial}{\partial t}\psi = E\psi$$

$$-\mathrm{i}\hbar\boldsymbol{\nabla}\psi = \boldsymbol{p}\psi, \quad -\hbar^2\boldsymbol{\nabla}^2\psi = p^2\psi$$

利用式(1),可以得出

$$\left(\mathrm{i}\hbar\frac{\partial}{\partial t}+\frac{\hbar^2}{2m}\boldsymbol{\nabla}^2\right)\psi = \left(E-\frac{p^2}{2m}\right)\psi = 0$$

即

$$i\hbar \frac{\partial}{\partial t}\psi(\boldsymbol{r},t) = -\frac{\hbar^2}{2m}\nabla^2\psi(\boldsymbol{r},t) \tag{4}$$

描述自由粒子的一般状态的波函数，具有波包的形式，可以视为许多平面单色波的叠加，即

$$\psi(\boldsymbol{r},t) = \frac{1}{(2\pi\hbar)^{3/2}}\int \varphi(\boldsymbol{p})\mathrm{e}^{\mathrm{i}(\boldsymbol{p}\cdot\boldsymbol{r}-Et)/\hbar}\mathrm{d}^3 p \tag{5}$$

式中 $E=p^2/2m$. 不难证明

$$i\hbar \frac{\partial}{\partial t}\psi = \frac{1}{(2\pi\hbar)^{3/2}}\int \varphi(\boldsymbol{p})E\mathrm{e}^{\mathrm{i}(\boldsymbol{p}\cdot\boldsymbol{r}-Et)/\hbar}\mathrm{d}^3 p$$

$$-\hbar^2\nabla^2\psi = \frac{1}{(2\pi\hbar)^{3/2}}\int \varphi(\boldsymbol{p})p^2\mathrm{e}^{\mathrm{i}(\boldsymbol{p}\cdot\boldsymbol{r}-Et)/\hbar}\mathrm{d}^3 p$$

所以

$$\left(i\hbar \frac{\partial}{\partial t} + \frac{\hbar^2}{2m}\nabla^2\right)\psi = \frac{1}{(2\pi\hbar)^{3/2}}\int \varphi(\boldsymbol{p})\left(E-\frac{p^2}{2m}\right)\mathrm{e}^{\mathrm{i}(\boldsymbol{p}\cdot\boldsymbol{r}-Et)/\hbar}\mathrm{d}^3 p = 0$$

可见，如式(5)所示的波包 $\psi(\boldsymbol{r},t)$仍满足方程(4). 所以方程(4)是任何自由粒子的波函数都满足的方程.

我们可以看出，如在经典粒子的能量与动量关系式(1)中作如下替换

$$E \to i\hbar \frac{\partial}{\partial t}, \quad \boldsymbol{p} \to \hat{\boldsymbol{p}} = -i\hbar\nabla \tag{6}$$

然后作用于波函数 $\psi(\boldsymbol{r},t)$上，就可得出方程(4).

进一步考虑在势场 $V(\boldsymbol{r})$中运动的粒子. 按照经典粒子的能量关系式

$$E = \frac{1}{2m}p^2 + V(\boldsymbol{r}) \tag{7}$$

并作式(6)的替换，然后作用于 $\psi(\boldsymbol{r},t)$上，即得

$$i\hbar \frac{\partial}{\partial t}\psi(\boldsymbol{r},t) = \left[-\frac{\hbar^2}{2m}\nabla^2 + V(\boldsymbol{r})\right]\psi(\boldsymbol{r},t) \tag{8}$$

在势场 $V(\boldsymbol{r})$中的粒子的波函数满足的微分方程，称为 Schrödinger 波动方程，它揭示了微观世界中物质运动的基本规律.

1.2.2 Schrödinger 方程的讨论

1. 定域的概率守恒

Schrödinger 方程是非相对论量子力学的基本方程. 在非相对论(低能)情况下，实物粒子($m\neq 0$)没有产生和湮没的现象，所以在随时间演化的过程中，粒子数目保持不变. 对于一个粒子来说，在全空间中找到它的概率之总和应不随时间改变，即

$$\frac{\mathrm{d}}{\mathrm{d}t}\int_{(全)}|\psi(\boldsymbol{r},t)|^2\mathrm{d}^3 r = 0 \tag{9}$$

这结论不难从 Schrödinger 方程加以论证.

对式(8)取复共轭,(注意 $V^*=V$),得

$$-\mathrm{i}\hbar\frac{\partial}{\partial t}\psi^* = \left(-\frac{\hbar^2}{2m}\nabla^2+V\right)\psi^* \tag{10}$$

由 $\psi^*\times$式(8)$-\psi\times$式(10),得

$$\begin{aligned}\mathrm{i}\hbar\frac{\partial}{\partial t}(\psi^*\psi) &= -\frac{\hbar^2}{2m}(\psi^*\nabla^2\psi-\psi\nabla^2\psi^*)\\ &= -\frac{\hbar^2}{2m}\nabla\cdot(\psi^*\nabla\psi-\psi\nabla\psi^*)\end{aligned} \tag{11}$$

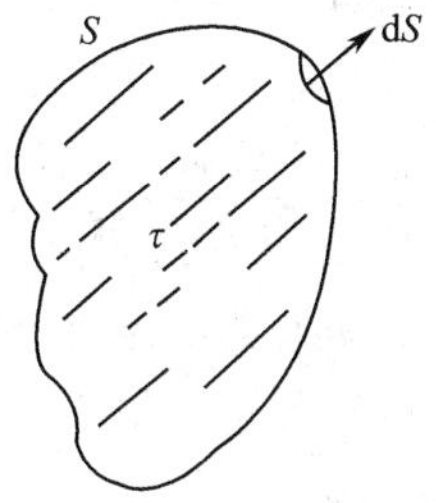

图 1.6

在空间闭区域 τ(图 1.6)中将上式积分,按 Gauss 定理,式(11)右边积分可化为面积分

$$\mathrm{i}\hbar\frac{\partial}{\partial t}\int_\tau\psi^*\psi\mathrm{d}\tau = -\frac{\hbar^2}{2m}\oint_S(\psi^*\nabla\psi-\psi\nabla\psi^*)\cdot\mathrm{d}\boldsymbol{S} \tag{12}$$

S 是 τ 的表面.

令

$$\rho(\boldsymbol{r},t) = \psi^*(\boldsymbol{r},t)\psi(\boldsymbol{r},t) \tag{13}$$

$$\begin{aligned}\boldsymbol{j}(\boldsymbol{r},t) &= -\frac{\mathrm{i}\hbar}{2m}(\psi^*\nabla\psi-\psi\nabla\psi^*)\\ &= \frac{1}{2m}(\psi^*\hat{\boldsymbol{p}}\psi-\psi\hat{\boldsymbol{p}}\psi^*)\end{aligned} \tag{14}$$

ρ 表示概率密度,$\boldsymbol{j}$ 表示概率流密度①. 式(12)可化为

$$\frac{\mathrm{d}}{\mathrm{d}t}\int_\tau\rho\mathrm{d}\tau = -\oint_S\boldsymbol{j}\cdot\mathrm{d}\boldsymbol{S} \tag{15}$$

上式左边代表在闭区域 τ 中找到粒子的总概率(或粒子数)在单位时间内的增量,而右边(注意负号!)则应表示单位时间内通过 τ 的封闭表面 S 而流入 τ 内的概率(粒子数). 所以 $\boldsymbol{j}$ 具有概率流(粒子流)密度的意义,是一个矢量. 式(12)或式(15)是概率(粒子数)守恒的积分表示式,而式(11)可改写为

$$\frac{\partial}{\partial t}\rho+\nabla\cdot\boldsymbol{j} = 0 \tag{16}$$

则为概率守恒的微分表达式. 其形式与流体力学中的连续性方程相同.

---

① 对于以动量 p 沿 x 方向运动的自由粒子($E=p^2/2m$),按 de Broglie 假定,用一个平面波 $\psi(x,t)=\mathrm{e}^{\mathrm{i}(kx-\omega t)}$ 描述,$k=p/\hbar$,$\omega=E/\hbar$. 按式(14),

$$\begin{aligned}j_x &= \frac{1}{2m}\left[\psi^*\left(-\mathrm{i}\hbar\frac{\partial}{\partial x}\right)\psi-\psi\left(-\mathrm{i}\hbar\frac{\partial}{\partial x}\right)\psi^*\right]\\ &= \frac{\hbar k}{m} = \frac{p}{m} = v\end{aligned}$$

v 是经典粒子的速度,正是粒子的流密度.

在式(12)中，让 $\tau\to\infty$(全空间). 由于任何真实的波函数应满足平方可积条件，可以证明式(12)右侧的积分趋于零①. 所以

$$\frac{\mathrm{d}}{\mathrm{d}t}\int_{(全)}\rho(\boldsymbol{r},t)\mathrm{d}\tau=0 \tag{17}$$

即归一化不随时间而改变. 此即式(9)的证明. 在物理上这表示粒子既未产生，也未湮没.

应该强调，这里的概率守恒具有定域的性质. 当粒子在空间某地的概率减小了，必然在另外一些地方的概率增加了(使总概率不变)，并且伴随着有什么东西在流动来实现这种变化. 连续性就意味着某种流的存在. 设想在空间加上一堵墙，概率分布就会很不相同. 仅仅概率守恒本身还未能概括此守恒定律的全部内容. 定域的概率守恒概念有更深刻的含义，它蕴涵着概率(粒子)流的概念②.

2. 初值问题，传播子

由于 Schrödinger 方程只含波函数 $\psi(\boldsymbol{r},t)$ 对时间的一次微商，只要在初始时刻($t=0$)体系的状态 $\psi(\boldsymbol{r},0)$ 给定，则以后任何时刻 t 的状态 $\psi(\boldsymbol{r},t)$ 原则上就完全确定了. 换言之，Schrödinger 方程给出了波函数(量子态)随时间演化的因果关系.

在一般情况下，这个初值问题的求解是不容易的，往往要采用近似方法. 但对于自由粒子，容易严格求解. 前面已经证明，如下形式的解(见式(5))

$$\psi(\boldsymbol{r},t)=\frac{1}{(2\pi\hbar)^{3/2}}\int\varphi(\boldsymbol{p})\mathrm{e}^{\mathrm{i}(\boldsymbol{p}\cdot\boldsymbol{r}-Et)/\hbar}\mathrm{d}^3p$$

(式中 $E=p^2/2m$)满足自由粒子的 Schrödinger 方程. $\psi(\boldsymbol{r},t)$ 的初态波函数为

$$\psi(\boldsymbol{r},0)=\frac{1}{(2\pi\hbar)^{3/2}}\int\varphi(\boldsymbol{p})\mathrm{e}^{\mathrm{i}\boldsymbol{p}\cdot\boldsymbol{r}/\hbar}\mathrm{d}^3p \tag{18}$$

$\varphi(\boldsymbol{p})$ 正是 $\psi(\boldsymbol{r},0)$ 的 Fourier 展开的波幅，它并不依赖于 t. 上式之逆变换是

$$\varphi(\boldsymbol{p})=\frac{1}{(2\pi\hbar)^{3/2}}\int\psi(\boldsymbol{r},0)\mathrm{e}^{-\mathrm{i}\boldsymbol{p}\cdot\boldsymbol{r}/\hbar}\mathrm{d}^3r \tag{19}$$

$\varphi(\boldsymbol{p})$ 由初态 $\psi(\boldsymbol{r},0)$ 完全确定. 把式(19)代入式(5)，得

$$\psi(\boldsymbol{r},t)=\frac{1}{(2\pi\hbar)^3}\int\mathrm{d}^3r'\int\mathrm{d}^3p\,\mathrm{e}^{\mathrm{i}\boldsymbol{p}\cdot(\boldsymbol{r}-\boldsymbol{r}')/\hbar-\mathrm{i}Et/\hbar}\psi(\boldsymbol{r}',0) \tag{20}$$

式中 $E=p^2/2m$(自由粒子). 这样，体系的初始状态 $\psi(\boldsymbol{r},0)$ 完全决定了以后任何时刻 t 的状态 $\psi(\boldsymbol{r},t)$.

更一般讲，取初始时刻为 t'，则

$$\psi(\boldsymbol{r},t)=\frac{1}{(2\pi\hbar)^3}\int\mathrm{d}^3r'\int\mathrm{d}^3p\,\mathrm{e}^{\mathrm{i}\boldsymbol{p}\cdot(\boldsymbol{r}-\boldsymbol{r}')/\hbar-\mathrm{i}E(t-t')/\hbar}\psi(\boldsymbol{r}',t')$$

---

① 对于平方可积波函数，当 $r\to\infty$ 时，$\psi\sim r^{-(3/2+s)}$，$s>0$. 代入式(12)，右边的面积分的确趋于零.

② 参阅，*The Feynman Lectures on Physics*，Vol. Ⅲ，§27.1.

$$= \int \mathrm{d}^3 r' G(\boldsymbol{r},t;\boldsymbol{r}',t')\psi(\boldsymbol{r}',t') \quad (t \geqslant t') \tag{21}$$

式中

$$\begin{aligned} G(\boldsymbol{r},t;\boldsymbol{r}',t') &= \frac{1}{(2\pi\hbar)^3}\int \mathrm{d}^3 p \exp\left[\mathrm{i}\boldsymbol{p}\cdot(\boldsymbol{r}-\boldsymbol{r}')/\hbar - \mathrm{i}\frac{p^2}{2m\hbar}(t-t') \right] \\ &= \left[\frac{m}{2\pi \mathrm{i}\hbar(t-t')}\right]^{3/2} \exp\left[\mathrm{i}\frac{m}{2\hbar}\frac{(\boldsymbol{r}-\boldsymbol{r}')^2}{(t-t')}\right] \end{aligned} \tag{22}$$

$G(\boldsymbol{r},t;\boldsymbol{r}',t')$称为传播子(propagator). 借助于传播子 $G(\boldsymbol{r},t;\boldsymbol{r}',t')$，体系在时刻 t 的状态 $\psi(\boldsymbol{r},t)$ 可由时刻 $t'(\leqslant t)$ 的状态 $\psi(\boldsymbol{r}',t')$ 给出(见式(21)). 对于自由粒子($E=p^2/2m$)，这个传播子由式(22)明显给出. 可以证明

$$\lim_{t\to t'} G(\boldsymbol{r},t;\boldsymbol{r}',t') = \delta(\boldsymbol{r}-\boldsymbol{r}') \tag{23}$$

$G(\boldsymbol{r},t;\boldsymbol{r}',t')$的物理意义如下：设初始时刻 t' 粒子处于空间 $\boldsymbol{r}'_0$ 点，$\psi(\boldsymbol{r}',t') = \delta(\boldsymbol{r}'-\boldsymbol{r}'_0)$，按式(21)

$$\psi(\boldsymbol{r},t) = \int \mathrm{d}^3 r' G(\boldsymbol{r},t;\boldsymbol{r}',t')\delta(\boldsymbol{r}'-\boldsymbol{r}'_0) = G(\boldsymbol{r},t;\boldsymbol{r}'_0,t')$$

所以 $G(\boldsymbol{r},t;\boldsymbol{r}'_0,t')$就是 t 时刻在 $\boldsymbol{r}$ 点找到粒子的概率波幅. 因此可以一般地说，如在 t'时刻粒子位于 $\boldsymbol{r}'$点，则 t 时刻在空间 $\boldsymbol{r}$ 点找到由$(\boldsymbol{r}',t')$传来的粒子的概率波幅就是 $G(\boldsymbol{r},t;\boldsymbol{r}',t')$，即粒子从$(\boldsymbol{r}',t')$传播到了$(\boldsymbol{r},t)$，如图 1.7 所示. 式(21)则表示：在 t 时刻于空间 $\boldsymbol{r}$ 点找到粒子的概率波幅 $\psi(\boldsymbol{r},t)$是 $t'(\leqslant t)$时刻粒子在空间中各 $\boldsymbol{r}'$点的概率波幅传播到 $\boldsymbol{r}$ 点后的相干叠加.

图 1.7

1.2.3 能量本征方程

一般情况下，从初态 $\psi(\boldsymbol{r},0)$去求解末态 $\psi(\boldsymbol{r},t)$是并不容易的. 以下讨论一个极为重要的特殊情况——假设势能 V 不显含 t(经典力学中，在这种势场中的粒子的机械能是守恒量). 此时，Schrödinger 方程(8)可以用分离变数法求其特解. 令特解表示为

$$\psi(\boldsymbol{r},t) = \psi(\boldsymbol{r})f(t) \tag{24}$$

代入式(8)，得

$$\frac{\mathrm{i}\hbar}{f(t)}\frac{\mathrm{d}f}{\mathrm{d}t} = \frac{1}{\psi(\boldsymbol{r})}\left[-\frac{\hbar^2}{2m}\nabla^2 + V(\boldsymbol{r})\right]\psi(\boldsymbol{r}) = E \tag{25}$$

E 是既不依赖于 t，也不依赖于 $\boldsymbol{r}$ 的常数. 这样，

$$\frac{\mathrm{d}}{\mathrm{d}t}\ln f(t) = -\frac{\mathrm{i}E}{\hbar} \tag{26}$$

所以

$$f(t) \sim \mathrm{e}^{-\mathrm{i}Et/\hbar} \tag{27}$$

因此，特解(24)可表示为

$$\psi(\boldsymbol{r},t) = \psi_E(\boldsymbol{r})\mathrm{e}^{-\mathrm{i}Et/\hbar} \tag{28}$$

其中 $\psi_E(\boldsymbol{r})$满足下列方程：

$$\left[-\frac{\hbar^2}{2m}\boldsymbol{\nabla}^2 + V(\boldsymbol{r})\right]\psi_E(\boldsymbol{r}) = E\psi_E(\boldsymbol{r}) \tag{29}$$

从数学上讲，对于任何 E 值，不含时 Schrödinger 方程(29)都有解. 但并非对于一切 E 值所得出的解 $\psi_E(\boldsymbol{r})$都满足物理上的要求. 这些要求中，有些是根据波函数的统计诠释而提出的(见 1.1.7 节)，有的是根据具体物理情况而提出的，如束缚态边条件、周期性边条件、散射态边条件等. 在有的条件下，特别是束缚态边条件，只有某些离散的 E 值所对应的解才是物理上可以接受的. 这些 E 值称为体系的能量本征值(energy eigenvalue)，而相应的解 $\psi_E(\boldsymbol{r})$称为能量本征函数(energy eigenfunction). 方程(29)就是势场 $V(\boldsymbol{r})$中粒子的能量本征方程，也称为不含时(time-independent)Schrödinger 方程. 可以证明(见 3.2 节)，不同的能量本征值相应的本征函数是正交归一化的(设 E 取离散值)，即

$$(\psi_E,\psi_{E'}) = \delta_{EE'} \tag{30}$$

Schrödinger 方程的更普遍的表示是

$$\mathrm{i}\hbar\frac{\partial}{\partial t}\psi = \hat{H}\psi \tag{31}$$

$\hat{H}$ 是体系的 Hamilton 算符. 当 $\hat{H}$ 不显含 t 时，体系的能量是守恒量(参见 4.1.1 节)，方程(31)可以分离变量. 此时，不含时 Schrödinger 方程，即能量本征方程，为

$$\hat{H}\psi = E\psi \tag{32}$$

对于一个粒子在势场 $V(\boldsymbol{r})$中运动的特殊情况，

$$\hat{H} = -\frac{\hbar^2}{2m}\boldsymbol{\nabla}^2 + V(\boldsymbol{r}) \tag{33}$$

方程(31)和(32)就化为方程(8)和(29). 对于更复杂的体系的 Schrödinger 方程的具体表示式，关键在于如何写出其 Hamilton 量算符. 有经典对应的情况，如何写出 Hamilton 量算符的讨论，见第 3 章以及以后各章.

1.2.4 定态与非定态

可以证明，若在初始时刻($t=0$)体系处于某一个能量本征态 $\psi(\boldsymbol{r},0)=\psi_E(\boldsymbol{r})$，则

$$\psi(\boldsymbol{r},t) = \psi_E(\boldsymbol{r})\mathrm{e}^{-\mathrm{i}Et/\hbar} \tag{34}$$

形式如式(34)的波函数所描述的态，称为定态(stationary state)[①]. 处于定态下的粒子具有如下特征：

---

① 形式如式(34)的量子态称为体系的能量为 E 的定态. 定态概念首先为 N. Bohr 引进(1913 年，参见 xvi 页). 但应注意，正如 A. Messiah, *Quantum Mechanics*, vol. 1, p. 72 指出，不含时波函数 $\psi_E(\boldsymbol{r})$通常也称为定态波函数，尽管它与真正的波函数差一个相因子 $\mathrm{e}^{-\mathrm{i}Et/\hbar}$.

(a)粒子在空间的概率密度 $\rho(\boldsymbol{r})=|\psi_E(\boldsymbol{r})|^2$ 以及概率流密度 $\boldsymbol{j}$ 显然不随时间改变.

(b)任何(不显含 t 的)力学量的平均值不随时间改变. 因为在定态(34)下,不显含 t 的力学量 A 的平均值

$$\begin{aligned}\overline{A}&=\int\psi^*(\boldsymbol{r},t)\hat{A}\psi(\boldsymbol{r},t)\mathrm{d}^3r\\&=\int\psi_E^*(\boldsymbol{r})\hat{A}\psi_E(\boldsymbol{r})\mathrm{d}^3r\end{aligned}$$

显然不依赖于 t.

(c)任何(不显含 t 的)力学量的测值概率分布也不随时间改变(证明见第 4 章).

若体系的初态不是能量本征态,而是若干个能量本征态的叠加(设 E 取离散值)

$$\psi(\boldsymbol{r},0)=\sum_E C_E\psi_E(\boldsymbol{r})\tag{35}$$

式中的叠加系数 C_E 为

$$C_E=\int\mathrm{d}^3r\psi_E^*(\boldsymbol{r})\psi(\boldsymbol{r},0)\tag{36}$$

由初态 $\psi(\boldsymbol{r},0)$唯一确定. 不难证明

$$\psi(\boldsymbol{r},t)=\sum_E C_E\psi_E(\boldsymbol{r})\mathrm{e}^{-\mathrm{i}Et/\hbar}\tag{37}$$

满足含时 Schrödinger 方程,因为

$$\begin{aligned}\mathrm{i}\hbar\frac{\partial}{\partial t}\psi(\boldsymbol{r},t)&=\sum_E C_E\psi_E(\boldsymbol{r})E\mathrm{e}^{-\mathrm{i}Et/\hbar}\\&=\sum_E C_E H\psi_E(\boldsymbol{r})\mathrm{e}^{-\mathrm{i}Et/\hbar}\\&=H\sum_E C_E\psi_E(\boldsymbol{r})\mathrm{e}^{-\mathrm{i}Et/\hbar}\\&=H\psi(\boldsymbol{r},t)\end{aligned}$$

在式(37)所示状态下,粒子的能量平均值为

$$\begin{aligned}\overline{H}&=\int\mathrm{d}^3r\psi^*(\boldsymbol{r},t)\hat{H}\psi(\boldsymbol{r},t)\\&=\sum_{E,E'}C_{E'}^*C_E\int\mathrm{d}^3r\psi_{E'}^*(\boldsymbol{r},t)\hat{H}\psi_E(\boldsymbol{r},t)\\&=\sum_{EE'}C_{E'}^*C_E\,E\delta_{EE'}\\&=\sum_E|C_E|^2E\end{aligned}\tag{38}$$

所以,$|C_E|^2$ 可以理解为在式(37)所示状态下测得粒子能量为 E 值的概率. 这种

由若干个能量不同的本征态的叠加所形成的态,称为**非定态**(nonstationary state).

1.2.5 多粒子体系的 Schrödinger 方程

设体系由 N 个粒子组成,粒子质量分别为 $m_i(i=1,2,3,\cdots,N)$. 体系的波函数表示为 $\psi(\boldsymbol{r}_1,\cdots,\boldsymbol{r}_N,t)$. 设第 i 个粒子受到的外势场为 $U_i(\boldsymbol{r}_i)$,粒子之间相互作用为 $V(\boldsymbol{r}_1,\cdots,\boldsymbol{r}_N)$,则 Schrödinger 方程表示为

$$\begin{aligned}&\mathrm{i}\hbar\frac{\partial}{\partial t}\psi(\boldsymbol{r}_1,\cdots,\boldsymbol{r}_N,t)\\&=\left[\sum_{i=1}^{N}\left(-\frac{\hbar^2}{2m_i}\nabla_i^2+U_i(\boldsymbol{r}_i)\right)+V(\boldsymbol{r}_1,\cdots,\boldsymbol{r}_N)\right]\psi(\boldsymbol{r}_1,\cdots,\boldsymbol{r}_N,t)\end{aligned}\tag{39}$$

$$\nabla_i^2=\frac{\partial^2}{\partial x_i^2}+\frac{\partial^2}{\partial y_i^2}+\frac{\partial^2}{\partial z_i^2}$$

而不含时 Schrödinger 方程表示为

$$\begin{aligned}&\left[\sum_{i}\left(-\frac{\hbar^2}{2m_i}\nabla_i^2+U_i(\boldsymbol{r}_i)\right)+V(\boldsymbol{r}_1,\cdots,\boldsymbol{r}_N)\right]\psi(\boldsymbol{r}_1,\cdots,\boldsymbol{r}_N)\\&=E\psi(\boldsymbol{r}_1,\cdots,\boldsymbol{r}_N)\end{aligned}\tag{40}$$

E 为多粒子体系的能量.

例如,对于有 Z 个电子的原子,电子之间的相互作用为 Coulomb 排斥作用

$$V(\boldsymbol{r}_1,\cdots,\boldsymbol{r}_Z)=\sum_{i<j}^{Z}\frac{e^2}{|\boldsymbol{r}_i-\boldsymbol{r}_j|}\tag{41}$$

而原子核对第 i 个电子的 Coulomb 吸引能为

$$U_i(\boldsymbol{r}_i)=-\frac{Ze^2}{r_i}\tag{42}$$

(取原子核的位置为坐标原点,无穷远处为势能零点).

1.3 量子态叠加原理

1.3.1 量子态及其表象

按 1.1 节分析,对于一个粒子,当描述它的波函数 $\psi(\boldsymbol{r})$ 给定后,如测量其位置,则粒子出现在 $\boldsymbol{r}$ 点的概率密度为 $|\psi(\boldsymbol{r})|^2$. 如测量其动量,则测得动量为 $\boldsymbol{p}$ 的概率密度为 $|\varphi(\boldsymbol{p})|^2$,$\varphi(\boldsymbol{p})$ 是 $\psi(\boldsymbol{r})$ 的 Fourier 变换,由 $\psi(\boldsymbol{r})$ 完全确定,

$$\varphi(\boldsymbol{p})=\frac{1}{(2\pi\hbar)^{3/2}}\int\psi(\boldsymbol{r})\mathrm{e}^{-\mathrm{i}\boldsymbol{p}\cdot\boldsymbol{r}/\hbar}\mathrm{d}^3r\tag{1}$$

而

$$\psi(\boldsymbol{r})=\frac{1}{(2\pi\hbar)^{3/2}}\int\varphi(\boldsymbol{p})\mathrm{e}^{\mathrm{i}\boldsymbol{p}\cdot\boldsymbol{r}/\hbar}\mathrm{d}^3p\tag{2}$$

与此类似,还可以讨论其他力学量的测值的概率分布(详见第3章). 概括起来说,当$\psi(\boldsymbol{r})$给定后,三维空间中一个粒子所有力学量的测值概率分布就确定了. 从这个意义上来讲,$\psi(\boldsymbol{r})$完全描述了一个三维空间中粒子的量子态. 所以波函数也称为态函数.

同样,我们也可以说,$\varphi(\boldsymbol{p})$也完全描述了粒子的量子态. 因为给定$\varphi(\boldsymbol{p})$后,不仅动量的测值概率分布$\propto|\varphi(\boldsymbol{p})|^2$完全确定,而且其位置的测值概率分布$\propto|\psi(\boldsymbol{r})|^2$也是完全确定的,因为$\psi(\boldsymbol{r})$可以通过式(2)由$\varphi(\boldsymbol{p})$完全确定. 其他力学量的测值概率分布也可类似给出(见第3章,第7章).

因此,粒子的量子态,既可以用$\psi(\boldsymbol{r})$描述,也可以用$\varphi(\boldsymbol{p})$来描述(还可以有其他描述方式). 它们彼此间有确定的变换关系,彼此完全等价. 它们描述的都是同一个量子态,只不过表象(representation)不同而已,这犹如一个矢量可以采用不同的坐标系来表述一样. 我们称$\psi(\boldsymbol{r})$是粒子态在坐标表象中的表示,而$\varphi(\boldsymbol{p})$则是同一个状态在动量表象中的表示(其他表象及表象变换的系统讲述,见7.1节).

显然,量子态的描述方式与经典粒子运动状态的描述方式(用每一时刻粒子的坐标$\boldsymbol{r}(t)$和动量$\boldsymbol{p}(t)$来描述)根本不同,这是由波粒二象性所决定的.

练习1. 平面单色波

$$\psi_{p_0}(x)=\frac{1}{\sqrt{2\pi\hbar}}\mathrm{e}^{\mathrm{i}p_0x/\hbar}$$

所描述的态下,粒子具有确定动量p_0,称为动量本征态,动量本征值为p_0. 试在动量表象中写出此量子态. 答,$\varphi_{p_0}(p)=\delta(p-p_0)$.

练习2. $\psi_{x_0}(x)=\delta(x-x_0)$描述的是粒子具有确定位置的量子态,称为位置本征态,位置的本征值为x_0. 试在动量表象中写出此量子态. 答,$\varphi_{x_0}(p)=\frac{1}{\sqrt{2\pi\hbar}}\mathrm{e}^{-\mathrm{i}x_0p/\hbar}$.

1.3.2 量子态叠加原理,测量与波函数坍缩

在初步弄清量子态的概念之后,下面来讨论量子力学的另一个基本原理——量子态叠加原理.

在经典力学中,当谈到一个波由若干子波叠加而成时,只不过表明这个合成的波是含有各种成分(具有不同波长、振幅和相位等)的子波而已. 在量子力学中,当我们弄清了波函数是用来描述一个体系的量子态时,则波的叠加性就有了更深刻的含义,即态的叠加性. 量子态叠加原理可以认为是"波的相干叠加性"与"波函数完全描述一个体系的量子态"两个概念的概括.

例如,考虑一个用波包$\psi(\boldsymbol{r})$描述的量子态,它可以看成是由许多平面波叠加而成,其中每一个平面波($\sim\mathrm{e}^{\mathrm{i}\boldsymbol{p}\cdot\boldsymbol{r}/\hbar}$)描述具有确定动量$\boldsymbol{p}$的量子态(动量本征态). 对于用波包描述的粒子,如测量其动量,则可能出现各种可能的结果,也许出现$\boldsymbol{p}_1$,也许出现$\boldsymbol{p}_2$……(凡是波包中包含有的平面波所相应的$\boldsymbol{p}$值,均可出现,而且出现的相对概率是确定的). 我们应怎样来理解这样的测量结果呢? 这只能认为原

来那个波包所描述的量子态就是粒子的许多动量本征态的某种相干叠加，而粒子部分地处于 $\boldsymbol{p}_1$ 态，部分地处于 $\boldsymbol{p}_2$ 态…….这从经典物理概念来看，是无法理解的，但只有这种看法才能理解为什么测量动量时有时出现 $\boldsymbol{p}_1$，有时又出现 $\boldsymbol{p}_2$…….

更一般地说，设体系处于 ψ_1 描述的态下，测量力学量 A 所得结果是一个确切值 a_1（ψ_1 称为 A 的本征态，A 的本征值为 a_1）. 又假设在 ψ_2 态下，测量 A 得的结果是另一个确切值 a_2（ψ_2 也是 A 的一个本征态，本征值为 a_2）. 则在

$$\psi = c_1\psi_1 + c_2\psi_2 \tag{3}$$

所描述的状态下，测量 A 所得结果，既可能为 a_1，也可能为 a_2（但不会是另外的值），而测得结果为 a_1 或 a_2 的相对概率是完全确定的. 我们称 ψ 态是 ψ_1 态和 ψ_2 态的相干叠加态. 在叠加态 ψ 中，ψ_1 与 ψ_2 有确切的相对权重和相对相位. 量子力学中这种态的叠加，导致叠加态下观测结果的不确定性. 量子力学中的态叠加原理是与测量密切联系在一起的一个基本原理，它与经典波的叠加概念的物理含义有本质不同，是由波粒二象性决定的.

又例如，在 1.2.4 节中已提到，一个粒子如处于定态下

$$\psi(\boldsymbol{r},t) = \psi_E(\boldsymbol{r})e^{-iEt/\hbar} \tag{4}$$

则测量粒子的能量时，所得结果是完全确定的（即概率为 1），即为 E，而测量之后，粒子能量仍保持为 E，即仍然处于能量本征态 ψ_E. 但如粒子处于非定态（见 1.2.4 节，式(37)，已归一化）

$$\psi(\boldsymbol{r},t) = \sum_n C_n\psi_n(\boldsymbol{r})e^{-iE_nt/\hbar} \tag{5}$$

即很多能量本征值 $E_n(n=1,2,3,\cdots)$ 的本征态 ψ_n 的叠加，则在测量粒子能量时，式(5)求和中所包含的能量本征值 E_n 都有可能出现，出现的概率为 $|C_n|^2$，$\left(\sum_n |C_n|^2 = 1\right)$. 当测量结果为某个能量本征值 E_n 时，粒子的状态就变为相应的能量本征态 ψ_n. 按照 von Neumann 的看法①，量子力学中把此称为量子态坍缩(collapse)，即在测量过程中，粒子的状态从(5)式描述的叠加态坍缩成为某一能量本征态 ψ_n. 当不对粒子进行测量时，粒子的状态按照 Schrödinger 方程所示规律随时间演化. 但对于测量，由于测量装置（宏观物体）的介入，它与被测粒子有非常复杂的相互作用，测量后粒子处于什么状态，量子力学只能给予概率性的描述. 对于量子态坍缩的机制，目前仍然是一个正在研究的课题②. 但量子力学理论对于测量结果的概率的预言，即 Born 对波函数的统计诠释，已为无数实验所确证.

---

① J. von Neumann, *Mathematical Foundations of Quantum Mechanics* (Princeton University Press, Princeton, 1955；德文版，1932).

② 粒子与环境的纠缠与退相干理论是目前物理学界多数人认为可行的一个方案. 参阅 P. Ball, Nature **453**(2008)22-25 及所引文献. 简略介绍可参阅：曾谨言，《量子力学》卷Ⅱ，第五版，第 3 章（北京，科学出版社，2013）.

习　题　1

1.1　设质量为 m 的粒子在势场 $V(\boldsymbol{r})$ 中运动.

(a)证明粒子的能量平均值为 $E=\int w\mathrm{d}^3r$,

$$w=\frac{\hbar^2}{2m}\nabla\psi^*\cdot\nabla\psi+\psi^*V\psi \quad \text{（能量密度）}$$

(b)证明能量守恒公式

$$\frac{\partial w}{\partial t}+\nabla\cdot\boldsymbol{s}=0$$

$$\boldsymbol{s}=-\frac{\hbar^2}{2m}\left(\frac{\partial\psi^*}{\partial t}\nabla\psi+\frac{\partial\psi}{\partial t}\nabla\psi^*\right) \quad \text{（能流密度）}.$$

1.2　考虑单粒子的 Schrödinger 方程,

$$\mathrm{i}\hbar\frac{\partial}{\partial t}\psi(\boldsymbol{r},t)=-\frac{\hbar^2}{2m}\nabla^2\psi(\boldsymbol{r},t)+[V_1(\boldsymbol{r})+\mathrm{i}V_2(\boldsymbol{r})]\psi(\boldsymbol{r},t),$$

V_1 与 V_2 为实函数.

(a)证明粒子的概率(粒子数)不守恒.

(b)证明粒子在空间体积 τ 内的概率随时间的变化为

$$\frac{\mathrm{d}}{\mathrm{d}t}\iiint_\tau \mathrm{d}^3r\psi^*\psi=-\frac{\hbar}{2\mathrm{i}m}\iint_S(\psi^*\nabla\psi-\psi\nabla\psi^*)\cdot\mathrm{d}\boldsymbol{S}$$
$$+\frac{2}{\hbar}\iiint_\tau\mathrm{d}^3rV_2(\boldsymbol{r})\psi^*\psi$$

1.3　对于一维自由粒子,

(a)设波函数为 $\psi_p(x)=\frac{1}{\sqrt{2\pi\hbar}}\mathrm{e}^{\mathrm{i}px/\hbar}$,试用 Hamilton 算符 $\hat{H}=\hat{p}^2/2m=-\frac{\hbar^2}{2m}\frac{\mathrm{d}^2}{\mathrm{d}x^2}$ 对 $\psi_p(x)$ 运算,验证 $\hat{H}\psi_p(x)=\frac{p^2}{2m}\psi_p(x)$. 说明能量本征态 $\psi_p(x)$ 也是 Hamilton 量(能量)本征态,本征值为 $E=p^2/2m$.

(b)设粒子在初始($t=0$)时刻,$\psi(x,0)=\psi_p(x)$,求 $\psi(x,t)=?$

(c)设波函数为 $\psi(x)=\delta(x)=\frac{1}{\sqrt{2\pi}}\int\mathrm{e}^{\mathrm{i}kx}\mathrm{d}k=\frac{1}{\sqrt{2\pi\hbar}}\int\mathrm{e}^{\mathrm{i}px/\hbar}\mathrm{d}p$, 可以看成无穷多个平面波 $\mathrm{e}^{\mathrm{i}kx}$ 的叠加,即无穷多个动量本征态 $\mathrm{e}^{\mathrm{i}px/\hbar}$ 的叠加。

试问 $\psi(x)=\delta(x)$ 是否是能量本征态?

(d)设粒子在 $t=0$ 时刻 $\psi(x,0)=\delta(x)$,求 $\psi(x,t)=?$

提示:利用积分公式

$$\int_{-\infty}^{+\infty}\cos(\xi^2)\mathrm{d}\xi=\int_{-\infty}^{+\infty}\sin(\xi^2)\mathrm{d}\xi=\sqrt{\pi/2}$$

或

$$\int_{-\infty}^{+\infty}\exp[\mathrm{i}\xi^2]\mathrm{d}\xi=\sqrt{\pi}\exp[\mathrm{i}\pi/4]$$

1.4　设一维自由粒子的初态为一个 Gauss 波包,

$$\psi(x,0)=\mathrm{e}^{\mathrm{i}p_0x/\hbar}\frac{1}{(\pi\alpha^2)^{1/4}}\mathrm{e}^{-x^2/2\alpha^2}$$

(a)证明初始时刻,$\overline{x}=0$, $\overline{p}=p_0$,

$$\Delta x = \left[\overline{(x-\overline{x})^2}\right]^{1/2} = \alpha/\sqrt{2}$$

$$\Delta p = \left[\overline{(p-\overline{p})^2}\right]^{1/2} = \hbar/\sqrt{2}\alpha$$

$$\Delta x \cdot \Delta p = \hbar/2$$

(b)计算 t 时刻的波函数

$$\psi(x,t) = \left[\sqrt{\pi}\left(\alpha + \frac{\mathrm{i}\hbar t}{m\alpha}\right)\right]^{-1/2} \cdot \exp\left[\frac{\mathrm{i}p_0}{\hbar}\left(x - \frac{p_0 t}{m}\right)\right]$$

$$\cdot \exp\left[-\frac{(x-p_0 t/m)^2}{2\alpha^2\left(1+\frac{\mathrm{i}\hbar t}{m\alpha^2}\right)}\right]$$

$$|\psi(x,t)|^2 = \frac{1}{\sqrt{\pi}\left(\alpha^2 + \frac{\hbar^2 t^2}{m^2\alpha^2}\right)^{1/2}} \cdot \exp\left[-\frac{(x-p_0 t/m)^2}{\alpha^2 + \hbar^2 t^2/m^2\alpha^2}\right]$$

$$\overline{x}(t) = \frac{p_0 t}{m}$$

$$\overline{\Delta x}(t) = \frac{\alpha}{\sqrt{2}}\left(1 + \frac{\hbar^2 t^2}{m^2\alpha^4}\right)^{1/2} \approx \frac{\hbar t}{\sqrt{2}m\alpha} \quad (当\ t \to \infty\ 时)$$

考虑一个宏观粒子,$m=1\mathrm{mg}$,初始时刻位置准确到 1 fm$=10^{-13}$ cm,即 $\Delta x(t=0)=\alpha/\sqrt{2}=10^{-13}$ cm,计算 $t=300\,000$ 年时,$\Delta x(t)=$? 由此你可以得出什么印象?

1.5　设一维自由粒子初态为 $\psi(x,0)$. 证明在足够长时间后,

$$\psi(x,t) = \sqrt{\frac{m}{\hbar t}}\exp[-\mathrm{i}\pi/4] \cdot \exp\left[\frac{\mathrm{i}mx^2}{2\hbar t}\right] \cdot \varphi\left(\frac{mx}{\hbar t}\right)$$

式中

$$\varphi(k) = \frac{1}{\sqrt{2\pi}}\int_{-\infty}^{+\infty}\psi(x,0)\mathrm{e}^{-\mathrm{i}kx}\mathrm{d}x$$

是 $\psi(x,0)$的 Fourier 变换.

提示:利用

$$\lim_{\alpha\to\infty}\sqrt{\frac{\alpha}{\pi}}\mathrm{e}^{\mathrm{i}\pi/4}\mathrm{e}^{-\mathrm{i}\alpha x^2} = \delta(x)$$

1.6　按照粒子密度分布 ρ 和粒子流密度分布 $\boldsymbol{j}$ 的表示式(1.2 节,式(13),式(14))

$$\rho(\boldsymbol{r},t) = \psi^*(\boldsymbol{r},t)\psi(\boldsymbol{r},t)$$

$$\boldsymbol{j}(\boldsymbol{r},t) = -\frac{\mathrm{i}\hbar}{2m}[\psi^*(\boldsymbol{r},t)\nabla\psi(\boldsymbol{r},t) - \psi(\boldsymbol{r},t)\nabla\psi^*(\boldsymbol{r},t)]$$

定义粒子的速度分布

$$\boldsymbol{v} = \boldsymbol{j}/\rho = -\frac{\mathrm{i}\hbar}{2m}\left[\frac{\nabla\psi(\boldsymbol{r},t)}{\psi(\boldsymbol{r},t)} - \frac{\nabla\psi^*(\boldsymbol{r},t)}{\psi^*(\boldsymbol{r},t)}\right]$$

证明

$$\nabla \times \boldsymbol{v} = 0$$

设想 $\boldsymbol{v}$ 描述一个速度场,则 $\boldsymbol{v}$ 为一个无旋场.

1.7　处于势场 $\mathrm{V}(\boldsymbol{r})$中的粒子,在坐标表象中的能量本征方程表示成

$$\left[-\frac{\hbar^2}{2m}\nabla^2 + \mathrm{V}(\boldsymbol{r})\right]\psi(\boldsymbol{r}) = E\psi(\boldsymbol{r})$$

试在动量表象中写出相应的能量本征方程.

第 2 章　一维势场中的粒子

2.1　一维势场中粒子能量本征态的一般性质

在继续阐述量子力学基本原理之前，先用 Schrödinger 方程来处理一类简单的问题——一维粒子的能量本征态. 这不仅有助于具体地理解已学过的基本原理，也有助于进一步阐述其他的基本原理. 一维问题在数学上处理起来比较简单，因而能对结果进行细致的讨论. 量子体系的许多特征，都可以在这些一维问题中展示出来. 此外，一维问题还是处理各种复杂问题的基础. 下面先讨论一维粒子的能量本征态的一些共同的特点.

设质量为 m 的粒子，沿 x 方向运动，势能为 $V(x)$，则 Schrödinger 方程表示为

$$\mathrm{i}\hbar \frac{\partial}{\partial t}\psi(x,t) = \left[-\frac{\hbar^2}{2m}\frac{\partial}{\partial x^2} + V(x)\right]\psi(x,t) \tag{1}$$

对于定态，即具有一定能量 E 的状态，波函数形式为

$$\psi(x,t) = \psi(x)\mathrm{e}^{-\mathrm{i}Et/\hbar} \tag{2}$$

代入式(1)，可得 $\psi(x)$ 满足的方程

$$\left[-\frac{\hbar^2}{2m}\frac{\mathrm{d}^2}{\mathrm{d}x^2} + V(x)\right]\psi(x) = E\psi(x) \tag{3}$$

此即一维粒子的能量本征方程. 在量子力学中，如不作特别的声明，都认为 $V(x)$ 取实值①，即

$$V^*(x) = V(x) \tag{4}$$

在求解微分方程(3)时，要根据具体物理问题的边条件来定解，如束缚态条件、散射态的边条件等. 下面先对能量本征方程(3)的解的一般性质进行讨论. 以下定理 1～4，不仅对一维问题成立，对于三维问题也同样适用.

定理 1　设 $\psi(x)$ 是方程(3)的一个解，对应的能量本征值为 E，则 $\psi^*(x)$ 也是方程(3)的一个解，对应的能量也是 E.

证明　式(3)取复共轭，注意 E 取实值，$V^*(x)=V(x)$，可得

$$\left(-\frac{\hbar^2}{2m}\frac{\mathrm{d}^2}{\mathrm{d}x^2} + V(x)\right)\psi^*(x) = E\psi^*(x) \tag{5}$$

即 $\psi^*(x)$ 也满足方程(3)，并且对应能量本征值为 E.　　　（证毕）

按此定理，假设对应于能量的某个本征值 E，方程(3)的解无简并(即只有一个

① 这样可保证 Hamilton 量为厄米算符，从而保证概率守恒，并且能量本征值为实数. 详细讨论见第 3 章.

独立的解)，则可取为实解(除了一个不关紧要的常数因子之外). 因为假设$\psi(x)$是能量为E的一个解，则$\psi^*(x)$也是能量为E的一个解. 如果能级不简并，则$\psi^*(x)$与$\psi(x)$描述的是同一个量子态，所以$\psi^*(x)=C\psi(x)$，C为常数. 取复共轭得$\psi(x)=C^*\psi^*(x)=|C|^2\psi(x)$，所以$|C|=1$，而$C=e^{i\alpha}$，$\alpha$为实数. 不妨取相位$\alpha=0$，则$\psi^*(x)=\psi(x)$，即$\psi(x)$为实.

对于能级有简并的情况，可用定理2来处理.

定理2 对应于能量的某个本征值E，总可以找到方程(3)的一组实解，凡是属于E的任何解，均可表示为这一组实解的线性叠加.

证明 假设$\psi(x)$是方程(3)的对应于某一个能量本征值E的一个解，如它是实解，则把它归入实解的集合中去；如它是复解，按定理1，$\psi^*(x)$也必定是方程(3)的解，并且与$\psi(x)$一样，同属于能量本征值E. 再根据线性微分方程解的叠加性定理，

$$\varphi(x)=\psi(x)+\psi^*(x),\quad \chi(x)=-\mathrm{i}(\psi(x)-\psi^*(x))$$

也是方程(3)的解，它们同属于能量E，并彼此独立. 注意，$\varphi(x)$与$\chi(x)$均为实解，而$\psi(x)$和$\psi^*(x)$(同属于E)均可表示成$\varphi(x)$与$\chi(x)$的线性叠加，即

$$\psi=\frac{1}{2}(\varphi+\mathrm{i}\chi),\quad \psi^*=\frac{1}{2}(\varphi-\mathrm{i}\chi)\qquad\text{(证毕)}$$

定理3 设$V(x)$具有空间反射不变性，$V(-x)=V(x)$. 如$\psi(x)$是方程(3)的对应于能量本征值E的解，则$\psi(-x)$也是方程(3)的对应于能量E的解.

证明 当$x\to -x$时，$\frac{\mathrm{d}^2}{\mathrm{d}x^2}\to\frac{\mathrm{d}^2}{\mathrm{d}(-x)^2}=\frac{\mathrm{d}^2}{\mathrm{d}x^2}$，按假定$V(-x)=V(x)$，所以方程(3)化为

$$-\frac{\hbar^2}{2m}\frac{\mathrm{d}^2}{\mathrm{d}x^2}\psi(-x)+V(x)\psi(-x)=E\psi(-x)\qquad(6)$$

可见$\psi(-x)$也满足方程(3)，并且与$\psi(x)$一样，同属于能量E. (证毕)

空间反射算符P定义为

$$P\psi(\boldsymbol{r})=\psi(-\boldsymbol{r})\qquad(7)$$

即把空间坐标$\boldsymbol{r}\to-\boldsymbol{r}$. 对于一维粒子，则为$P\psi(x)=\psi(-x)$. 按上述定理，如$V(-x)=V(x)$，则$\psi(-x)$与$\psi(x)$都是对应于同一能量$E$的量子态. 如果对应于某能量$E$，方程(3)的解无简并，则解必有确定的宇称(parity). 因为此时$\psi(-x)$与$\psi(x)$代表同一个解，即$P\psi(x)\equiv\psi(-x)$与$\psi(x)$代表同一个量子态，它们最多可以差一个常数因子C. 因此

$$P\psi(x)=C\psi(x)\qquad(8)$$

因而

$$P^2\psi(x)=CP\psi(x)=C^2\psi(x)$$

但$P^2\psi(x)=\psi(x)$，所以$C^2=1$，$C=\pm1$. 对于$C=+1$的解

$$P\psi(x) = \psi(-x) = \psi(x)$$

称为偶宇称(even parity)解. 对于 $C=-1$ 的解

$$P\psi(x) = \psi(-x) = -\psi(x)$$

称为奇宇称(odd parity)解. 一维谐振子和一维对称方势阱都属于这种情况.

对于能级有简并的情况,能量本征态并不一定就具有确定宇称. 此时,可以用定理 4 来处理.

定理 4 设 $V(-x)=V(x)$,则对应于任何一个能量本征值 E,总可以找到方程(3)的一组解(每一个解都有确定的宇称),而属于能量本征值 E 的任何解,都可用它们来展开.

证明 设 $\psi(x)$是方程(3)的一个解,如无确定的宇称,则按定理 3,$\psi(-x)$也是方程(3)的一个解,但不同于 $\psi(x)$(尽管它们同属于 E). 因此,可以构造

$$f(x) = \psi(x) + \psi(-x), \quad g(x) = \psi(x) - \psi(-x) \tag{9}$$

$f(x)$与 $g(x)$均为方程(3)的解,同属于 E,且具有确定宇称($f(-x)=f(x)$, $g(-x)=-g(x)$),而 $\psi(x)$与 $\psi(-x)$可以表示为 $f(x)$与 $g(x)$的线性叠加,即

$$\psi(x) = \frac{1}{2}[f(x)+g(x)], \quad \psi(-x) = \frac{1}{2}[f(x)-g(x)] \qquad \text{(证毕)}$$

波函数的统计诠释对波函数的性质提出的要求,已在 1.1.7 节中做了初步讨论. 在坐标表象中,涉及波函数 $\psi(x)$及其各阶导数的连续性问题,应从能量本征方程(3)出发,根据 $V(x)$的性质进行讨论. 如 $V(x)$是 x 的连续函数,按方程(3),$\psi''(x)$是存在的,因此 $\psi(x)$与 $\psi'(x)$必为 x 的连续函数. 但如 $V(x)$不连续,或有某种奇异性,则 $\psi(x)$及其各阶导数的连续性问题需要具体分析. 对于一维方势场,可证明下列定理.

定理 5 对于阶梯形方位势

$$V(x) = \begin{cases} V_1, & x < a \\ V_2, & x > a \end{cases} \tag{10}$$

(V_2-V_1)有限,则能量本征函数 $\psi(x)$及其导数 $\psi'(x)$必定是连续的(但如 $|V_2-V_1|\to\infty$,则定理不成立).

证明 按方程(3),

$$\frac{\mathrm{d}^2}{\mathrm{d}x^2}\psi(x) = -\frac{2m}{\hbar^2}[E-V(x)]\psi(x) \tag{11}$$

在 $V(x)$连续的区域,$\psi(x)$与 $\psi'(x)$显然是连续的. 在 $V(x)$发生阶梯形跳跃处,$V(x)\psi(x)$发生跃变,但变化是有限的①. 在 $x\sim a$ 邻域对方程(11)积分 $\lim\limits_{\varepsilon\to 0^+}\int_{a-\varepsilon}^{a+\varepsilon}\mathrm{d}x$,得

① 更严格的证明,参见 M. Baranger, *Quantum Mechanics*, Part 1, *Elementary Wave Mechanics*, MIT,1980.

$$\psi'(a+0^+)-\psi'(a-0^+)=-\frac{2m}{\hbar^2}\lim_{\varepsilon\to 0^+}\int_{a-\varepsilon}^{a+\varepsilon}\mathrm{d}x[E-V(x)]\psi(x)$$

由于$[E-V(x)]\psi(x)$是有限的，当$\varepsilon\to 0^+$时，上式右边积分趋于零. 因此

$$\psi'(a+0^+)=\psi'(a-0^+) \tag{12}$$

即$\psi'(x)$在$V(x)$的跳跃点$x=a$处是连续的，因而$\psi(x)$也是连续的. （证毕）

定理 6 对于一维粒子，设$\psi_1(x)$与$\psi_2(x)$均为方程(3)的属于同一能量E的解，则

$$\psi_1\psi_2'-\psi_2\psi_1'=\text{常数}\quad(\text{与 }x\text{ 无关}) \tag{13}$$

证明 按假设

$$\psi_1''+\frac{2m}{\hbar^2}[E-V(x)]\psi_1=0 \tag{14}$$

$$\psi_2''+\frac{2m}{\hbar^2}[E-V(x)]\psi_2=0 \tag{15}$$

$\psi_1\times$式(15)$-\psi_2\times$式(14)，得

$$\psi_1\psi_2''-\psi_2\psi_1''=0$$

即

$$(\psi_1\psi_2'-\psi_2\psi_1')'=0$$

积分，得

$$\psi_1\psi_2'-\psi_2\psi_1'=\text{常数}\quad(\text{与 }x\text{ 无关})$$ （证毕）

对于束缚态(bound state，指粒子局限在有限空间中，即在无穷远处找到粒子的概率为 0)，当$|x|\to\infty$时，$\psi\to 0$，所以式(13)中常数必为 0. 因此，对于同属于能量E的任何两个束缚态波函数ψ_1与ψ_2，

$$\psi_1\psi_2'=\psi_2\psi_1' \tag{16}$$

定理 7 设粒子在规则(regular)势场$V(x)$($V(x)$无奇点)中运动，如存在束缚态，则必定是不简并的.

证明 设ψ_1与ψ_2是方程(3)的属于能量E的两个束缚态解，按式(16)有

$$\psi_1\psi_2'=\psi_2\psi_1'$$

在不包含$\psi_1(x)$和$\psi_2(x)$的节点的区域中，可用$\psi_1\psi_2$除上式，得

$$\psi_1'/\psi_1=\psi_2'/\psi_2 \tag{17}$$

即$(\ln(\psi_1/\psi_2))'=0$，积分得$\ln(\psi_1/\psi_2)=$常数(与x无关，取为$\ln C$)，因此

$$\psi_1(x)=C\psi_2(x) \tag{18}$$

所以$\psi_1(x)$与$\psi_2(x)$代表同一个量子态，即能级不简并. （证毕）

对于常见的不规则势阱，在绝大多数情况下(如无限深方势阱、δ势阱等)，上述定理也成立. 但对于某些不规则势阱，如一维氢原子($V(x)\propto -1/|x|$)，除基态外，其他束缚态均为二重简并(即对应于同一个能级，有两个不同的本征函数). 其特征是波函数的节点(指$\psi(x)=0$的点)出现在$V(x)$的奇异点处，两个简并态具有不同宇称[①].

---

① 参阅，曾谨言，量子力学，卷Ⅰ(第五版)，§ 6.7(科学出版社，2013).

2.2 方　　势

2.2.1 无限深方势阱,离散谱

先考虑一个理想的情况——无限深方势阱中粒子,势阱表示为

$$V(x)=\begin{cases}0, & 0<x<a\\ \infty, & x<0,x>a\end{cases} \tag{1}$$

在阱内($0<x<a$),能量本征方程为

$$\frac{\mathrm{d}^2}{\mathrm{d}x^2}\psi+\frac{2mE}{\hbar^2}\psi=0 \tag{2}$$

m 为粒子质量,$E>0$. 令

$$k=\sqrt{2mE}/\hbar \tag{3}$$

则方程(2)的解可表示为

$$\psi(x)=A\sin(kx+\delta) \tag{4}$$

A 与 δ 是待定常数. 因为势壁无限高,从物理上考虑,粒子不能透过势壁. 按波函数的统计诠释,要求在阱壁上及阱外波函数为 0(更严格的论证,可参见 2.2.2 节,无限深方势阱应该作为有限深方势阱的极限情况来处理). 特别是

$$\psi(0)=0,\quad \psi(a)=0 \tag{5}$$

按边条件 $\psi(0)=0$,则要求 $\delta=0$. 而按照边条件 $\psi(a)=0$,得 $\sin ka=0$,即

$$ka=n\pi,\quad n=1,2,3,\cdots \tag{6}$$

(注意:$n=0$ 给出的波函数 $\psi\equiv0$,无物理意义,而 n 取负值与 n 取正值所给出的波函数(4)描述的是同一个量子态). 联合式(6)和(3),得

$$E=E_n=\frac{\hbar^2\pi^2n^2}{2ma^2},\quad n=1,2,3,\cdots \tag{7}$$

这说明:并非任何 E 值所相应的波函数都满足本问题所要求的边条件,而只当能量取式(7)给出的那些离散值 E_n 时,相应的波函数才满足边条件,因而是物理上可接受的. 这样,我们就得出:一维无限深方势阱中粒子的能量是量子化的,即构成的能谱是离散的(discrete). E_n 称为体系的能量本征值. 与 E_n 对应的波函数记为 $\psi_n(x)$,称为能量本征函数,

$$\psi_n(x)=A\sin(n\pi x/a),\quad 0<x<a \tag{8}$$

利用归一化条件

$$\int_0^a|\psi_n(x)|^2\mathrm{d}x=1 \tag{9}$$

可求出$|A|=\sqrt{2/a}$. 不妨取 A 为实数，则归一化波函数表示为(图 2.1)

$$\psi_n(x)=\begin{cases}\sqrt{\dfrac{2}{a}}\sin\left(\dfrac{n\pi x}{a}\right), & 0<x<a\\ 0, & x<0, x>a\end{cases} \tag{10}$$

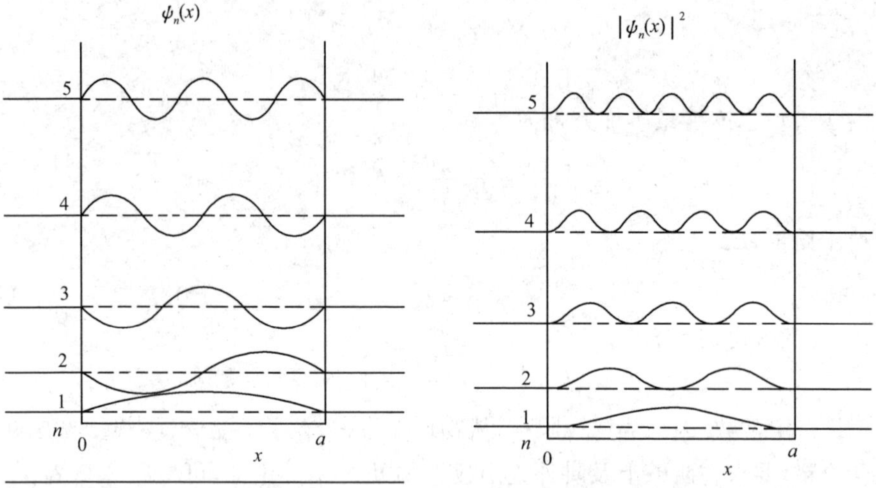

图 2.1　无限深方势阱中较低几条能级的波函数

讨论：

(a) 粒子的最低能级 $E_1=\hbar^2\pi^2/2ma^2\neq 0$，这与经典粒子不同，是微观粒子波动性的表现，因为“静止的波”是没有意义的. 从不确定度关系也可得出此定性的结论. 因为粒子限制在无限深势阱中，位置不确定度 $\Delta x\sim a$. 按不确定度关系，$\Delta p\sim\hbar/\Delta x\sim\hbar/a$. 因此，粒子能量 $E\sim p^2/2m\sim(\Delta p)^2/2m\sim\hbar^2/2ma^2\neq 0$.

(b) 从图 2.1 可看出，除端点($x=0,a$)外，**基态**(能量最低态，$n=1$)波函数无节点，第一激发态($n=2$)有一个节点，第 k 激发态($n=k+1$)有 k 个节点.

(c) 不难验证，波函数(10)在全空间连续，但微商 $\psi_n'(x)$ 在 $x=0$ 和 a 点不连续.

练习　试取无限深方势阱的中心为坐标原点，即

$$V(x)=\begin{cases}0, & |x|<a/2\\ \infty, & |x|\geqslant a/2\end{cases} \tag{11}$$

证明粒子的能量仍如式(7)所示，但波函数表示为

$$\psi_n(x)=\begin{cases}\sqrt{\dfrac{2}{a}}\cos\left(\dfrac{n\pi x}{a}\right), & n=1,3,5,\cdots,(\text{偶宇称})\\ & \qquad\qquad |x|<a/2 \\ \sqrt{\dfrac{2}{a}}\sin\left(\dfrac{n\pi x}{a}\right), & n=2,4,6,\cdots,(\text{奇宇称})\\ 0, & \qquad\qquad |x|\geqslant a/2\end{cases}\tag{12}$$

2.2.2 有限深对称方势阱

设

$$V(x)=\begin{cases}0, & |x|<a/2\\ V_0, & |x|>a/2\end{cases}\tag{13}$$

a 为阱宽,V_0 为势阱高度(图 2.2). 以下讨论束缚态($0<E<V_0$)情况.

从经典力学来看,粒子将限制在阱内运动. 在阱外($|x|>a/2$,经典禁区),能量本征方程为

$$\frac{\mathrm{d}^2}{\mathrm{d}x^2}\psi-\frac{2m}{\hbar^2}(V_0-E)\psi=0\tag{14}$$

令

$$\beta=\sqrt{2m(V_0-E)}/\hbar(\text{实})\tag{15}$$

则方程(14)的解具有如下指数函数形式

$$\psi\sim \mathrm{e}^{\pm\beta x}$$

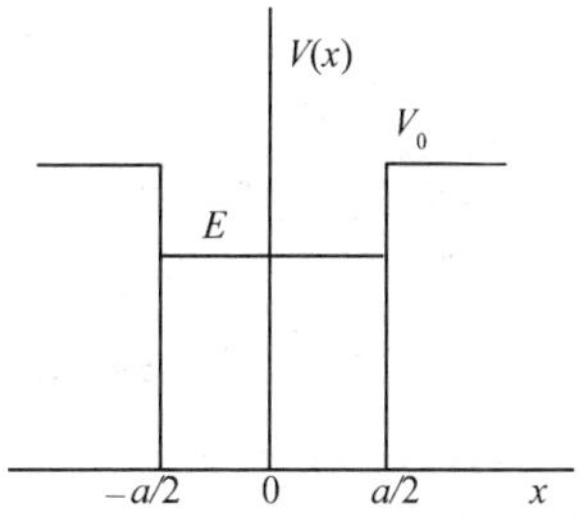

图 2.2

但考虑到束缚态边条件(要求$|x|\to\infty$处,$\psi(x)\to 0$),波函数应取如下形式

$$\psi(x)=\begin{cases}A\mathrm{e}^{-\beta x}, & x\geqslant a/2\\ B\mathrm{e}^{+\beta x}, & x\leqslant -a/2\end{cases}\tag{16}$$

常数 A 与 B 待定. 当 $V_0\to\infty$(无限深势阱),$\beta\to\infty$,则在阱外$|x|\geqslant a/2$,上式$\psi=0$,这正是无限深方势阱的边条件式(5)的根据.

在阱内($|x|\leqslant a/2$,经典允许区),能量本征方程为

$$\frac{\mathrm{d}^2}{\mathrm{d}x^2}\psi+\frac{2mE}{\hbar^2}\psi=0\tag{17}$$

令

$$k=\sqrt{2mE}/\hbar\tag{18}$$

则方程(17)的解可表示为如下振荡函数形式

$$\mathrm{e}^{\pm ikx}\ \text{或}\ \sin kx,\cos kx$$

但考虑到势阱具有空间反射不变性 $V(-x)=V(x)$,按 2.1 节定理 4,束缚态能量本征函数(不简并)必具有确定宇称,因此只能取 $\sin kx$ 或 $\cos kx$ 形式. 以下分别讨论之.

(a)偶宇称态.

$$\psi(x) \sim \cos kx \quad (|x| \leqslant a/2) \tag{19}$$

按照 2.1 节定理 5，波函数 $\psi(x)$ 及微商 $\psi'(x)$ 在 $|x|=a/2$ 处是连续的，由此可确定粒子的能量本征值. 若只对能量本征值有兴趣，更方便的办法是利用 ψ'/ψ 或 $(\ln\psi)'$ 的连续性来确定能量. 此做法的优点是可以撇开波函数的归一化问题. 这样，按式(16)与式(19)，有

$$(\ln \cos kx)'\Big|_{x=a/2} = (\ln \mathrm{e}^{-\beta x})'\Big|_{x=a/2}$$

由此得出

$$k\tan(ka/2) = \beta \tag{20}$$

(根据 $x=-a/2$ 点的连续条件得出的结果，与此相同). 引进无量纲参数

$$\xi = ka/2, \quad \eta = \beta a/2 \tag{21}$$

则式(20)化为

$$\xi\tan\xi = \eta \tag{22}$$

此外，按照式(15)，式(18)与式(21)，有

$$\xi^2 + \eta^2 = mV_0a^2/2\hbar^2 \tag{23}$$

式(22)与式(23)是 ξ 与 η 满足的超越代数方程组，可用数值计算求解，或用图解法近似求解(图 2.3(a)).

(b)奇宇称态.

$$\psi(x) \sim \sin kx \qquad (|x| < a/2) \tag{24}$$

与偶宇称态类似，利用 $(\ln\psi)'$ 的连续条件可求出

$$-k\cot(ka/2) = \beta \tag{25}$$

用式(21)代入，可得

$$-\xi\cot\xi = \eta \tag{26}$$

与式(23)联立，可确定参数 ξ 与 η，从而确定能量本征值.

由图 2.3(a)可以看出，在对称方势阱情况下，无论 V_0a^2 的值多小，方程组(22)与(23)至少有一个根. 换言之，至少存在一个束缚态(基态)，其宇称为偶. 当 V_0a^2 增大，使 $\xi^2+\eta^2=mV_0a^2/2\hbar^2\geqslant\pi^2$ 时，则将出现偶宇称第一激发态；当 V_0a^2 继续增大，还将依次出现更高的偶宇称激发能级.

奇宇称态与此不同. 图 2.3(b)表明，只当

$$\xi^2 + \eta^2 = mV_0a^2/2\hbar^2 \geqslant \pi^2/4$$

即

$$V_0a^2 \geqslant \pi^2\hbar^2/2m \tag{27}$$

时，才可能出现最低的奇宇称能级.

2.2.3 束缚态与离散谱

由以上分析可以看出，束缚能量本征态($E<V_0$)的能量是离散的，它是束缚态

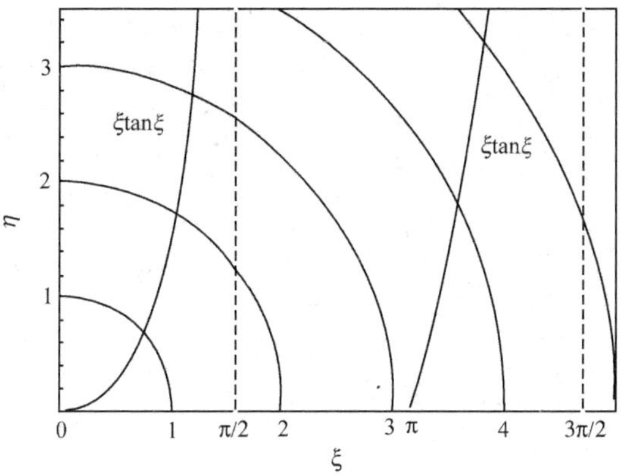

(a)

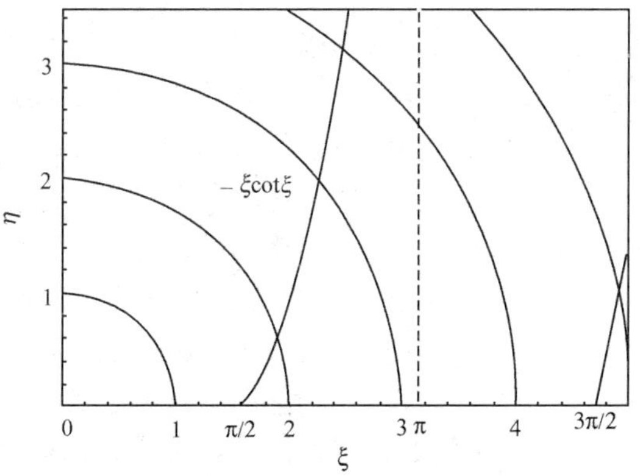

(b)

图 2.3

边条件下求解能量本征方程的必然结果. 为更形象地理解这一现象,可以从波函数的形状的变化规律来定性讨论. 按照能量本征方程

$$\psi''(x) = -\frac{2m}{\hbar^2}[E - V(x)]\psi(x) \tag{28}$$

在经典允许区($V(x) < E$),波函数是 x 的振荡函数($\sin kx$, $\cos kx$),而且在 $[E - V(x)]$ 愈大的地方,振荡愈快. 此外,由于 ψ'' 与 ψ 的正负号相反,$\psi(x)$ 总是向 x 轴弯曲(图 2.4(a)),即

在 $\psi(x) > 0$ 区域,$\psi''(x) < 0$,$\psi(x)$ 曲线向下弯;

在 $\psi(x) < 0$ 区域,$\psi''(x) > 0$,$\psi(x)$ 曲线向上弯.

与此不同,在经典禁区($V(x) > E$),波函数是 x 的指数上升或下降的函数($e^{\pm\beta x}$),无振荡现象. 由于 ψ'' 与 ψ 的正负号相同,$\psi(x)$ 总是背离 x 轴弯曲(图 2.4(b)),即

在 $\psi(x) > 0$ 区域,$\psi''(x) > 0$,$\psi(x)$ 曲线向上弯曲;

在 $\psi(x) < 0$ 区域,$\psi''(x) < 0$,$\psi(x)$ 曲线向下弯曲.

根据上述特点,可以定性讨论粒子能量的可能取值(即本征值)以及波函数的节

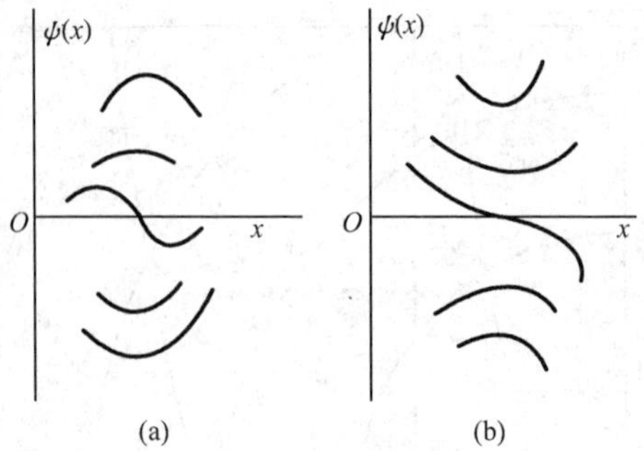

图 2.4

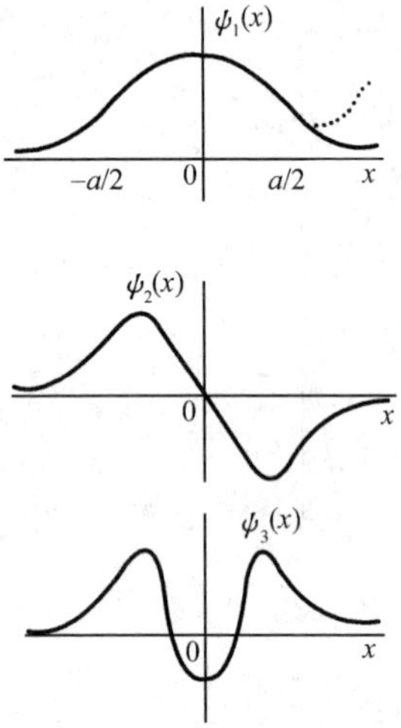

图 2.5

点数.

先讨论基态. 在 $x<-a/2$ 区域(经典禁区),由于 $E<V_0$;当 $x\to-\infty$时,$\psi\to0$;当 x 增加时,$\psi(x)$呈指数上升(曲线上弯),(图 2.5);当 x 增到$(-a/2)$后(经典允许区),由于 $E>0$,曲线开始下弯,一直延续到 $x=a/2$ 处. 在 $x>a/2$ 区(经典禁区),由于 $E<V_0$,曲线又开始向上弯. 在保证 $x=\pm a/2$ 处波函数光滑连接的条件下,当 $x\to+\infty$时,一般情况下波函数将趋于∞,不能满足束缚态条件. 在$V(x)$给定情况下,$\psi(x)$的弯曲情况取决于粒子能量 E 的值. 只当 E 取某适当值时,在 $x\to\infty$处$\psi(x)$才可能趋于 0. 这个适当的 E 值,就是粒子的最低的能量本征值. 只要能量稍微偏离此值,$\psi(x)$都不会满足束缚态条件. 可以看出,除$x=\pm\infty$之外,在 x 有限的区域中基态波函数都无节点.

当粒子能量继续增加时,在$|x|>a/2$ 区域,$\psi(x)$的曲率将减小,但在$|x|<a/2$区域,$\psi(x)$曲线的振荡将加快. 因此,有可能当 E 取某个适当值时,$\psi(x)$在$|x|<a/2$ 区域中经历了一次振荡(出现一个节点),并且能够在$x=-a/2$处与波函数 $e^{\beta x}$ 以及在 $x=a/2$ 处与波函数 $e^{-\beta x}$,光滑地衔接上. 此时就出现第二个束缚能量本征态(奇宇称态),它有一个节点,此即第一激发态,相应的能量即第一激发能级.

如此继续下去,可以得出:只当粒子能量取某些离散值 $E_1,E_2,E_3,\cdots$时,相应的波函数 $\psi_1(x),\psi_2(x),\psi_3(x),\cdots$才满足束缚态边条件:$|x|\to\infty$处,$\psi(x)\to0$. 这些能量值即能量本征值,相应波函数即能量本征函数. 基态波函数无节点,激发态的节点数依次增加一个. 能量愈高的激发态,波函数振荡愈厉害.

2.2.4 方势垒的反射与透射

设具有一定能量 E 的粒子沿 x 轴正方向射向方势垒(图 2.6)

$$V(x)=\begin{cases}V_0, & 0<x<a\\ 0, & x<0, x>a\end{cases} \tag{29}$$

按照经典力学观点，若 $E<V_0$，则粒子不能进入势垒，将被弹回去；若 $E>V_0$，则粒子将穿过势垒. 但从量子力学观点来看，考虑到粒子的波动性，此问题与入射波碰到一层厚度为 a 的介质相似，即有一部分波透过，一部分波被反射回去. 因此，按照波函数的统计诠释，无论粒子能量 $E>V_0$，或 $E<V_0$，都有一定概率穿透势垒，也有一定概率被反射回去.

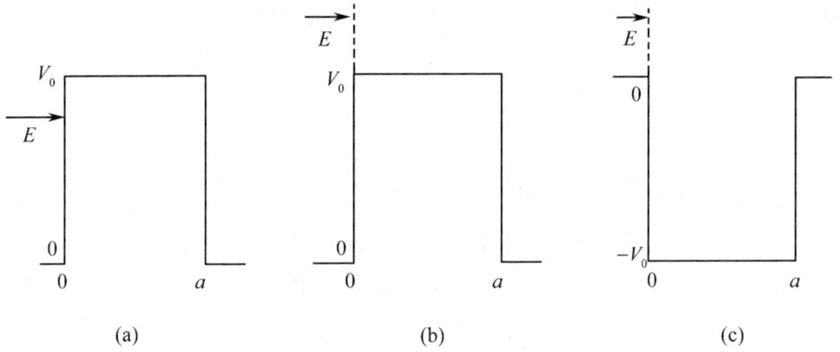

图 2.6　一维方势($V_0>0$)

(a)方势垒的反射与透射，$E<V_0$；

(b)方势垒的反射与透射，$E>V_0$；

(c)方势阱的反射，透射与共振，$E>0$

先考虑 $E<V_0$ 情况(图 2.6(a)). 在势垒外($x<0, x>a$，经典允许区)，能量本征方程表示为

$$\frac{\mathrm{d}^2}{\mathrm{d}x^2}\psi+\frac{2mE}{\hbar^2}\psi=0 \tag{30}$$

它的两个线性无关解可取为 $\psi(x)\sim \mathrm{e}^{\pm ikx}$，$k=\sqrt{2mE}/\hbar$，能级为二重简并，但我们可以根据入射边条件来定解. 以下假设，粒子是从左入射. 由于势垒的存在，在 $x<0$ 区域中，既有入射波 e^{ikx}，也有反射波 e^{-ikx}，而在 $x>a$ 区域中则只有透射波 e^{ikx}，所以

$$\psi(x)=\begin{cases}\mathrm{e}^{ikx}+R\mathrm{e}^{-ikx}, & x<0\\ S\mathrm{e}^{ikx}, & x>a\end{cases} \tag{31}$$

上式中入射波的波幅任意地取为 1，只是为了方便(这对反射和透射系数无影响)，相当于取入射粒子流密度为

$$j_{\mathrm{i}}=\frac{\hbar}{\mathrm{i}2m}\left(\mathrm{e}^{-ikx}\frac{\partial}{\partial x}\mathrm{e}^{ikx}-\text{复共轭项}\right)=\frac{\hbar k}{m}=v \tag{32}$$

式(31)中 $R\mathrm{e}^{-ikx}$ 和 $S\mathrm{e}^{ikx}$ 分别表示反射波与透射波，相应的反射流密度 j_{r} 和透射流

密度 j_t(见 1.2 节,式(14))分别为

$$j_r = |R|^2 v, \quad j_t = |S|^2 v \tag{33}$$

所以

$$\text{反射系数} = j_r/j_i = |R|^2 \tag{34}$$

$$\text{透射系数} = j_t/j_i = |S|^2 \tag{35}$$

根据方势垒边界上波函数及其导数的连续性条件,可确定 R 与 S,从而求出反射系数与透射系数.

在势垒内部($0<x<a$,经典禁区),能量本征方程为

$$\frac{d^2}{dx^2}\psi - \frac{2m}{\hbar^2}(V_0 - E)\psi = 0 \tag{36}$$

其通解可取为

$$\psi(x) = Ae^{\kappa x} + Be^{-\kappa x}, \quad 0 < x < a \tag{37}$$

$$\kappa = \sqrt{2m(V_0 - E)}/\hbar(\text{实}) \tag{38}$$

按式(31)与式(37),在 $x=0$ 点 ψ 与 ψ' 的连续性条件导致

$$1+R = A+B$$

$$\frac{ik}{\kappa}(1-R) = A-B$$

上两式相加、减,分别得

$$\begin{aligned} A &= \frac{1}{2}\left[\left(1+\frac{ik}{\kappa}\right)+R\left(1-\frac{ik}{\kappa}\right)\right] \\ B &= \frac{1}{2}\left[\left(1-\frac{ik}{\kappa}\right)+R\left(1+\frac{ik}{\kappa}\right)\right] \end{aligned} \tag{39}$$

类似,在 $x=a$ 点 ψ 与 ψ' 的连续性条件导致

$$Ae^{\kappa a} + Be^{-\kappa a} = Se^{ika}$$

$$Ae^{\kappa a} - Be^{-\kappa a} = \frac{ik}{\kappa}Se^{ika}$$

两式相加、减,分别得

$$\begin{aligned} A &= \frac{S}{2}\left[1+\frac{ik}{\kappa}\right]e^{ika-\kappa a} \\ B &= \frac{S}{2}\left[1-\frac{ik}{\kappa}\right]e^{ika+\kappa a} \end{aligned} \tag{40}$$

从式(39)与式(40)消去 A、B,得

$$\begin{aligned} \left(1+\frac{ik}{\kappa}\right)+R\left(1-\frac{ik}{\kappa}\right) &= S\left(1+\frac{ik}{\kappa}\right)e^{ika-\kappa a} \\ \left(1-\frac{ik}{\kappa}\right)+R\left(1+\frac{ik}{\kappa}\right) &= S\left(1-\frac{ik}{\kappa}\right)e^{ika+\kappa a} \end{aligned} \tag{41}$$

消去 R,得

$$\frac{Se^{ika-\kappa a}-1}{Se^{ika+\kappa a}-1}=\left(\frac{1-ik/\kappa}{1+ik/\kappa}\right)^2 \tag{42}$$

解出，得

$$Se^{ika}=\frac{-2ik/\kappa}{[1-(k/\kappa)^2]\text{sh}\kappa a-2i\dfrac{k}{\kappa}\text{ch}\kappa a} \tag{43}$$

因此，透射系数为

$$\begin{aligned}T=|S|^2&=\frac{4k^2\kappa^2}{(k^2-\kappa^2)^2\text{sh}^2\kappa a+4k^2\kappa^2\text{ch}^2\kappa a}\\&=\frac{4k^2\kappa^2}{(k^2+\kappa^2)^2\text{sh}^2\kappa a+4k^2\kappa^2}\\&=\left[1+\frac{(k^2+\kappa^2)^2}{4k^2\kappa^2}\text{sh}^2\kappa a\right]^{-1}\\&=\left[1+\frac{1}{\dfrac{4E}{V_0}\left(1-\dfrac{E}{V_0}\right)}\text{sh}^2\kappa a\right]^{-1}\end{aligned} \tag{44}$$

类似，从式(41)消去 S，可得出 R，而反射系数为

$$|R|^2=\frac{(k^2+\kappa^2)^2\text{sh}^2\kappa a}{(k^2+\kappa^2)^2\text{sh}^2\kappa a+4k^2\kappa^2} \tag{45}$$

可以看出

$$|R|^2+|S|^2=1 \tag{46}$$

$|R|^2$表示粒子被势垒反弹回去的概率，$|S|^2$表示粒子透过势垒的概率. 式(46)正是概率守恒的表现. 可以看出，即使 $E<V_0$，在一般情况下，透射系数 T 并不为零. 粒子能穿透比它动能更高的势垒的现象，称为隧道效应(tunnel effect)，它是粒子具有波动性的表现. 当然，这种现象只在一定条件下才比较显著. 图 2.7 给出了势垒穿透的波动图像.

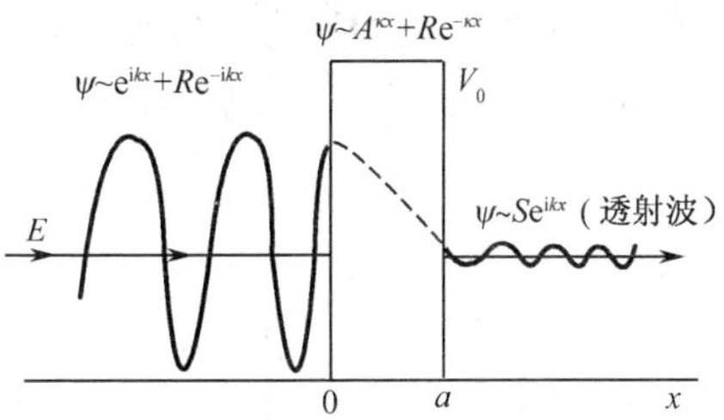

图 2.7

设 $\kappa a\gg1$，利用 $\text{sh}\kappa a\approx\frac{1}{2}e^{\kappa a}\gg1$，式(44)可近似表示成

$$\begin{aligned}T&\approx\frac{16k^2\kappa^2}{(k^2+\kappa^2)^2}e^{-2\kappa a}\\&=\frac{16E(V_0-E)}{V_0^2}\exp\left[-\frac{2a}{\hbar}\sqrt{2m(V_0-E)}\right]\end{aligned} \tag{47}$$

可以看出，T 灵敏地依赖于粒子的质量 m、势垒宽度 a 以及(V_0-E). 在一般宏观条件下，T 值非常微小，不容易观测到势垒穿透现象. 在波动力学提出后，Gamow首先用势垒穿透成功地说明了放射性元素的 α 衰变现象.

对于 $E>V_0$ 情况(图 2.6(b)),从(38)式可以看出,只需在式(44)中,把 $\kappa\to ik'$,

$$k'=\sqrt{2m(E-V_0)}/\hbar\text{(实)} \tag{48}$$

利用 $\operatorname{sh}(ik'a)=i\sin k'a$,式(44)可改写成

$$\begin{aligned}T&=\frac{4k^2k'^2}{(k^2-k'^2)^2\sin^2k'a+4k^2k'^2}\\&=\left[1+\frac{1}{4}\left(\frac{k}{k'}-\frac{k'}{k}\right)^2\sin^2k'a\right]^{-1}\end{aligned} \tag{49}$$

2.2.5 方势阱的反射、透射与共振

对于方势阱(图 2.6(c))的透射,上述理论仍然适用,透射系数 T 仍由式(49)给出,但应把 $V_0\to -V_0$,$(V_0>0)$,即 k' 应换为

$$k'=\sqrt{2m(E+V_0)}/\hbar\geqslant k=\sqrt{2mE}/\hbar \tag{50}$$

此时

$$\begin{aligned}T&=\left[1+\frac{1}{4}\left(\frac{k}{k'}-\frac{k'}{k}\right)^2\sin^2k'a\right]^{-1}\\&=\left[1+\frac{\sin^2k'a}{4\dfrac{E}{V_0}\left(1+\dfrac{E}{V_0}\right)}\right]^{-1}\end{aligned} \tag{51}$$

可以看出,如 $V_0=0$(即 $k'=k$),则 $T=1$,这是意料中的事,因此时无势阱. 但一般情况下,$V_0\neq 0$,则 $T<1$,$|R|^2\neq 0$,即粒子有一定概率被势阱弹回. 这完全是一种量子效应,是经典力学完全不能解释的.

对于给定势阱,透射系数依赖于入射粒子的能量 E. $T(E)$ 随 E 的变化,见定性示意图 2.8.

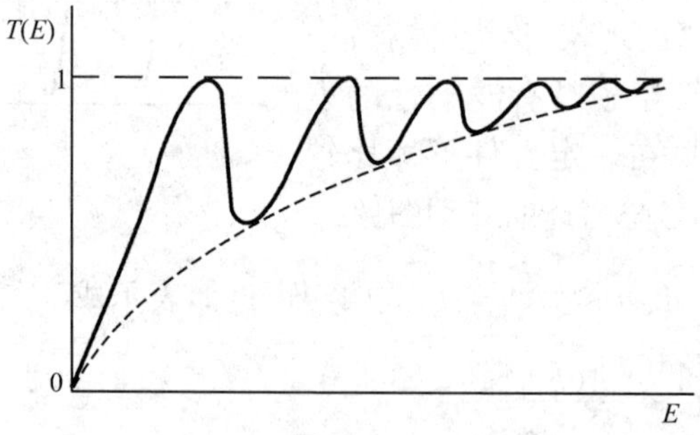

图 2.8

由式(51)可以看出,如 $E\ll V_0$,则一般说来 T 值很小,除非入射粒子能量 E 合适,使 $\sin k'a=0$,此时,$T=1$(反射系数 $|R|^2=0$),这现象称为共振透射. 它出现的条件是

$$k'a=n\pi,\quad n=1,2,3,\cdots \tag{52}$$

或改写成($\lambda'=2\pi/k'$)

$$2a = n\lambda', \quad n = 1,2,3,\cdots \tag{53}$$

此结果的物理意义如下：入射粒子进入势阱后，碰到两侧阱壁时将发生反射与透射. 如粒子能量合适，使它在阱内的波长 λ' 满足 $n\lambda'=2a$，则经过阱壁各次反射而透射出去的波的相位都相同，因而彼此相干叠加，使透射波的波幅大增，从而出现共振透射. 与此相反，当 $k'a=(n+1/2)\pi, n=0,1,\cdots$时，则反射最强，相应 $\lambda'(n+1/2)=2a$.

由式(52)、式(50)可求出共振时的能量

$$E = E_n = -V_0 + \frac{n^2\pi^2\hbar^2}{2ma^2}, \quad n = 1,2,3,\cdots \tag{54}$$

可以看出，除了常数项 $-V_0$ 之外，上式与无限深方势阱(宽度 a)中的粒子能级公式相同(见 2.2 节式(7)). 对于图 2.6(c)所示对称势阱，如粒子能量很小，按 2.2.2 节的讨论，是可能形成束缚态的. 这相当于式(54)中量子数 n 较小的情况. 如 n 较大，使 $E>0$，则不能形成束缚态. 但如能量 E 合适，满足式(54)，则将出现共振透

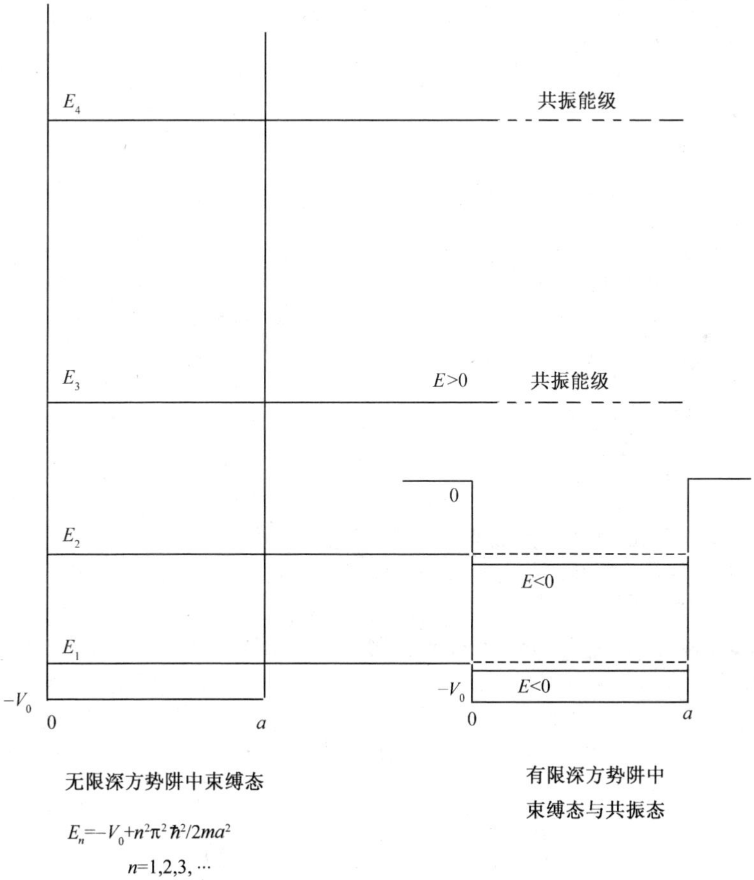

图 2.9 有限深与无限深方势阱能级的比较

射. 式(54)所确定的 E_n,称为共振(resonance)能级.

我们有趣地注意到,有限深方势阱的共振能级位置与无限深方势阱的(束缚)能级位置相同(图 2.9). 但前者的束缚能级位置略低于后者相应的能级. 这可以从坐标-动量不确定度关系来理解.

2.3 δ 势

2.3.1 δ 势的穿透

设质量为 m 的粒子(能量 $E>0$)从左入射,碰到 δ 势垒(图 2.10)

$$V(x)=\gamma\delta(x)\quad(\text{常数 }\gamma>0) \tag{1}$$

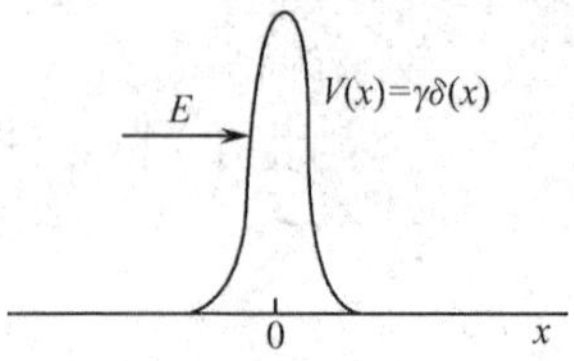

图 2.10

不含时 Schrödinger 方程表示为

$$-\frac{\hbar^2}{2m}\frac{\mathrm{d}^2}{\mathrm{d}x^2}\psi=[E-\gamma\delta(x)]\psi(x) \tag{2}$$

$x=0$ 是方程的奇点,在该点 ψ'' 不存在,表现为在 $x=0$ 点 ψ' 不连续. 对方程(2)积分 $\lim\limits_{\varepsilon\to0^+}\int_{-\varepsilon}^{\varepsilon}\mathrm{d}x$,可得

$$\psi'(0^+)-\psi'(0^-)=\frac{2m\gamma}{\hbar^2}\psi(0) \tag{3}$$

所以在 $x=0$ 点 $\psi'(x)$ 一般是不连续的(除非 $\psi(0)=0$). (3)式称为 δ 势中 ψ' 的跃变条件.

在 $x\neq0$ 处,方程(2)化为

$$\psi''(x)+k^2\psi(x)=0,\quad k=\sqrt{2mE}/\hbar \tag{4}$$

它的两个线性独立的解的形式为 $e^{\pm ikx}$. 考虑到从左入射的边条件,与方势垒的穿透相似,本题的解也可表示为

$$\psi(x)=\begin{cases}e^{ikx}+Re^{-ikx}, & x<0\\ Se^{ikx}, & x>0\end{cases} \tag{5}$$

但边条件有所不同. 根据 $x=0$ 点 ψ 连续以及 ψ' 跃变条件(3),有

$$1+R=S \tag{6}$$

$$1-R=S-\frac{2m\gamma S}{i\hbar^2k} \tag{7}$$

消去 R,得

$$S=1\Big/\left(1+\frac{im\gamma}{\hbar^2k}\right) \tag{8}$$

而

$$R=S-1=-\frac{im\gamma}{\hbar^2k}\Big/\left(1+\frac{im\gamma}{\hbar^2k}\right) \tag{9}$$

由于入射波 e^{ikx} 的波幅已取为 1,所以

$$透射系数 = |S|^2 = 1\Big/\left(1+\frac{m^2\gamma^2}{\hbar^4 k^2}\right) = 1\Big/\left(1+\frac{m\gamma^2}{2\hbar^2 E}\right) \tag{10}$$

$$反射系数 = |R|^2 = \frac{m\gamma^2}{2\hbar^2 E}\Big/\left(1+\frac{m\gamma^2}{2\hbar^2 E}\right) \tag{11}$$

显然

$$|R|^2 + |S|^2 = 1 \tag{12}$$

讨论：

(a)如 δ 势垒换为 δ 势阱($\gamma \to -\gamma$)，透射及反射系数的值不变，仍如式(10)和式(11)所示.

(b)δ 势的特征长度为 $L=\hbar^2/m\gamma$，特征能量为 $m\gamma^2/\hbar^2$. 透射波的波幅 S(见式(8))只依赖于 $m\gamma/\hbar^2 k = \left(\frac{1}{k}\right)\Big/\frac{\hbar^2}{m\gamma}$，即入射粒子波长与 δ 势的特征长度之比. 而透射系数只依赖于 $m\gamma^2/\hbar^2 E$=特征能量与入射粒子能量之比. 当$E \gg m\gamma^2/\hbar^2$ 时，$|S|^2 \approx 1$，即高能极限下粒子将完全穿透势垒.

(c)根据式(5)～式(7)，可以看出

$$\psi(0^+) = S, \quad \psi(0^-) = 1+R = S$$

$$\psi'(0^+) = \mathrm{i}kS \tag{13}$$

$$\psi'(0^-) = \mathrm{i}k(1-R) = \mathrm{i}kS - \frac{2m\gamma}{\hbar^2}S \tag{14}$$

显然，在 $x=0$ 点 $\psi'(x)$不连续. 但粒子流密度

$$j_x = -\frac{\mathrm{i}\hbar}{2m}\left(\psi^* \frac{\partial}{\partial x}\psi - \psi\frac{\partial}{\partial x}\psi^*\right)$$

却是连续的. 事实上，

$$j_x(0^+) = \frac{\hbar k}{m}|S|^2 \tag{15}$$

$$j_x(0^-) = -\frac{\mathrm{i}\hbar}{2m}\left[S^*\left(\mathrm{i}kS - \frac{2m\gamma}{\hbar^2}S\right) - \mathrm{c.\,c.}\right] = \frac{\hbar k}{m}|S|^2 \tag{16}$$

可见，从流密度的连续性并不能得出 ψ' 的连续性. 问题在于：流密度公式中含有互为复共轭的两项，尽管 ψ' 不连续(更确切地说，ψ' 的实部不连续，见式(13)与式(14))，但两项相减后就抵消了.

2.3.2 δ 势阱中的束缚态

考虑粒子在 δ 势阱(图 2.11)

$$V(x) = -\gamma\delta(x), \quad \gamma > 0 \tag{17}$$

中运动. 在 $x \neq 0$ 处，$V(x)=0$，所以 $E>0$ 为游离态，E 可以取一切实数值，是连续变化的，而 $E<0$ 时，则可能存在束缚能量本征态，E 只能取离散值. 以下讨论 $E<0$ 的情况.

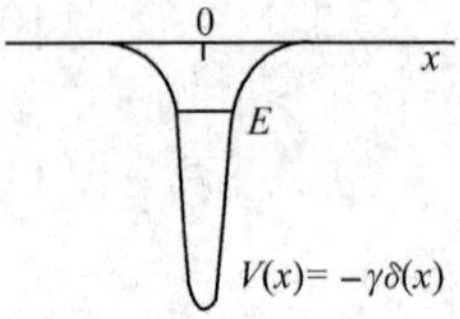

图 2.11

能量本征方程为

$$\frac{\mathrm{d}^2}{\mathrm{d}x^2}\psi+\frac{2m}{\hbar^2}[E+\gamma\delta(x)]\psi(x)=0 \tag{18}$$

积分 $\lim\limits_{\varepsilon\to0^+}\int_{-\varepsilon}^{\varepsilon}\mathrm{d}x$，可得出 ψ' 的跃变条件

$$\psi'(0^+)-\psi'(0^-)=-\frac{2m\gamma}{\hbar^2}\psi(0) \tag{19}$$

在 $x\neq0$ 区域，方程(18)($E<0$)化为

$$\psi''(x)-\beta^2\psi(x)=0 \tag{20}$$

$$\beta=\sqrt{-2mE}/\hbar\text{（实）} \tag{21}$$

方程(20)的解的形式为 $\mathrm{e}^{\pm\beta x}$. 考虑到 $V(-x)=V(x)$，要求束缚能量本征态(不简并)具有确定宇称. 以下分别讨论.

(a)偶宇称态.

考虑到束缚态条件，偶宇称波函数应表示为

$$\psi(x)=\begin{cases}C\mathrm{e}^{-\beta x}, & x>0\\ C\mathrm{e}^{\beta x}, & x<0\end{cases} \tag{22}$$

C 为归一化常数. 按 ψ' 跃变条件(19)，可得出

$$\beta=m\gamma/\hbar^2 \tag{23}$$

按式(21)，可得出粒子的能量本征值

$$E=E_0=-\frac{\hbar^2\beta^2}{2m}=-\frac{m\gamma^2}{2\hbar^2} \tag{24}$$

由归一化条件

$$\int_{-\infty}^{+\infty}|\psi(x)|^2\mathrm{d}x=|C|^2/\beta=1 \tag{25}$$

可得出 $|C|=\sqrt{\beta}=1/\sqrt{L}$，$L=\hbar^2/m\gamma$ 是 δ 势的特征长度. 这样，归一化的束缚能量本征态波函数可表示为(取 C 为实数)

$$\psi(x)=\frac{1}{\sqrt{L}}\mathrm{e}^{-|x|/L} \tag{26}$$

如图 2.12 所示. 不难算出，在 $|x|\geqslant L$ 区域(经典禁区)中找到粒子的概率为

$$2\int_L^{\infty}|\psi(x)|^2\mathrm{d}x=\mathrm{e}^{-2}=0.1353$$

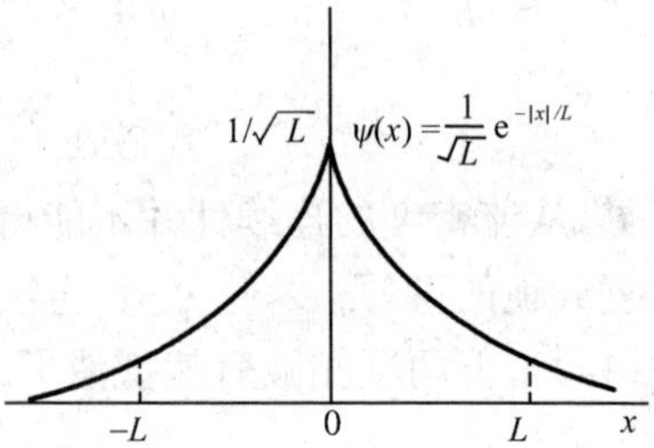

图 2.12

(b)奇宇称态.

波函数应表示为

$$\psi(x)=\begin{cases}Ae^{-\beta x}, & x>0\\ -Ae^{\beta x}, & x<0\end{cases} \tag{27}$$

由波函数连续条件($x=0$ 点),可得出 $A=0$,所以不可能存在奇宇称束缚能量本征态. 从物理上考虑,奇宇称波函数在 $x=0$ 点必为零,而 δ 势又恰好只在 $x=0$ 点起作用,所以 δ 势阱对奇宇称态没有影响,因而不可能形成束缚态.

* 量子力学中,束缚能级问题与散射问题有密切关系. 以 δ 势阱为例,在 δ 势阱的透射($E>0$)处理中,如把反射(或透射)振幅的解,解析延拓到 $E<0$($k=\sqrt{2mE}/\hbar$ 为复)能域,就会发现,束缚能级所在,正好是透射(反射)振幅的极点. 按式(8),透射振幅为(对于 δ 势阱)

$$S=\left(1-\frac{\mathrm{i}m\gamma}{\hbar^2 k}\right)^{-1}$$

式中 $k=\sqrt{2mE}/\hbar$,$E>0$. 如解析延拓到 $E<0$ 能域(k 为虚),就会发现 S 有简单极点(simple pole),位于 $k=\mathrm{i}m\gamma/\hbar^2$. 此时

$$E=\frac{\hbar^2k^2}{2m}=-\frac{m\gamma^2}{2\hbar^2}$$

正是 δ 势阱的唯一的束缚能级(见(24)式). 更详细的讨论,可参阅:曾谨言,《量子力学》卷Ⅰ(第五版),§3.5(科学出版社,2013).

2.3.3 δ 势与方势的关系,波函数微商的跃变条件

在微观物理学中,δ 势常作为一种理想的短程作用来讨论问题. δ 势可以看成方势的一种极限情况. 事实上,所有涉及 δ 势的问题,原则上均可以从方势情况下的解取极限而得以解决. 但直接采用 δ 势来求解,往往要简捷得多. 在 δ 势情况下,粒子波函数的导数是不连续的,尽管粒子流密度仍然是连续的. 下面仅就 ψ' 的跃变条件作简单讨论.

考虑粒子对方势垒(图 2.13)

$$V(x)=\begin{cases}V_0, & |x|<\varepsilon\\ 0, & |x|>\varepsilon\end{cases} \tag{28}$$

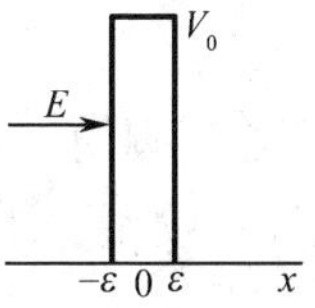

图 2.13

的散射. 考虑粒子能量 $E<V_0$ 的情况. 在势垒内部($|x|<\varepsilon$),波函数表示为

$$\psi(x)=Ae^{\kappa x}+Be^{-\kappa x} \tag{29}$$

$$\kappa=\sqrt{2m(V_0-E)}/\hbar\text{(实)} \tag{30}$$

而

$$\psi'(x)=\kappa(Ae^{\kappa x}-Be^{-\kappa x}) \tag{31}$$

现在让 $V_0\to\infty$,$\varepsilon\to 0$,但保持 $2\varepsilon V_0=\gamma$(常数),则方势垒(28)将趋于 δ 势垒 $\gamma\delta(x)$. 利用

$$\begin{aligned}&\psi'(\varepsilon)=\kappa(Ae^{\kappa\varepsilon}-Be^{-\kappa\varepsilon})\\ &\psi'(-\varepsilon)=\kappa(Ae^{-\kappa\varepsilon}-Be^{\kappa\varepsilon})\\ &\psi'(\varepsilon)-\psi'(-\varepsilon)=\kappa A(e^{\kappa\varepsilon}-e^{-\kappa\varepsilon})-\kappa B(e^{-\kappa\varepsilon}-e^{\kappa\varepsilon})\end{aligned} \tag{32}$$

当 $\varepsilon\to 0^+$，$V_0\to\infty$（保持 $2\varepsilon V_0=\gamma$）时，$\kappa\varepsilon\to\varepsilon\sqrt{2mV_0}/\hbar=\gamma\sqrt{m/2V_0}/\hbar\to 0$，但 $\kappa^2\varepsilon\to 2mV_0\varepsilon/\hbar^2=m\gamma/\hbar^2$，由此不难证明

$$\lim_{\varepsilon\to 0^+}[\psi'(\varepsilon)-\psi'(-\varepsilon)]=\kappa(A+B)[(1+\varepsilon)-(1-\varepsilon)]$$

$$=2\kappa\varepsilon^2(A+B)=\frac{2m\gamma}{\hbar^2}\psi(0) \tag{33}$$

即

$$\psi'(0^+)-\psi'(0^-)=\frac{2m\gamma}{\hbar^2}\psi(0) \tag{34}$$

这正是 ψ' 的跃变条件(3).

2.4 一维谐振子

自然界中广泛碰到简谐运动.任何体系在平衡位置附近的小振动，如分子的振动、晶格的振动、原子核表面振动以及辐射场的振动等，在选择适当的坐标之后，往往可以分解成若干彼此独立的一维简谐振动.简谐振动往往还作为复杂运动的初步近似.所以谐振子的研究，无论在理论上或应用上，都很重要.谐振子的能量本征值问题，在历史上 Heisenberg 和 Schrödinger 分别用矩阵力学和波动力学圆满解决，所得结果相同.后来，Schrödinger 和 Dirac 分别用因式分解法和升降算子的技巧给出了极漂亮的解（见 9.1 节）.本节将用 Schrödinger 的能量本征方程来求出谐振子的能量本征值和本征函数.

取谐振子的平衡位置为坐标原点，并选原点为势能的零点，则一维谐振子的势能可表示为

$$V(x)=\frac{1}{2}Kx^2 \tag{1}$$

K 是刻画简谐作用力强度的参数，谐振子受力 $F=-\mathrm{d}V/\mathrm{d}x=-Kx$，此即 Hooke 定律.设振子质量为 m，令

$$\omega=\sqrt{K/m} \tag{2}$$

它是经典谐振子的自然频率.这样，一维谐振子的能量本征方程为

$$\left[-\frac{\hbar^2}{2m}\frac{\mathrm{d}^2}{\mathrm{d}x^2}+\frac{1}{2}m\omega^2x^2\right]\psi(x)=E\psi(x) \tag{3}$$

理想的谐振子势是一个无限深势阱，只存在束缚态，即

$$\text{在}\ |x|\to\infty\ \text{处},\ \psi(x)\to 0 \tag{4}$$

为简洁起见，引进无量纲参量

$$\xi=\alpha x,\quad \alpha=\sqrt{m\omega/\hbar}$$

$$\lambda=E\Big/\frac{1}{2}\hbar\omega \tag{5}$$

则方程(3)化为

$$\frac{d^2}{d\xi^2}\psi+(\lambda-\xi^2)\psi=0 \tag{6}$$

ξ(或 x)取有限值的点是微分方程的常点，而 $\xi=\pm\infty$ 则为方程的非正则奇点. 下面先讨论方程的解在 $\xi\to\pm\infty$ 处的渐近行为. 当 $\xi\to\pm\infty$ 时，方程(6)近似表示为

$$\frac{d^2}{d\xi^2}\psi-\xi^2\psi=0 \tag{7}$$

不难证明①

$$\xi\to\pm\infty \text{ 时}, \psi\sim e^{\pm\xi^2/2} \tag{8}$$

但 $\psi\sim e^{\xi^2/2}$ 不满足束缚态边条件(4)，弃之. 因此，不妨令方程(7)之解表示为

$$\psi=e^{-\xi^2/2}u(\xi) \tag{9}$$

代入式(7)，可求得 $u(\xi)$ 满足的方程

$$\frac{d^2}{d\xi^2}u-2\xi\frac{d}{d\xi}u+(\lambda-1)u=0 \tag{10}$$

此即 Hermite 方程. $\xi=0$ 为方程的常点，可在 $\xi=0$ 的邻域($|\xi|<\infty$)用幂级数展开来求解. 计算表明(附录 A3)，在一般情况下，其解是一个无穷级数，而当 $|\xi|\to\infty$ 时，无穷级数解的渐近行为是 $u(\xi)\sim e^{\xi^2}$，代入式(9)所得出的 ψ 不能满足束缚态条件. 因此，为保证束缚态边条件，必须要求 $u(\xi)$ **中断为一个多项式**. 可以证明，只当方程(10)中的参数满足如下条件

$$\lambda-1=2n,\quad n=0,1,2,\cdots \tag{11}$$

时，才有一个多项式解，记为 $H_n(\xi)$(Hermite 多项式). 按式(5)，上述要求就是对谐振子的能量 E 有一定限制，即

$$E=E_n=(n+1/2)\hbar\omega,\quad n=0,1,2,\cdots \tag{12}$$

此即谐振子的能量本征值. 可以看出，谐振子的**能级是均匀分布**的，相邻的两条能级的间距为 $\hbar\omega$(图 2.14).

利用正交性公式(附录 A3，式(12))

$$\int_{-\infty}^{+\infty}H_m(\xi)H_n(\xi)e^{-\xi^2}d\xi=\sqrt{\pi}2^n\cdot n!\delta_{mn} \tag{13}$$

可以证明，正交归一的谐振子能量本征函数(实)为

$$\psi_n(x)=A_n e^{-\alpha^2x^2/2}H_n(\alpha x)$$

$$A_n=\left[\alpha\Big/\sqrt{\pi}2^n\cdot n!\right]^{1/2}\quad \text{(归一化常数)} \tag{14}$$

$$\int_{-\infty}^{+\infty}\psi_m(x)\psi_n(x)dx=\delta_{mn} \tag{15}$$

---

① $\psi\sim e^{\pm\xi^2/2}, \psi'\sim\pm\xi e^{\pm\xi^2/2}, \psi''\sim(\xi^2\pm1)e^{\pm\xi^2/2}\approx\xi^2e^{\pm\xi^2/2}$, $(\xi\to\pm\infty)$.

最低的三条能级上的谐振子波函数如下：

$$
\begin{aligned}
\psi_0(x) &= \frac{\sqrt{\alpha}}{\pi^{1/4}}\mathrm{e}^{-\alpha^2x^2/2} \\
\psi_1(x) &= \frac{\sqrt{2\alpha}}{\pi^{1/4}}\alpha x\,\mathrm{e}^{-\alpha^2x^2/2} \\
\psi_2(x) &= \frac{1}{\pi^{1/4}}\sqrt{\frac{\alpha}{2}}(2\alpha^2x^2-1)\mathrm{e}^{-\alpha^2x^2/2}
\end{aligned}
\tag{16}
$$

谐振子的最低 5 条能级和能量本征函数 $\psi_n(x)$ 以及位置概率密度 $|\psi_n(x)|^2$，如图 2.14 所示.

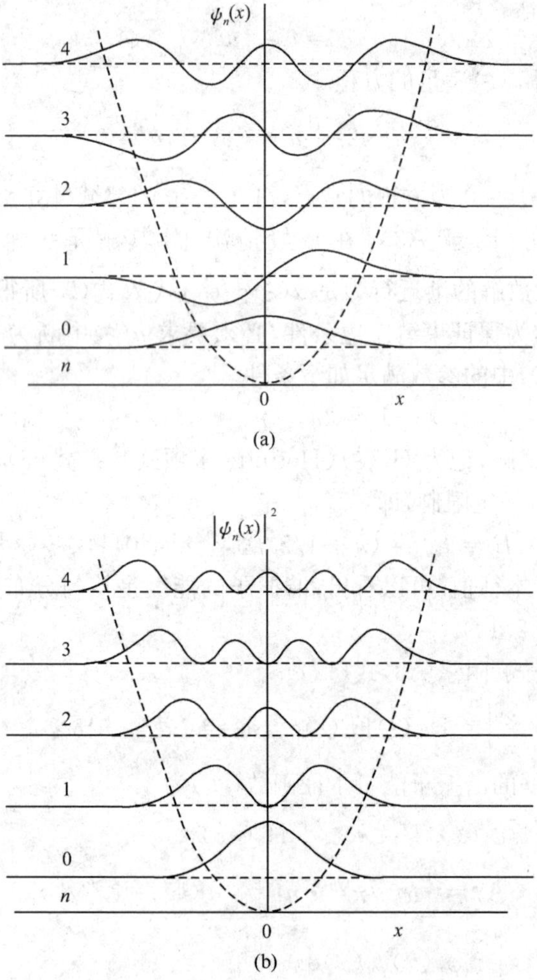

图 2.14　谐振子的较低几条能级的波函数 $\psi_n(x)$ 及位置概率密度 $|\psi_n(x)|^2$

$\psi_n(x)$是与能量本征值 E_n 对应的本征函数，是不简并的. 由于谐振子势(1)具有空间反射不变性，按照 2.1 节定理 3 的推论，$\psi_n(x)$必有确定的宇称. 事实上，可以证明

$$\psi_n(-x) = (-1)^n \psi_n(x) \tag{17}$$

下面着重讨论一下基态. 首先，基态能量

$$E_0 = \hbar\omega/2 \tag{18}$$

它并不为零，称为**零点能**(zero-point energy). 这与无限深方势阱中粒子的基态能量并不为零是相似的，是微观粒子的波动-粒子二象性的表现. 同样，也可以用不确定度关系来定性说明.

其次，处于基态的谐振子在空间的概率分布为(图 2.14)

$$|\psi_0(x)|^2 = \frac{\alpha}{\sqrt{\pi}} e^{-\alpha^2 x^2} \tag{19}$$

这是一个 Gauss 型分布，在原点($x=0$)处找到粒子的概率最大. 由于粒子能量 $E_0 = \hbar\omega/2$，不难证明，在

$$x = 1/\alpha = \sqrt{\hbar/m\omega}$$

处，$V(x)\big|_{x=1/\alpha} = E_0$，$1/\alpha$ 是谐振子的特征长度. 按照经典力学的观点，基态谐振子只允许在$|x| \leqslant 1/\alpha$(即$|\xi| \leqslant 1$)的区域中运动，而$|x| > 1/\alpha$ 属于经典禁区. 但按照量子力学中波函数的统计诠释，粒子有一定概率处于经典禁区(图 2.14). 不难计算出此概率为

$$\int_1^\infty e^{-\xi^2} d\xi \Big/ \int_0^\infty e^{-\xi^2} d\xi \approx 16\% \tag{20}$$

这是一种量子效应.

习　题　2

2.1　设粒子限制在矩形匣子中运动，即

$$V(x,y,z) = \begin{cases} 0, & 0 < x < a, 0 < y < b, 0 < z < c \\ \infty, & \text{其余区域} \end{cases}$$

求粒子的能量本征值和本征波函数. 如 $a=b=c$，讨论能级的简并度.

2.2　设粒子处于一维无限深方势阱中，

$$V(x) = \begin{cases} 0, & 0 < x < a \\ \infty, & x < 0, x > a \end{cases}$$

证明处于能量本征态 $\psi_n(x)$的粒子，$\overline{x} = a/2$

$$\overline{(x-\overline{x})^2} = \frac{a^2}{12}\left(1 - \frac{6}{n^2\pi^2}\right)$$

讨论 $n \to \infty$的情况，并与经典力学计算结果比较.

2.3　设粒子处于一维无限深方势阱中

$$V(x) = \begin{cases} 0, & |x| < a/2 \\ \infty, & |x| > a/2 \end{cases}$$

处于基态($n=1$,见 2.2 节式(12)).求粒子的动量分布.

2.4　设粒子处于无限深方势阱

$$V(x)=\begin{cases}0, & 0<x<a\\ \infty, & x<0, x>a\end{cases}$$

中,粒子波函数为 $\psi(x)=Ax(x-a)$, A 为归一化常数. (a) 求 A;(b) 求测得粒子处于能量本征态 $\psi_n(x)=\sqrt{\dfrac{2}{a}}\sin\dfrac{n\pi x}{a}$的概率 P_n,特别是 P_1.

提示:用 $\psi_n(x)$展开, $\psi(x)=\sum\limits_n C_n\psi_n(x)$, $P_n=|C_n|^2$

(c) 作图,比较 $\psi(x)$与 $\psi_1(x)$曲线. 从 $P_1\gg P_n(n\neq1)$来说明两条曲线非常相似,即 $\psi(x)$几乎与基态 $\psi_1(x)$完全相同.

2.5　同上题. 设粒子处于基态($n=1$), $E_1=\pi^2\hbar^2/2ma^2$. 设 $t=0$ 时刻阱宽突然变为 $2a$,粒子波函数来不及改变,即

$$\psi(x,0)=\psi_1(x)=\sqrt{\frac{2}{a}}\sin\frac{\pi x}{a}$$

试问:对于加宽了的无限深方势阱

$$V(x)=\begin{cases}0, & 0<x<2a\\ \infty, & x<0, x>2a\end{cases}$$

$\psi(x,0)$是否还是能量本征态? 求测得粒子能量仍为 E_1 的概率.(答:1/2)

提示:阱宽为 $2a$ 的无限深方势阱中的粒子能量本征值 $\varepsilon_n=n^2\pi^2\hbar^2/8ma^2$,本征函数 $\psi_n(x)=\sqrt{\dfrac{1}{a}}\sin\dfrac{n\pi x}{2a}$. $\varepsilon_2=E_1$, $\psi(x,0)$ 用 $\psi_n(x)$ 展开, $\psi(x,0)=\sum\limits_n C_n\psi_n(x)$,求出 $|C_2|^2$

.

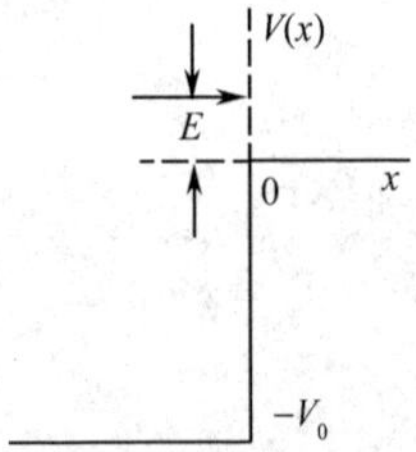

图 2.15

2.6　设粒子(能量 $E>0$)从左入射,碰到图 2.15 所示的势阱,求透射系数与反射系数.

2.7　利用 Hermite 多项式的递推关系(附录 A3,式(13)),证明谐振子波函数满足下列关系

$$x\psi_n(x)=\frac{1}{\alpha}\left[\sqrt{\frac{n}{2}}\psi_{n-1}(x)+\sqrt{\frac{n+1}{2}}\psi_{n+1}(x)\right]$$

$$x^2\psi_n(x)=\frac{1}{2\alpha^2}\left[\sqrt{n(n-1)}\psi_{n-2}(x)+(2n+1)\psi_n(x)+\sqrt{(n+1)(n+2)}\psi_{n+2}(x)\right]$$

并由此证明,在 ψ_n态下, $\overline{x}=0$, $\overline{V}=E_n/2$.

2.8　同上题,利用 Hermite 多项式的求导公式(附录 A3,式(14)),证明

$$\frac{\mathrm{d}}{\mathrm{d}x}\psi_n(x)=\alpha\left[\sqrt{\frac{n}{2}}\psi_{n-1}-\sqrt{\frac{n+1}{2}}\psi_{n+1}\right]$$

$$\frac{\mathrm{d}^2}{\mathrm{d}x^2}\psi_n(x)=\frac{\alpha^2}{2}\left[\sqrt{n(n-1)}\psi_{n-2}-(2n+1)\psi_n+\sqrt{(n+1)(n+2)}\psi_{n+2}\right]$$

并由此证明,在 ψ_n态下, $\overline{p}=0$, $\overline{T}=\overline{p^2}/2m=E_n/2$.

2.9　谐振子处于 ψ_n态下,计算

$$\Delta x = \left[\overline{(x-\overline{x})^2}\right]^{1/2}, \quad \Delta p = \left[\overline{(p-\overline{p})^2}\right]^{1/2}, \quad \Delta x \Delta p = ?$$

2.10　荷电 q 的谐振子，受到外电场 $\mathscr{E}$ 的作用，

$$V(x) = \frac{1}{2} m\omega^2 x^2 - q\mathscr{E}x$$

求能量本征值和本征函数.（提示，对 $V(x)$ 进行配方，相当于谐振子势的平衡点不在 $x=0$ 点.）

2.11　设粒子在下列势阱中运动，求粒子能级，

$$V(x) = \begin{cases} \infty, & x < 0 \\ \dfrac{1}{2} m\omega^2 x^2, & x > 0 \end{cases}$$

2.12　一维无限深方势阱中的粒子，设初始时刻($t=0$)处于 $\psi(x,0)=[\psi_1(x)+\psi_2(x)]/\sqrt{2}$，$\psi_1(x)$ 与 $\psi_2(x)$ 分别为基态和第一激发态。求

(a) $\psi(x,t)$，$\rho(x,t)=\psi^*(x,t)\psi(x,t)$；(b) 能量平均值 $\overline{H}$；(c) 能量平方平均值 $\overline{H^2}$；(d) 能量的涨落 $\Delta E=\left[\overline{(H-\overline{H})^2}\right]^{1/2}$；(e) 体系的特征时间 Δt（分析 $\rho(x,t)$ 随时间变化的周期）. 计算 $\Delta E \cdot \Delta t$.

*　　　*　　　*

以下打 * 题，供少数有兴趣的同学选做.

*2.13　设粒子处于半壁无限高的势场中

$$V(x) = \begin{cases} \infty, & x < 0; \\ -V_0, & 0 < x < a \\ 0, & x > a \end{cases}$$

求粒子能量本征值，以及至少存在一条束缚能级的条件.

*2.14　求不对称势阱(图 2.16)中粒子的能量本征值.

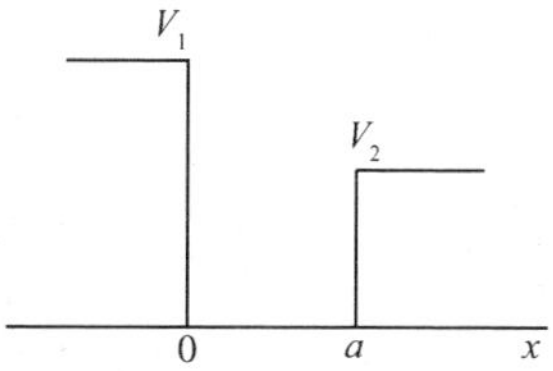

图 2.16

*2.15　设谐振子初态为与基态相同的 Gauss 波包，但波包中心不在 $x=0$ 点，而在 $x=x_0$ 点，

$$\psi(x,0) = \psi_0(x-x_0) = \frac{\sqrt{\alpha}}{\pi^{1/4}} \mathrm{e}^{-\alpha^2 (x-x_0)^2/2}$$

(1)计算 $\psi(x,t)$.

提示：利用 Hermite 多项式的生成函数公式 $\exp[-s^2+2s\xi] = \sum\limits_{n=0}^{\infty} \mathrm{H}_n(\xi) s^n/n!$（附录 A3，式(11)），令 $\psi(x,0) = \sum\limits_{n=0}^{\infty} C_n \psi_n(x)$，证明

$$C_n = \int_{-\infty}^{+\infty} \mathrm{d}x \psi_n(x) \psi(x,0) = \frac{\xi_0^n}{\sqrt{2^n \cdot n!}} \mathrm{e}^{-\xi_0^2/4}, \quad \xi_0 = \alpha x_0$$

$$\psi(x,t) = \sum_n C_n \psi_n(x) \mathrm{e}^{-\mathrm{i}E_n t/\hbar}$$

$$= \sum_n \frac{\mathrm{e}^{-\xi_0^2/4} \xi_0^n}{\sqrt{2^n \cdot n!}} \psi_n(x) \mathrm{e}^{-\mathrm{i}(n+1/2)\omega t}$$

$$= \frac{\sqrt{\alpha}}{\pi^{1/4}} \exp\left[-\frac{1}{2}(\xi - \xi_0 \cos\omega t)^2 - \mathrm{i}\left(\frac{1}{2}\omega t + \xi_0 \xi \sin\omega t - \frac{1}{4}\xi_0^2 \sin 2\omega t \right) \right], \quad \xi = \alpha x$$

(2)讨论波包中心的运动规律，与经典谐振子比较.

提示：$|\psi(x,t)|^2 = \frac{\alpha}{\sqrt{\pi}} \mathrm{e}^{-\alpha^2 (x - x_0 \cos\omega t)^2}$

考虑波包形状(波包宽度 Δx)是否随时间改变?

试与自由粒子的 Gauss 波包随时间的演化(见习题 1，第 7 题)比较①.

*2.16　对于一维粒子，证明：使坐标与动量不确定度之积取最小值 $\Delta x \cdot \Delta p = \hbar/2$ 的波包必为 Gauss 波包 $\psi(x) \sim \mathrm{e}^{-\lambda x^2}$.

---

①　参阅 L. I. Schiff, *Quantum Mechanics*, 3rd. ed. p. 75(McGraw-Hill, N. Y., 1968).

第 3 章　力学量用算符表达

3.1　算符的运算规则

在 1.1.6 节中已提到，要直接用坐标表象中的波函数来计算动量平均值时，就需要引进动量算符 $\hat{\boldsymbol{p}}=-\mathrm{i}\hbar\boldsymbol{\nabla}$. 在 Schrödinger 方程中也出现了 Laplace 算符. 量子力学中的算符①，表示对波函数(量子态)的一种运算. 例如，$\dfrac{\mathrm{d}}{\mathrm{d}x}\psi$，$V(\boldsymbol{r})\psi$，$\psi^*$，$\boldsymbol{\nabla}^2\psi$ 等分别表示对波函数取导数，乘以 $V(\boldsymbol{r})$，取复共轭及用 $\boldsymbol{\nabla}^2$ 运算等运算. 以下讨论量子力学中算符的一般性质. 为避免数学上过分抽象，我们将尽可能结合常见的力学量(位置，动量，角动量，动能，势能，Hamilton 量等)相应的算符来阐述.

(a) 线性算符.

凡满足下列运算规则的算符 $\hat{A}$，称为线性算符，

$$\hat{A}(c_1\psi_1+c_2\psi_2)=c_1\hat{A}\psi_1+c_2\hat{A}\psi_2 \tag{1}$$

其中 ψ_1 与 ψ_2 是任意两个波函数，c_1 与 c_2 是两个任意常数(一般为复数). 例如，$\hat{\boldsymbol{p}}=-\mathrm{i}\hbar\boldsymbol{\nabla}$ 就是线性算符. 量子力学中的算符并不都是线性算符，例如，取复共轭就不是线性算符. 但刻画可观测量的算符都是线性算符，这是量子态叠加原理的反映.

单位算符 I，是指保持波函数不变的运算，即

$$I\psi=\psi \tag{2}$$

ψ 是任一波函数.

设两个算符 $\hat{A}$ 和 $\hat{B}$ 对体系的任何波函数 ψ 的运算所得结果都相同，

$$\hat{A}\psi=\hat{B}\psi \tag{3}$$

则称两个算符相等，记为 $\hat{A}=\hat{B}$.

(b) 算符之和.

算符 $\hat{A}$ 与 $\hat{B}$ 之和，记为 $\hat{A}+\hat{B}$，定义如下：对于任意波函数 ψ，有

$$(\hat{A}+\hat{B})\psi=\hat{A}\psi+\hat{B}\psi \tag{4}$$

例如，一个粒子的 Hamilton 算符 $\hat{H}=\hat{T}+\hat{V}$，$\hat{T}$ 和 $\hat{V}$ 分别为动能和势能算符. 显然，算符的求和满足交换律和结合律，

$$\hat{A}+\hat{B}=\hat{B}+\hat{A}$$

$$\hat{A}+(\hat{B}+\hat{C})=(\hat{A}+\hat{B})+\hat{C}$$

---

① 为强调算符的特点，常常在算符的符号上方加一个“ˆ”号. 但在不会引起误解的地方，也常把“ˆ”略去.

根据式(1)与式(4),可证明两个线性算符之和仍为线性算符.

(c) 算符之积.

算符 $\hat{A}$ 与 $\hat{B}$ 之积,记为 $\hat{A}\hat{B}$,定义为

$$(\hat{A}\hat{B})\psi = \hat{A}(\hat{B}\psi) \tag{5}$$

ψ 任意. 即 $\hat{A}\hat{B}$ 对 ψ 的运算结果,等于先用 $\hat{B}$ 对 ψ 运算(得 $\hat{B}\psi$),然后再用 $\hat{A}$ 对 $(\hat{B}\psi)$ 运算得到的结果. 一般说来,算符之积不满足交换律,即 $\hat{A}\hat{B}\neq\hat{B}\hat{A}$. 这是算符与通常数的运算规则的唯一不同之处. 以下分别以坐标、动量和角动量等算符为例来说明.

量子力学的基本对易式

考虑到

$$x\hat{p}_x\psi = -\mathrm{i}\hbar x\frac{\partial}{\partial x}\psi$$

但

$$\hat{p}_x x\psi = -\mathrm{i}\hbar\frac{\partial}{\partial x}(x\psi) = -\mathrm{i}\hbar\psi - \mathrm{i}\hbar x\frac{\partial}{\partial x}\psi$$

所以

$$(x\hat{p}_x - \hat{p}_x x)\psi = \mathrm{i}\hbar\psi$$

这里 ψ 是体系的任意波函数,所以

$$x\hat{p}_x - \hat{p}_x x = \mathrm{i}\hbar$$

类似还可证明

$$y\hat{p}_y - \hat{p}_y y = \mathrm{i}\hbar, \quad z\hat{p}_z - \hat{p}_z z = \mathrm{i}\hbar$$

但

$$x\hat{p}_y - \hat{p}_y x = 0, \quad x\hat{p}_z - \hat{p}_z x = 0, \cdots$$

概括起来,

$$x_\alpha\hat{p}_\beta - \hat{p}_\beta x_\alpha = \mathrm{i}\hbar\delta_{\alpha\beta}, \quad \alpha,\beta = x,y,z,\text{或 }1,2,3 \tag{6}$$

此即量子力学中最基本的对易关系. 凡有经典对应的力学量之间的对易关系均可由式(6)导出. 为了表述简洁和便于运算,也为了研究量子力学和经典力学的关系,定义对易式(commutator)

$$[\hat{A},\hat{B}] \equiv \hat{A}\hat{B} - \hat{B}\hat{A} \tag{7}$$

式(6)可改写成

$$[x_\alpha, p_\beta] = \mathrm{i}\hbar\delta_{\alpha\beta} \tag{8}$$

不难证明,对易式满足下列代数恒等式:

$$\begin{aligned}
&[\hat{A},\hat{B}] = -[\hat{B},\hat{A}]\\
&[\hat{A},\hat{B}+\hat{C}] = [\hat{A},\hat{B}] + [\hat{A},\hat{C}]\\
&[\hat{A},\hat{B}\hat{C}] = \hat{B}[\hat{A},\hat{C}] + [\hat{A},\hat{B}]\hat{C}
\end{aligned}$$

$$[\hat{A}\hat{B},\hat{C}]=\hat{A}[\hat{B},\hat{C}]+[\hat{A},\hat{C}]\hat{B}$$

$$[\hat{A},[\hat{B},\hat{C}]]+[\hat{B},[\hat{C},\hat{A}]]+[\hat{C},[\hat{A},\hat{B}]]=0 \quad \text{(Jacobi 恒等式)} \tag{9}$$

练习 1. 证明

$$[p_x,\psi(x)]=-\mathrm{i}\hbar\frac{\partial\psi}{\partial x}$$

$$[p_x^2,\psi(x)]=-\hbar^2\frac{\partial^2\psi}{\partial x^2}-2\mathrm{i}\hbar\frac{\partial\psi}{\partial x}p_x$$

角动量的对易式

角动量算符定义为

$$\hat{\boldsymbol{l}}=\boldsymbol{r}\times\hat{\boldsymbol{p}} \tag{10}$$

各分量表为

$$\hat{l}_x=y\hat{p}_z-z\hat{p}_y=-\mathrm{i}\hbar\left(y\frac{\partial}{\partial z}-z\frac{\partial}{\partial y}\right)$$

$$\hat{l}_y=z\hat{p}_x-x\hat{p}_z=-\mathrm{i}\hbar\left(z\frac{\partial}{\partial x}-x\frac{\partial}{\partial z}\right)$$

$$\hat{l}_z=x\hat{p}_y-y\hat{p}_x=-\mathrm{i}\hbar\left(x\frac{\partial}{\partial y}-y\frac{\partial}{\partial x}\right)$$

利用式(8)与式(9),不难证明

$$[\hat{l}_x,x]=0,\quad [\hat{l}_x,y]=\mathrm{i}\hbar z,\quad [\hat{l}_x,z]=-\mathrm{i}\hbar y$$

$$[\hat{l}_y,x]=-\mathrm{i}\hbar z,\quad [\hat{l}_y,y]=0,\quad [\hat{l}_y,z]=\mathrm{i}\hbar x$$

$$[\hat{l}_z,x]=\mathrm{i}\hbar y,\quad [\hat{l}_z,y]=-\mathrm{i}\hbar x,\quad [\hat{l}_z,z]=0$$

可概括成

$$[\hat{l}_\alpha,x_\beta]=\varepsilon_{\alpha\beta\gamma}\mathrm{i}\hbar x_\gamma \tag{11}$$

式中 $\varepsilon_{\alpha\beta\gamma}$ 称为 Levi-Civita 符号,是一个三阶反对称张量,定义如下:

$$\begin{cases}\varepsilon_{\alpha\beta\gamma}=-\varepsilon_{\beta\alpha\gamma}=-\varepsilon_{\alpha\gamma\beta}\\ \varepsilon_{123}=1\end{cases} \tag{12}$$

式中 $\alpha,\beta,\gamma=1,2,3$ 或 x,y,z. 由于任何两个指标交换时 $\varepsilon_{\alpha\beta\gamma}$ 改变正负号,所以当其中任何两个指标相同时,则为 0. 例如,$\varepsilon_{112}=\varepsilon_{121}=0$.

类似可以证明,

$$[\hat{l}_\alpha,\hat{p}_\beta]=\varepsilon_{\alpha\beta\gamma}\mathrm{i}\hbar p_\gamma \tag{13}$$

利用角动量定义及式(11)和式(13),还可以证明

$$[\hat{l}_\alpha,\hat{l}_\beta]=\varepsilon_{\alpha\beta\gamma}\mathrm{i}\hbar\hat{l}_\gamma \tag{14}$$

分开写出,即

$$[\hat{l}_x,\hat{l}_x]=0,\quad [\hat{l}_y,\hat{l}_y]=0,\quad [\hat{l}_z,\hat{l}_z]=0$$
$$[\hat{l}_x,\hat{l}_y]=\mathrm{i}\hbar\hat{l}_z,\quad [\hat{l}_y,\hat{l}_z]=\mathrm{i}\hbar\hat{l}_x,\quad [\hat{l}_z,\hat{l}_x]=\mathrm{i}\hbar\hat{l}_y$$

这就是角动量各分量的对易式,是很重要的,必须牢记.上式中不为零的三个式子还常常简单写成

$$\hat{\boldsymbol{l}}\times\hat{\boldsymbol{l}}=\mathrm{i}\hbar\hat{\boldsymbol{l}} \tag{15}$$

定义

$$\hat{\boldsymbol{l}}^2=\hat{l}_x^2+\hat{l}_y^2+\hat{l}_z^2 \tag{16}$$

利用式(14)容易证明

$$[\hat{\boldsymbol{l}}^2,\hat{l}_\alpha]=0,\quad \alpha=x,y,z \tag{17}$$

练习 2. 令

$$\hat{l}_\pm=\hat{l}_x\pm\mathrm{i}\hat{l}_y \tag{18}$$

证明

$$\hat{l}_z\hat{l}_\pm=\hat{l}_\pm(\hat{l}_z\pm\hbar),\quad 即\quad [\hat{l}_z,\hat{l}_\pm]=\pm\hbar\hat{l}_\pm \tag{19}$$

$$\hat{l}_\pm\hat{l}_\mp=\hat{l}^2-\hat{l}_z^2\pm\hbar\hat{l}_z \tag{20}$$

$$[\hat{l}_+,\hat{l}_-]=2\hbar\hat{l}_z \tag{21}$$

在球坐标系中,利用坐标变换关系,即

$$\begin{cases}x=r\sin\theta\cos\varphi,\\ y=r\sin\theta\sin\varphi,\\ z=r\cos\theta,\end{cases}\qquad \begin{cases}r=\sqrt{x^2+y^2+z^2}\\ \theta=\arctan(\sqrt{x^2+y^2}/z)\\ \varphi=\arctan(y/x)\end{cases} \tag{22}$$

可以把 $\boldsymbol{l}$ 各分量表示为

$$\begin{aligned}\hat{l}_x&=\mathrm{i}\hbar\left(\sin\varphi\frac{\partial}{\partial\theta}+\cot\theta\cos\varphi\frac{\partial}{\partial\varphi}\right)\\ \hat{l}_y&=\mathrm{i}\hbar\left(-\cos\varphi\frac{\partial}{\partial\theta}+\cot\theta\sin\varphi\frac{\partial}{\partial\varphi}\right)\\ \hat{l}_z&=-\mathrm{i}\hbar\frac{\partial}{\partial\varphi}\end{aligned} \tag{23}$$

$$\hat{\boldsymbol{l}}^2=-\hbar^2\left[\frac{1}{\sin\theta}\frac{\partial}{\partial\theta}\sin\theta\frac{\partial}{\partial\theta}+\frac{1}{\sin^2\theta}\frac{\partial^2}{\partial\varphi^2}\right] \tag{24}$$

练习 3. 证明

$$\begin{aligned}&[\hat{\boldsymbol{l}},r^2]=0\\ &[\hat{\boldsymbol{l}},\hat{p}^2]=0\\ &[\hat{\boldsymbol{l}},\boldsymbol{r}\cdot\hat{\boldsymbol{p}}]=0\\ &[\hat{\boldsymbol{l}},V(r)]=0\end{aligned} \tag{25}$$

练习 4. 证明动能算符 $\hat{T}=p^2/2m$ 可表示成

$$\hat{T}=-\frac{\hbar^2}{2m}\frac{1}{r^2}\frac{\partial}{\partial r}r^2\frac{\partial}{\partial r}+\frac{\hat{\boldsymbol{l}}^2}{2mr^2}$$
$$=-\frac{\hbar^2}{2m}\frac{1}{r}\frac{\partial^2}{\partial r^2}r+\frac{\hat{\boldsymbol{l}}^2}{2mr^2}=\frac{\hat{p}_r^2}{2m}+\frac{\hat{\boldsymbol{l}}^2}{2mr^2} \tag{26}$$

式中

$$\hat{p}_r=-\mathrm{i}\hbar\left(\frac{\partial}{\partial r}+\frac{1}{r}\right) \tag{27}$$

是径向动量算符.

(d) 逆算符.

设

$$\hat{A}\psi=\phi \tag{28}$$

能够唯一地解出 ψ,则可以定义算符 $\hat{A}$ 之逆 $\hat{A}^{-1}$ 为

$$\hat{A}^{-1}\phi=\psi \tag{29}$$

并非所有算符都有逆算符,例如,投影算符就不存在逆. 若算符 $\hat{A}$ 之逆存在,不难证明

$$\hat{A}\hat{A}^{-1}=\hat{A}^{-1}A=I, \quad [\hat{A},\hat{A}^{-1}]=0 \tag{30}$$

设算符 $\hat{A}$ 与 $\hat{B}$ 之逆均存在,可以证明(留作练习)

$$(\hat{A}\hat{B})^{-1}=\hat{B}^{-1}\hat{A}^{-1} \tag{31}$$

(e) 算符的函数.

设给定一函数 $F(x)$,其各阶导数均存在,幂级数展开收敛,

$$F(x)=\sum_{n=0}^{\infty}\frac{F^{(n)}(0)}{n!}x^n \tag{32}$$

则可定义算符 $\hat{A}$ 的函数 $F(\hat{A})$ 为

$$F(\hat{A})=\sum_{n=0}^{\infty}\frac{F^{(n)}(0)}{n!}\hat{A}^n \tag{33}$$

例如,$F(x)=\mathrm{e}^{ax}$,可定义

$$F\left(\frac{\mathrm{d}}{\mathrm{d}x}\right)=\mathrm{e}^{a\frac{\mathrm{d}}{\mathrm{d}x}}=\sum_{n=0}^{\infty}\frac{a^n}{n!}\frac{\mathrm{d}^n}{\mathrm{d}x^n}$$

不难看出,

$$\mathrm{e}^{a\frac{\mathrm{d}}{\mathrm{d}x}}\psi(x)=\psi(x+a) \tag{34}$$

算符 $\mathrm{e}^{a\frac{\mathrm{d}}{\mathrm{d}x}}$ 的物理意义,可参阅 4.4 节,是与体系沿 x 方向平移 a 相关的算符.

两个(或多个)算符的函数也可类似定义. 例如,令

$$F^{(n,m)}(x,y)=\frac{\partial^n}{\partial x^n}\frac{\partial^m}{\partial y^m}F(x,y)$$

则[①]

$$F(\hat{A},\hat{B})=\sum_{n,m=0}^{\infty}\frac{F^{(n,m)}(0,0)}{n!m!}\hat{A}^n\hat{B}^m \tag{35}$$

定义一个量子体系的任意两个波函数(态)ψ 与 φ 的"标积"[②]

$$(\psi,\varphi)=\int \mathrm{d}\tau\psi^*\varphi \tag{36}$$

$\int \mathrm{d}\tau$ 是指对体系的全部空间坐标进行积分,$\mathrm{d}\tau$ 是坐标空间体积元. 例如,

对于一维粒子:$\int \mathrm{d}\tau=\int_{-\infty}^{+\infty}\mathrm{d}x$

对于三维粒子:$\int \mathrm{d}\tau=\iiint_{-\infty}^{+\infty}\mathrm{d}x\mathrm{d}y\mathrm{d}z$

……

可以证明

$$\begin{cases}(\psi,\psi)\geqslant 0\\(\psi,\varphi)^*=(\varphi,\psi)\\(\psi,c_1\varphi_1+c_2\varphi_2)=c_1(\psi,\varphi_1)+c_2(\psi,\varphi_2)\\(c_1\psi_1+c_2\psi_2,\varphi)=c_1^*(\psi_1,\varphi)+c_2^*(\psi_2,\varphi)\end{cases} \tag{37}$$

式中 c_1 与 c_2 为任意常数.

(f) 转置算符.

算符 $\hat{A}$ 的转置算符 $\widetilde{\hat{A}}$ 定义为

$$\int \mathrm{d}\tau\psi^*\widetilde{\hat{A}}\varphi=\int \mathrm{d}\tau\varphi\hat{A}\psi^* \tag{38}$$

即

$$(\psi,\widetilde{\hat{A}}\varphi)=(\varphi^*,\hat{A}\psi^*) \tag{38'}$$

式中 ψ 与 φ 是任意两个波函数. 例如,

$$\widetilde{\frac{\partial}{\partial x}}=-\frac{\partial}{\partial x}$$

因为

① 除$[\hat{A},\hat{B}]=0$之外,定义式(35)还有不确切之处,这涉及 $\hat{A}^n\hat{B}^m$ 中各因子乘积的次序问题. 例如,一般说来 $\hat{A}^2\hat{B}\neq\hat{A}\hat{B}\hat{A}\neq\hat{B}\hat{A}^2$. 有些情况下,可以用厄米性要求来确定其形式. 例如,$\hat{A}\hat{B}\rightarrow\frac{1}{2}(\hat{A}\hat{B}+\hat{B}\hat{A})$. 但有些情况下仍不足以完全确定.

② "标积"更普遍的定义,见 7.4 节.

$$\int_{-\infty}^{+\infty} dx\varphi \frac{\partial}{\partial x}\psi^* = \varphi\psi^* \Big|_{-\infty}^{+\infty} - \int_{-\infty}^{+\infty} dx\psi^* \frac{\partial}{\partial x}\varphi$$
$$= -\int_{-\infty}^{+\infty} dx\psi^* \frac{\partial}{\partial x}\varphi$$

这里利用了$|x|\to\infty$时,$\psi\to 0$的条件. 按定义式(38),上式左边$=\int_{-\infty}^{+\infty} dx\psi^* \widetilde{\frac{\partial}{\partial x}}\varphi$,因此,得

$$\int_{-\infty}^{+\infty} dx\psi^* \left(\widetilde{\frac{\partial}{\partial x}} + \frac{\partial}{\partial x}\right)\varphi = 0$$

由于ψ^*,φ是任意的,所以$\widetilde{\frac{\partial}{\partial x}}+\frac{\partial}{\partial x}=0$,即$\widetilde{\frac{\partial}{\partial x}}=-\frac{\partial}{\partial x}$. 由此可以证明,在坐标表象中,$\widetilde{\hat{p}}_x=-\hat{p}_x$.

可以证明,

$$\widetilde{(\hat{A}\hat{B})} = \widetilde{\hat{B}}\,\widetilde{\hat{A}} \tag{39}$$

(g) 复共轭算符与厄米共轭算符.

算符$\hat{A}$的复共轭算符$\hat{A}^*$定义为

$$\hat{A}^*\psi = (\hat{A}\psi^*)^* \tag{40}$$

通常算符$\hat{A}$的复共轭$\hat{A}^*$,可如下构成的,即把$\hat{A}$的表达式中所有量换成其复共轭. 例如,在坐标表象中

$$\hat{\boldsymbol{p}}^* = (-i\hbar\boldsymbol{\nabla})^* = i\hbar\boldsymbol{\nabla} = -\hat{\boldsymbol{p}}$$

但应注意,算符$\hat{A}^*$的表达式与表象有关. 例如,在动量表象中,$\boldsymbol{p}^*=\boldsymbol{p}$.

算符$\hat{A}$之厄米共轭算符$\hat{A}^+$定义为

$$(\psi,\hat{A}^+\varphi) = (\hat{A}\psi,\varphi) \tag{41}$$

由此可得

$$(\psi,\hat{A}^+\varphi) = (\varphi,\hat{A}\psi)^* = (\varphi^*,\hat{A}^*\psi^*) = (\psi,\widetilde{\hat{A}}^*\varphi)$$

所以,

$$\hat{A}^+ = \widetilde{\hat{A}}^* \tag{41$'$}$$

例如,$\hat{p}^+=\widetilde{\hat{p}}^*=-\widetilde{\hat{p}}=\hat{p}$.

可以证明

$$(\hat{A}\hat{B}\hat{C}\cdots)^+ = \cdots\hat{C}^+\hat{B}^+\hat{A}^+ \tag{42}$$

(h) 厄米算符.

满足下列关系的算符

$$(\psi,\hat{A}\varphi)=(\hat{A}\psi,\varphi),\quad 或\quad \hat{A}^{+}=\hat{A} \tag{43}$$

称为厄米算符,也称为自共轭算符.可以证明,$r(x,y,z)$,$\boldsymbol{p}(p_x,p_y,p_z)$,$\boldsymbol{l}(l_x,l_y,l_z)$,$V(x)$(实)等都是厄米算符.不难证明,两个厄米算符之和仍为厄米算符,但它们的积,一般不是厄米算符,除非$[\hat{A},\hat{B}]=0$(可对易),因为

$$(\hat{A}\hat{B})^{+}=\hat{B}^{+}\hat{A}^{+}=\hat{B}\hat{A},$$

只当$[\hat{A},\hat{B}]=0$时,上式才等于$\hat{A}\hat{B}$,即$\hat{A}\hat{B}$为厄米算符.

定理 体系的任何状态下,其厄米算符的平均值必为实数.

证明 按厄米算符定义(43),在ψ态下厄米算符$\hat{A}$的平均值为

$$\overline{A}=(\psi,\hat{A}\psi)=(\hat{A}\psi,\psi)=(\psi,\hat{A}\psi)^{*}=\overline{A}^{*}$$

(证毕)

逆定理 在任何状态下平均值均为实的算符必为厄米算符.

证明 按假定,在任意态ψ下,$\overline{A}=\overline{A}^{*}$,即

$$(\psi,\hat{A}\psi)=(\psi,\hat{A}\psi)^{*}=(\hat{A}\psi,\psi)$$

取$\psi=\psi_1+c\psi_2$,ψ_1与ψ_2也是任意的,c是任意常数.代入上式,

$$\begin{aligned}&(\psi_1,\hat{A}\psi_1)+c^{*}(\psi_2,\hat{A}\psi_1)+c(\psi_1,\hat{A}\psi_2)+|c|^2(\psi_2,\hat{A}\psi_2)\\&=(\hat{A}\psi_1,\psi_1)+c^{*}(\hat{A}\psi_2,\psi_1)+c(\hat{A}\psi_1,\psi_2)+|c|^2(\hat{A}\psi_2,\psi_2)\end{aligned}$$

按假定,在任意态下$\overline{A}$都为实,所以$(\psi_1,\hat{A}\psi_1)=(\hat{A}\psi_1,\psi_1)$,$(\psi_2,\hat{A}\psi_2)=(\hat{A}\psi_2,\psi_2)$于是得

$$c^{*}(\psi_2,\hat{A}\psi_1)+c(\psi_1,\hat{A}\psi_2)=c^{*}(\hat{A}\psi_2,\psi_1)+c(\hat{A}\psi_1,\psi_2)$$

即

$$c[(\psi_1,\hat{A}\psi_2)-(\hat{A}\psi_1,\psi_2)]=c^{*}[(\hat{A}\psi_2,\psi_1)-(\psi_2,\hat{A}\psi_1)]$$

分别令$c=1$和$c=\mathrm{i}$,可得

$$\begin{aligned}(\psi_1,\hat{A}\psi_2)-(\hat{A}\psi_1,\psi_2)&=(\hat{A}\psi_2,\psi_1)-(\psi_2,\hat{A}\psi_1)\\(\psi_1,\hat{A}\psi_2)-(\hat{A}\psi_1,\psi_2)&=-(\hat{A}\psi_2,\psi_1)+(\psi_2,\hat{A}\psi_1)\end{aligned}$$

以上两式分别相加、减,即得

$$(\psi_1,\hat{A}\psi_2)=(\hat{A}\psi_1,\psi_2),\quad(\psi_2,\hat{A}\psi_1)=(\hat{A}\psi_2,\psi_1)$$

此即厄米算符定义的要求. (证毕)

实验上可观测量,当然要求在任何态下平均值都是实数,因此相应的算符必须是厄米算符.

推论 设$\hat{A}$为厄米算符,则在任意态ψ之下,

$$\overline{A^2}=(\psi,\hat{A}^2\psi)=(\hat{A}\psi,\hat{A}\psi)\geqslant 0 \tag{44}$$

练习5. 设厄米算符$\hat{A}$在任意态ψ之下平均值都为零,则$\hat{A}$为零算符,即$\hat{A}\psi=0$(ψ任意).

3.2 厄米算符的本征值与本征函数

假设一体系处于量子态 ψ. 当人们去测量力学量 A 时，一般说来，可能出现各种不同的结果，各有一定的概率. 对于都用 ψ 来描述其状态的大量的完全相同的体系（系综），如进行多次测量，所得结果的平均将趋于一个确定值. 而每一次测量的结果则围绕平均值有一个涨落. 涨落定义为

$$\overline{\Delta A^2} = \overline{(\hat{A} - \overline{A})^2} = \int \psi^* (\hat{A} - \overline{A})^2 \psi \mathrm{d}\tau \tag{1}$$

因为 $\hat{A}$ 为厄米算符，$\overline{A}$ 必为实数，因而$\Delta A = (\hat{A} - \overline{A})$仍为厄米算符，再利用 3.1 节式(44)，有

$$\overline{\Delta A^2} = \int |(\hat{A} - \overline{A})\psi|^2 \mathrm{d}\tau \geqslant 0 \tag{2}$$

如果体系处于一种特殊的状态，测量 A 所得结果是唯一确定的，即涨落$\overline{\Delta A^2} = 0$，则称这种状态为力学量 A 的本征态. 在这种状态下，由式(2)可以看出，被积函数必须为零，即 ψ 必须满足

$$(\hat{A} - \overline{A})\psi = 0$$

或 $\hat{A}\psi$=常数×ψ. 为方便，常把此常数记为 A_n，并把此特殊状态记为 ψ_n，于是

$$\hat{A}\psi_n = A_n \psi_n \tag{3}$$

A_n 称为 $\hat{A}$ 的一个本征值，ψ_n 为相应的本征态. 式(3)即算符 $\hat{A}$ 的本征方程. 求解时，ψ_n 作为力学量的本征态，还要满足物理上的一些要求. 量子力学中的一个基本假定是：测量力学量 A 时所有可能出现的值，都是相应的线性厄米算符 $\hat{A}$ 的本征值. 当体系处于 $\hat{A}$ 的本征态 ψ_n 时，则每次测量所得结果都是完全确定的，即 A_n. 由式(3)可看出，在 ψ_n 态下（设 ψ_n 已归一化）

$$\overline{A} = (\psi_n, \hat{A}\psi_n) = A_n(\psi_n, \psi_n) = A_n \tag{4}$$

按上节已证明的定理，$\overline{A}$ 必为实，由此可得出：

定理 1 厄米算符的本征值必为实.

以下我们来证明厄米算符的本征函数的一个基本性质：

定理 2 厄米算符的属于不同本征值的本征函数，彼此正交.

证明 设

$$\hat{A}\psi_n = A_n \psi_n \tag{5}$$

$$\hat{A}\psi_m = A_m \psi_m \tag{6}$$

并设(ψ_m, ψ_n)存在. 式(6)取复共轭，注意 A_m 为实，有

$$\hat{A}^* \psi_m^* = A_m \psi_m^*$$

上式右乘 ψ_n，积分，即

$$(\hat{A}\psi_m, \psi_n) = A_m(\psi_m, \psi_n)$$

由于 $\hat{A}^+=\hat{A}$，上式左边$=(\psi_m, \hat{A}\psi_n)=A_n(\psi_m, \psi_n)$，因此得

$$(A_m - A_n)(\psi_m, \psi_n) = 0 \tag{7}$$

如 $A_m \neq A_n$，则必有$(\psi_m, \psi_n)=0$.

例 1 求角动量 z 分量 $\hat{l}_z=-\mathrm{i}\hbar\dfrac{\partial}{\partial\varphi}$的本征值与本征函数.

本征方程为

$$-\mathrm{i}\hbar\frac{\partial}{\partial\varphi}\psi = l'_z\psi \tag{8}$$

l'_z 为本征值. 上式可改记为

$$\frac{\partial \ln\psi}{\partial\varphi} = \mathrm{i}l'_z/\hbar$$

其解为

$$\psi(\varphi) = C\exp[\mathrm{i}l'_z\varphi/\hbar] \tag{9}$$

C 为归一化常数. 当 $\varphi\to\varphi+2\pi$（绕 z 轴旋转一周），体系将回到空间原来位置. 作为一个力学量所相应的算符，$\hat{l}_z=-\mathrm{i}\hbar\dfrac{\partial}{\partial\varphi}$必须为厄米算符. 为保证其厄米性，要求波函数满足周期性边条件①，

$$\psi(\varphi+2\pi) = \psi(\varphi) \tag{10}$$

因此要求

$$l'_z = m\hbar, \quad m = 0, \pm 1, \pm 2, \cdots \tag{11}$$

此即 $\hat{l}_z$ 的本征值，是量子化的. 相应的本征函数表示为

$$\psi_m(\varphi) = C\mathrm{e}^{\mathrm{i}m\varphi}$$

按照归一化条件

$$\int_0^{2\pi} |\psi_m(\varphi)|^2 \mathrm{d}\varphi = 2\pi |C|^2 = 1$$

可知$|C|^2=1/2\pi$. 通常取 $C=1/\sqrt{2\pi}$（正实数），于是归一化本征函数表示为

$$\psi_m(\varphi) = \frac{1}{\sqrt{2\pi}}\mathrm{e}^{\mathrm{i}m\varphi}, \quad m = 0, \pm 1, \pm 2, \cdots \tag{12}$$

容易证明它们满足正交归一条件

$$(\psi_m, \psi_n) = \delta_{mn} \tag{13}$$

例 2 平面转子的能量本征值与本征态.

考虑绕 z 轴旋转的平面转子，Hamilton 量为

$$\hat{H} = \frac{\hat{l}_z^2}{2I} = -\frac{\hbar^2}{2I}\frac{\partial^2}{\partial\varphi^2} \tag{14}$$

式中 I 为转动惯量. 能量本征方程为

$$-\frac{\hbar^2}{2I}\frac{\partial^2}{\partial\varphi^2}\psi = E\psi \tag{15}$$

E 为能量本征值. 根据例 1，不难验证，$\hat{H}$ 的本征函数可取为 $\hat{l}_z$ 的本征函数，

---

① 参阅曾谨言：《量子力学》（第五版），卷Ⅰ，4.2 节，例 2（科学出版社，2013 年）

$$\psi_m(\varphi)=\frac{1}{\sqrt{2\pi}}e^{im\varphi},\quad m=0,\pm1,\pm2,\cdots \tag{16}$$

相应的能量本征值为

$$E_m=m^2\hbar^2/2I\geqslant 0 \tag{17}$$

但应注意，E_m 只依赖于 m^2，对应于一个能量本征值 E_m，有两个本征态（$m=0$ 除外），即 $e^{\pm i|m|\varphi}$，也就是说，能级是二重简并的.

思考题　平面转子的能量本征态（即方程(15)的解）可否取为实函数 $\psi\sim\sin m\varphi,\cos m\varphi$？此时它们是否还是 l_z 的本征态？在有简并的情况下，给定能量本征值后，本征函数是否唯一确定？如何确定它们？

例 3　求动量的 x 分量 $\hat{p}_x=-i\hbar\dfrac{\partial}{\partial x}$的本征态.

本征方程为

$$-i\hbar\frac{\partial}{\partial x}\psi=p'_x\psi \tag{18}$$

p'_x 是本征值. 与例 1 类似，ψ 的解表示为

$$\psi_{p'_x(x)}=Ce^{ip'_xx/\hbar} \tag{19}$$

若粒子位置不受限制，则 p'_x 可以取一切实数值（$-\infty<p'_x<+\infty$），是连续变化的（注意，p'_x 不能取虚数，为什么？）. 式(19)即平面波，是不能归一化的. 关于连续谱的本征态的“归一化”困难，将于 3.4 节中讨论. 但习惯上取

$$\psi_{p'_x}(x)=\frac{1}{\sqrt{2\pi\hbar}}e^{ip'_xx/\hbar} \tag{20}$$

满足

$$\int_{-\infty}^{+\infty}\psi^*_{p'_x}(x)\psi_{p''_x}(x)dx=\delta(p'_x-p''_x) \tag{21}$$

例 4　一维自由粒子的能量本征态.

一维自由粒子的 Hamilton 量 $\hat{H}=\hat{p}_x^2/2m=-\dfrac{\hbar^2}{2m}\dfrac{\partial^2}{\partial x^2}$，本征方程为

$$-\frac{\hbar^2}{2m}\frac{\partial^2}{\partial x^2}\psi=E\psi \tag{22}$$

其本征函数可以取为 $\hat{p}_x$ 的本征态，即

$$\psi_E(x)\sim e^{\pm ikx},\quad k=\sqrt{2mE}/\hbar\geqslant 0 \tag{23}$$

相应的能量本征值为

$$E=\hbar^2k^2/2m\geqslant 0 \tag{24}$$

可以取一切非负实数值. 与例 2 相似，这里也出现二重简并态.

思考题　自由粒子的能量本征态可否取为 $\sin kx$ 与 $\cos kx$？此时它们是否还是 $\hat{p}_x=-i\hbar\dfrac{\partial}{\partial x}$的本征态？它们是否具有确定的宇称？相应的粒子流密度 $j_x=$？

下面介绍简并问题. 在处理力学量本征值问题时，特别是能量的本征值问题，常常出现本征态简并，这与体系的对称性有密切关系. 在能级简并的情况下，仅根

据能量本征值并不能把各能量简并态完全确定下来.

设力学量 A 的本征方程表为

$$\hat{A}\psi_{n\alpha} = A_n\psi_{n\alpha}, \quad \alpha = 1,2,\cdots,f_n \tag{25}$$

即属于本征值 A_n 的本征态有 f_n 个,则称本征值 A_n 为 f_n 重简并. 在出现简并时,简并态的选择是不唯一的,而且一般说来,这些简并态也不一定彼此正交. 但可以证明,总可以把它们适当地线性叠加,使之彼此正交. 即令

$$\phi_{n\beta} = \sum_{\alpha=1}^{f_n} a_{\beta\alpha}\psi_{n\alpha}, \quad \beta = 1,2,\cdots,f_n \tag{26}$$

容易证明 $\phi_{n\beta}$ 仍为 $\hat{A}$ 的本征态,相应本征值仍为 A_n,因为

$$\hat{A}\phi_{n\beta} = \sum_{\alpha} a_{\beta\alpha}\hat{A}\psi_{n\alpha} = A_n\sum_{\alpha} a_{\beta\alpha}\psi_{n\alpha} = A_n\phi_{n\beta}$$

可以选择 $a_{\beta\alpha}$,使 $\phi_{n\beta}$ 具有正交性,即

$$(\phi_{n\beta}, \phi_{n\beta'}) = \delta_{\beta\beta'} \tag{27}$$

这相当于提出了 $\frac{1}{2}f_n(f_n-1)+f_n=\frac{1}{2}f_n(f_n+1)$ 个条件. 这是否过分? 否. 因为系数 $a_{\beta\alpha}$ 共有 f_n^2 个. 可以证明 $f_n^2\geqslant\frac{1}{2}f_n(f_n+1)$,($f_n$ 为正整数). 因此,总可以找到一组 $a_{\beta\alpha}$,使正交性条件(27)满足. 在线性代数中,通常采用 Schmidt 正交化程序来进行正交化.

在常见的一些问题中,当出现简并时,为把 $\hat{A}$ 的简并态确定下来,往往是用(除 $\hat{A}$ 之外的)其他某力学量的本征值来对简并态进行分类,此时正交性问题将自动解决. 这就涉及两个或多个力学量的共同本征态(simultaneous eigenstate)的问题. 这里我们将碰到经典力学不曾出现过的新问题,即两个力学量是否可以有共同本征态,或者说是否可以同时测定? 这是不确定度关系要讨论的问题.

3.3 共同本征函数

3.3.1 不确定度关系的严格证明

当体系处于力学量 A 的本征态时,若对它测量 A,则可得到一个确切值,即相应的本征值,而不会出现涨落. 在 A 的这个本征态下,如去测量另一个力学量 B,是否也能得到一个确定的值? 不一定. 例如,在 1.1.5 节中已分析过,考虑到波粒二象性,粒子的位置与动量不能同时完全确定,而它们的不确定度 Δx 与 Δp_x 必须满足

$$\Delta x\Delta p_x \gtrsim \hbar \tag{1}$$

下面普遍地来分析此问题. 设有两个任意的力学量 A 和 B. 考虑下列积分不等式

$$I(\xi)=\int|\xi\hat{A}\psi+\mathrm{i}\hat{B}\psi|^2\mathrm{d}\tau\geqslant 0 \tag{2}$$

ψ 为体系的任意一个量子态，ξ 为任意实参数. 注意 $\hat{A}$ 与 $\hat{B}$ 为厄米算符，式(2)可化为

$$\begin{aligned}I(\xi)&=(\xi\hat{A}\psi+\mathrm{i}\hat{B}\psi,\xi\hat{A}\psi+\mathrm{i}\hat{B}\psi)\\&=\xi^2(\hat{A}\psi,\hat{A}\psi)+\mathrm{i}\xi(\hat{A}\psi,\hat{B}\psi)-\mathrm{i}\xi(\hat{B}\psi,\hat{A}\psi)+(\hat{B}\psi,\hat{B}\psi)\\&=\xi^2(\psi,\hat{A}^2\psi)+\mathrm{i}\xi(\psi,[\hat{A},\hat{B}]\psi)+(\psi,\hat{B}^2\psi)\end{aligned} \tag{3}$$

为方便，引进厄米算符 $\hat{C}=[\hat{A},\hat{B}]/\mathrm{i}=\hat{C}^+$，则

$$\begin{aligned}I(\xi)&=\xi^2\,\overline{A^2}-\xi\overline{C}+\overline{B^2}\\&=\overline{A^2}\left(\xi-\overline{C}/2\,\overline{A^2}\right)^2+\left(\overline{B^2}-\overline{C}^2/4\,\overline{A^2}\right)\geqslant 0\end{aligned} \tag{4}$$

注意 $\overline{C}$ 为实，不妨取 $\xi=\overline{C}/2\,\overline{A}^2$，则得

$$\overline{B}^2-\overline{C}^2/4\overline{A}^2\geqslant 0 \tag{5}$$

即$\overline{A^2}\cdot\overline{B^2}\geqslant\frac{1}{4}\overline{C}^2$，或表示成

$$\sqrt{\overline{A^2}\cdot\overline{B^2}}\geqslant\frac{1}{2}|\overline{C}|=\frac{1}{2}\left|\overline{[\hat{A},\hat{B}]}\right| \tag{6}$$

上列不等式对于任意两个厄米算符 $\hat{A},\hat{B}$ 均成立. 但我们注意到 $\overline{A}$ 与 $\overline{B}$ 均为实数，因而 $\Delta\hat{A}=\hat{A}-\overline{A}$ 与 $\Delta\hat{B}=\hat{B}-\overline{B}$ 也是厄米的，所以把 $\hat{A}\to\Delta\hat{A},\hat{B}\to\Delta\hat{B}$，式(6)仍然成立. 再考虑到$[\Delta\hat{A},\Delta\hat{B}]=[\hat{A},\hat{B}]$，就可得出

$$\sqrt{\overline{(\Delta A)^2}\cdot\overline{(\Delta B)^2}}\geqslant\frac{1}{2}\left|\overline{[\hat{A},\hat{B}]}\right| \tag{7}$$

常常简记为

$$\Delta A\cdot\Delta B\geqslant\frac{1}{2}\left|\overline{[A,B]}\right| \tag{8}$$

这就是任意两个力学量 A 与 B 在任意量子态下的不确定度(涨落)必须满足的关系式，即不确定度关系(uncertainty relation).

特例 对于 $\hat{A}=x,\hat{B}=p_x$，利用$[x,p_x]=\mathrm{i}\hbar$($\hbar$ 是一个普适常数，不为 0)，则有

$$\Delta x\cdot\Delta p_x\geqslant\hbar/2 \tag{9}$$

由式(8)可以看出，若两个力学量 A 与 B 不对易，则一般说来 ΔA 与 ΔB 不能同时为零，即 A 与 B 不能共同测定(但注意$\overline{[A,B]}=0$ 的特殊态可能是例外)，或者说它们不能有共同本征态. 反之，若两个厄米算符 $\hat{A}$ 与 $\hat{B}$ 对易，则可以找出这样的态，使 $\Delta A=0$ 与 $\Delta B=0$ 同时满足，即可以找出它们的共同本征态.

思考题 1. 若两个厄米算符有共同本征态，是否它们就彼此对易?

思考题 2. 若两个厄米算符不对易，是否一定就没有共同本征态?

思考题 3. 若两个厄米算符对易，是否在所有态下它们都同时具有确定值?

思考题 4. 若$[\hat{A},\hat{B}]=$常数，$\hat{A}$ 和 $\hat{B}$ 能否有共同本征态?

思考题 5. 角动量分量$[\hat{l}_x,\hat{l}_y]=\mathrm{i}\hbar\hat{l}_z$，$\hat{l}_x$ 与 $\hat{l}_y$ 能否有共同本征态？

例 1 动量 $\hat{\boldsymbol{p}}(\hat{p}_x,\hat{p}_y,\hat{p}_z)$的共同本征态.

由于$[\hat{p}_\alpha,\hat{p}_\beta]=0$，所以$(\hat{p}_x,\hat{p}_y,\hat{p}_z)$可以具有共同本征态，即平面波

$$\begin{aligned}\psi_{\boldsymbol{p}}(\boldsymbol{r})&=\psi_{p_x}(x)\psi_{p_y}(y)\psi_{p_z}(z)=\frac{1}{(2\pi\hbar)^{3/2}}\mathrm{e}^{\mathrm{i}(p_x x+p_y y+p_z z)/\hbar}\\&=\frac{1}{(2\pi\hbar)^{3/2}}\mathrm{e}^{\mathrm{i}\boldsymbol{p}\cdot\boldsymbol{r}/\hbar}\end{aligned}\tag{10}$$

相应于本征值 $\boldsymbol{p}(p_x,p_y,p_z)$，$(-\infty<p_x,p_y,p_z(\text{实})<+\infty)$.

例 2 坐标 $\boldsymbol{r}(x,y,z)$的共同本征态，即 δ 函数(参阅 3.4.2 节式(9)，式(10))

$$\begin{aligned}\psi_{x_0y_0z_0}(\boldsymbol{r})&=\delta(\boldsymbol{r}-\boldsymbol{r}_0)\\&=\delta(x-x_0)\delta(y-y_0)\delta(z-z_0)\end{aligned}\tag{11}$$

相应本征值为 $\boldsymbol{r}_0(x_0,y_0,z_0)$，$(-\infty<x_0,y_0,z_0(\text{实})<+\infty)$.

思考题 6. $\hat{p}_x$ 和 y 可否有共同本征态？

［注］**不确定性原理与不确定度关系提出的历史.**

不确定性原理[①]的数学表达式，即式(8)所示不确定度关系

$$\Delta A\Delta B\geqslant\frac{1}{2}|\langle\psi|[A,B]|\psi\rangle|\tag{a}$$

上式中 $\Delta X=\sqrt{\langle\psi|X^2|\psi\rangle-\langle\psi|X|\psi\rangle^2}$是可观测量 X 的不确定度(方均根偏差)，$X=(A,B)$. 此表达式及其证明，首先见于 Robertson[②]，Kennard [③]，Weyl[④] 等文献. 它给出在量子态$|\psi(t)\rangle$下，两个可观测量 A 和 B 的测量值的不确定度的乘积要受到的限制，是基于可观测量 A 和 B 的不对易性以及波函数的统计诠释得出的. 不确定度关系(a)不涉及具体的测量过程，是给定的量子态$|\psi(t)\rangle$所固有的[⑤]. 不确定度关系(a)已经在众多实验中得到验证[⑥]. 对于单个粒子的坐标和动量，$A=x$，$B=p_x$，$C=\hbar$ 是一个普适常量. 所以，不管是什么量子态，一个粒子的坐标和动量原则上就不能同时具有确定值. 这就是不确定性原理的主要含义.

Schrödinger 很早还指出[⑦]，与不确定度关系(a) 的平方相应的表示式的右侧，还应加上一项正定的协变项

---

① W. Heisenberg，Zeit. Physik **43**(1927) 172；英译本见 *Quantum Theory and Measurement*，J. A. Wheeler & W. H. Zurek 主编 (Princeton University Press，NJ，1984)，p. 62.

② H. P. Robertson，Phys. Rev. **34**(1929) 163.

③ E. H. Kennard，Zeit. Phys. **44**(1927) 326.

④ H. Weyl，Gruppentheorie und quantenmechanik. Hirzel，Leipzig，1928.

⑤ J. Erhart，S. Sponar，G. Sulyok，G. Badurek，M. Ozawa and Y. Hasegawa，Nature Physics **8** (2012) 185.

⑥ O. Nairz，M. Arndt，& A. Zeilinger，Phys. Rev. **A65**(2002)，以及所引文献.

⑦ E. Schrödinger，Sitz. Preuss. Akad. Wiss. **14**(1930) 296-303；英译文献见 arXiv：quant-ph / 9903100 v2 15 Jun 2000.

$$(\Delta A)^2(\Delta B)^2 \geqslant \left| \frac{1}{2}\langle\psi|AB-BA|\psi\rangle \right|^2 + \frac{1}{4}[\langle\psi|AB+BA|\psi\rangle - 4\langle\psi|A|\psi\rangle\langle\psi|B|\psi\rangle]^2 \qquad \text{(b)}$$

在一般情况下，Schrödinger 给出的$(\Delta A)^2(\Delta B)^2$大于不确定度关系(a)的限制.

应该指出，Heisenberg 原来讨论的是测量误差-干扰(measurement error-disturbance)关系

$$\varepsilon(A)\eta(B) \geqslant \frac{1}{2}|[\langle A,B\rangle]| \qquad \text{(c)}$$

其中，$\varepsilon(A)$是可观测量 A 的测量误差，$\eta(B)$反映可观测量 B 受到的测量仪器的干扰(包括反冲等). 我国老一辈物理学家王竹溪先生把测量误差-干扰关系译为测不准关系，是有根据的. 实际上，文献①早已指出，测量误差-干扰关系(c)在形式上不完全正确. 后来 Ozawa② 证明，测量误差-干扰关系(c)应修订为

$$\varepsilon(A)\eta(B) + \varepsilon(A)\Delta B + \eta(B)\Delta A \geqslant \frac{1}{2}|[\langle A,B\rangle]| \qquad \text{(d)}$$

文献③给出了 Ozawa 的测量误差-干扰关系(d)的实验验证. 由此，引发了涉及不确定性原理的很多议论. 有人认为，量子力学教材中有关不确定度关系的表述要进行修改. 也有人对提出的测量误差-干扰关系(d)提出质疑④，近期，C. Branciard ⑤对测量误差-干扰 关系又进行了修正，提出如下关系式[他称之为 error-tradeoff relation for approximate joint-measurement]：

$$\Delta B^2\varepsilon_A^2 + \Delta A^2\varepsilon_B^2 + 2\sqrt{\Delta A^2\Delta B^2 - \frac{1}{4}C_{AB}^2}\,\varepsilon_A\varepsilon_B \geqslant \frac{1}{4}C_{AB}^2 \qquad \text{(e)}$$

式中 ΔA 与 ΔB 是标准偏差，ε_A 与 ε_B 是测量误差的方均根偏差.

我们认为，测量误差-干扰关系(或简称测不准关系)与不确定度关系含义不同，不可混为一谈. 更不可把测量误差-干扰关系与不确定性原理混为一谈. 测量误差-干扰关系的修订，并未动摇不确定性原理的普适性和量子力学理论的基础.

3.3.2 $(\boldsymbol{l}^2, l_z)$的共同本征态，球谐函数

由于角动量的三个分量不对易，一般无共同本征态. 但由于$[\boldsymbol{l}^2, l_\alpha]=0$ $(\alpha=x,y,z)$，我们可以找出 $\boldsymbol{l}^2$ 与任何一个分量(如 l_z)的共同本征态.

采用球坐标，$\boldsymbol{l}^2$ 表示为

$$\begin{aligned}\boldsymbol{l}^2 &= -\hbar^2\left[\frac{1}{\sin\theta}\frac{\partial}{\partial\theta}\sin\theta\frac{\partial}{\partial\theta} + \frac{1}{\sin^2\theta}\frac{\partial^2}{\partial\varphi^2}\right] \\ &= -\frac{\hbar^2}{\sin\theta}\frac{\partial}{\partial\theta}\sin\theta\frac{\partial}{\partial\theta} + \frac{1}{\sin^2\theta}l_z^2\end{aligned} \qquad (12)$$

---

① L. E Ballentine, Rev. Mod. Phys. **42**(1970) 358.

② M. Ozawa, Phys. Rev. **A67**(2003) 042105; Phys. Lett. **A320**(2004) 367.

③ L. A. Rozema, A. Darabi, D. H. Mahler, A. Hayat, Y. Soudagar, and A. M. Steinberg, Phys. Rev. Lett. **109** (2012) 100404.

④ R. Cowen, Nature **498**(2013) 419; P. Busch, P. Lahti&R. F. Werner, http://arxiv.org/abs/1306.1565(2013).

⑤ C. Branciard, PNAS **110**(2013) 6742-6727.

考虑到$[\boldsymbol{l}^2, l_z]=0$，$\boldsymbol{l}^2$ 的本征函数可以同时也取为 l_z 的本征态，

$$\psi_m(\varphi) = \frac{1}{\sqrt{2\pi}}e^{im\varphi}, \quad m = 0, \pm 1, \pm 2, \cdots \tag{13}$$

此时 $\boldsymbol{l}^2$ 的本征函数已分离变量，即令

$$Y(\theta,\varphi) = \Theta(\theta)\psi_m(\varphi) \tag{14}$$

代入本征方程

$$\boldsymbol{l}^2 Y(\theta,\varphi) = \lambda\hbar^2 Y(\theta,\varphi) \tag{15}$$

$\lambda\hbar^2$ 是 $\boldsymbol{l}^2$ 的本征值(λ 无量纲)，待定. 利用式(12)，得

$$\frac{1}{\sin\theta}\frac{d}{d\theta}\left(\sin\theta\frac{d}{d\theta}\Theta\right) + \left(\lambda - \frac{m^2}{\sin^2\theta}\right)\Theta = 0, \quad 0 \leqslant \theta \leqslant \pi \tag{16}$$

令 $\xi=\cos\theta(|\xi|\leqslant 1)$，则

$$\frac{d}{d\xi}\left[(1-\xi^2)\frac{d}{d\xi}\Theta\right] + \left(\lambda - \frac{m^2}{1-\xi^2}\right)\Theta = 0$$

即

$$(1-\xi^2)\frac{d^2}{d\xi^2}\Theta - 2\xi\frac{d}{d\xi}\Theta + \left(\lambda - \frac{m^2}{1-\xi^2}\right)\Theta = 0 \tag{17}$$

这就是连带 Legendre 方程. 在 $|\xi|\leqslant 1$ 区域中，此微分方程有两个正则奇点，$\xi=\pm 1$，其余各点均为常点. 可以证明，只当

$$\lambda = l(l+1), \quad l = 0,1,2,\cdots \tag{18}$$

时，方程(17)有一个多项式解(另一解为无穷级数)，即连带 Legendre 多项式，

$$P_l^m(\xi), \quad |m| \leqslant l \tag{19}$$

它在 $|\xi|\leqslant 1$ 区域中是有界的，是物理上可接受的解. 利用正交归一性公式

$$\int_{-1}^{+1} P_l^m(\xi) P_{l'}^m(\xi) d\xi = \frac{2}{(2l+1)} \cdot \frac{(l+m)!}{(l-m)!}\delta_{ll'} \tag{20}$$

可以定义一个归一化的 θ 部分的波函数(实)

$$\Theta_{lm}(\theta) = (-1)^m \sqrt{\frac{(2l+1)}{2} \cdot \frac{(l-m)!}{(l+m)!}} P_l^m(\cos\theta)$$

$$m = l, l-1, \cdots, -l+1, -l \tag{21}$$

满足

$$\int_0^\pi \Theta_{lm}(\theta)\Theta_{l'm}(\theta)\sin\theta d\theta = \delta_{ll'} \tag{22}$$

这样，$(\boldsymbol{l}^2, l_z)$ 的正交归一的共同本征函数表示为

$$Y_{lm}(\theta,\varphi) = (-1)^m \sqrt{\frac{2l+1}{4\pi}\frac{(l-m)!}{(l+m)!}} P_l^m(\cos\theta)e^{im\varphi} \tag{23}$$

Y_{lm} 称为球谐(spherical harmonic)函数，它们满足

$$\begin{aligned}
&\boldsymbol{l}^2 Y_{lm} = l(l+1)\hbar^2 Y_{lm} \\
&l_z Y_{lm} = m\hbar Y_{lm} \\
&l = 0,1,2,\cdots, \quad m = l, l-1, \cdots, -l+1, -l
\end{aligned} \tag{24}$$

$$\int_0^{2\pi} d\varphi \int_0^\pi \sin\theta d\theta Y_{lm}^*(\theta,\varphi) Y_{l'm'}(\theta,\varphi) = \delta_{ll'}\delta_{mm'} \tag{25}$$

$\boldsymbol{l}^2$ 和 l_z 的本征值都是量子化的. l 称为轨道角动量量子数,m 称为磁量子数. 对于给定 l,$\boldsymbol{l}^2$ 的本征函数是不确定的,因为 $m=l,l-1,\cdots,-l$,共有$(2l+1)$个简并态. Y_{lm}就是用 $\hat{l}_z$ 的本征值来区分这些简并态.

思考题　对于给定 l,用 l_z 的本征值 $m(\hbar)$来区分各简并态,这种做法是否唯一? 能否找出其他办法来确定(或标记)各简并态?

3.3.3　对易力学量完全集(CSCO)

设有一组彼此独立而且互相对易的厄米算符 $\hat{A}(\hat{A}_1,\hat{A}_2,\cdots)$,它们的共同本征态记为 ψ_α,α 表示一组完备的量子数. 设给定一组量子数 α 之后,就能够确定体系的唯一一个可能状态,则我们称$(\hat{A}_1,\hat{A}_2,\cdots)$构成体系的一组对易可观测量完全集[①](complete set of commuting observables, 简记为 CSCO). 在中文教材中,习惯称为对易力学量完全集,或简称为力学量完全集. 对易力学量完全集的概念与体系的一个量子态的制备密切相关.

按照态叠加原理,体系的任何一个状态 ψ 均可用$\{\psi_\alpha\}$来展开

$$\psi = \sum_\alpha a_\alpha \psi_\alpha \tag{26}$$

利用 ψ_α 的正交归一性,上式中的展开系数 $a_\alpha=(\psi_\alpha,\psi)$ 可确切定出. $|a_\alpha|^2$ 表示在 ψ 态下,测量力学量 A 得到 A_α 值的概率. 这是波函数的统计诠释的最一般的表述. (这里假定量子数 α,或力学量 A_α,不连续变化. 若 α 连续变化,则 $\sum_\alpha \to \int \mathrm{d}\alpha$,而相应的展开系数的模方代表概率密度. 例如,坐标表象和动量表象的展开,即属此情况.)

如体系的 Hamilton 量不显含时间 $t(\partial H/\partial t=0)$,则 H 为守恒量(见 4.1 节). 在此情况下,如对易力学量完全集中包含有体系的 Hamilton 量,则完全集中各力学量都是守恒量,这种完全集又称为对易守恒量完全集(a complete set of commuting conserved observables,简记为 CSCCO)包括 H 在内的守恒量完全集的共同本征态,当然是定态,所相应的量子数都称为好量子数. 在这种展开中(无论 ψ 是什么态,定态或非定态),$|a_\alpha|^2$ 是不随时间改变的(详见 4.1 节).

---

① P. A. M. Dirac, *The Principles of Quantum Mechanics* (Oxford University Press, 1958),"Let us define a complete set of commuting observables to be a set of observables which all commute with one another and for which there is only one simultaneous eigenstate belonging to any set of eigenvalues."

C. Cohen-Tanoudji, et al., *Quantum Mechanics*, vol. 1, p. 144, "By definition, a set of observables A, B, C,... is called a complete set of commuting observables if (i) all the observables A, B, C,... commute by pairs, (ii) specifying the eigenvalues of all the observables A, B, C,... determines a unique (to within a multiplicative factor) common eigenvector,""..., it is generally understood that one is confind to 'minimal' set, that is. those cease to be complete when any one of the observables is omitted."还可以参阅 A. Messiah, *Quantum Mechanics*, vol. 1, p. 202～204, 273 的表述.

例 1 一维谐振子，Hamilton 量（能量）本身就构成力学量完全集. 能量本征函数 $\psi_n(x)$，$n=0,1,2,\cdots$，构成一个正交归一完备函数组，一维谐振子的任何一个态均可用它们来展开.

$$\psi(x)=\sum_n a_n\psi_n(x) \tag{27}$$

$|a_n|^2$ 代表 ψ 态下测得粒子能量为 E_n 的概率.

例 2 一维运动粒子，动量本征态（平面波）为 $\psi_p(x)\sim e^{ipx/\hbar}$. 按照数学中 Fourier 展开定理，任何一个平方可积波函数均可用它们展开（参见 A. Messiah, *Quantum Mechanics*, vol. 1, p. 183）

$$\psi(x)=\frac{1}{(2\pi\hbar)^{1/2}}\int_{-\infty}^{+\infty}\varphi(p)e^{ipx/\hbar}dp \tag{28}$$

因此，动量 p 就构成一维粒子的一个力学量完全集.

例 3 三维自由粒子，$H=\boldsymbol{p}^2/2m$，$[\boldsymbol{p},H]=0$，动量 $\boldsymbol{p}$ 为守恒量，$\boldsymbol{p}$ 的三个分量(p_x,p_y,p_z)构成一组 CSCO，并且为一组 CSCCO. 它们的共同本征函数（本征值为 $\boldsymbol{p}$，$-\infty<p_x,p_y,p_z$（实）$<\infty$）为 $\psi_{\boldsymbol{p}}(\boldsymbol{r})\sim e^{i\boldsymbol{p}\cdot\boldsymbol{r}/\hbar}$. 体系的任意波函数 $\psi(\boldsymbol{r})$（平方可积）都可以展开为

$$\psi(\boldsymbol{r})=\frac{1}{(2\pi\hbar)^{3/2}}\int\varphi(\boldsymbol{p})e^{i\boldsymbol{p}\cdot\boldsymbol{r}/\hbar}dp_x dp_y dp_z \tag{29}$$

与一维自由粒子类似，坐标 $\boldsymbol{r}(x,y,z)$也构成一组 CSCO，但不是 CSCCO.

例 4 三维中心力场 $V(r)$中的粒子（见 5.1 节）.

$$H=\frac{\boldsymbol{p}^2}{2m}+V(r)=-\frac{\hbar^2}{2m}\nabla^2+V(r) \tag{30}$$

可以证明，$[\boldsymbol{l},H]=0$，角动量 $\boldsymbol{l}$ 是守恒量. $(H,\boldsymbol{l}^2,l_z)$构成一组 CSCO，且为 CSCCO. 注意，此时(p_x,p_y,p_z)与(x,y,z)分别都构成一组 CSCO，但均非 CSCCO.

其他常见的简单体系的 CSCCO 的分析，分别见：

5.3 节，三维各向同性谐振子，$(H,\boldsymbol{l}^2,l_z)$与(H_x,H_y,H_z)分别构成一组 CSCCO.

6.2 节，正常 Zeeman 效应，$(H,\boldsymbol{l}^2,l_z)$构成一组 CSCCO.

8.3.2 节，反常 Zeeman 效应，$(H,\boldsymbol{l}^2,l_z,s_z)$构成一组 CSCCO，$s_z$ 为电子自旋的 z 分量.

8.3.1 节，计及自旋-轨道耦合的中心力场中的粒子，$(H,\boldsymbol{l}^2,\boldsymbol{j}^2,j_z)$构成一组 CSCCO，$\boldsymbol{j}=\boldsymbol{l}+\boldsymbol{s}$ 是总角动量，$\boldsymbol{s}$ 是自旋.

关于 CSCO，再做几点说明：

(1) CSCO 是限于最小集合，即从集合中抽出任何一个可观测量后，就不再构成体系的 CSCO. 所以要求 CSCO 中各观测量是函数独立的.

(2) 一个给定体系的 CSCO 中，可观测量的数目一般等于体系自由度的数目，但也可以大于体系自由度的数目（见 3.2 节，例 2，例 4）.

(3) 一个给定体系往往可以找到多个 CSCO，或 CSCCO. 在处理具体问题时，应视其侧重点来进行选择. 一个 CSCCO 的成员的选择，涉及体系的对称性.

体系的量子态用一组彼此对易的力学量完全集的共同本征函数来展开，在数学上涉及完备性问题. 这是一个颇为复杂的问题①. 李政道②曾经给出关于本征态的完备性的如下重要的定理.（详细证明见李政道的书.）

---

① 例如，参见 A. Messiah, *Quantum Mechanics*, vol. 1, p. 188.

② 李政道，《场论与粒子物理学》，1.3 节，北京：科学出版社，1980.

定理:设 $\hat{H}$ 为体系的一个厄米算符,对于体系的任一态 ψ,$(\psi,\hat{H}\psi)/(\psi,\psi)$ 有下界(即总是大于某一个固定的数 C),但无上界,则 $\hat{H}$ 的本征态的集合,构成体系的态空间中的一个完备集,即体系的任何一个量子态都可以用这一组本征态完全集来展开.

这里有两点值得提到:(a)自然界中真实存在的物理体系的 Hamilton 量算符 $\hat{H}$ 都应为厄米算符(保证所有能量本征值为实),并且应有下界(能量无下界是不合理的,在自然界中未发现这种情况).因此,体系的任一量子态总可以放心地用包含 $\hat{H}$ 在内的一个 CSCCO 的共同本征态完全集来展开.(b)在 $\hat{H}$ 本征值有简并的情况下,对于给定能量本征值,本征态尚未完全确定.此时需要用包含 Hamilton 量 $\hat{H}$ 在内的一个 CSCCO,根据它们的本征值把本征态完全确定下来,以便于对任何量子态进行确切的展开.

3.3.4 量子力学中力学量用厄米算符表达

在第 2 章中我们已指出,如直接用坐标表象中的波函数来计算动量的平均值,考虑到粒子的波动性,动量不能表示成坐标的函数,而只能表示成梯度算符的形式.同样,在 Schrödinger 方程中,动能也换成了 Laplace 算子.在本章中,我们系统地讨论了力学量和相应算符之间的密切关系.与 Schrödinger 方程是量子力学的一个基本假定一样,量子体系的可观测量(力学量)用一个线性厄米算符来描述,也是量子力学的一个基本假定,它们的正确性应该由实验来判定[①].“量子力学中力学量用相应的线性厄米算符来表达”,其含义是多方面的.

(1) 在给定状态 ψ 之下,力学量 A 的平均值 $\overline{A}$ 由下式确定

$$\overline{A}=(\psi,\hat{A}\psi)/(\psi,\psi)$$

(2) 在实验上观测某力学量 A,它的可能取值 A' 就是算符 $\hat{A}$ 的某一个本征值.由于力学量观测值总是实数,所以要求相应的算符为厄米算符.

(3) 力学量之间关系也通过相应的算符之间的关系反映出来.例如,两个力学量 A 与 B,在一般情况下,可以同时具有确定的观测值的必要条件为 $[\hat{A},\hat{B}]=0$.反之,若 $[\hat{A},\hat{B}]\neq 0$,则一般说来,力学量 A 与 B 不能同时具有确定的观测值.

特别是对于 H 不显含 t 的体系,一个力学量 A 是否是守恒量,可以根据 $\hat{A}$ 与 $\hat{H}$ 是否对易来判断(见 4.1 节).

3.4 连续谱本征函数的“归一化”

3.4.1 连续谱本征函数是不能归一化的

量子力学中最常见的几个力学量是:坐标,动量,角动量和能量,其中坐标和动量的取值(本征值)是连续变化的,角动量的本征值是离散的,而能量本征值则往往

---

① 例如,参见 A. Messiah, *Quantum Mechanics*, vol. 1, p. 162.

兼而有之(视边条件而定). 下面我们将看到,连续谱的本征函数是不能归一化的.

以动量本征态为例. 一维粒子的本征值为 p 的本征函数(平面波)为

$$\psi_p(x) = C\mathrm{e}^{\mathrm{i}px/\hbar} \tag{1}$$

p 可以取$(-\infty,+\infty)$中连续变化的一切实数值. 不难看出,只要 $C\neq 0$,

$$\int_{-\infty}^{+\infty} |\psi_p(x)|^2 \mathrm{d}x = |C|^2 \int_{-\infty}^{+\infty} \mathrm{d}x = \infty \tag{2}$$

即 ψ_p 是不能归一化的. 这结论是容易理解的,因为 $\psi_p(x)$ 描述的状态下,概率密度为常数,即粒子在空间各点的相对概率是相同的. 在$(x,x+\mathrm{d}x)$范围中找到粒子的概率$\propto|\psi_p(x)|^2\mathrm{d}x=|C|^2\mathrm{d}x\propto\mathrm{d}x$. 只要$|C|\neq 0$,在全空间找到粒子的概率必定是无穷大.

当然,任何真实的波函数都不会是严格的平面波. 而是某种形式的波包. 它只在空间某有限区域中不为零,因为粒子总是存在于一定空间区域中,如在实验室中. 这种波包可以视为许多平面波的叠加,并不存在归一化的问题. 如果此波包的广延比所讨论的问题中的特征长度大得多,而粒子在此空间区域中各点的概率密度变化极微,则不妨用平面波来近似描述其状态(对概率来说,要紧的是相对概率分布,平面波无非是描述粒子在空间各点的相对概率都相同而已). 这样,在数学处理上将很方便,但同时也带来了归一化的困难.

3.4.2 δ 函数

为处理连续谱本征函数的"归一化",如在数学上不过分严格要求,引用 Dirac 的 δ 函数(见数学附录 A2)是十分方便的. δ 函数定义为

$$\delta(x-x_0) = \begin{cases} 0, & x\neq x_0 \\ \infty, & x = x_0 \end{cases} \tag{3}$$

$$\int_{x_0-\varepsilon}^{x_0+\varepsilon} \delta(x-x_0)\mathrm{d}x = \int_{-\infty}^{+\infty} \delta(x-x_0)\mathrm{d}x = 1 \quad (\varepsilon > 0)$$

或等价地表示为:对于在 $x=x_0$ 邻域连续的任何函数 $f(x)$

$$\int_{-\infty}^{+\infty} f(x)\delta(x-x_0)\mathrm{d}x = f(x_0) \tag{4}$$

按照 Fourier 积分公式,对于分段连续函数 $f(x)$

$$f(x_0) = \frac{1}{2\pi}\int_{-\infty}^{+\infty}\mathrm{d}x\int_{-\infty}^{+\infty}\mathrm{d}k f(x)\mathrm{e}^{\mathrm{i}k(x-x_0)} \tag{5}$$

比较式(4)与式(5),δ 函数也可表示成

$$\delta(x-x_0) = \frac{1}{2\pi}\int_{-\infty}^{+\infty}\mathrm{d}k\,\mathrm{e}^{\mathrm{i}k(x-x_0)} \tag{6}$$

因此,若取动量本征态为

$$\psi_{p'}(x) = \frac{1}{\sqrt{2\pi\hbar}}\mathrm{e}^{\mathrm{i}p'x/\hbar} \tag{7}$$

则

$$(\psi_{p'},\psi_{p''})=\frac{1}{2\pi\hbar}\int_{-\infty}^{+\infty}\mathrm{d}x\mathrm{e}^{\mathrm{i}(p''-p')x/\hbar}=\delta(p''-p') \tag{8}$$

这样,平面波的"归一化",就用 δ 函数的形式表示出来.

坐标本征态也是不能归一化的,也可类似处理.利用 δ 函数的性质(附录 A2)

$$(x-x')\delta(x-x')=0$$

即

$$x\delta(x-x')=x'\delta(x-x') \tag{9}$$

可以看出,$\delta(x-x')$正是坐标的本征态,本征值为 x',记为

$$\psi_{x'}(x)=\delta(x-x') \tag{10}$$

利用 δ 函数性质,有

$$(\psi_{x'},\psi_{x''})=\int\delta(x-x')\delta(x-x'')\mathrm{d}x=\delta(x'-x'') \tag{11}$$

同样也用 δ 函数来表述其"归一化".

3.4.3 箱归一化

平面波的"归一化"问题,还可以采用数学上传统的做法,即先让粒子局限于有限空间$[-L/2,L/2]$中运动(最后才让 $L\to\infty$).此时,为了保证动量算符 $\hat{p}_x=-\mathrm{i}\hbar\frac{\partial}{\partial x}$为厄米算符,就要求波函数满足周期性边条件①.动量本征态 $\psi_p(x)\sim\mathrm{e}^{\mathrm{i}px/\hbar}$,在周期条件下

$$\psi_p(-L/2)=\psi_p(L/2) \tag{12}$$

可得

$$\mathrm{e}^{-\mathrm{i}pL/2\hbar}=\mathrm{e}^{\mathrm{i}pL/2\hbar}$$

即 $\mathrm{e}^{\mathrm{i}pL/\hbar}=1$,或 $\sin(pL/\hbar)=0,\cos(pL/\hbar)=1$,所以

$$pL/\hbar=2n\pi,\quad n=0,\pm1,\pm2,\cdots \tag{13}$$

即

---

① 按厄米算符定义,对于任何波函数 ψ 和 φ,$(\varphi,\hat{p}\psi)=(\hat{p}\varphi,\psi)$,即

$$\int_{-L/2}^{L/2}\mathrm{d}x\varphi^*\ \frac{\hbar}{\mathrm{i}}\ \frac{\partial}{\partial x}\psi=\int_{-L/2}^{L/2}\mathrm{d}x\left(\frac{\hbar}{\mathrm{i}}\ \frac{\partial}{\partial x}\varphi\right)^*\psi$$

即

$$\frac{\hbar}{\mathrm{i}}\int_{-L/2}^{L/2}\mathrm{d}x\ \frac{\partial}{\partial x}(\varphi^*\psi)=0$$

所以

$$\varphi^*\psi\Big|_{-L/2}^{L/2}=0,\quad 即\quad \varphi^*(L/2)\psi(L/2)=\varphi^*(-L/2)\psi(-L/2)$$

即对于任意 φ 和 ψ,要求 $\varphi^*(L/2)/\varphi^*(-L/2)=\psi(-L/2)/\psi(L/2)=$常数.这就要求任意波函数 ψ 满足 $\psi(-L/2)/\psi(L/2)=\mathrm{e}^{\mathrm{i}\alpha}$,($\alpha$ 实).相角 α 一经取定,则对一切波函数均同.对于 $p=0$ 的动量本征态,$\psi(x)\sim$常数,这就要求 $\alpha=0$.这样,就得出 $\psi(-L/2)=\psi(L/2)$.

$$p = p_n = \frac{2\pi\hbar n}{L} = \frac{nh}{L} \tag{13'}$$

(粒子波长 $\lambda=h/|p|)=L/|n|$;即 $|n|\lambda=L$). 可以看出,只要 $L\neq\infty$,动量的可能取值 $p=p_n$ 就是不连续的. 此时,与 p_n 相应的动量本征态取为

$$\psi_{p_n}(x) = \frac{1}{\sqrt{L}}\mathrm{e}^{\mathrm{i}p_n x/\hbar} = \frac{1}{\sqrt{L}}\mathrm{e}^{\mathrm{i}2\pi nx/L} \tag{14}$$

满足正交归一化条件

$$\int_{-L/2}^{L/2}\mathrm{d}x\psi_{p_n}^*(x)\psi_{p_m}(x) = \delta_{nm} \tag{15}$$

利用这一组正交归一完备的函数 $\psi_{p_n}(x)$,可以如下构成 δ 函数(见附录 A2)

$$\delta(x-x') = \frac{1}{L}\sum_{n=-\infty}^{+\infty}\mathrm{e}^{\mathrm{i}p_n(x-x')/\hbar} = \frac{1}{L}\sum_{n=-\infty}^{+\infty}\mathrm{e}^{\mathrm{i}2\pi n(x-x')/L} \tag{16}$$

现在让 $L\to\infty$,$\Delta p_n=p_{n+1}-p_n=(h/L)\to 0$,动量的可能取值趋于连续变化. 此时,可以把 $h/L\to\mathrm{d}p$,而

$$\sum_{n=-\infty}^{+\infty}\Delta p_n = \frac{h}{L}\sum_{n=-\infty}^{+\infty} \to \int_{-\infty}^{+\infty}\mathrm{d}p$$

或

$$\sum_{n=-\infty}^{+\infty} \to \frac{L}{h}\int_{-\infty}^{+\infty}\mathrm{d}p \tag{17}$$

于是式(16)趋于

$$\delta(x-x') = \frac{1}{2\pi\hbar}\int_{-\infty}^{+\infty}\mathrm{d}p\,\mathrm{e}^{\mathrm{i}p(x-x')/\hbar} = \frac{1}{2\pi}\int_{-\infty}^{+\infty}\mathrm{d}k\,\mathrm{e}^{\mathrm{i}k(x-x')} \tag{18}$$

与式(6)相同. 在处理具体问题时,如要避免计算过程中出现的平面波"归一化"困难,则可以用箱归一化波函数 $\psi_{p_n}(x)$代替不能归一化的 $\psi_p(x)$. 在计算的最后结果中才让 $L\to\infty$.

推广到三维情况,正交完备的箱归一化波函数为

$$\psi_{\boldsymbol{p}}(\boldsymbol{r}) = \frac{1}{L^{3/2}}\mathrm{e}^{\mathrm{i}\boldsymbol{p}\cdot\boldsymbol{r}/\hbar} \tag{19}$$

式中

$$p_x = \frac{h}{L}n,\ p_y = \frac{h}{L}l,\ p_z = \frac{h}{L}m,\quad n,l,m = 0,\pm1,\pm2,\cdots$$

$$\int_{(L^3)}\psi_{\boldsymbol{p}'}^*(\boldsymbol{r})\psi_{\boldsymbol{p}''}(\boldsymbol{r})\mathrm{d}\tau = \delta_{p'_x p''_x}\delta_{p'_y p''_y}\delta_{p'_z p''_z} \tag{20}$$

而 δ 函数可如下构成

$$\begin{aligned}\delta(\boldsymbol{r}-\boldsymbol{r}') &= \delta(x-x')\delta(y-y')\delta(z-z')\\ &= \frac{1}{L^3}\sum_{n,l,m=-\infty}^{+\infty}\mathrm{e}^{\mathrm{i}2\pi[n(x-x')+l(y-y')+m(z-z')]/\hbar}\end{aligned} \tag{21}$$

当 $L\to\infty$时,p_x,p_y,p_z 将连续变化,$h^3/L^3\to\mathrm{d}p_x\mathrm{d}p_y\mathrm{d}p_z$,而

$$\sum_{n,l,m=-\infty}^{+\infty} \rightarrow \frac{L^3}{h^3}\int_{-\infty}^{+\infty} \mathrm{d}p_x \mathrm{d}p_y \mathrm{d}p_z \tag{22}$$

式(21)趋于

$$\delta(\boldsymbol{r}-\boldsymbol{r}') = \frac{1}{h^3}\int_{-\infty}^{+\infty} \mathrm{d}^3 p \mathrm{e}^{\mathrm{i}\boldsymbol{p}\cdot(\boldsymbol{r}-\boldsymbol{r}')/\hbar} \tag{23}$$

式(22)表明相空间一个体积元 h^3 相当于有一个量子态. 这个结论在量子统计物理中经常用到.

习　题　3

3.1　设 A 与 B 为厄米算符,则 $\frac{1}{2}(AB+BA)$ 和 $\frac{1}{2\mathrm{i}}(AB-BA)$ 也是厄米算符. 由此证明:任何一个算符 F 均可分解为 $F=F_+ + \mathrm{i}F_-$,

$$F_+ = \frac{1}{2}(F+F^+),\quad F_- = \frac{1}{2\mathrm{i}}(F-F^+)$$

F_+ 与 F_- 均为厄米算符.

3.2　已知粒子的坐标 $\boldsymbol{r}$ 和动量 $\boldsymbol{p}$ 为厄米算符,判断下列算符是否为厄米算符. $\boldsymbol{l}=\boldsymbol{r}\times\boldsymbol{p}$, $\boldsymbol{r}\cdot\boldsymbol{p}$, $\boldsymbol{p}\times\boldsymbol{l}$, $\boldsymbol{r}\times\boldsymbol{l}$. 如果不是,试构造相应的厄米算符.

3.3　设 $F(x,p)$ 是 x,p 的整函数,证明

$$[p,F] = -\mathrm{i}\hbar\frac{\partial}{\partial x}F,\quad [x,F] = \mathrm{i}\hbar\frac{\partial}{\partial p}F$$

整函数是指 $F(x,p)$ 可以展开成

$$F(x,p) = \sum_{m,n=0}^{\infty} C_{mn}x^m p^n$$

3.4　定义反对易式 $[A,B]_+ \equiv AB+BA$. 证明

$$[AB,C] = A[B,C]_+ - [A,C]_+ B,\quad [A,BC] = [A,B]_+ C - B[A,C]_+$$

3.5　设 $\boldsymbol{A},\boldsymbol{B},\boldsymbol{C}$ 为矢量算符. $\boldsymbol{A}$ 和 $\boldsymbol{B}$ 的标积和矢积定义为

$$\boldsymbol{A}\cdot\boldsymbol{B} = \sum_\alpha A_\alpha B_\alpha,\quad (\boldsymbol{A}\times\boldsymbol{B})_\gamma = \sum_{\alpha\beta}\varepsilon_{\alpha\beta\gamma}A_\alpha B_\beta$$

$\alpha,\beta,\gamma = x,y,z$, $\varepsilon_{\alpha\beta\gamma}$ 为 Levi-Civita 符号. 试验证

$$\boldsymbol{A}\cdot(\boldsymbol{B}\times\boldsymbol{C}) = (\boldsymbol{A}\times\boldsymbol{B})\cdot\boldsymbol{C} = \sum_{\alpha\beta\gamma}\varepsilon_{\alpha\beta\gamma}A_\alpha B_\beta C_\gamma$$

$$[\boldsymbol{A}\times(\boldsymbol{B}\times\boldsymbol{C})]_\alpha = \boldsymbol{A}\cdot(B_\alpha\boldsymbol{C}) - (\boldsymbol{A}\cdot\boldsymbol{B})C_\alpha$$

$$[(\boldsymbol{A}\times\boldsymbol{B})\times\boldsymbol{C}]_\alpha = \boldsymbol{A}\cdot(B_\alpha\boldsymbol{C}) - A_\alpha(\boldsymbol{B}\cdot\boldsymbol{C})$$

3.6　设 $\boldsymbol{A}$ 与 $\boldsymbol{B}$ 为矢量算符, F 为标量算符. 证明

$$[F,\boldsymbol{A}\cdot\boldsymbol{B}] = [F,\boldsymbol{A}]\cdot\boldsymbol{B} + \boldsymbol{A}\cdot[F,\boldsymbol{B}]$$

$$[F,\boldsymbol{A}\times\boldsymbol{B}] = [F,\boldsymbol{A}]\times\boldsymbol{B} + \boldsymbol{A}\times[F,\boldsymbol{B}]$$

3.7　设 F 是由 $\boldsymbol{r}$ 与 $\boldsymbol{p}$ 的整函数算符. 证明

$$[\boldsymbol{l},F] = \mathrm{i}\hbar\frac{\partial F}{\partial\boldsymbol{p}}\times\boldsymbol{p} - \mathrm{i}\hbar\boldsymbol{r}\times\frac{\partial F}{\partial\boldsymbol{r}}$$

3.8　证明

$$\boldsymbol{p}\times\boldsymbol{l} + \boldsymbol{l}\times\boldsymbol{p} = 2\mathrm{i}\hbar\boldsymbol{p}$$

$$i\hbar(\boldsymbol{p}\times\boldsymbol{l}-\boldsymbol{l}\times\boldsymbol{p})=[\boldsymbol{l}^2,\boldsymbol{p}]$$

3.9 计算 $[[\nabla^2, x^l y^m z^n], r^2]$.

3.10 定义径向动量算符

$$p_r=\frac{1}{2}\left(\frac{1}{r}\boldsymbol{r}\cdot\boldsymbol{p}+\boldsymbol{p}\cdot\boldsymbol{r}\frac{1}{r}\right)$$

证明：

(a) $p_r^+=p_r$

(b) $p_r=-i\hbar\left(\frac{\partial}{\partial r}+\frac{1}{r}\right)$

(c) $[r,p_r]=i\hbar$

(d) $p_r^2=-\hbar^2\left(\frac{\partial^2}{\partial r^2}+\frac{2}{r}\frac{\partial}{\partial r}\right)=-\hbar^2\ \frac{1}{r^2}\frac{\partial}{\partial r}r^2\ \frac{\partial}{\partial r}$

(e) $p^2=\frac{1}{r^2}\boldsymbol{l}^2+p_r^2$

3.11 利用不确定度关系估算谐振子的基态能量.

3.12 证明在离散的能量本征态下动量平均值为零.

3.13 证明力学量 x 与 $F(p_x)$ 的不确定度关系

$$\sqrt{\overline{(\Delta x)^2}\ \overline{(\Delta F)^2}}\geqslant\frac{\hbar}{2}\left|\frac{\partial F}{\partial x}\right|$$

以 Hamilton 量 $H=p^2/2m+V(\boldsymbol{r})$ 为例，结合第 3.12 题进行讨论.

3.14 证明在 l_z 的本征态下，$\bar{l}_x=\bar{l}_y=0$.

(提示：利用 $l_y l_z-l_z l_y=i\hbar l_x$，求平均)

3.15 设粒子处于 $Y_{lm}(\theta,\varphi)$ 状态下，求 $\overline{(\Delta l_x)^2}$ 和 $\overline{(\Delta l_y)^2}$.

3.16 设体系处于 $\psi=c_1 Y_{11}+c_2 Y_{20}$ 状态(已归一化，即 $|c_1|^2+|c_2|^2=1$). 求：

(a) l_z 的可能测值及平均值；

(b) $\boldsymbol{l}^2$ 的可能测值及相应的概率；

(c) l_x 的可能测值及相应的概率.

*3.17 算符 A 与 B 不对易，$[A,B]=C$，但 $[C,A]=[C,B]=0$. 证明

$$e^{A+B}=e^A e^B e^{-\frac{1}{2}C}=e^B e^A e^{\frac{1}{2}C},\quad \text{(Baker-Hausdorff 公式)}$$

(对于 A 与 B 对易情况，即 $C=0$，显然 $e^{A+B}=e^A\cdot e^B=e^B e^A$)

参阅钱伯初，曾谨言，《量子力学习题精选与剖析》(第三版)，p. 90，4.20 题.

*3.18 设 A 与 B 是两个不对易的算符，α 为一个参数，证明

$$e^{-\alpha A}Be^{\alpha A}=B-\alpha[A,B]+\frac{\alpha^2}{2!}[A,[A,B]]+\cdots$$

参阅钱伯初，曾谨言，《量子力学习题精选与剖析》(第三版)，p. 88，4.18 题.

第4章　力学量随时间的演化与对称性

4.1　力学量随时间的演化

4.1.1　守恒量

量子力学中力学量随时间演化的问题，与经典力学有所不同. 经典力学中，处于一定状态下的体系的每一个力学量 A，作为时间的函数，在每一时刻都具有一个确定值. 量子力学中，处于量子态 ψ 下的体系，在每一时刻，不是所有力学量都具有确定值，一般说来，只具有确定的概率分布和平均值.

先讨论力学量的平均值如何随时间改变. 力学量 A 的平均值为

$$\overline{A}(t)=(\psi(t),A\psi(t)) \tag{1}$$

所以

$$\begin{aligned}\frac{\mathrm{d}}{\mathrm{d}t}\overline{A}(t)&=\left(\frac{\partial\psi}{\partial t},A\psi\right)+\left(\psi,A\frac{\partial\psi}{\partial t}\right)+\left(\psi,\frac{\partial A}{\partial t}\psi\right)\\&=\left(\frac{H\psi}{\mathrm{i}\hbar},A\psi\right)+\left(\psi,A\frac{H\psi}{\mathrm{i}\hbar}\right)+\left(\psi,\frac{\partial A}{\partial t}\psi\right)\\&=\frac{1}{-\mathrm{i}\hbar}(\psi,HA\psi)+\frac{1}{\mathrm{i}\hbar}(\psi,AH\psi)+\left(\psi,\frac{\partial A}{\partial t}\psi\right)\\&=\frac{1}{\mathrm{i}\hbar}(\psi,[A,H]\psi)+\left(\psi,\frac{\partial A}{\partial t}\psi\right)\\&=\frac{1}{\mathrm{i}\hbar}\overline{[A,H]}+\overline{\frac{\partial A}{\partial t}}\end{aligned} \tag{2}$$

如 A 不显含 t（以后如不特别声明，都是指这种力学量），即 $\frac{\partial A}{\partial t}=0$，则

$$\frac{\mathrm{d}}{\mathrm{d}t}\overline{A}=\frac{1}{\mathrm{i}\hbar}\overline{[A,H]} \tag{3}$$

因此，若

$$[A,H]=0 \tag{4}$$

则

$$\frac{\mathrm{d}}{\mathrm{d}t}\overline{A}=0 \tag{5}$$

即这种力学量在任何态 $\psi(t)$ 之下的平均值都不随时间改变. 下面进一步证明，在任意态 $\psi(t)$ 下这种力学量 A 的概率分布也不随时间改变. 考虑到 $[A,H]=0$，我们可以选择包括 H 和 A 在内的一组力学量完全集，其共同本征态记为 ψ_k（k 是一组

完备的量子数的简记)，即

$$H\psi_k = E_k\psi_k, \quad A\psi_k = A_k\psi_k \tag{6}$$

这样，体系的任何一态 $\psi(t)$ 均可用 ψ_k 展开

$$\psi(t) = \sum_k a_k(t)\psi_k, \quad a_k(t) = (\psi_k, \psi(t)) \tag{7}$$

在 $\psi(t)$ 态下，t 时刻测量 A 得 A_k 的概率为 $|a_k(t)|^2$，而

$$\begin{aligned}\frac{\mathrm{d}}{\mathrm{d}t}|a_k(t)|^2 &= \left(\frac{\mathrm{d}a_k^*}{\mathrm{d}t}\right)a_k + \text{复共轭项}\\ &= \left(\frac{\partial\psi(t)}{\partial t}, \psi_k\right)(\psi_k, \psi(t)) + \text{复共轭项}\\ &= \left(\frac{H}{\mathrm{i}\hbar}\psi(t), \psi_k\right)(\psi_k, \psi(t)) + \text{复共轭项}\\ &= -\frac{1}{\mathrm{i}\hbar}(\psi(t), H\psi_k)(\psi_k, \psi(t)) + \text{复共轭项}\\ &= -\frac{E_k}{\mathrm{i}\hbar}|(\psi(t), \psi_k)|^2 + \text{复共轭项} = 0\end{aligned} \tag{8}$$

概括起来讲，对于 Hamilton 量 H 不含时的量子体系，如果力学量 A 与 H 对易，则无论体系处于什么状态(定态或非定态)，A 的平均值及其测值的概率分布均不随时间改变. 所以把 A 称为量子体系的一个守恒量.

例 1 设体系 H 不显含 t，显然，$[H,H]=0$. 所以 H 为守恒量，即能量守恒.

例 2 自由粒子，$H=p^2/2m$. 显然，$[\boldsymbol{p},H]=0$. 所以 $\boldsymbol{p}$ 为守恒量. 还可以证明，$[\boldsymbol{l},H]=0$，角动量 $\boldsymbol{l}$ 也是守恒量.

例 3 中心力场中的粒子，$H=p^2/2m+V(r)$. 不难证明，$[\boldsymbol{l},p^2]=0$，$[\boldsymbol{l},V(r)]=0$，因而$[\boldsymbol{l},H]=0$. 所以 $\boldsymbol{l}$ 为守恒量. 但注意，$[\boldsymbol{p},V(r)]\neq0$，动量 $\boldsymbol{p}$ 并不守恒.

应当强调，量子力学中的守恒量的概念，与经典力学中守恒量概念不尽相同. 这实质上是波动-粒子二象性与不确定性原理的反映.

(a)与经典力学守恒量不同，量子体系的守恒量并不一定取确定值，即体系的状态并不一定就是某个守恒量的本征态. 例如，自由粒子的动量是守恒量，但自由粒子的状态并不一定是动量本征态(平面波)，在一般情况下是一个波包. 又如，中心力场中的粒子，角动量 $\boldsymbol{l}$ 是守恒量，但粒子的波函数并不一定是 $\boldsymbol{l}$ 的本征态. 一个体系在某时刻 t 是否处于某守恒量的本征态，要根据初条件决定. 若初始时刻体系处于守恒量 A 的本征态，则体系将保持在该本征态. 由于守恒量具有此特点，它的量子数称为好量子数. 反之，若初始时刻体系并不处于守恒量 A 的本征态，则以后的状态也不是 A 的本征态，但 A 的平均值和测值概率的分布不随时间变.

(b)量子体系的各守恒量并不一定都可以同时取确定值. 例如，中心力场中的粒子，$\boldsymbol{l}$ 的三个分量都守恒，但由于 l_x, l_y, l_z 不对易，一般说来它们并不能同时取确

定值(角动量 $l=0$ 的态(s 态)除外).

守恒量是量子力学中一个极为重要的概念. 但初学者往往把它与定态概念混淆起来. 应当强调指出,定态是体系的一种特殊的状态,即能量本征态,而守恒量则是体系的一种特殊的力学量,它与体系的 Hamilton 量对易. 在定态下,一切力学量(不显含 t,但不管是否守恒量)的平均值和测值概率分布都不随时间改变,这正是称之为定态的理由. 而守恒量则在一切状态下(不管是否定态)的平均值和概率分布都不随时间改变,这正是称之为量子体系的守恒量的理由. 由此可以断定,只当一个量子体系不处于定态,而所讨论的力学量又不是体系的守恒量,才需要研究该力学量的平均值和概率分布如何随时间改变.

4.1.2 能级简并与守恒量的关系

守恒量的应用极为广泛. 在处理能量本征值问题,量子态随时间变化,量子跃迁以及散射等问题中都很重要,在以后各章中将陆续讨论. 守恒量在能量本征值问题中的应用,要害是涉及能级简并,其中包括:(a)能级是否简并?(b)在能级简并的情况下,如何标记各简并态?

定理 设体系有两个彼此不对易的守恒量 F 和 G,即$[F,H]=0$,$[G,H]=0$,但$[F,G]\neq0$,则体系能级一般是简并的.

证明 由于$[F,H]=0$,F 与 H 可以有共同本征函数 ψ,

$$H\psi = E\psi,\quad F\psi = F'\psi$$

考虑到$[G,H]=0$,有 $HG\psi=GH\psi=GE\psi=EG\psi$,即 $G\psi$ 也是 H 的本征态,对应于能量本征值 E.

但 $G\psi$ 与 ψ 是否同一个量子态?考虑到$[F,G]\neq0$,一般说来①,$FG\psi\neq GF\psi=GF'\psi=F'G\psi$,即 $G\psi$ 不是 F 的本征态. 但 ψ 是 F 本征态,因此 $G\psi$ 与 ψ 不是同一个量子态. 但它们又都是 H 的本征值为 E 的本征态,因此能级是简并的. (证毕)

推论 如果体系有一个守恒量 F,而体系的某条能级不简并(即对应于某能量本征值 E 只有一个本征态 ψ_E),则 ψ_E 必为 F 的本征态. 因为

$$HF\psi_E = FH\psi_E = FE\psi_E = EF\psi_E$$

即 $F\psi_E$ 也是 H 的本征值为 E 的本征态. 但按假定,能级 E 无简并,所以 $F\psi_E$ 与 ψ_E 只能是同一个量子态,因此它们最多可以相差一个常数因子,记为 F',即$F\psi_E=$

---

① 例外的是对于特殊的态 ψ,满足$[F,G]\psi=0$. 当$[F,G]=$常数$\neq0$时,此情况绝不会发生. 但如$[F,G]=K$(算符),则有可能存在这样特殊的态 ψ,使$[F,G]\psi=K\psi=0$. 例如,$\boldsymbol{l}$ 的三个分量 l_x,l_y,l_z 不对易,而在中心力场情况下它们又都是守恒量,所以能级一般是简并的. 但对于 s 态($l=0$),l_x,l_y,l_z 都取确定值 0,$l_x\psi_s=l_y\psi_s=l_z\psi_s=0$,即$[l_x,l_y]\psi_s=[l_y,l_z]\psi_s=[l_z,l_x]\psi_s=0$.

$F'\psi_E$,所以 ψ_E 也是 F 的本征态(F'即本征值).

例如,一维谐振子势 $V(x)=\frac{1}{2}m\omega^2x^2$ 中的粒子的能级是不简并的,而空间反射 P 为守恒量,$[P,H]=0$,所以能量本征态必为 P 的本征态,即有确定宇称. 事实上,谐振子能量本征态 $\psi_n(x)$ 满足 $P\psi_n(x)=\psi_n(-x)=(-1)^n\psi_n(x)$,宇称为 $(-1)^n$.

以上定理,从物理上是可以理解的. 体系的守恒量总是与体系的某种对称性相联系(见 4.4 节),而能级的简并("偶然简并"除外)往往与体系的某种对称性相联系. 在 3.2 节例 2(平面转子)和例 4(一维自由粒子)讨论过如何处理一维体系的能级简并态的问题. 在更普遍情况下,当能级出现简并时,可以根据对体系对称性的分析,找出其守恒量. 然后要求能量本征态同时又是包含 H 在内的对易守恒量完全集的共同本征态(见 3.4.4 节),就可把能级的各简并态标记清楚. 具体例子,将在以下各章中给出. 特别是参见 5.1 节的讨论.

位力(virial)定理

当体系处于定态下,关于平均值随时间的变化,有一个有用的定理,即位力(virial)定理. 设粒子处于势场 $V(\boldsymbol{r})$ 中,Hamilton 量为

$$H=p^2/2m+V(\boldsymbol{r}) \tag{9}$$

考虑 $\boldsymbol{r}\cdot\boldsymbol{p}$ 的平均值随时间的变化. 按式(3),有

$$\begin{aligned}
\mathrm{i}\hbar\frac{\mathrm{d}}{\mathrm{d}t}\overline{\boldsymbol{r}\cdot\boldsymbol{p}} &= \overline{[\boldsymbol{r}\cdot\boldsymbol{p},H]} \\
&= \frac{1}{2m}\overline{[\boldsymbol{r}\cdot\boldsymbol{p},p^2]}+\overline{[\boldsymbol{r}\cdot\boldsymbol{p},V(\boldsymbol{r})]} \\
&= \mathrm{i}\hbar\left(\frac{1}{m}\overline{p^2}-\overline{\boldsymbol{r}\cdot\nabla V}\right)
\end{aligned} \tag{10}$$

对于定态,$\frac{\mathrm{d}}{\mathrm{d}t}\overline{\boldsymbol{r}\cdot\boldsymbol{p}}=0$,所以

$$\frac{1}{m}\overline{p^2}=\overline{\boldsymbol{r}\cdot\nabla V}$$

即

$$2\overline{T}=\overline{\boldsymbol{r}\cdot\nabla V} \tag{11}$$

式中 $T=p^2/2m$ 是粒子动能,上式即位力定理.

思考题 $\boldsymbol{r}\cdot\boldsymbol{p}$ 并非厄米算符,应进行厄米化,$\boldsymbol{r}\cdot\boldsymbol{p}\to\frac{1}{2}(\boldsymbol{r}\cdot\boldsymbol{p}+\boldsymbol{p}\cdot\boldsymbol{r})$. 这是否影响位力定理的证明?

练习 设 $V(x,y,z)$ 是 x,y,z 的 n 次齐次函数(即 $V(cx,cy,cz)=c^nV(x,y,z)$,c 为常数). 证明

$$n\overline{V} = 2\overline{T} \tag{12}$$

应用于

(a) 谐振子势，$n=2$，有 $\overline{V}=\overline{T}$；

(b) Coulomb 势，$n=-1$，有 $\overline{V}=-2\overline{T}$；

(c) δ 势，$n=-1$(与 Coulomb 势相同).

4.2 波包的运动，Ehrenfest 定理

设质量为 m 的粒子在势场 $V(\boldsymbol{r})$ 中运动，用波包 $\psi(\boldsymbol{r},t)$ 描述. 下面讨论波包的运动与经典粒子运动的关系. 显然，$\psi(\boldsymbol{r},t)$ 必为非定态，因为处于定态的粒子在空间的概率密度 $|\psi(\boldsymbol{r},t)|^2$ 是不随时间变化的. 与经典粒子运动对应的量子态必为非定态. 设粒子的 Hamilton 量为

$$H = \frac{\boldsymbol{p}^2}{2m} + V(\boldsymbol{r}) \tag{1}$$

按 4.1 节式(3)，粒子坐标和动量的平均值随时间变化如下

$$\frac{\mathrm{d}}{\mathrm{d}t}\overline{\boldsymbol{r}} = \frac{1}{\mathrm{i}\hbar}\overline{[\boldsymbol{r},H]} = \overline{\boldsymbol{p}}/m \tag{2}$$

$$\frac{\mathrm{d}}{\mathrm{d}t}\overline{\boldsymbol{p}} = \frac{1}{\mathrm{i}\hbar}\overline{[\boldsymbol{p},H]} = -\overline{\nabla V(\boldsymbol{r})} = \overline{\boldsymbol{F}(\boldsymbol{r})} \tag{3}$$

它们与经典粒子运动满足的正则方程

$$\frac{\mathrm{d}\boldsymbol{r}}{\mathrm{d}t} = \frac{\boldsymbol{p}}{m}, \quad \frac{\mathrm{d}\boldsymbol{p}}{\mathrm{d}t} = -\nabla V \tag{4}$$

相似. 式(2)代入式(3)，得

$$m\frac{\mathrm{d}^2}{\mathrm{d}t^2}\overline{\boldsymbol{r}} = \overline{\boldsymbol{F}(\boldsymbol{r})} \tag{5}$$

此之谓 Ehrenfest 定理①，其形式也与经典 Newton 方程相似. 但只当$\overline{\boldsymbol{F}(\boldsymbol{r})}$可以近似代之为 $\boldsymbol{F}(\overline{\boldsymbol{r}})$时，波包中心 $\overline{\boldsymbol{r}}$ 的运动规律才与经典粒子相同. 下面来讨论，在什么条件下可以做这种近似.

从物理上讲，要用一个波包来描述粒子的运动，波包必须很窄，波包大小与粒子大小相当. 此外，还要求势场 $V(\boldsymbol{r})$ 在空间变化很缓慢，使得波包中心处的势场 $V(\overline{\boldsymbol{r}})$ 与粒子感受到的势 $V(\boldsymbol{r})$ 很接近. 但这还不够，因为一般说来，波包会随时间演化而扩散. 如要求波包能描述经典粒子的运动，必须在人们感兴趣的整个运动过程中波包扩散不太厉害. 波包扩散的快慢又与波包的宽窄和粒子质量和能量大小有关.

为简单起见，考虑一维波包的运动.

---

① P. Ehrenfest，Z. Physik **45**(1927) 455.

试在波包中心 $x_c=\bar{x}$ 附近对 $V(x)$ 作 Taylor 展开，令 $\xi=x-x_c$，

$$\frac{\partial V}{\partial x}=\frac{\partial V(x_c)}{\partial x_c}+\xi\frac{\partial^2 V(x_c)}{\partial x_c^2}+\frac{1}{2}\xi^2\frac{\partial^3 V(x_c)}{\partial x_c^3}+\cdots$$

所以(利用 $\bar{\xi}=0$)

$$\overline{\left(\frac{\partial V}{\partial x}\right)}=\frac{\partial V(x_c)}{\partial x_c}+\frac{1}{2}\overline{\xi^2}\frac{\partial^3 V(x_c)}{\partial {x_c}^3}+\cdots \tag{6}$$

可见，只当

$$\left|\frac{1}{2}\overline{\xi^2}\frac{\partial^3 V(x_c)}{\partial {x_c}^3}\right| \ll \left|\frac{\partial V(x_c)}{\partial x_c}\right| \tag{7}$$

时，$\overline{F(x)}=-\overline{(\partial V(x)/\partial x)}$ 才可近似代之为 $F(x_c)=-\partial V(x_c)/\partial x_c$. 此时，式(5)才与经典 Newton 方程形式上完全相同. 要求式(7)在整个运动过程中成立，就要求：(a)波包很窄，而且在运动过程中扩散不厉害. (b)V 在空间变化较缓慢(在波包范围中变化很小). 从式(7)还可看出，设 $V(x)=a+bx+cx^2$(a,b,c 为常量)，显然 $\frac{\partial^3 V}{\partial x^3}=0$，式(7)自动满足. 所以对于线性势或谐振子势，条件(7)是满足的. 在这一类势场中的窄波包的中心的运动，就与经典粒子很相似.

例　α 粒子对原子的散射.

原子的半径约为 $a\approx10^{-8}$ cm. 天然放射性元素放出的 α 粒子能量约为 3～7MeV. 设 $E_\alpha\approx5$MeV，可估算出其动量 $p_\alpha=\sqrt{2m_\alpha E_\alpha}\approx10^{-14}\,\text{g}\cdot\text{cm}\cdot\text{s}^{-1}$，$m_\alpha$ 为 α 粒子质量. 在对原子的散射过程中，α 粒子穿越原子的时间约为

$$\delta t\approx\frac{a}{v_\alpha}=\frac{m_\alpha a}{p_\alpha}$$

在 δt 时间间隔中，波包扩散约为

$$\delta x\sim\Delta v_\alpha\cdot\delta t=\frac{\Delta p}{m_\alpha}\cdot\frac{m_\alpha a}{p_\alpha}=(\Delta p/p_\alpha)a$$

如要求在 α 粒子穿越原子的时间 δt 内可以近似用轨道运动来描述，就要求 $\delta x\ll a$(原子半径)，即要求 $\Delta p/p_\alpha\ll1$. 按不确定度关系，$\Delta p\approx\hbar/\Delta x\approx\hbar/a\approx10^{-19}\,\text{g}\cdot\text{cm}\cdot\text{s}^{-1}$. 对于天然放射性元素放射出来的 α 粒子，其能量 E_α 约为 3～7MeV. 可以估算出 $p_\alpha=\sqrt{2m_\alpha E_\alpha}$，$\Delta p/p_\alpha\ll1$ 条件的确成立，所以可以用轨道运动来近似描述(图 4.1). 如果是讨论电子对原子的散射，由于电子质量 m_e 很小，如对于能量为 100eV 的电子，$p_e=\sqrt{2m_eE_e}\sim54\times10^{-19}\,\text{g}\cdot\text{cm}\cdot\text{s}^{-1}$，$\Delta p\sim p_e$，用轨道概念来描述电子对原子的散射就不恰当了.

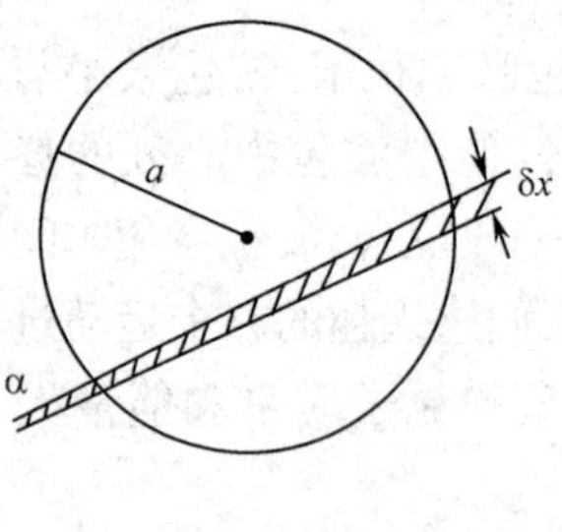

图 4.1　α 粒子对原子的散射

*4.3 Schrödinger 图像与 Heisenberg 图像

迄今，我们把力学量(不显含 t)的平均值及其测值的概率分布随时间的演化，完全归之于波函数 ψ 随时间的演化，而刻画力学量的算符本身是不随时间变化的，即

$$\overline{A}(t) = (\psi(t), A\psi(t)) \tag{1}$$

$\psi(t)$随时间的演化遵守 Schrödinger 方程，

$$\mathrm{i}\hbar \frac{\partial}{\partial t}\psi(t) = H\psi(t) \tag{2}$$

由此我们得到(见 4.1 节)

$$\frac{\mathrm{d}}{\mathrm{d}t}\overline{A}(t) = \frac{1}{\mathrm{i}\hbar}\overline{[A,H]} \tag{3}$$

这种描述方式称为 Schrödinger 图像(picture)，亦称 Schrödinger 表象(representation). 但波函数和算符本身都不是可以观测的. 实际观测的是各种力学量的平均值或测值的概率分布. 它们随时间的变化，还可以用其他的方式来表达. Heisenberg 图像就是其中的一种.

按照方程(2)，$\psi(t)$的解可以形式上表示为

$$\psi(t) = U(t,0)\psi(0) \tag{4}$$

$$U(0,0) = 1(\text{初条件}) \tag{5}$$

$U(t,0)$称为时间演化算符. 式(4)代入式(2)，得

$$\mathrm{i}\hbar \frac{\partial}{\partial t}U(t,0)\psi(0) = HU(t,0)\psi(0)$$

由于 $\psi(0)$是任意的，所以

$$\mathrm{i}\hbar \frac{\partial}{\partial t}U(t,0) = HU(t,0) \tag{6}$$

利用初条件(5)，方程(6)的解可表示为(设 H 不显含时间 t)

$$U(t,0) = \mathrm{e}^{-\mathrm{i}Ht/\hbar} \tag{7}$$

$U(t,0)$可视为把时刻 t 的状态 $\psi(t)$与初态 $\psi(0)$联系起来的一个连续变换. 如 $H^+ = H$(厄密算符)，不难证明，

$$U(t,0)^+ U(t,0) = U(t,0)U(t,0)^+ = I \tag{8}$$

即为幺正变换，从而可保证概率守恒

$$(\psi(t),\psi(t)) = (\psi(0),\psi(0)) \tag{9}$$

把式(4)代入式(1)，可得

$$\begin{aligned}\overline{A}(t) &= (U(t,0)\psi(0), AU(t,0)\psi(0)) \\ &= (\psi(0), U(t,0)^+ AU(t,0)\psi(0)) \\ &= (\psi(0), A(t)\psi(0))\end{aligned} \tag{10}$$

式中

$$A(t) = U(t,0)^+ AU(t,0) = \mathrm{e}^{\mathrm{i}Ht/\hbar} A \mathrm{e}^{-\mathrm{i}Ht/\hbar} \tag{11}$$

按照式(10)，$\overline{A}(t)$随时间的变化，可以完全由算符 $A(t)$来承担，而态矢保持为 $\psi(0)$，不随时间变化. 这种图像称为 Heisenberg 图像. 算符 $A(t)$随时间变化的规律可如下求出. 按式(11)，并利用式(8)及其共轭式，有

$$\frac{\mathrm{d}}{\mathrm{d}t}A(t)=\left(\frac{\mathrm{d}}{\mathrm{d}t}U(t,0)^+\right)AU(t,0)+U(t,0)^+A\frac{\mathrm{d}}{\mathrm{d}t}U(t,0)$$
$$=\frac{1}{\mathrm{i}\hbar}(-U^+HAU+U^+AHU)$$

利用U的幺正性，并注意$U^+HU=H$，得

$$\frac{\mathrm{d}}{\mathrm{d}t}A(t)=\frac{1}{\mathrm{i}\hbar}(-U^+HUU^+AU+U^+AUU^+HU)$$
$$=\frac{1}{\mathrm{i}\hbar}(-HA(t)+A(t)H)$$

所以

$$\frac{\mathrm{d}}{\mathrm{d}t}A(t)=\frac{1}{\mathrm{i}\hbar}[A(t),H] \tag{12}$$

式(12)称为 Heisenberg 方程，它描述算符$A(t)$随时间的变化.

概括起来说，在 Schrödinger 图像中，态矢随时间演化，遵守 Schrödinger 方程(2)，而算符则不随时间变化，因此一组对易力学量完全集的共同本征态(作为一个表象的完备基)也不随时间变化，因而任何一个力学量(不显含t)在这组基矢之间的矩阵元也不随时间变化. 但态矢在这些基矢方向的投影是随时间变化的. 与此相反，在 Heisenberg 图像中，则让体系的态矢本身不随时间变化，而算符却随时间变化，遵守 Heisenberg 方程(12). 因此，一组对易力学量完全集的共同本征态(作为一个表象的一组完备基)是随时间变化的. 任何一个力学量在这一组基矢之间的矩阵元一般也是随时间变化的.

在此之前，我们都是采用 Schrödinger 图像来讨论问题，对 Heisenberg 图像是陌生的. 下面举两个简单的例子.

例 1　自由粒子. $H=p^2/2m$，$[\boldsymbol{p},H]=0$，$\boldsymbol{p}$为守恒量，所以$\boldsymbol{p}(t)=\boldsymbol{p}(0)=\boldsymbol{p}$. 但

$$\frac{\mathrm{d}}{\mathrm{d}t}\boldsymbol{r}(t)=\frac{1}{\mathrm{i}\hbar}[\boldsymbol{r}(t),H]=\frac{1}{\mathrm{i}\hbar}\mathrm{e}^{\mathrm{i}Ht/\hbar}[\boldsymbol{r},p^2/2m]\mathrm{e}^{-\mathrm{i}Ht/\hbar}$$
$$=\mathrm{e}^{\mathrm{i}Ht/\hbar}\frac{\boldsymbol{p}}{m}\mathrm{e}^{-\mathrm{i}Ht/\hbar}=\boldsymbol{p}/m$$

所以

$$\boldsymbol{r}(t)=\boldsymbol{r}(0)+\frac{\boldsymbol{p}}{m}t \tag{13}$$

例 2　一维谐振子. $H=p^2/2m+\frac{1}{2}m\omega^2x^2$.

$$x(t)=\mathrm{e}^{\mathrm{i}Ht/\hbar}x\mathrm{e}^{-\mathrm{i}Ht/\hbar},\quad p(t)=\mathrm{e}^{\mathrm{i}Ht/\hbar}p\mathrm{e}^{-\mathrm{i}Ht/\hbar}$$

而

$$\begin{aligned}\frac{\mathrm{d}}{\mathrm{d}t}x(t)&=\frac{1}{\mathrm{i}\hbar}\mathrm{e}^{\mathrm{i}Ht/\hbar}[x,H]\mathrm{e}^{-\mathrm{i}Ht/\hbar}=p(t)/m\\ \frac{\mathrm{d}}{\mathrm{d}t}p(t)&=\frac{1}{i\hbar}\mathrm{e}^{\mathrm{i}Ht/\hbar}[p,H]\mathrm{e}^{-\mathrm{i}Ht/\hbar}=-m\omega^2x(t)\end{aligned} \tag{14}$$

因此

$$\frac{\mathrm{d}^2}{\mathrm{d}t^2}x(t)=\frac{1}{m}\frac{\mathrm{d}}{\mathrm{d}t}p(t)=-\omega^2x(t) \tag{15}$$

形式上与经典谐振子的 Newton 方程相同. 其解可表示为

$$x(t)=c_1\cos\omega t+c_2\sin\omega t$$

$$p(t) = m\frac{\mathrm{d}}{\mathrm{d}t}x(t) = -m\omega c_1\sin\omega t + m\omega c_2\cos\omega t \tag{16}$$

再利用初条件

$$\begin{aligned} &x(0) = c_1 = x, \\ &p(0) = m\omega c_2 = p, \quad c_2 = p/m\omega \end{aligned} \tag{17}$$

最后得

$$\begin{aligned} &x(t) = x\cos\omega t + \frac{p}{m\omega}\sin\omega t \\ &p(t) = p\cos\omega t - m\omega x\sin\omega t \end{aligned} \tag{18}$$

4.4 守恒量与对称性的关系

经典力学中守恒定律与对称性的密切关系，早在 19 世纪中叶就已为人们认识到. 特别是，如体系具有空间平移不变性(空间均匀性)，则体系的动量守恒；如具有空间转动不变性(空间各向同性)，则体系的角动量守恒；如具有时间平移不变性(时间均匀性)，则体系的能量守恒. 在经典力学中借助于守恒量(运动积分)，可以使运动方程的求解大为简化. 例如，求解 Newton 方程时，如能找到一个守恒量，则求解含时间二阶微商的方程可以简化为求解含时间一阶微商的方程.

然而守恒定律与对称性的紧密联系及其广泛应用，只是在量子力学建立以后，才深入到物理学的日常语言中来. 这与量子力学规律本身的特点密切相关. 与经典力学相比，量子力学关于对称性的研究，大大丰富了对体系的认识. 例如，标记体系定态的好量子数以及表征跃迁前后状态关系的选择规则，总是与体系的某种对称性有直接关系；体系能级的简并性(除了真正的偶然简并外)，也总是与体系的对称性相关. 此外，在用量子力学处理各种具体问题时，能严格求解者极少. 而借助于对体系对称性的分析，不必严格求解 Schrödinger 方程，往往就可以得出一些很重要的结论. 这种情况在近代物理学中是屡见不鲜的.

设体系的状态用 ψ 描述. ψ 随时间的演化遵守 Schrödinger 方程

$$\mathrm{i}\hbar\frac{\partial}{\partial t}\psi = H\psi \tag{1}$$

考虑某种线性变换 Q(存在逆变换 Q^{-1}，不依赖于时间)，在此变换下，ψ 变化如下

$$\psi \to \psi' = Q\psi \tag{2}$$

体系对于变换的不变性表现为 ψ' 与 ψ 遵守相同形式的运动方程，即要求 ψ' 也遵守

$$\mathrm{i}\hbar\frac{\partial}{\partial t}\psi' = H\psi' \tag{3}$$

即

$$\mathrm{i}\hbar\frac{\partial}{\partial t}Q\psi = HQ\psi$$

用 Q^{-1} 运算，得

$$\mathrm{i}\hbar\frac{\partial}{\partial t}\psi = Q^{-1}HQ\psi$$

与方程(1)比较,要求 $Q^{-1}HQ=H$,即 $QH=HQ$,或表示成

$$[Q,H] = 0 \tag{4}$$

这就是体系(Hamilton 量)在变换 Q 下的不变性的数学表达. 凡满足式(4)的变换,称为体系的对称性变换①. 物理学中的体系的对称性变换,总是构成一个群,称为体系的对称性群(symmetry group). 考虑到概率守恒,要求 $(\psi',\psi')=(Q\psi,Q\psi)=(\psi,Q^+Q\psi)=(\psi,\psi)$,则 Q 应为幺正(unitary)算符,即

$$QQ^+ = Q^+Q = I \tag{5}$$

对于连续变换,可以考虑无穷小变换,令

$$Q = I + \mathrm{i}\varepsilon F \tag{6}$$

$\varepsilon \to 0^+$,是刻画无穷小变换的实参量. 用式(6)代入式(5),

$$\begin{aligned} Q^+Q &= (I - \mathrm{i}\varepsilon F^+)(I + \mathrm{i}\varepsilon F) \\ &= I + \mathrm{i}\varepsilon(F - F^+) + O(\varepsilon^2) = I \end{aligned}$$

即要求

$$F^+ = F \tag{7}$$

即 F 为厄米算符,称为变换 Q 的无穷小算符(infinitesimal operator). 由于它是厄米算符,可用它来定义一个与 Q 变换相联系的可观测量. 按式(4)要求,体系在 Q 变换下的不变性 $[Q,H]=0$,应用到无穷小变换(6),就导致

$$[F,H] = 0 \tag{8}$$

F 就是体系的一个守恒量.

平移不变性与动量守恒

考虑体系沿 x 方向的无穷小平移,$x \to x' = x + \delta x$(图 4.2),描述体系状态的波函数变化如下:

$$\psi \to \psi' \equiv D\psi \tag{9}$$

显然

$$\psi'(x') = \psi(x) \tag{10}$$

---

① 更普遍来讲,如一个变换不改变体系的各物理量的相互关系,则称为体系的一个对称性变换. 设体系的某一状态用 ψ 描述,经过某变换后,该状态用 ψ' 描述. 同样,体系的另一个状态 ϕ,经过同样的变换后用 ϕ' 描述. 如变换是对称性变换,按量子力学统计诠释,必须要求 $|(\psi,\phi)| = |(\psi',\phi')|$(注意:只要求标量积的模不变). 基于此要求,Wigner 指出:对称性变换只能是幺正变换或反幺正变换. 对于连续变换,它们总可以从恒等变换出发,连续地经历无穷小变换来实现,这种变换只能是幺正变换. 一个体系若存在一个守恒量,则反映体系有某种对称性. 反之,不一定成立. Wigner 还指出:对于幺正变换对称性,的确存在相应的守恒量. 但对于反幺正变换对称性,如时间反演不变性,并不存在相应的守恒量.

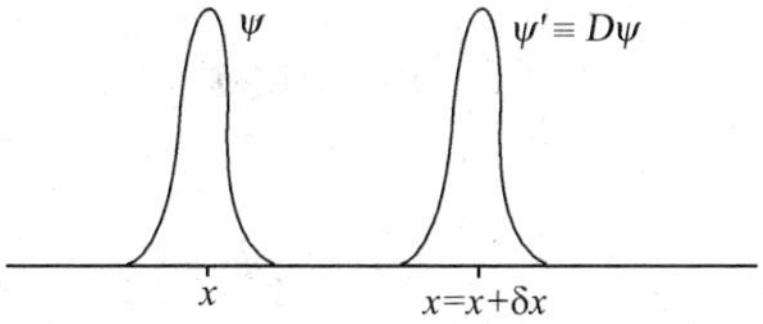

图 4.2

即

$$D\psi(x+\delta x)=\psi(x)$$

在上式中，把 x 换为 $x\rightarrow x-\delta x$，则有

$$D\psi(x)=\psi(x-\delta x)=\psi(x)-\delta x\frac{\partial\psi}{\partial x}+\cdots$$

$$=\exp\left[-\delta x\frac{\partial}{\partial x}\right]\psi(x)$$

所以平移 δx 的算符可表为

$$D(\delta x)=\exp\left[-\delta x\frac{\partial}{\partial x}\right]=\exp[-\mathrm{i}\delta x\hat{p}_x/\hbar] \tag{11}$$

式中

$$\hat{p}_x=-\mathrm{i}\hbar\frac{\partial}{\partial x} \tag{12}$$

为相应的无穷小算符，它就是大家熟悉的动量算符的 x 分量.

对于三维空间的无穷小平移 $\boldsymbol{r}\rightarrow\boldsymbol{r}'=\boldsymbol{r}+\delta\boldsymbol{r}$，则

$$D(\delta\boldsymbol{r})=\exp[-\mathrm{i}\delta\boldsymbol{r}\cdot\boldsymbol{p}/\hbar] \tag{13}$$

式中

$$\boldsymbol{p}=-\mathrm{i}\hbar\nabla \tag{14}$$

即动量算符.

设体系对于平移具有不变性，$[D,H]=0$，应用到无穷小平移，$D=1-\mathrm{i}\delta\boldsymbol{r}\cdot\boldsymbol{p}/\hbar$，则有

$$[\boldsymbol{p},H]=0 \tag{15}$$

此即动量守恒的条件.

空间旋转不变性与角动量守恒

先考虑一个简单情况，即体系绕 z 轴旋转无穷小角度 $\delta\varphi$，$\varphi\rightarrow\varphi'=\varphi+\delta\varphi$，波函数变化如下

$$\psi\rightarrow\psi'\equiv R\psi \tag{16}$$

对于平常碰到的标量波函数①，则有

$$\psi'(\varphi') = \psi(\varphi)$$

即

$$R\psi(\varphi + \delta\varphi) = \psi(\varphi)$$

在上式中，把 φ 换为 $\varphi - \delta\varphi$，则有

$$R\psi(\varphi) = \psi(\varphi - \delta\varphi) = \psi(\varphi) - \delta\varphi \frac{\partial}{\partial\varphi}\psi + \cdots = \exp\left[-\delta\varphi \frac{\partial}{\partial\varphi}\right]\psi(\varphi)$$

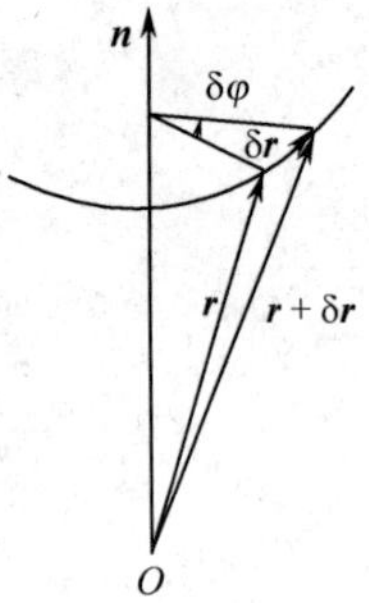

图 4.3

所以绕 z 轴旋转 $\delta\varphi$ 角的算符为

$$R(\delta\varphi) = \exp\left[-\delta\varphi \frac{\partial}{\partial\varphi}\right] = \exp[-\mathrm{i}\delta\varphi \hat{l}_z/\hbar] \tag{17}$$

式中

$$\hat{l}_z = -\mathrm{i}\hbar \frac{\partial}{\partial\varphi} \tag{18}$$

即角动量的 z 分量的算符.

现在来考虑三维空间中绕某方向 $\boldsymbol{n}$（单位矢）的无穷小旋转（图 4.3）

$$\begin{aligned} \boldsymbol{r} \rightarrow \boldsymbol{r}' &= \boldsymbol{r} + \delta\boldsymbol{r} \\ \delta\boldsymbol{r} &= \delta\boldsymbol{\varphi} \times \boldsymbol{r} = \delta\varphi\boldsymbol{n} \times \boldsymbol{r} \end{aligned} \tag{19}$$

在此变换下，标量波函数变化如下

$$\psi \rightarrow \psi' \equiv R\psi, \quad \psi'(\boldsymbol{r}') = \psi(\boldsymbol{r}) \tag{20}$$

即

$$R\psi(\boldsymbol{r} + \delta\boldsymbol{r}) = \psi(\boldsymbol{r})$$

所以

$$\begin{aligned} R\psi(\boldsymbol{r}) &= \psi(\boldsymbol{r} - \delta\boldsymbol{r}) = \psi(\boldsymbol{r} - \delta\varphi\boldsymbol{n} \times \boldsymbol{r}) \\ &= \psi(\boldsymbol{r}) - \delta\varphi(\boldsymbol{n} \times \boldsymbol{r}) \cdot \nabla\psi(\boldsymbol{r}) + \cdots \\ &= \exp[-\delta\varphi(\boldsymbol{n} \times \boldsymbol{r}) \cdot \nabla]\psi(\boldsymbol{r}) \end{aligned} \tag{21}$$

无穷小旋转 $\delta\boldsymbol{\varphi} = \delta\varphi\boldsymbol{n}$ 的变换表示为

$$\begin{aligned} R(\delta\varphi\boldsymbol{n}) &= \exp[-\delta\varphi(\boldsymbol{n} \times \boldsymbol{r}) \cdot \nabla] = \exp[-\mathrm{i}\delta\varphi(\boldsymbol{n} \times \boldsymbol{r}) \cdot \boldsymbol{p}/\hbar] \\ &= \exp[-\mathrm{i}\delta\varphi\boldsymbol{n} \cdot (\boldsymbol{r} \times \boldsymbol{p})/\hbar] = \exp[-\mathrm{i}\delta\varphi\boldsymbol{n} \cdot \boldsymbol{l}/\hbar] \end{aligned} \tag{22}$$

式中

$$\boldsymbol{l} = \boldsymbol{r} \times \boldsymbol{p} \tag{23}$$

即角动量算符.

如体系具有空间旋转不变性，$[R, H] = 0$，对于无穷小旋转，$R = 1 - \mathrm{i}\delta\varphi\boldsymbol{n} \cdot \boldsymbol{l}/\hbar$，则导致

---

① 无自旋粒子的波函数即标量波函数. 光子的波函数是矢量波函数，反映光子场为矢量场，光子具有自旋 $\hbar$. 电子有自旋 $\hbar/2$，波函数为旋量波函数. 它们在空间转动下的性质与标量波函数不同.

$$[\boldsymbol{l}, H] = 0 \tag{24}$$

即角动量守恒的条件.

4.5 全同粒子体系与波函数的交换对称性

4.5.1 全同粒子体系的交换对称性

自然界中存在各种不同种类的粒子，如电子，质子，中子，光子，π 介子等. 同一类粒子具有完全相同的内禀属性，包括静质量，电荷，自旋，磁矩，寿命等. 事实上人们正是按照这些内禀属性来对粒子进行分类的. 在量子力学中，把属于同一类的粒子称为全同(identical)粒子. 应当强调，粒子全同性概念与粒子态的量子化有本质的联系. 如果没有态的量子化，就谈不上全同性. 在经典物理学中，由于粒子的性质和状态(质量，形状，大小等)可以连续变化，谈不上两个粒子真正全同. 在量子力学中，由于态的量子化，两个量子态要么完全相同，要么很不相同，中间无连续过渡. 例如，两个银原子，不管它们是经过什么工艺过程制备出来的，通常条件下都处于基态，都用相同的量子态来描述，所以我们说它们是全同的.

在自然界中经常碰到由同类粒子组成的多粒子体系. 例如，原子和分子中的电子系，原子核中的质子系和中子系，金属中的电子气等. 同类粒子组成的多体系的基本特征是：任何可观测量，特别是 Hamilton 量，对于任何两个粒子交换是不变的，即交换对称性. 例如，氦原子中两个电子组成的体系，Hamilton 量为

$$H = \frac{p_1^2}{2m} + \frac{p_2^2}{2m} - \frac{2e^2}{r_1} - \frac{2e^2}{r_2} + \frac{e^2}{|\boldsymbol{r}_1 - \boldsymbol{r}_2|}$$

当两个电子交换时，H 显然不变，即 $P_{12}HP_{12}^{-1} = H$，P_{12} 是两个电子交换的算符，亦即

$$[P_{12}, H] = 0$$

全同粒子体系的交换对称性，反映到描述量子态的波函数上，就有了极深刻的内涵. 例如，对于氦原子，当人们在某处测得它的一个电子时，由于两个电子的内禀属性完全相同，因此不能(也不必要)判断它究竟是两个电子中的哪一个. 换言之，只能说测到了一个电子在那里，但不能说它是两个中的哪一个. 对于全同粒子多体系，任何两个粒子交换一下，其量子态是不变的，因为一切测量结果都不会因此而有所改变. 这样，就给描述全同粒子体系的波函数带来很强的限制，即要求全同粒子体系的波函数对于粒子交换具有一定的对称性.

下面将讨论在忽略粒子相互作用的情况下如何去构造具有完全交换对称性或反对称性的波函数. 在有相互作用的情况下，全同粒子系的量子态可以用它们(作为基矢)来展开. 先讨论两个全同粒子组成的体系，然后讨论 N 个全同粒子组成的体系.

现在先做一般的讨论. 考虑 N 个全同粒子组成的多体系,其量子态用波函数 $\psi(q_1,\cdots,q_i,\cdots,q_j,\cdots q_N)$ 描述,$q_i(i=1,2,\cdots,N)$ 表示每一个粒子的全部坐标(例如,包括空间坐标与自旋坐标). P_{ij} 表示第 i 粒子与第 j 粒子的全部坐标的交换,即

$$P_{ij}\psi(q_1,\cdots,q_i,\cdots,q_j,\cdots,q_N)\equiv\psi(q_1,\cdots,q_j,\cdots,q_i,\cdots,q_N) \tag{1}$$

试问这两个波函数(ψ 与 $P_{ij}\psi$)所描述的量子态有何不同? 不应有什么不同,因为一切测量结果都说不出有什么差别. 如果说有什么"不同",只不过"第 i 粒子"与"第 j 粒子"所扮演的角色对调了一下而已,但由于所有粒子的内禀属性完全相同,这两种情况是无法分辨的. 所以只能认为 ψ 与 $P_{ij}\psi$ 描述的是同一个量子态,因此它们最多可以相差一个常数因子 C,即

$$P_{ij}\psi=C\psi \tag{2}$$

用 P_{ij} 再运算一次,得

$$P_{ij}^2\psi=CP_{ij}\psi=C^2\psi$$

显然 $P_{ij}^2=1$,所以 $C^2=1$,因而

$$C=\pm 1 \tag{3}$$

代入式(2),可以看出,P_{ij} 有(而且只有)两个本征值,即 $C=\pm 1$. 即全同粒子系的波函数必须满足下列关系之一

$$P_{ij}\psi=+\psi \tag{4a}$$

$$P_{ij}\psi=-\psi \tag{4b}$$

式中 $i\neq j=1,2,3,\cdots,N$. 凡满足 $P_{ij}\psi=\psi$ 的,称为对称(symmetric)波函数;满足 $P_{ij}\psi=-\psi$ 的,称为反对称(anti-symmetric)波函数. 所以,全同粒子体系的交换对称性给了波函数一个很强的限制,即要求它们对于任意两个粒子交换,或者对称,或者反对称.

值得注意,对于全同粒子系,

$$[P_{ij},H]=0,\quad i\neq j=1,2,\cdots \tag{5}$$

所有 P_{ij} 都是守恒量. 但 4.1 节中已强调,一个量子体系并不一定处于守恒量的本征态,更不一定所有的守恒量都有共同本征态. 由于不是所有的 P_{ij} 都彼此对易,一般说来,全同粒子系的波函数 $\psi(q_1,q_2,\cdots,q_N)$ 并不一定就是某一个 P_{ij} 的本征态,更不一定就是所有 P_{ij} 的共同本征态. 但是,既使是全同粒子体系,所有 P_{ij} 中,不应有哪一个的地位特殊一些.(为什么一个态可以是 P_{12} 的本征态而不是 P_{23} 的本征态?)因此所有 P_{ij} 所处地位应该完全平等. 唯一可能的选择是量子态是所有 P_{ij} 的共同本征态. 仔细分析表明,所有 P_{ij} 的共同本征态是存在的,即完全对称波函数和完全反对称波函数. 由于所有 P_{ij} 为守恒量,全同粒子系的波函数的交换对称性是不随时间变化的;或者说全同粒子的统计性(Bose 统计或 Fermi 统计)是不变的.

迄今一切实验表明,对于每一类粒子,它们的多体波函数的交换对称性是完全确定的. 实验还表明,全同粒子体系的波函数的交换对称性与粒子的自旋有确定的

联系. 凡自旋为 $\hbar$ 整数倍($s=0,1,2,\cdots$)的粒子,波函数对于两个粒子交换总是对称的,如 π 介子($s=0$),光子($s=1$). 在统计方法上,它们遵守 Bose 统计,故称为 Bose 子. 凡自旋为 $\hbar$ 的半奇数倍($s=1/2,3/2,\cdots$)的粒子,波函数对于两粒子交换总是反对称的,如电子,质子,中子等. 它们遵守 Fermi 统计,故称为 Fermi 子.

由"基本粒子"组成的复杂粒子,如 α 粒子(氦核)或其他原子核,若在讨论的问题或过程中其内部状态保持不变,即内部自由度完全被冻结,则全同性概念仍然适用,也可以当成一类全同粒子来处理. 如果它们是由 Bose 子组成,则仍为 Bose 子;如它们由奇数个 Fermi 子组成,则仍为 Fermi 子;但如由偶数个 Fermi 子组成,则构成 Bose 子. 例如,${}_1^2H_1$(氘)和${}_2^4He_2$(α 粒子)为 Bose 子,而${}_1^3H_2$(氚)和${}_2^3He_1$ 则为 Fermi 子.

应该指出,不应认为全同性只是一个抽象的概念,事实上,全同性是一个可观测量. 例如,全同双原子分子(H_2,N_2,O_2 等)的转动光谱线的强度呈现出强弱交换的现象(见 12.3.3 节,图 12.5),全同粒子散射截面(10.2.4 节)等.

4.5.2 两个全同粒子组成的体系

设有两个全同粒子(忽略它们的相互作用),Hamilton 量表示为

$$H = h(q_1) + h(q_2) \tag{6}$$

$h(q)$表示单粒子的 Hamilton 量. $h(q_1)$与 $h(q_2)$形式上完全相同,只不过 $q_1 \leftrightarrow q_2$ 互换而已. 显然,$[P_{12}, H]=0$. 设 $h(q)$的本征方程为

$$h(q)\varphi_k(q) = \varepsilon_k \varphi_k(q) \tag{7}$$

ε_k 为单粒子能量,$\varphi_k(q)$为相应的归一化单粒子波函数,k 代表一组完备的量子数. 设两个粒子中有一个处于 φ_{k_1} 态,另一个处于 φ_{k_2} 态,则 $\varphi_{k_1}(q_1)\varphi_{k_2}(q_2)$与$\varphi_{k_1}(q_2)\varphi_{k_2}(q_1)$对应的能量都是 $\varepsilon_{k_1}+\varepsilon_{k_2}$. 这种与交换相联系的简并,称为交换简并. 但这两个波函数还不一定具有交换对称性.

对于 Bose 子,要求波函数对于交换是对称的. 这里要分两种情况:

(a)$k_1 \neq k_2$,归一化的对称波函数可如下构成

$$\begin{aligned} \psi^S_{k_1 k_2}(q_1, q_2) &= \frac{1}{\sqrt{2}}[\varphi_{k_1}(q_1)\varphi_{k_2}(q_2) + \varphi_{k_1}(q_2)\varphi_{k_2}(q_1)] \\ &= \frac{1}{\sqrt{2}}(1+P_{12})\varphi_{k_1}(q_1)\varphi_{k_2}(q_2) \end{aligned} \tag{8}$$

$1/\sqrt{2}$是归一化因子.

(b) $k_1 = k_2 = k$,归一化波函数为

$$\psi^S_{kk}(q_1, q_2) = \varphi_k(q_1)\varphi_k(q_2) \tag{9}$$

对于 Fermi 子,要求波函数对于交换是反对称的. 归一化的反对称波函数可如下构成

$$\psi^A_{k_1k_2}(q_1,q_2)=\frac{1}{\sqrt{2}}[\varphi_{k_1}(q_1)\varphi_{k_2}(q_2)-\varphi_{k_1}(q_2)\varphi_{k_2}(q_1)]$$
$$=\frac{1}{\sqrt{2}}\begin{vmatrix}\varphi_{k_1}(q_1) & \varphi_{k_1}(q_2)\\ \varphi_{k_2}(q_1) & \varphi_{k_2}(q_2)\end{vmatrix}$$
$$=\frac{1}{\sqrt{2}}(1-P_{12})\varphi_{k_1}(q_1)\varphi_{k_2}(q_2) \tag{10}$$

由上式可以看出，若 $k_1=k_2$，则 $\psi^A\equiv 0$，即这样的状态是不存在的. 这就是著名的 Pauli 不相容原理：不允许有两个全同的 Fermi 子处于同一个单粒子态（这里 k 代表足以描述 Fermi 子量子态的一组完备的量子数，特别要注意：对于有自旋的粒子，必须包含描述自旋态的量子数）.

Pauli 原理是一个极为重要的自然规律，是理解原子中的电子壳结构和元素周期表必不可少的理论基础，它是在早期量子论的框架中提出的. 后来从量子力学波函数的反对称性来说明 Pauli 原理的是 Heisenberg，Fermi 和 Dirac 的贡献.

例 设有两个全同的自由粒子，都处于动量本征态. 下面分三种情况讨论它们在空间的相对距离的概率分布.

(a)在不计及交换对称性时，两粒子的波函数可表示为

$$\psi_{k_\alpha k_\beta}(\boldsymbol{r}_1,\boldsymbol{r}_2)=\frac{1}{(2\pi)^3}\mathrm{e}^{\mathrm{i}(k_\alpha\cdot\boldsymbol{r}_1+k_\beta\cdot\boldsymbol{r}_2)} \tag{11}$$

$\hbar k_\alpha$ 与 $\hbar k_\beta$ 分别是粒子 1 和 2 的动量. 令

$$\boldsymbol{r}=\boldsymbol{r}_1-\boldsymbol{r}_2,\quad \boldsymbol{R}=\frac{1}{2}(\boldsymbol{r}_1+\boldsymbol{r}_2)$$
$$k=\frac{1}{2}(k_\alpha-k_\beta),\quad \boldsymbol{K}=k_\alpha+k_\beta \tag{12}$$

$\boldsymbol{r},\boldsymbol{R},\hbar k$ 和 $\hbar\boldsymbol{K}$ 分别表示相对坐标，质心坐标，相对动量和总动量. 式(12)之逆表示式为

$$\boldsymbol{r}_1=\boldsymbol{R}+\boldsymbol{r}/2,\quad \boldsymbol{r}_2=\boldsymbol{R}-\boldsymbol{r}/2$$
$$\boldsymbol{k}_\alpha=\boldsymbol{K}/2+k,\quad k_\beta=\boldsymbol{K}/2-k \tag{13}$$

于是式(11)可化为 $\sim\mathrm{e}^{\mathrm{i}\boldsymbol{K}\cdot\boldsymbol{R}+\mathrm{i}k\cdot\boldsymbol{r}}$. 对于粒子 1 和 2 交换，$\boldsymbol{R}$ 不变，以下讨论略去与本题无关的质心运动部分. 相对运动部分波函数为

$$\phi_k(\boldsymbol{r})=\frac{1}{(2\pi)^{3/2}}\mathrm{e}^{\mathrm{i}k\cdot\boldsymbol{r}} \tag{14}$$

这样，在距离一个粒子半径在$(r,r+\mathrm{d}r)$的球壳层中找到另一粒子的概率为

$$r^2\mathrm{d}r\int|\phi_k(\boldsymbol{r})|^2\mathrm{d}\Omega=\frac{4\pi r^2\mathrm{d}r}{(2\pi)^3}=4\pi r^2P(r)\mathrm{d}r \tag{15}$$

式中 $P(r)$表示概率密度. 由上可以看出 $P(r)=1/(2\pi)^3$ 是常数（与 r 无关）.

(b) 交换反对称波函数. 当粒子 $1\leftrightarrow 2$ 交换时，$\boldsymbol{R}$ 不变，$\boldsymbol{r}\to-\boldsymbol{r}$. 按式(10)，反对称相对运动波函数为

$$\phi^A_k(\boldsymbol{r})=\frac{1}{\sqrt{2}}(1-P_{12})\frac{1}{(2\pi)^{3/2}}\mathrm{e}^{\mathrm{i}k\cdot\boldsymbol{r}}$$

$$= \frac{\mathrm{i}\sqrt{2}}{(2\pi)^{3/2}} \sin(\boldsymbol{k} \cdot \boldsymbol{r}) \tag{16}$$

由此可以计算出

$$\begin{aligned} 4\pi r^2 P^{A}(r)\mathrm{d}r &\equiv r^2 \mathrm{d}r \int |\phi_k^{A}(\boldsymbol{r})|^2 \mathrm{d}\Omega = \frac{2r^2\mathrm{d}r}{(2\pi)^3} \int \sin^2(\boldsymbol{k}\cdot\boldsymbol{r})\mathrm{d}\Omega \\ &= \frac{2r^2\mathrm{d}r}{(2\pi)^3} \int_0^{2\pi} \mathrm{d}\varphi \int_0^{\pi} \sin^2(kr\cos\theta)\sin\theta\mathrm{d}\theta \\ &= \frac{4\pi r^2 \mathrm{d}r}{(2\pi)^3} \left[1 - \frac{\sin(2kr)}{2kr}\right] \end{aligned}$$

即

$$P^{A}(r) = \frac{1}{(2\pi)^3}\left[1 - \frac{\sin(2kr)}{2kr}\right] \tag{17}$$

(c) 交换对称波函数. 类似可求出

$$P^{S}(r) = \frac{1}{(2\pi)^3}\left[1 + \frac{\sin(2kr)}{2kr}\right] \tag{18}$$

令 $x=2kr$(无量纲),把三种情况下的相对距离的概率密度分布画于图 4.4 中. 可以看出,在空间波函数交换对称的情况下,两个粒子靠拢的概率最大,而交换反对称情况下,两个粒子靠近($x\to 0$)的概率趋于零. 但当 $x\to\infty$ 时,三种情况将无什么区别,$(2\pi)^3 P(r)\to 1$. 此时,波函数的交换对称性的影响逐渐消失. 从这个例子可以看出,全同粒子的相对距离的概率分布,与波函数的交换对称性有很密切的关系,这是一个可以观测的效应.

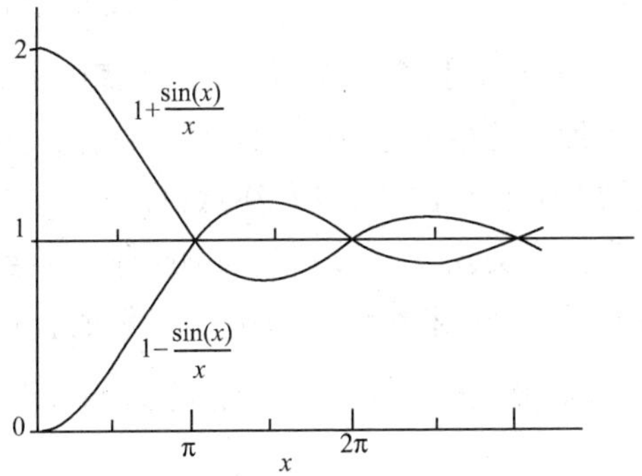

图 4.4

4.5.3 *N* 个全同 Fermi 子组成的体系

先考虑三个无相互作用全同 Fermi 子组成的体系. 设三个粒子处于三个不同的单粒子态 φ_{k_1}, φ_{k_2} 和 φ_{k_3},则反对称波函数可表示为

$$\psi^{A}_{k_1k_2k_3}(q_1,q_2,q_3) = \frac{1}{\sqrt{3!}}\begin{vmatrix} \varphi_{k_1}(q_1) & \varphi_{k_1}(q_2) & \varphi_{k_1}(q_3) \\ \varphi_{k_2}(q_1) & \varphi_{k_2}(q_2) & \varphi_{k_2}(q_3) \\ \varphi_{k_3}(q_1) & \varphi_{k_3}(q_2) & \varphi_{k_3}(q_3) \end{vmatrix}$$

$$= \frac{1}{\sqrt{3!}}[\varphi_{k_1}(q_1)\varphi_{k_2}(q_2)\varphi_{k_3}(q_3) + \varphi_{k_1}(q_2)\varphi_{k_2}(q_3)\varphi_{k_3}(q_1)$$

$$
\begin{aligned}
&+\varphi_{k_1}(q_3)\varphi_{k_2}(q_1)\varphi_{k_3}(q_2)-\varphi_{k_1}(q_1)\varphi_{k_2}(q_3)\varphi_{k_3}(q_2)\\
&-\varphi_{k_1}(q_3)\varphi_{k_2}(q_2)\varphi_{k_3}(q_1)-\varphi_{k_1}(q_2)\varphi_{k_2}(q_1)\varphi_{k_3}(q_3)]\\
=&\mathscr{A}\varphi_{k_1}(q_1)\varphi_{k_2}(q_2)\varphi_{k_3}(q_3)
\end{aligned}
\tag{19}
$$

$$
\mathscr{A}=\frac{1}{\sqrt{3!}}[I+P_{23}P_{31}+P_{12}P_{23}-P_{23}-P_{31}-P_{12}]
$$

称为反对称化算符.

类似可以推广到 N 个全同 Fermi 子组成的体系. 设 N 个 Fermi 子分别处于 $k_1<k_2<\cdots<k_N$ 态下,则反对称波函数可如下构成

$$
\psi^A_{k_1\cdots k_N}(q_1,\cdots,q_N)=\frac{1}{\sqrt{N!}}\begin{vmatrix}\varphi_{k_1}(q_1) & \varphi_{k_1}(q_2) & \cdots & \varphi_{k_1}(q_N)\\ \varphi_{k_2}(q_1) & \varphi_{k_2}(q_2) & \cdots & \varphi_{k_2}(q_N)\\ \vdots & \vdots & & \vdots\\ \varphi_{k_N}(q_1) & \varphi_{k_N}(q_2) & \cdots & \varphi_{k_N}(q_N)\end{vmatrix}
$$

$$
=\mathscr{A}\varphi_{k_1}(q_1)\varphi_{k_2}(q_2)\cdots\varphi_{k_N}(q_N)
$$

$$
\mathscr{A}=\frac{1}{\sqrt{N!}}\sum_P\delta_P P\quad\text{(反对称化算符)}\tag{20}
$$

P 代表 N 个粒子的一个置换(permutation). N 个粒子分别排列在 N 个单粒子态上,共有 $N!$ 个排列,所以共有 $N!$ 个置换(包括恒等变换 I). 从标准排列 $\varphi_{k_1}(q_1)\varphi_{k_2}(q_2)\cdots\varphi_{k_N}(q_N)$ 经过各种可能的置换 P,得到 $P\varphi_{k_1}(q_1)\varphi_{k_2}(q_2)\cdots\varphi_{k_N}(q_N)$,一共得出 $N!$ 项,即行列式展开后得出的 $N!$ 项. 注意:每一个置换 P 总可以表成若干个对换(transposition,两粒子交换)之积. 可以证明,有一半数的置换可以分解成奇数个对换之积,称为奇置换,此时 $\delta_P=-1$;另一半数的置换则可以分解成偶数个对换之积,称为偶置换,此时 $\delta_P=+1$. 式(20)常称为 Slater 行列式,$1/\sqrt{N!}$ 是归一化因子.

4.5.4 *N* 个全同 Bose 子组成的体系

Bose 子不受 Pauli 原理限制,可以有任意数目的 Bose 子处于相同的单粒子态. 设有 n_i 个 Bose 子处于 k_i 态上($i=1,2,\cdots,N$),$\sum\limits_{i=1}^{N}n_i=N$,这些 n_i 中,有些可以为 0,有些可以大于 1. 此时,对称的多粒子波函数可以表示成

$$
\sum_P P[\underbrace{\varphi_{k_1}(q_1)\cdots\varphi_{k_1}(q_{n_1})}_{n_1\text{个}}\cdot\underbrace{\varphi_{k_2}(q_{n_1+1})\cdots\varphi_{k_2}(q_{n_1+n_2})}_{n_2\text{个}}\cdots]\tag{21}
$$

注意:这里的 P 是指那些只对处于不同单粒子态上的粒子进行对换而构成的置换,因为只有这样,式(21)求和中的各项才彼此正交. 这样的置换共有

$$N!/n_1!n_2!\cdots n_N!$$

个. 因此,归一化的对称波函数可表为

$$\psi^S_{n_1\cdots n_N}(q_1,\cdots,q_N)=\sqrt{\frac{\prod_i n_i!}{N!}}\sum_P P[\varphi_{k_1}(q_1)\cdots\varphi_{k_N}(q_N)] \tag{22}$$

例 $N=3$ 体系,设三个单粒子态分别记为 $\varphi_1,\varphi_2,\varphi_3$.

(a) $n_1=n_2=n_3=1$

$$\begin{aligned}\psi^S_{111}(q_1,q_2,q_3)=&\frac{1}{\sqrt{3!}}[\varphi_1(q_1)\varphi_2(q_2)\varphi_3(q_3)+\varphi_1(q_2)\varphi_2(q_3)\varphi_3(q_1)+\varphi_1(q_3)\varphi_2(q_1)\varphi_3(q_2)\\&+\varphi_1(q_1)\varphi_2(q_3)\varphi_3(q_2)+\varphi_1(q_3)\varphi_2(q_2)\varphi_3(q_1)+\varphi_1(q_2)\varphi_2(q_1)\varphi_3(q_3)]\\=&\frac{1}{\sqrt{3!}}[(1+P_{23}P_{31}+P_{12}P_{23})+(P_{23}+P_{31}+P_{12})]\varphi_1(q_1)\varphi_2(q_2)\varphi_3(q_3)\end{aligned}$$

这种对称态只有一个.

(b) $n_1=2,n_2=1,n_3=0$

$$\begin{aligned}\psi^S_{210}(q_1,q_2,q_3)=&\frac{1}{\sqrt{3}}[\varphi_1(q_1)\varphi_1(q_2)\varphi_2(q_3)+\varphi_1(q_1)\varphi_1(q_3)\varphi_2(q_2)\\&+\varphi_1(q_3)\varphi_1(q_2)\varphi_2(q_1)]\end{aligned}$$

这种形式的对称态共有 6 个.

(c) $n_1=3,n_2=n_3=0$

$$\psi^S_{300}(q_1,q_2,q_3)=\varphi_1(q_1)\varphi_1(q_2)\varphi_1(q_3)$$

这种形式的对称态共有 3 个.

最后应当指出,全同粒子体系的波函数的这种表述方式是比较繁琐的. 其根源在于:对于全同粒子进行编号本来就没有意义,完全是多余的,然而在上述的波函数的表述形式中,又不得不先予以编号,以写出波函数的每一项,然后把它们适当地线性叠加起来,以满足交换对称性的要求. 描述全同粒子体系的量子态的更方便的理论形式是所谓二次量子化(second quantization)方法①,即粒子填布数(occupation number)表象.

习 题 4

4.1 判断下列提法的正误:

(a) 在非定态下,力学量的平均值随时间变化.

(b) 设体系处于定态,则不含时力学量的测值的概率分布不随时间变化.

(c) 设 Hamilton 量为守恒量,则体系处于定态.

(d) 中心力场中的粒子,处于定态,则角动量取确定值.

(e) 自由粒子处于定态,则动量取确定值.

---

① 参阅:曾谨言. 量子力学(第五版)卷Ⅱ. 北京:科学出版社. 第 4 章.

(f) 一维粒子的能量本征态无简并.

(g) 中心力场中粒子能级的简并度至少为$(2l+1)$, $l=0,1,2,\cdots$.

4.2 设体系有两个粒子,每个粒子可处于三个单粒子态 $\varphi_1,\varphi_2,\varphi_3$ 中的任何一个态.试求体系可能态的数目,分三种情况讨论:(a)两个全同 Bose 子;(b)两个全同 Fermi 子;(c)两个不同粒子.

4.3 设体系由 3 个粒子组成,每个粒子可能处于 3 个单粒子态 φ_1,φ_2 和 φ_3 中任何一个态.分析体系的可能态的数目.分三种情况:

(a) 不计及波函数的交换对称性;

(b) 要求波函数对于交换是反对称;

(c) 要求波函数对于交换是对称.

试问:对称态和反对称态的总数=?,与(a)的结果是否相同?对此做出说明.

4.4 设力学量 A 不显含 t,H 为体系的 Hamilton 量,证明

$$-\hbar^2\frac{\mathrm{d}^2}{\mathrm{d}t^2}\overline{A}=\overline{[[A,H],H]}$$

4.5 设力学量 A 不显含 t,证明在束缚定态下

$$\frac{\mathrm{d}\overline{A}}{\mathrm{d}t}=0$$

4.6 $D_x(a)=\exp\left[-a\dfrac{\partial}{\partial x}\right]=\exp[-ia\hat{p}_x/\hbar]$表示沿 x 方向平移距离 a 的算符.证明下列形式波函数(Bloch 波函数)

$$\psi(x)=\mathrm{e}^{\mathrm{i}kx}\phi_k(x),\quad \phi_k(x+a)=\phi_k(x)$$

是 $D_x(a)$的本征态,相应本征值为 $\mathrm{e}^{-\mathrm{i}ka}$.

4.7 设体系的束缚能级和归一化能量本征态分别为 E_n 和 ψ_n,n 为标记包含 Hamilton 量 H 在内的力学量完全集的本征态的一组好量子数.设 H 含有一个参数λ,证明

$$\frac{\partial E_n}{\partial\lambda}=\left\langle\psi_n\left|\frac{\partial H}{\partial\lambda}\right|\psi_n\right\rangle$$

此即 Feynman-Hellmann 定理.

4.8 设包含 Hamilton 量 H 在内的一组对易守恒量完全集的共同本征态和本征值分别为$|n\rangle$和 E_n,n 为一组完备好量子数.证明,力学量(算符)F 随时间的变化,在此能量表象中表示为

$$\left(\frac{\mathrm{d}F}{\mathrm{d}t}\right)_{nn'}=\mathrm{i}\omega_{nn'}F_{nn'},\quad \omega_{nn'}=(E_n-E_{n'})/\hbar$$

4.9 设 Hamilton 量 $H=p^2/2\mu+V(\boldsymbol{r})$,证明下列求和规则

$$\sum_n(E_n-E_m)\,|\,x_{nm}\,|^2=\hbar^2/2\mu$$

x 是 $\boldsymbol{r}$ 的一个分量,$\sum\limits_n$ 是对一切能量本征态求和,E_n 是相应于 n 态的能量本征值,$H|n\rangle=E_n|n\rangle$.

提示:计算$[[H,x],x]$,求$\langle m|[[H,x],x]|m\rangle$.

4.10 设 $F(\boldsymbol{r},\boldsymbol{p})$为厄米算符,证明在能量表象中的求和规则

$$\sum_n(E_n-E_k)\,|\,F_{nk}\,|^2=\frac{1}{2}\langle k|[F,[H,F]]|k\rangle$$

第 5 章　中 心 力 场

5.1　中心力场中粒子运动的一般性质

在自然界中,广泛碰到物体在中心力场中运动的问题.例如,地球在太阳的万有引力场中运动,电子在原子核的 Coulomb 场中运动等.无论在经典力学中或在量子力学中,中心力场问题都占有特别重要的地位. Coulomb 场(以及屏蔽 Coulomb 场)在原子结构研究中占有特别重要地位,而各向同性谐振子场、球方势阱以及 Woods-Saxon 势则在原子核结构研究中占有重要地位.本节将讨论粒子在中心力场中运动的一些共同特点.在这里,角动量守恒起了特别重要的作用.

经典力学中,在中心力场 $V(r)$ 中运动的粒子(质量为 μ),角动量 $\boldsymbol{l}=\boldsymbol{r}\times\boldsymbol{p}$ 是守恒量,因为

$$\begin{aligned}\frac{\mathrm{d}}{\mathrm{d}t}\boldsymbol{l}&=\frac{\mathrm{d}\boldsymbol{r}}{\mathrm{d}t}\times\boldsymbol{p}+\boldsymbol{r}\times\frac{\mathrm{d}\boldsymbol{p}}{\mathrm{d}t}\\&=\frac{1}{\mu}\boldsymbol{p}\times\boldsymbol{p}+\boldsymbol{r}\times[-\nabla V(r)]\\&=-\boldsymbol{r}\times\frac{\boldsymbol{r}}{r}\frac{\mathrm{d}V(r)}{\mathrm{d}r}=0\end{aligned}$$

考虑到 $\boldsymbol{l}\cdot\boldsymbol{r}=\boldsymbol{l}\cdot\boldsymbol{p}=0$,而 $\boldsymbol{l}$ 又是守恒量,中心力场中的粒子运动必为平面运动,平面的法线方向即 $\boldsymbol{l}$ 的方向.

5.1.1　角动量守恒与径向方程

设质量为 μ 的粒子在中心势 $V(r)$ 中运动,则 Hamilton 量表示为

$$H=\frac{\boldsymbol{p}^2}{2\mu}+V(r)=-\frac{\hbar^2}{2\mu}\nabla^2+V(r)\tag{1}$$

不难证明①,与经典力学中一样,角动量 $\boldsymbol{l}=\boldsymbol{r}\times\boldsymbol{p}$ 也是守恒量,即

$$[\boldsymbol{l},H]=0\tag{2}$$

考虑到 $V(r)$ 的球对称性特点,采用球坐标系是方便的.利用

$$\boldsymbol{p}^2=-\hbar^2\nabla^2=-\frac{\hbar^2}{r^2}\frac{\partial}{\partial r}r^2\frac{\partial}{\partial r}+\frac{\boldsymbol{l}^2}{r^2}$$

---

① 利用角动量各分量与动量各分量的对易式,容易证明$[\boldsymbol{l},\boldsymbol{p}^2]=0$.又算符 $\boldsymbol{l}$ 只与角变量(θ,φ)有关,所以$[\boldsymbol{l},V(r)]=0$.事实上,$\boldsymbol{l}$ 是三维空间无穷小转动算符,而 $V(r)$ 与 $\boldsymbol{p}^2=\boldsymbol{p}\cdot\boldsymbol{p}$ 均为转动下的标量,所以$[\boldsymbol{l},\boldsymbol{p}^2]=[\boldsymbol{l},V(r)]=0$.

$$=-\hbar^2\left[\frac{\partial^2}{\partial r^2}+\frac{2}{r}\frac{\partial}{\partial r}\right]+\frac{\boldsymbol{l}^2}{r^2}=-\frac{\hbar^2}{r}\frac{\partial^2}{\partial r^2}r+\frac{\boldsymbol{l}^2}{r^2} \tag{3}$$

能量本征方程可表示为

$$\left[-\frac{\hbar^2}{2\mu}\frac{1}{r}\frac{\partial^2}{\partial r^2}r+\frac{\boldsymbol{l}^2}{2\mu r^2}+V(r)\right]\psi=E\psi \tag{4}$$

上式左边第二项称为离心势能(centrifugal potential),第一项称为径向动能算符①.

注意,由于 $\boldsymbol{l}$ 的各分量都是守恒量,而各分量不对易,按照 4.1.2 节的定理,能级一般有简并. 考虑到 $\boldsymbol{l}^2$ 也是守恒量,而且与 $\boldsymbol{l}$ 的每一个分量都对易,因此体系的一组对易守恒量完全集可以方便地选为$(H,\boldsymbol{l}^2,l_z)$,即能量本征方程(4)的解同时也可选为$(\boldsymbol{l}^2,l_z)$的本征态,即

$$\psi(r,\theta,\varphi)=R_l(r)\mathrm{Y}_{lm}(\theta,\varphi),\quad l=0,1,2,\cdots$$
$$m=l,l-1,\cdots,-l \tag{5}$$

代入式(4),可得出径向波函数 $R_l(r)$满足的方程

$$\frac{\mathrm{d}^2}{\mathrm{d}r^2}R_l(r)+\frac{2}{r}\frac{\mathrm{d}}{\mathrm{d}r}R_l(r)+\left[\frac{2\mu}{\hbar^2}(E-V(r))-\frac{l(l+1)}{r^2}\right]R_l(r)=0 \tag{6}$$

有时作如下替换是方便的. 令

$$R_l(r)=\chi_l(r)/r \tag{7}$$

则 $\chi_l(r)$满足

$$\chi''_l(r)+\left[\frac{2\mu}{\hbar^2}(E-V(r))-\frac{l(l+1)}{r^2}\right]\chi_l(r)=0 \tag{8}$$

不同的中心力场中粒子的能量本征波函数的差别仅在于径向波函数 $R_l(r)$或$\chi_l(r)$,它们由中心势 $V(r)$的性质决定. 径向方程(6)或(8)中不出现刻画 l_z 本征值的磁量子数 m,因此能量本征值 E 与 m 无关,所以能级有 m 简并. 这是容易理解的,因为中心力场具有球对称性,粒子能量显然与 z 轴的指向无关. 但应注意,在一般的中心力场中,粒子能量本征值与角动量量子数 l 有关,而对于给定 l,m 有 $2l+1$ 个可能取值($m=l,l-1,\cdots,-l$),因此中心力场中粒子能级的简并度一般为$(2l+1)$. 当选用了对易守恒量完全集$(H,\boldsymbol{l}^2,l_z)$之后,同一个能级的各简并态的标记

---

① 可以证明

$$p_r^2=-\hbar^2\frac{1}{r^2}\frac{\partial}{\partial r}r^2\frac{\partial}{\partial r}=-\hbar^2\left(\frac{\partial^2}{\partial r^2}+\frac{2}{r}\frac{\partial}{\partial r}\right)$$

式中

$$p_r=-\mathrm{i}\hbar\left(\frac{\partial}{\partial r}+\frac{1}{r}\right)$$

可称为径向动量. 注意$-\mathrm{i}\hbar\frac{\partial}{\partial r}$不是厄米算符,但可证明 $p_r^+=p_r$(厄米算符). 因此 $H=\frac{1}{2\mu}p_r^2+\frac{\boldsymbol{l}^2}{2\mu r^2}$,$\frac{1}{2\mu}p_r^2$ 可称为径向动能算符.

以及它们之间的正交性就自动得以解决.

注意,对于角动量 $l=0$ 的情况,离心势能消失,式(8)在形式上与一维粒子在势场 $V(x)$ 中的能量本征方程(见 2.1 节,式(3))很相似. 但应注意,中心势 $V(r)$ 的定义域是 $r\geqslant 0$,而一维势 $V(x)$ 的定义域一般为 $-\infty<x<+\infty$.

在一定边条件下求解径向方程(6)或(8),即可得出能量本征值 E. 对于非束缚态,E 是连续变化的. 对于束缚态,则 E 取离散值. 在求解径向方程时,由于束缚态边条件,将出现径向量子数 n_r,$n_r=0,1,2,\cdots$,代表径向波函数的节点(不包括 $r=0$ 和 ∞)的个数. E 依赖于量子数 n_r 和 l,记为 $E_{n_r l}$. 在给定 l 的情况下,随 n_r 增大,$E_{n_r l}$ 也增大,所以 n_r 也可以作为给定 l 的诸能级按能级高低的编序. 同样,对给定 n_r,随 l 增大(离心势能增大),$E_{n_r l}$ 也增大. 按原子光谱学的习惯,把

$$l=0,1,2,3,4,5,6,\cdots \tag{9}$$

的态分别记为

$$\mathrm{s,p,d,f,g,h,i},\cdots$$

5.1.2 径向波函数在 $r\to 0$ 邻域的渐近行为

以下假定 $V(r)$ 满足[①]

$$\lim_{r\to 0} r^2 V(r)=0 \tag{10}$$

在此条件下,当 $r\to 0$ 时,方程(6)渐近地表示成

$$\frac{\mathrm{d}^2}{\mathrm{d}r^2}R_l(r)+\frac{2}{r}\frac{\mathrm{d}R_l(r)}{\mathrm{d}r}-\frac{l(l+1)}{r^2}R_l(r)=0 \tag{11}$$

在正则奇点 $r=0$ 邻域,设 $R_l(r)\propto r^s$,代入式(11),得

$$s(s+1)-l(l+1)=0 \tag{12}$$

解之,得两个根,$s=l,-(l+1)$,即

$$\text{当 } r\to 0 \text{ 时},R_l(r)\propto r^l \text{ 或 } r^{-(l+1)} \tag{13}$$

按照波函数的统计诠释,在任何体积元中找到粒子的概率都应为有限值. 当 $r\to 0$ 时,若 $R_l(r)\propto 1/r^s$,则要求 $s<3/2$(见 1.1.7 节). 因此,当 $l\geqslant 1$ 时,$R_l(r)\propto r^{-(l+1)}$ 解必须抛弃. 但 $l=0$ 时,$R_0(r)\propto 1/r$ 的解并不违反此要求. 然而,如把 $r=0$ 点包括在内,$\psi\propto R_0(r)Y_{00}\propto 1/r$ 解并不是能量本征方程

$$\left[-\frac{\hbar^2}{2m}\nabla^2+V(r)\right]\psi=E\psi \tag{14}$$

的解. 事实上,利用

$$\nabla^2\frac{1}{r}=-4\pi\delta(\boldsymbol{r})$$

---

① 通常碰到的中心场均满足此条件. 例如,谐振子势($V\propto r^2$),线性中心势($V\propto r$),对数中心势($V\propto \ln r$),球方势,自由粒子,Coulomb 势($V\propto 1/r$),汤川势$\left(V\propto\frac{1}{r}\mathrm{e}^{-\alpha r}\right)$,等.

即可证明，如包括 $r=0$ 点在内，$\psi\propto 1/r$ 不满足方程(13). 因此，求解径向方程(6)时，$r\to 0$ 处只有 $R_l(r)\propto r^l$ 的解才是物理上可以接受的. 或等价地，要求径向方程(8)的解 $\chi_l(r)=rR_l(r)$ 满足

$$\lim_{r\to 0}\chi_l(r) = 0 \tag{15}$$

5.1.3 两体问题化为单体问题

应当指出，实际碰到的中心力场问题，常常是两体问题. 例如，两个质量分别为 m_1 和 m_2 的粒子，相互作用 $V(|\boldsymbol{r}_1-\boldsymbol{r}_2|)=V(r)$ 只依赖于相对距离 $r=|\boldsymbol{r}_1-\boldsymbol{r}_2|$. 这个二粒子体系的能量本征方程为

$$\begin{aligned}&\left[-\frac{\hbar^2}{2m_1}\nabla_1^2-\frac{\hbar^2}{2m_2}\nabla_2^2+V(|\boldsymbol{r}_1-\boldsymbol{r}_2|)\right]\Psi(\boldsymbol{r}_1,\boldsymbol{r}_2)\\&=E_T\Psi(\boldsymbol{r}_1,\boldsymbol{r}_2)\end{aligned} \tag{16}$$

E_T 为体系的总能量. 引进质心坐标 $\boldsymbol{R}$ 和相对坐标 $\boldsymbol{r}$，

$$\boldsymbol{R}=\frac{m_1\boldsymbol{r}_1+m_2\boldsymbol{r}_2}{m_1+m_2} \tag{17}$$

$$\boldsymbol{r}=\boldsymbol{r}_1-\boldsymbol{r}_2 \tag{18}$$

可以证明

$$\frac{1}{m_1}\nabla_1^2+\frac{1}{m_2}\nabla_2^2=\frac{1}{M}\nabla_R^2+\frac{1}{\mu}\nabla^2 \tag{19}$$

其中

$$M=m_1+m_2,\quad \mu=m_1m_2/(m_1+m_2)\text{（约化质量）}$$

$$\nabla_R^2=\frac{\partial^2}{\partial X^2}+\frac{\partial^2}{\partial Y^2}+\frac{\partial^2}{\partial Z^2}$$

$$\nabla^2=\frac{\partial^2}{\partial x^2}+\frac{\partial^2}{\partial y^2}+\frac{\partial^2}{\partial z^2}$$

这样，方程(16)化为

$$\left[-\frac{\hbar^2}{2M}\nabla_R^2-\frac{\hbar^2}{2\mu}\nabla^2+V(r)\right]\Psi=E_T\Psi \tag{20}$$

此方程可分离变量，令

$$\Psi=\phi(\boldsymbol{R})\psi(\boldsymbol{r}) \tag{21}$$

代入式(20)，得

$$-\frac{\hbar^2}{2M}\nabla_R^2\phi(\boldsymbol{R})=E_C\phi(\boldsymbol{R}) \tag{22}$$

$$\left[-\frac{\hbar^2}{2\mu}\nabla^2+V(r)\right]\psi(r)=E\psi(\boldsymbol{r}),\quad E=E_T-E_C \tag{23}$$

式(22)描述质心运动，是自由粒子的能量本征方程. E_C 是质心运动能量，这一部分与体系的内部结构无关. 式(23)描述相对运动，E 是相对运动能量. 可以看出，

式(23)与单粒子能量本征方程(14)形式上相同,只不过应把式(14)中的 m 应理解为式(23)中的约化质量 μ,E 应理解为相对运动能量.

5.2 无限深球方势阱

考虑质量为 μ 的粒子在半径为 a 的球形匣子中运动.这相当于粒子在一个无限深球方势阱中运动,

$$V(r)=\begin{cases}0, & r<a\\ \infty, & r>a\end{cases} \tag{1}$$

它只存在束缚态.

先考虑 s 态($l=0$).此时,径向方程(5.1 节,式(8))为

$$\chi_0''(r)+\frac{2\mu}{\hbar^2}[E-V(r)]\chi_0(r)=0 \tag{2}$$

边条件为

$$\chi_0(0)=0 \tag{3a}$$

$$\chi_0(a)=0 \tag{3b}$$

在势阱内($0\leqslant r\leqslant a$),方程(2)化为

$$\chi_0''+k^2\chi_0=0 \tag{4}$$

式中

$$k=\sqrt{2\mu E}/\hbar, \quad E>0 \tag{5}$$

按边条件(3a),方程(4)的解可表示为 $\sin kr$ 的形式,再按边条件(3b),则要求 $\sin ka=0$,即

$$ka=(n_r+1)\pi, \quad n_r=0,1,2,\cdots \tag{6}$$

利用式(5),可得出粒子的能量本征值

$$E=E_{n_r0}=\frac{\pi^2\hbar^2(n_r+1)^2}{2\mu a^2}, \quad n_r=0,1,2,\cdots \tag{7}$$

相应的归一化波函数可表示为

$$\chi_{n_r0}(r)=\sqrt{\frac{2}{a}}\sin\frac{(n_r+1)\pi r}{a}, \quad 0\leqslant r\leqslant a \tag{8}$$

$$\int_0^a[\chi_{n_r0}(r)]^2\mathrm{d}r=1 \tag{9}$$

其次考虑 $l\neq0$ 情况.此时,径向方程可表示为(5.1 节,式(6))

$$R_l(r)''+\frac{2}{r}R_l(r)'+\left[k^2-\frac{l(l+1)}{r^2}\right]R_l(r)=0$$

$$(0\leqslant r\leqslant a) \tag{10}$$

边条件为

$$R_l(a)=0 \tag{11}$$

引进无量纲变量 $\rho=kr$，则式(10)化为

$$\frac{\mathrm{d}^2}{\mathrm{d}\rho^2}R_l+\frac{2}{\rho}\frac{\mathrm{d}}{\mathrm{d}\rho}R_l+\left[1-\frac{l(l+1)}{\rho^2}\right]R_l=0 \tag{12}$$

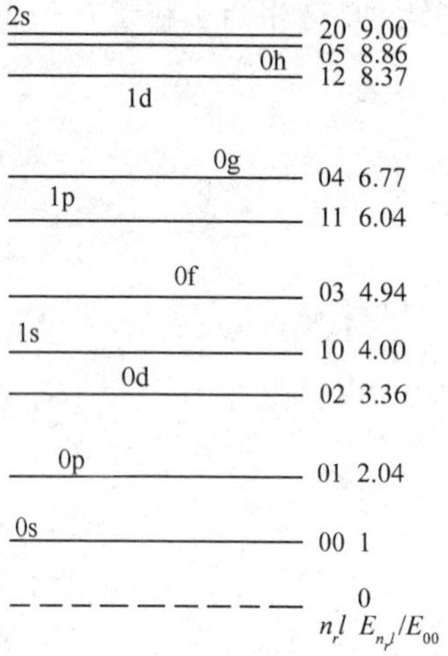

图 5.1　无限深球方势阱中粒子的能级

此即球 Bessel 方程[①]，其解可取为球 Bessel 函数 $\mathrm{j}_l(\rho)$ 与球 Neumann 函数 $\mathrm{n}_l(\rho)$. 它们在 $\rho\to 0$ 时的渐近行为是

$$\mathrm{j}_l(\rho)\to\rho^l/(2l+1)!!$$

$$\mathrm{n}_l(\rho)\to-(2l-1)!!\rho^{-(l+1)} \tag{13}$$

而按 5.1.2 节的讨论，如把 $\rho=0$ 点包括在内，$\mathrm{n}_l(\rho)$ 解是物理上不能接受的. 因此，在球方势阱内的解应取

$$R_l(r)\propto \mathrm{j}_l(kr) \tag{14}$$

k 由边条件(11)确定，即

$$\mathrm{j}_l(ka)=0 \tag{15}$$

当 a 取有限值时，k 只能取一系列离散值. 令 $\mathrm{j}_l(\xi)=0$ 的根依次记为 $\xi_{n_r l}$，$n_r=0,1,2,\cdots$，则粒子的能量本征值表为

$$E_{n_r l}=\frac{\hbar^2}{2\mu a^2}\xi_{n_r l},\quad n_r=0,1,2,\cdots \tag{16}$$

较低的几个根 $\xi_{n_r l}$ 见表 5.1. 较低的一些能级见图 5.1.

表 5.1　$\xi_{n_r l}$ 值

l \ n_r	0	1	2	3
0	π	2π	3π	4π
1	4.493	7.725	10.904	14.066
2	5.764	9.095	12.323	15.515
3	6.988	10.417	13.698	16.924

与 $E_{n_r l}$ 相应的径向本征函数表示为

---

① 令 $R_l=u(\rho)/\sqrt{\rho}$，则 $u(\rho)$ 满足下列方程

$$u''+\frac{1}{\rho}u'+\left[1-\frac{(l+1/2)^2}{\rho^2}\right]u=0$$

这是阶为半奇数 $l+1/2$ 的 Bessel 方程. 它的两个线性独立解可取为 $\mathrm{J}_{l+1/2}(\rho)$ 与 $\mathrm{J}_{-l-1/2}(\rho)$. 定义球 Bessel 函数和球 Neumann 函数

$$\mathrm{j}_l(\rho)=\sqrt{\frac{\pi}{2\rho}}\mathrm{J}_{l+1/2}(\rho),\quad \mathrm{n}_l(\rho)=(-1)^{l+1}\sqrt{\frac{\pi}{2\rho}}\mathrm{J}_{-l-1/2}(\rho)$$

则方程(12)的解可取为 $R_l\sim\mathrm{j}_l(\rho),\mathrm{n}_l(\rho)$.

$$R_{n_r l}(r) = C_{n_r l}\,\mathrm{j}_l(k_{n_r l} r), \quad k_{n_r l} = \xi_{n_r l}/a$$

$$C_{n_r l} = \left[-\frac{2}{a^3}/\mathrm{j}_{l-1}(k_{n_r l}a)\,\mathrm{j}_{l+1}(k_{n_r l}a)\right]^{1/2}$$

$$\int_0^a R_{n_r l}(r) R_{n'_r l}(r) r^2 \mathrm{d}r = \delta_{n_r n'_r} \tag{17}$$

当 $a \to \infty$ 时,这相当于粒子的运动无任何限制,即为自由粒子. 考虑到 $\rho \to \infty$ 时,$\mathrm{j}_l(\rho) \to 0$ 的边条件(15)自动满足,所以 k(或 E)将不再受到限制,即能量连续变化. 此时,式(17)中归一化常数趋于 0,这反映波函数不能归一化(连续谱的本征态是不能归一化的). 在此情况下,通常选择如下径向波函数,它们"归一化"到 δ 函数,

$$R_{kl}(r) = \sqrt{\frac{2}{\pi}}\,k\,\mathrm{j}_l(kr)$$

$$\int_0^\infty R_{kl}(r) R_{k'l}(r) r^2 \mathrm{d}r = \delta(k - k') \tag{18}$$

5.3 三维各向同性谐振子

考虑质量为 μ 的粒子在三维各向同性谐振子势 $V(r)$ 中运动,

$$V(r) = \frac{1}{2}\mu\omega^2 r^2 \tag{1}$$

ω 是刻画势阱强度的参量. 按 5.1 节式(6),径向方程为

$$R_l(r)'' + \frac{2}{r}R_l(r)' + \left[\frac{2\mu}{\hbar^2}\left(E - \frac{1}{2}\mu\omega^2 r^2\right) - \frac{l(l+1)}{r^2}\right]R_l(r) = 0 \tag{2}$$

采用自然单位①,令 $\hbar = \mu = \omega = 1$,方程(2)化为

$$R''_l(r) + \frac{2}{r}R'_l(r) + \left[2E - r^2 - \frac{l(l+1)}{r^2}\right]R_l(r) = 0 \tag{3}$$

$r = 0, \infty$ 是微分方程的奇点. 按 5.1.2 节的分析,在 $r = 0$ 邻域,物理上可接受的径向波函数的渐近行为是

$$\text{当 } r \to 0 \text{ 时}, \quad R_l(r) \sim r^l \tag{4}$$

当 $r \to \infty$ 时,方程(3)化为

$$R''_l(r) - r^2 R_l(r) = 0$$

不难看出②,当 $r \to \infty$ 时,$R_l(r) \sim \mathrm{e}^{\pm r^2/2}$,其中 $\mathrm{e}^{r^2/2}$ 不满足束缚态边条件,弃之,所以

$$\text{当 } r \to \infty \text{ 时}, \quad R_l(r) \sim \mathrm{e}^{-r^2/2} \tag{5}$$

因此不妨把方程(3)的解表示为

---

① 长度,能量,动量和时间的特征量分别为 $\sqrt{\hbar/\mu\omega}$,$\hbar\omega$,$\sqrt{\mu\hbar\omega}$ 和 ω^{-1}. 参阅附录 A7.

② $R_l(r) \sim \mathrm{e}^{\pm r^2/2}$,$R'_l(r) \sim \pm r\mathrm{e}^{\pm r^2/2}$,$R''_l(r) \sim r^2\mathrm{e}^{\pm r^2/2} \pm \mathrm{e}^{\pm r^2/2} \approx r^2\mathrm{e}^{\pm r^2/2}$(因为 $r \to \infty$),所以 $R''_l(r) - r^2 R_l(r) = 0$.

$$R_l(r)=r^l e^{-r^2/2}u(r) \tag{6}$$

代入式(3),可得

$$u''+\frac{2}{r}(l+1-r^2)u'+[2E-(2l+3)]u=0 \tag{7}$$

令 $\xi=r^2$,上式化为

$$\xi\frac{d^2u}{d\xi^2}+(\gamma-\xi)\frac{du}{d\xi}-\alpha u=0 \tag{8}$$

这个方程属于合流超几何方程(见附录 A5),其中参数

$$\alpha=\frac{1}{2}(l+3/2-E)$$

$$\gamma=l+3/2 \quad (\neq 整数) \tag{9}$$

方程(8)有两个解,$u_1\propto F(\alpha,\gamma,\xi)$,$u_2\propto\xi^{1-\gamma}F(\alpha-\gamma+1,2-\gamma,\xi)$. 由于 $\xi^{1-\gamma}\propto r^{-2l-1}$,按 5.1.2 节的分析,在 $\xi\sim0$ 邻域,u_2 是物理上不能接受的. 因此方程(8)的解只能取

$$u\propto F(\alpha,\gamma,\xi)=F((l+3/2-E)/2,l+3/2,\xi) \tag{10}$$

合流超几何函数 $F(\alpha,\gamma,\xi)$可以表示成如下幂级数

$$F(\alpha,\gamma,\xi)=1+\frac{\alpha}{\gamma}\xi+\frac{\alpha(\alpha+1)\xi^2}{\gamma(\gamma+1)2}+\frac{\alpha(\alpha+1)(\alpha+2)\xi^3}{\gamma(\gamma+1)(\gamma+2)3!}+\cdots \tag{11}$$

可以证明,在 $\xi\to\infty$时,无穷级数解 $F(\alpha,\gamma,\xi)\sim e^{\xi}$. 这样的解代入式(6),不满足束缚态边条件. 因此,对于束缚态,必须要求解 $F(\alpha,\gamma,\xi)$中断为一个多项式. 从式(11)容易看出,这要求 $\alpha=0$ 或负整数

$$\alpha=(l+3/2-E)/2=-n_r,\quad n_r=0,1,2,\cdots \tag{12}$$

而这就是要求 $E=(2n_r+l+3/2)$,添上能量的自然单位,得

$$E=(2n_r+l+3/2)\hbar\omega,\quad n_r,l=0,1,2,\cdots \tag{13}$$

令

$$N=2n_r+l \tag{14}$$

则

$$E=E_N=(N+3/2)\hbar\omega,\quad N=0,1,2,\cdots \tag{15}$$

此即三维各向同性谐振子的能量本征值. 与之相应的径向波函数(添上长度自然单位 $\alpha^{-1}=\sqrt{\hbar/\mu\omega}$)为

$$R_{n_rl}(r)\propto r^l e^{-\alpha^2r^2/2}F(-n_r,l+3/2,\alpha^2r^2)$$

经归一化后,

$$R_{n_rl}(r)=\alpha^{3/2}\left[\frac{2^{l+2-n_r}(2l+2n_r+1)!!}{\sqrt{\pi}n_r![(2l+1)!!]^2}\right]^{1/2}(\alpha r)^l e^{-\alpha^2r^2/2}F(-n_r,l+3/2,\alpha^2r^2)$$

$$\int_0^\infty [R_{n_r l}(r)]^2 r^2 \mathrm{d}r = 1 \tag{16}$$

n_r 表示径向波函数的节点数(不包括 $r=0,\infty$点). $n_r=0,1$ 的径向波函数分别为

$$R_{0l} = \alpha^{3/2}\left[\frac{2^{l+2}}{\sqrt{\pi}(2l+1)!!}\right]^{1/2}(\alpha r)^l \mathrm{e}^{-\alpha^2 r^2/2}$$

$$R_{1l} = \alpha^{3/2}\left[\frac{2^{l+3}}{\sqrt{\pi}(2l+3)!!}\right]^{1/2}(\alpha r)^l \mathrm{e}^{-\alpha^2 r^2/2}[(l+3/2)-\alpha^2 r^2]$$

讨论:

1. 能级简并度

与一维谐振子相同,三维各向同性谐振子的能级也是均匀分布的(图 5.2),相邻两能级的间距为 $\hbar\omega$. 但与一维谐振子不同,三维(和二维)各向同性谐振子的能级一般是简并的. 这表现在能量本征值只依赖于 n_r 和 l 的特殊组合 $N=2n_r+l$,它是 $V(r)\propto r^2$ 这种特殊的中心力场带来的.

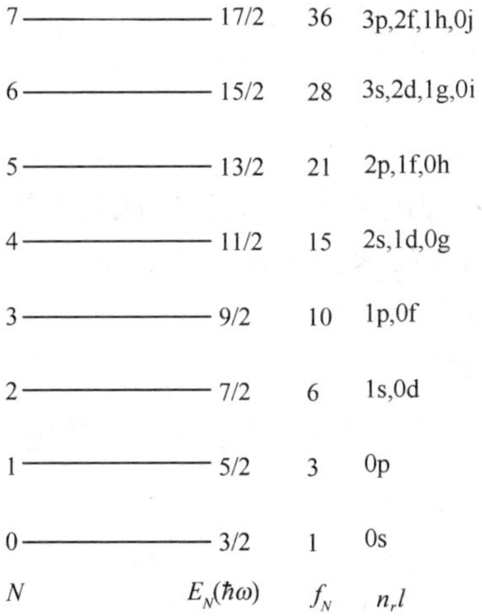

图 5.2 各向同性谐振子的能级和简并度

对于给定能级 E_N,

$$\begin{aligned} n_r &= 0, \quad 1, \quad 2, \quad \cdots, \quad (N-1)/2 \text{ 或 } N/2 \\ \text{相应} \quad l &= N-2n_r = N, \quad N-2, \quad N-4, \quad \cdots, \quad 1(N\text{ 奇})\text{ 或 }0(N\text{ 偶}) \end{aligned} \tag{17}$$

由此可以得出 E_N 能级的简并度为

$$f_N = \frac{1}{2}(N+1)(N+2) \tag{18}$$

例如，N=偶数情况，(对 N=奇数，证明类似)

$$f_N = \sum_{l=0,2,\cdots,N} (2l+1) = \frac{1}{2}(N+1)(N+2)$$

可以看出，它高于一般中心力场中的能级简并度($f_l=2l+1$). 这是由于三维各向同性谐振子场具有比它的几何对称性(SO_3)更高的动力学对称性 SU_3 的缘故. 更详细的讨论，可参阅：曾谨言，《量子力学》，第五版，卷Ⅱ，第 9 章.

2. Cartesian 坐标系中求解

如采用直角坐标系，利用 $r^2=x^2+y^2+z^2$，三维各向同性谐振子可以分解成角频率 ω 相同的三个彼此独立的一维谐振子，即

$$H = H_x + H_y + H_z \tag{19}$$

$$H_x = -\frac{\hbar^2}{2\mu}\frac{\partial^2}{\partial x^2} + \frac{1}{2}\mu\omega^2 x^2$$

$$H_y = -\frac{\hbar^2}{2\mu}\frac{\partial^2}{\partial y^2} + \frac{1}{2}\mu\omega^2 y^2$$

$$H_z = -\frac{\hbar^2}{2\mu}\frac{\partial^2}{\partial z^2} + \frac{1}{2}\mu\omega^2 z^2$$

它的本征函数可以分离变量，这相当于选择(H_x, H_y, H_z)为对易守恒量完全集，它们的共同本征态为

$$\Phi_{n_x n_y n_z}(x,y,z) = \psi_{n_x}(x)\psi_{n_y}(y)\psi_{n_z}(z), \quad n_x, n_y, n_z = 0,1,2,\cdots \tag{20}$$

即三个一维谐振子的能量本征函数之积. 相应的能量本征值为

$$\begin{aligned} E_{n_x n_y n_z} &= (n_x + 1/2)\hbar\omega + (n_y + 1/2)\hbar\omega + (n_z + 1/2)\hbar\omega \\ &= (N + 3/2)\hbar\omega \end{aligned} \tag{21}$$

$$N = n_x + n_y + n_z = 0,1,2,\cdots$$

与式(14)相同. 类似也可求出能级简并度. 因为对于给定 N，有

	$n_x=0$,	1,	2,	$\cdots$,	$N-1$,	N
相应	$n_y+n_z=N$,	$N-1$,	$N-2$,	$\cdots$,	1,	0
(n_y, n_z)可能取值的数目	$N+1$,	N,	$N-1$,	$\cdots$,	2,	1

所以(n_x, n_y, n_z)可能取值的数目，即能级的简并度，为

$$1 + 2 + \cdots + N + (N+1) = \frac{1}{2}(N+1)(N+2)$$

与式(18)相同.

练习题　试用类似的分析，求出二维各向同性谐振子的能级公式

$$E_N = (N+1)\hbar\omega, \quad N = n_x + n_y = 0,1,2,\cdots$$

简并度为 $f_N=N+1$.

在能级有简并的情况下，能量本征函数的选取是不唯一的. 这相当于选择不同的守恒量完全集. 在球坐标系中求解得出的本征函数 $\psi_{n_r lm}(r,\theta,\varphi)$ 是对易守恒量完全集 $(H,\boldsymbol{l}^2,l_z)$ 的共同本征态. 而在直角坐标系中求解得出的本征函数 $\Phi_{n_x n_y n_z}(x,y,z)$ 则是对易守恒量完全集 (H_x,H_y,H_z) 的共同本征态. 它们之间通过一个幺正变换相联系. 例如，$N=1$(第一激发能级)有三个态，可以取为

$$\psi_{n_r lm}——\psi_{011},\psi_{01-1},\psi_{010}$$

也可以取为

$$\Phi_{n_x n_y n_z}——\Phi_{100},\Phi_{010},\Phi_{001}$$

可以证明

$$\begin{pmatrix}\psi_{011}\\ \psi_{01-1}\\ \psi_{010}\end{pmatrix}=\begin{pmatrix}-1/\sqrt{2} & -\mathrm{i}/\sqrt{2} & 0\\ 1/\sqrt{2} & -\mathrm{i}/\sqrt{2} & 0\\ 0 & 0 & 1\end{pmatrix}\begin{pmatrix}\Phi_{100}\\ \Phi_{010}\\ \Phi_{001}\end{pmatrix} \tag{22}$$

当然，对于基态($N=0$)，能级是不简并的. 两组对易守恒量完全集的共同本征态是相同的. 事实上，

$$\psi_{n_r=0,l=0,m=0}=\frac{\alpha^{3/2}}{\pi^{3/4}}\mathrm{e}^{-\alpha^2r^2/2} \tag{23}$$

$$\Phi_{n_x=0,n_y=0,n_z=0}=\frac{\alpha^{1/2}}{\pi^{1/4}}\mathrm{e}^{-\alpha^2x^2/2}\cdot\frac{\alpha^{1/2}}{\pi^{1/4}}\mathrm{e}^{-\alpha^2y^2/2}\cdot\frac{\alpha^{1/2}}{\pi^{1/4}}\mathrm{e}^{-\alpha^2z^2/2} \tag{24}$$

二者完全相同.

5.4 氢 原 子

量子力学发展史上，最突出的成就之一是对氢原子光谱和化学元素周期律给予了相当满意的说明. 氢原子是最简单的原子，其能量本征方程可以严格求解. 下面将给出其解析解，并根据所得出的能级和能量本征函数，对氢原子光谱线的规律及一些重要性质给予定量说明. 氢原子理论还是了解复杂原子及分子结构的基础.

氢原子的原子核是一个质子，荷电 $+e$. 它与电子的 Coulomb 吸引能为(取无穷远为势能零点)

$$V(r)=-e^2/r \tag{1}$$

按 5.1 节式(8)，具有一定角动量的氢原子的径向波函数 $\chi_l(r)=rR_l(r)$ 满足下列方程

$$\chi''_l(r)+\left[\frac{2\mu}{\hbar^2}\left(E+\frac{e^2}{r}\right)-\frac{l(l+1)}{r^2}\right]\chi_l(r)=0 \tag{2}$$

及边条件

$$\chi_l(0)=0 \tag{3}$$

式中 μ 为电子的约化质量，$\mu=m_e/(1+m_e/m_p)$，m_e 和 m_p 分别为电子和质子的质量. 以下采用自然单位①，即在计算过程中令 $\hbar=e=\mu=1$，而在计算所得的最后结果中按各物理量的量纲添上相应的单位. 在自然单位下，方程(2)化为

$$\chi_l''(r)+\left[2E+\frac{2}{r}-\frac{l(l+1)}{r^2}\right]\chi_l(r)=0 \tag{4}$$

$r=0,\infty$ 是微分方程的两个奇点.

按 5.1.2 节的讨论，径向方程(4)的解在 $r=0$ 邻域的渐近行为是 $\chi_l(r)=rR_l(r)\propto r^{l+1}, r^{-l}$. 但后一解不满足物理上的要求，所以，当 $r\to 0$ 时，只能取

$$\chi_l(r)\propto r^{l+1} \tag{5}$$

其次，讨论解在 $r\to\infty$ 的渐近行为. 以下限于讨论束缚态($E<0$). 当 $r\to\infty$ 时，方程(4)化为

$$\chi_l''(r)+2E\chi_l(r)=0 \quad (E<0)$$

所以 $\chi_l(r)\propto \mathrm{e}^{\pm\beta r}$，其中

$$\beta=\sqrt{-2E}\text{（实）} \tag{6}$$

但 $\mathrm{e}^{\beta r}$ 不满足束缚态边条件. 所以，当 $r\to\infty$ 时，只能取

$$\chi_l(r)\propto \mathrm{e}^{-\beta r} \tag{7}$$

因此，不妨令方程(4)的解表示成

$$\chi_l(r)=r^{l+1}\mathrm{e}^{-\beta r}u(r) \tag{8}$$

代入式(4)，经过计算，可得

$$ru''+[2(l+1)-2\beta r]u'-2[(l+1)\beta-1]u=0 \tag{9}$$

再令

$$\xi=2\beta r \tag{10}$$

则得

$$\xi\frac{\mathrm{d}^2}{\mathrm{d}\xi^2}u+[2(l+1)-\xi]\frac{\mathrm{d}}{\mathrm{d}\xi}u-\left[(l+1)-\frac{1}{\beta}\right]u=0 \tag{11}$$

这正是合流超几何方程(见附录 A5)，

$$\xi\frac{\mathrm{d}^2}{\mathrm{d}\xi^2}u+(\gamma-\xi)\frac{\mathrm{d}}{\mathrm{d}\xi}u-\alpha u=0 \tag{12}$$

相应的参数为

$$\gamma=2(l+1)\geqslant 2\text{（正整数）} \tag{13}$$

$$\alpha=l+1-\frac{1}{\beta} \tag{14}$$

方程(11)有两个解，$u_1=\mathrm{F}(\alpha,\gamma,\xi)$，$u_2=\xi^{1-\gamma}\mathrm{F}(\alpha-\gamma+1,2-\gamma,\xi)$. 与三维各向

---

① 即原子单位，长度单位是 $a=\hbar^2/\mu e^2=0.529\times10^{-10}\,\mathrm{m}$，能量单位是 $\mu e^4/\hbar^2=27.21\mathrm{eV}$，参见附录 A7.

同性谐振子相似，在 $\xi\sim 0$ 邻域，u_2 解是物理上不能接受的，而只能取 u_1 解. 然而，当 $u_1=\mathrm{F}(\alpha,\gamma,\xi)$ 为无穷级数时，当 $\xi\to\infty$，$\mathrm{F}(\alpha,\gamma,\xi)\propto \mathrm{e}^{\xi}$. 这样的解代入式(8)，所得波函数不满足束缚态要求. 因此，对于束缚态，必须要求解中断为一个多项式. 这就要求 α 为非负整数，即

$$\alpha = l+1-\frac{1}{\beta}=-n_r,\quad n_r=0,1,2,\cdots \tag{15}$$

令

$$n=n_r+l+1,\quad n=1,2,3,\cdots \tag{16}$$

则 $\beta=1/n$. 利用式(6)，得

$$E=-\frac{1}{2}\beta^2=-\frac{1}{2n^2} \tag{17}$$

添上能量的自然单位($\mu e^4/\hbar^2$)，即得出氢原子的能量本征值

$$E=E_n=-\frac{\mu e^4}{2\hbar^2}\frac{1}{n^2}=-\frac{e^2}{2a}\frac{1}{n^2},\quad n=1,2,3,\cdots \tag{18}$$

$$a=\hbar^2/\mu e^2\quad (\text{Bohr 半径}) \tag{19}$$

此即著名的 Bohr 氢原子能级公式，n 称为主量子数.

与 E_n 相应的径向波函数 $R_l(r)=\chi_l(r)/r$ 可表示为

$$R_{nl}\propto \xi^l \mathrm{e}^{-\xi/2}\mathrm{F}(-n_r,2l+2,\xi) \tag{20}$$

其中 $\xi=2\beta r=2r/na$(已添上长度自然单位 a). 归一化的径向波函数为

$$\begin{aligned}
&R_{nl}(r)=N_{nl}\mathrm{e}^{-\xi/2}\xi^l\mathrm{F}(-n+l+1,2l+2,\xi)\\
&\xi=\frac{2r}{na},\quad N_{nl}=\frac{2}{a^{3/2}n^2(2l+1)!}\sqrt{\frac{(n+l)!}{(n-l-1)!}}\\
&\int_0^\infty [R_{nl}(r)]^2 r^2\mathrm{d}r=1
\end{aligned} \tag{21}$$

氢原子的束缚态能量本征函数为

$$\psi_{nlm}(r,\theta,\varphi)=R_{nl}(r)\mathrm{Y}_{lm}(\theta,\varphi) \tag{22}$$

最低的几条能级的径向波函数是

$$\begin{aligned}
&n=1, R_{10}=\frac{2}{a^{3/2}}\mathrm{e}^{-r/a}\\
&n=2, R_{20}=\frac{1}{\sqrt{2}a^{3/2}}\left(1-\frac{r}{2a}\right)\mathrm{e}^{-r/2a}\\
&\qquad R_{21}=\frac{1}{2\sqrt{6}a^{3/2}}\frac{r}{a}\mathrm{e}^{-r/2a}\\
&n=3, R_{30}=\frac{2}{3\sqrt{3}a^{3/2}}\left[1-\frac{2r}{3a}+\frac{2}{27}\left(\frac{r}{a}\right)^2\right]\mathrm{e}^{-r/3a}\\
&\qquad R_{31}=\frac{8}{27\sqrt{6}a^{3/2}}\frac{r}{a}\left(1-\frac{r}{6a}\right)\mathrm{e}^{-r/3a}
\end{aligned} \tag{23}$$

$$R_{32}=\frac{4}{81\sqrt{30}a^{3/2}}\left(\frac{r}{a}\right)^2\mathrm{e}^{-r/3a}$$

氢原子的能级分布如图 5.3 所示. 可以看出,第一条能级掉得很低,这和 Coulomb 吸引势在 $r=0$ 点是奇点($V\to-\infty$)有密切关系. 处于基态($n=1,l=m=0$)的电子的能量为 $E_1=-e^2/2a=-13.6\text{eV}$,即氢原子的离化能为 13.6eV. 随 n 增大,能级愈来愈密,在 $E\lesssim0$ 邻域,有无限多条离散能级密集. 当 $E\geqslant0$ 后,则过渡到连续区(游离态).

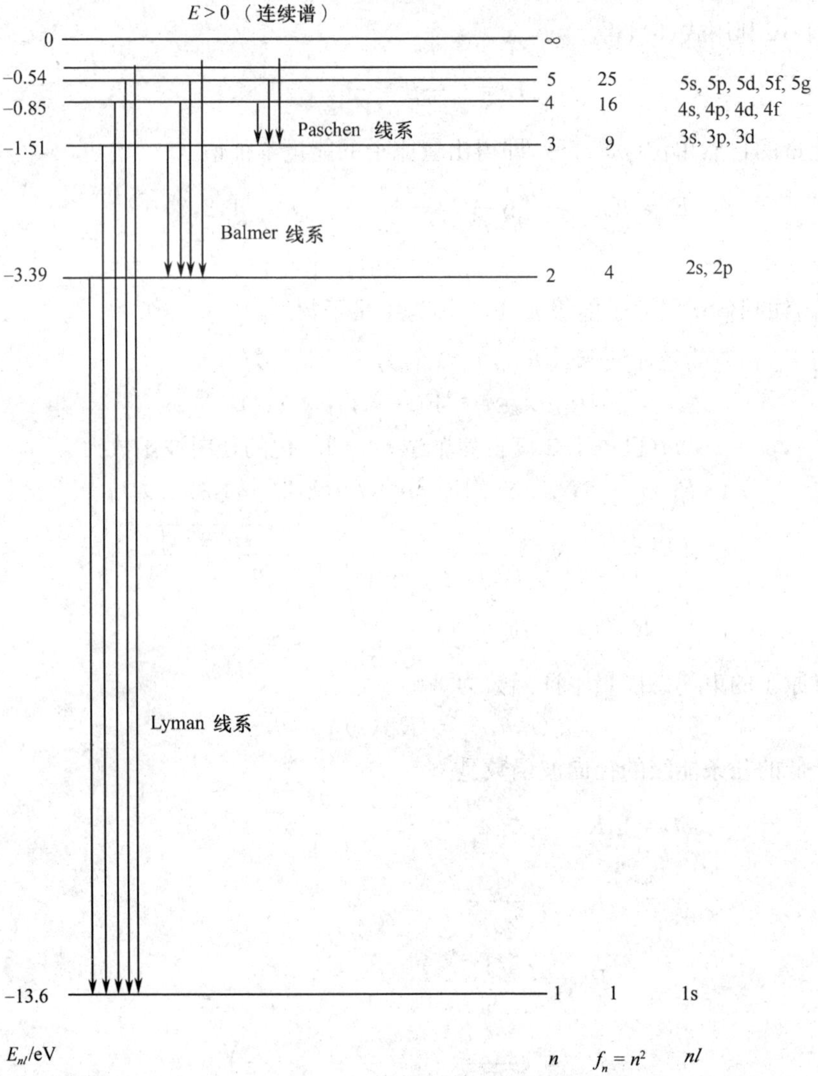

图 5.3 氢原子能级

讨论：

1. 能级简并度

对于给定能级 E_n(即给定主量子数 n)，按式(16)，$l=n-n_r-1$

$$\begin{aligned} l &= 0, \quad 1, \quad 2, \quad \cdots, \quad n-1 \\ \text{相应有}\quad n_r &= n-1, \quad n-2, \quad n-3, \quad \cdots, \quad 0 \end{aligned} \tag{24}$$

而对给定角量子数 l，磁量子数可以取$(2l+1)$个可能值

$$m = l, l-1, \cdots, -l+1, -l \tag{25}$$

因此，属于 E_n 能级的量子态 ψ_{nlm} 的数目为

$$f_n = \sum_{l=0}^{n-1}(2l+1) = n^2 \tag{26}$$

此即 E_n 能级的简并度. 它高于一般中心力场中能级 $E_{n_r l}$ 的简并度$(2l+1)$(见 5.1.1 节). 从前面的计算来看，一般中心力场(如球方势阱)中粒子能级 $E_{n_r l}$，依赖于量子数 n_r 和 l. 但在 Coulomb 场中，能量 E_n 只依赖于 n，它是 n_r 和 l 的一种特定的组合，即 $n=n_r+l+1$. 对于给定能级 E_n，角动量 l 可以取 $0,1,\cdots,(n-1)$，此即 l 简并. 这比一般中心力场中粒子能级(只有 m 简并)的简并度 $f_l=2l+1$ 要高. 从径向方程的求解可以看出，这是 $V(r)\propto 1/r$ 这种特殊的函数形式所导致的. 从物理上讲，这是 Coulomb 场具有比一般中心力场的几何对称性 SO_3(三维空间旋转不变性)更高的动力学对称性 SO_4 的表现.

［注］ 在经典力学中，中心力场中粒子的运动是一个平面运动. 平面的法线方向即角动量 $\boldsymbol{l}$(守恒量)的方向. 但一般说来，粒子在运动平面中的轨道是不闭合的. 可以证明(Bertrand 定理)：只当中心力为平方反比力或 Hooke 力时，束缚粒子的所有轨道才是闭合的(一般为椭圆). 对于平方反比力，可以证明，除能量和角动量 $\boldsymbol{l}$ 外，还存在另外的守恒量，即 Runge-Lenz 矢量，$\boldsymbol{R}=\boldsymbol{p}\times\boldsymbol{l}-\boldsymbol{r}/r$(取自然单位)，它处于运动平面内. $\boldsymbol{R}$ 的方向即椭圆长轴方向，其值即椭圆偏心率. 对于 Hooke 力(各向同性谐振子)，也存在另外的守恒量. 这些都与力场的动力学对称性有关. 详细讨论可参阅：曾谨言，《量子力学》(第五版)，卷Ⅱ，第 9 章(科学出版社，2013).

2. 径向位置概率分布

按照波函数的统计诠释，在 $\psi_{nlm}(r,\theta,\varphi)$态下，在$(r,r+\mathrm{d}r)$球壳中(不管方向如何)找到电子的概率为

$$r^2\mathrm{d}r\int\mathrm{d}\Omega\,|\psi_{nlm}(r,\theta,\varphi)|^2 = [R_{nl}(r)]^2 r^2\mathrm{d}r = [\chi_{nl}(r)]^2\mathrm{d}r \tag{27}$$

较低的几条能级上的电子的径向位置概率分布曲线 $|\chi_{nl}|^2$，见图 5.4. 可以看出，χ_{nl} 的节点数(不包括 $r=0,\infty$ 点)为 $n_r=n-l-1$. 其中 $n_r=0(l=n-1)$的态，称为“圆轨道”(图 5.4 中所示 1s,2p,3d 轨道)，它们无节点. 可以证明曲线 $|\chi_{n,n-1}(r)|^2$ 的极大值所在的位置为

$$r_n = n^2 a, \quad n=1,2,3,\cdots \tag{28}$$

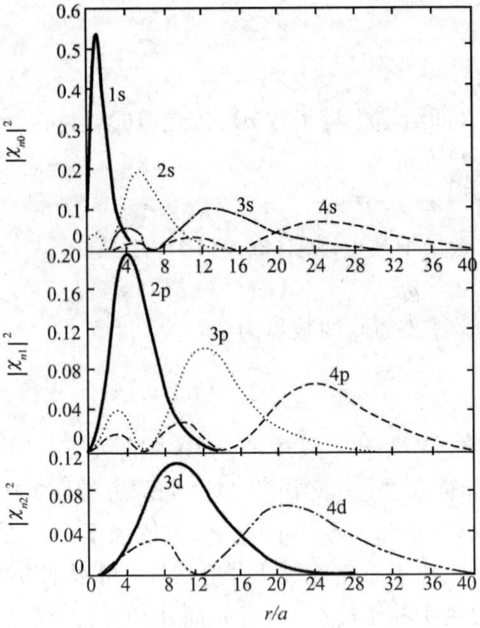

图 5.4　氢原子中电子的径向概率分布

r_n 称为最可几半径. 例如基态，$|\chi_{10}(r)|^2=\dfrac{4}{a^3}r^2\mathrm{e}^{-2r/a}$，可以由$\dfrac{\mathrm{d}}{\mathrm{d}r}\ln|\chi_{10}(r)|^2=0$，给出 $r_1=a$(Bohr 半径). 我们注意到，尽管在量子力学中电子并无严格的轨道概念而只能给出位置分布概率，但对于基态氢原子，量子力学给出的最可几半径与 Bohr 早期量子论给出的半径 a 相同.

3. 概率密度随角度的变化

与上类似，在 $\psi_{nlm}(r,\theta,\varphi)$ 态下，在(θ,φ)方向的立体角 $\mathrm{d}\Omega$ 中(不管径向位置)找到电子的概率为

$$|\mathrm{Y}_{lm}(\theta,\varphi)|^2\mathrm{d}\Omega\propto|\mathrm{P}_l^m(\cos\theta)|^2\mathrm{d}\Omega \tag{29}$$

它与 φ 角无关，即对绕 z 轴旋转是对称的. 这是因为 ψ_{nlm} 是 l_z 的本征态的缘故.

角量子数 l 较低的粒子态的概率密度随角度的变化，$|\mathrm{Y}_{lm}(\theta,\varphi)|^2(l=0,1,2,3)$，如图 5.5 所示.

4. 电流分布与磁矩

在 ψ_{nlm} 态下，从统计意义上说，电子的电流密度由下式给出(电子荷电$-e$)

$$\boldsymbol{j}=\frac{\mathrm{i}e\hbar}{2\mu}(\psi_{nlm}^*\,\boldsymbol{\nabla}\psi_{nlm}-\psi_{nlm}\,\boldsymbol{\nabla}\psi_{nlm}^*) \tag{30}$$

利用球坐标系中梯度的表示式

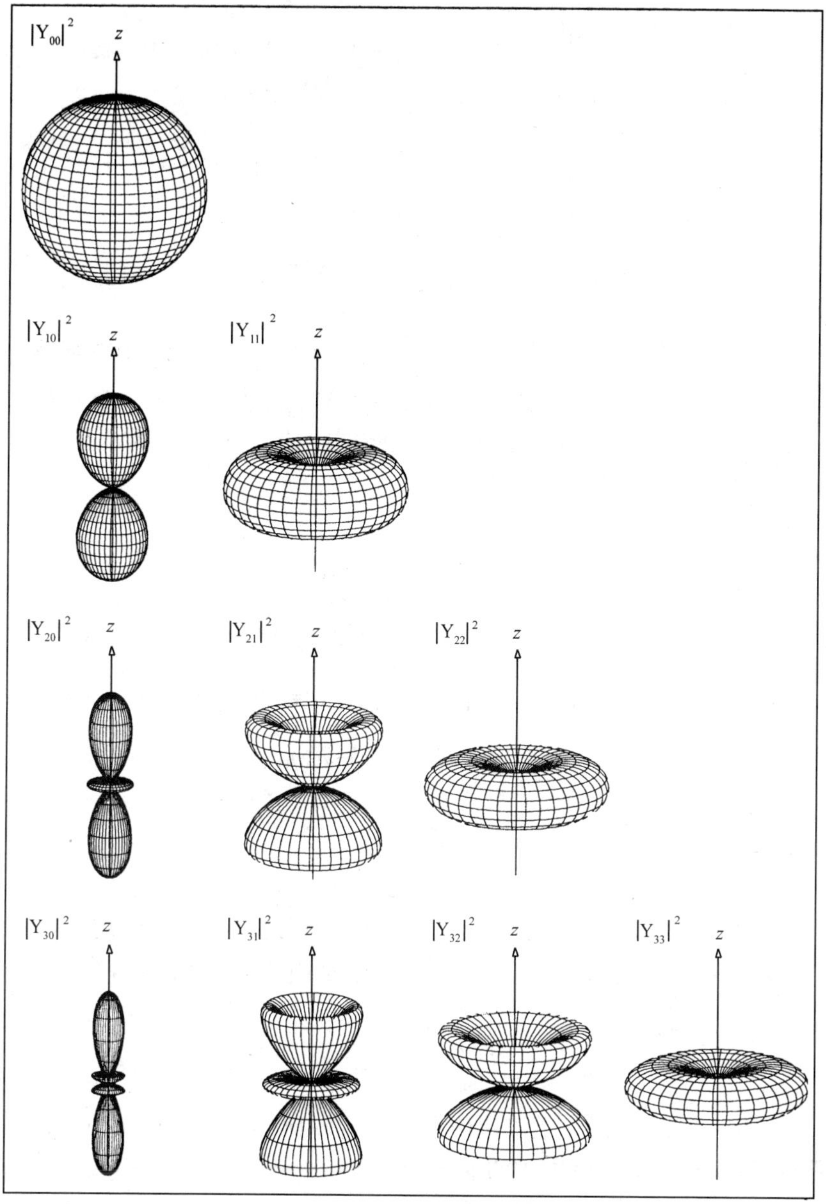

图 5.5　粒子概率分布随角度的变化 $|Y_{lm}(\theta,\varphi)|^2, l=0,1,2,3$

取自 S. Brandt & H. D. Dahmen, *The Picture Book of Quantum Mechanics*, 3rd. ed. (Springer-Verlag, New York, 2001)

$$\nabla = \boldsymbol{e}_r \frac{\partial}{\partial r} + \boldsymbol{e}_\theta \frac{1}{r} \frac{\partial}{\partial \theta} + \boldsymbol{e}_\varphi \frac{1}{r\sin\theta} \frac{\partial}{\partial \varphi}$$

容易求出 $\boldsymbol{j}$ 的各分量. 由于 ψ_{nlm} 的径向波函数 $R_{nl}(r)$ 及 θ 部分波函数 $P_l^m(\cos\theta)$ 都是实函数,由式(30)可看出,$j_r = j_\theta = 0$,但

$$\begin{aligned} j_\varphi &= \frac{\mathrm{i}e\hbar}{2\mu} \frac{1}{r\sin\theta}\left(\psi_{nlm}^* \frac{\partial}{\partial\varphi}\psi_{nlm} - \psi_{nlm} \frac{\partial}{\partial\varphi}\psi_{nlm}^*\right) \\ &= \frac{\mathrm{i}e\hbar}{2\mu} \frac{1}{r\sin\theta} 2\mathrm{i}m \left|\psi_{nlm}\right|^2 \\ &= -\frac{e\hbar m}{\mu} \frac{1}{r\sin\theta} \left|\psi_{nlm}\right|^2 \end{aligned} \tag{31}$$

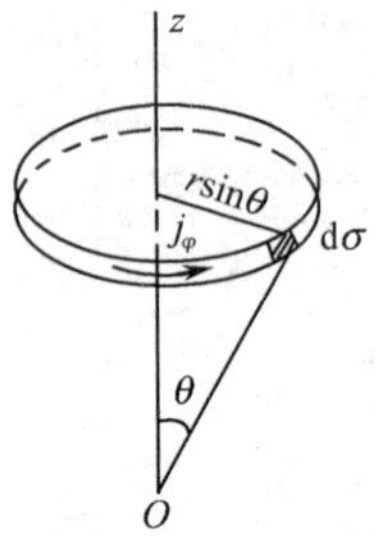

图 5.6

j_φ 是绕 z 轴的环电流密度(图 5.6). 所以通过截面 $\mathrm{d}\sigma$ 的电流元为 $\mathrm{d}I = j_\varphi \mathrm{d}\sigma$,它对磁矩的贡献为 $S\mathrm{d}I/c$,$S = \pi(r\sin\theta)^2$ 是绕 z 轴的环的面积. 因此总的磁矩(沿 z 轴方向)为

$$\begin{aligned} M_z &= \frac{1}{c}\int S\mathrm{d}I = \frac{1}{c}\int \pi r^2 \sin^2\theta \cdot j_\varphi \mathrm{d}\sigma \\ &= -\frac{e\hbar m}{2\mu c}\int \left|\psi_{nlm}\right|^2 2\pi r\sin\theta \mathrm{d}\sigma \\ &= -\frac{e\hbar m}{2\mu c}\int \left|\psi_{nlm}\right|^2 \mathrm{d}\tau \end{aligned} \tag{32}$$

其中 $\mathrm{d}\tau = 2\pi r\sin\theta\mathrm{d}\sigma$ 是细环的体积元,利用归一化条件,得

$$M_z = -\frac{e\hbar m}{2\mu c} = -\mu_{\mathrm{B}} m \tag{33}$$

其中

$$\mu_{\mathrm{B}} = \frac{e\hbar}{2\mu c} \tag{34}$$

称为 Bohr 磁子. 由式(33)看出,磁矩与量子数 m 有关,这就是把 m 称为磁量子数的理由. 显然,对于 s 态($l=0$),磁矩为零,这是由于电流为零的缘故. 此外,按式(33),

$$\frac{M_z}{m\hbar} = -\frac{e}{2\mu c} \tag{35}$$

$m\hbar$ 是轨道角动量的 z 分量. 上式比值称为回转磁比值(gyromagnetic ratio),或称 g 因子. 取 $e/2\mu c$ 为单位,则电子的 g 因子为 -1.

5. 类氢离子

以上结果对于类氢离子(He^+,Li^{++},Be^{+++} 等,这些离子的原子核外,只有一个电子)也都适用. 但需把核电荷 $+e$ 换为 $+Ze$(Z 是核所带正电荷数),而 μ 换为相应的约化质量. 特别是类氢离子的能级公式为

$$E_n = -\frac{\mu e^4 Z^2}{2\hbar^2 n^2}, \quad n = 1,2,3,\cdots \tag{36}$$

这里应该提到历史上一个重要事件，即所谓 Pickering 线系的理论解释. E. C. Pickering 于 1896 年发现船舻座 ζ 星的可见光谱中有一个线系，与氢原子光谱的 Balmer 线系很相似，它们具有相同的高频极限. 这个线系称为 Pickering 线系. 后来 Fowler 在氢和氦的混合气体中也观测到了此线系. 如要把此线系归入氢原子光谱，则会出现分数量子数. Bohr 提出把它解释为 He^+ 离子的光谱线. 这样，按式(36)，He^+ ($Z=2$)从 $E_n \to E_m$ ($n>m$)发出的光的波数为

$$\tilde{\nu}_{mn} = \frac{E_n - E_m}{hc} = 4R\left(\frac{1}{m^2} - \frac{1}{n^2}\right) \tag{37}$$

$$R = \frac{2\pi^2 \mu e^4}{h^3 c} \quad \text{(Rydberg 常数)} \tag{38}$$

对于 $m=4$ ($n=5,6,7,\cdots$)，

$$\tilde{\nu}_{4n} = R\left(\frac{1}{4} - \frac{4}{n^2}\right) \xrightarrow{n\to\infty} R/4$$

而氢原子光谱的 Balmer 线系，$m=2$ ($n=3,4,5,\cdots$)，波数为

$$\tilde{\nu}_{2n} = R\left(\frac{1}{2^2} - \frac{1}{n^2}\right) \xrightarrow{n\to\infty} R/4$$

考虑到 H 原子与 He^+ 的核质量不同，约化质量 μ 以及 Rydberg 常数 R 也略异，所以两个线系的极限有极微小的差异.

Bohr 的看法很快在 Evans 的实验中被证实. 对此，Einstein 给予了很高的评价.

习　题　5

5.1　利用 5.1.3 节中式(17)和式(18)，证明下列关系式：

相对动量　$\boldsymbol{p} = \mu\dot{\boldsymbol{r}} = \frac{1}{M}(m_2\boldsymbol{p}_1 - m_1\boldsymbol{p}_2)$

总动量　$\boldsymbol{P} = M\dot{\boldsymbol{R}} = \boldsymbol{p}_1 + \boldsymbol{p}_2$

总轨道角动量　$\boldsymbol{L} = \boldsymbol{l}_1 + \boldsymbol{l}_2 = \boldsymbol{r}_1 \times \boldsymbol{p}_1 + \boldsymbol{r}_2 \times \boldsymbol{p}_2$

$\qquad = \boldsymbol{R} \times \boldsymbol{P} + \boldsymbol{r} \times \boldsymbol{p}$

总动能　$T = \frac{\boldsymbol{p}_1^2}{2m_1} + \frac{\boldsymbol{p}_2^2}{2m_2} = \frac{\boldsymbol{P}^2}{2M} + \frac{\boldsymbol{p}^2}{2\mu}$

反之，有

$$\boldsymbol{r}_1 = \boldsymbol{R} + \frac{\mu}{m_1}\boldsymbol{r}, \qquad \boldsymbol{r}_2 = \boldsymbol{R} - \frac{\mu}{m_2}\boldsymbol{r}$$

$$\boldsymbol{p}_1 = \frac{\mu}{m_2}\boldsymbol{P} + \boldsymbol{p}, \qquad \boldsymbol{p}_2 = \frac{\mu}{m_1}\boldsymbol{P} - \boldsymbol{p}$$

以上各式中，$M = m_1 + m_2$，$\mu = m_1 m_2/(m_1 + m_2)$.

5.2　同上题. 求坐标表象中 $\boldsymbol{p}$，$\boldsymbol{P}$ 和 $\boldsymbol{L}$ 的算符表示式

$$\boldsymbol{p} = -\mathrm{i}\hbar\nabla_r, \qquad \boldsymbol{P} = -\mathrm{i}\hbar\nabla_R, \qquad \boldsymbol{L} = \boldsymbol{R} \times \boldsymbol{P} + \boldsymbol{r} \times \boldsymbol{p}$$

5.3　利用氢原子能级公式，讨论下列体系的能谱：

(a)电子偶素(positronium，指 $e^+ - e^-$ 束缚体系)，

(b)μ 原子(muonic atom)，指平常原子中有一个电子 e^- 被一个 μ^- 粒子代替.

(c)μ 子偶素(muonium,指 $\mu^+-\mu^-$ 束缚体系).

5.4　对于氢原子基态,计算 $\Delta x\cdot\Delta p$.(答:$\hbar/\sqrt{3}$)

5.5　对于氢原子基态,求电子处于经典禁区($r>2a$)(即 $E-V<0$ 区域)的概率.

5.6　对于类氢原子(核电荷 Ze)的"圆轨道"(指 $n_r=0$,即 $l=n-1$ 的轨道),计算

(a)最概然半径.(答:n^2a/Z)

(b)平均半径.(答:$\langle r\rangle_{nn-1m}=(n^2+n/2)a/Z$)

(c)涨落 $\Delta r=[\langle r^2\rangle-\langle r\rangle^2]^{1/2}$.$\left(答:\left(\dfrac{n^3}{2}+\dfrac{n^2}{4}\right)^{1/2}a/Z\right)$

5.7　按(5.1)节,式(8),中心力场$V(r)$中的粒子的径向方程可以写成

$$H_l\chi_l(r)=E\chi_l(r)$$

$$H_l=-\frac{\hbar^2}{2\mu}\frac{\mathrm{d}^2}{\mathrm{d}r^2}+V(r)+\frac{l(l+1)\hbar^2}{2\mu r^2}$$

利用 Feynman-Hellmann 定理(见 p. 95,4.7 题)证明对于处在能量本征态下的三维各向同性谐振子,

$$\langle r^{-2}\rangle_{Nlm}=\frac{1}{l+1/2}\left(\frac{\mu\omega}{\hbar}\right)$$

$$\langle r^2\rangle_{Nlm}=(N+3/2)\hbar/\mu\omega$$

5.8　对于类氢原子(核电荷为 Ze),计算处于束缚态 ψ_{nlm} 下的电子的$\langle r^{-1}\rangle$和$\langle r^{-2}\rangle$.

提示:分别利用位力定理和 Feynman-Hellmann 定理(见 4.7 题).

答:

$$\langle r^{-1}\rangle=Z/n^2a,\ a=\hbar^2/\mu e^2\,(\text{Bohr 半径})$$

$$\langle r^{-2}\rangle=Z^2/(l+1/2)n^3a^2$$

*5.9　设碱金属原子中的价电子所受原子实(原子核+满壳电子)的作用近似表示为

$$V(r)=-\frac{e^2}{r}-\lambda\frac{e^2a}{r^2}\quad(0<\lambda\ll1)$$

a 为 Bohr 半径,上式右边第 2 项为屏蔽 Coulomb 势.求价电子的能级.

提示:令 $l(l+1)-2\lambda=l'(l'+1)$,解出

$$l'=-\frac{1}{2}+(l+1/2)\left[1-\frac{8\lambda}{(2l+1)^2}\right]^{1/2}$$

答:能级可表成 $E_{n'}=-\dfrac{e^2}{2a}\dfrac{1}{n'^2}$,　$n'=n_r+l'+1,n_r=0,1,2,\cdots$

对于 $\lambda\ll1$,可令 $l'=l+\Delta l,\Delta l=-\lambda/(l+1/2)\ll1$,

$$E_{n'}\approx E_{nl}=-\frac{e^2}{2a}\frac{1}{(n+\Delta l)^2},\quad n=1,2,3,\cdots$$

5.10　仿照 5.3 节,在直角坐标系中求解二维各向同性谐振子的能级和简并度,与三维各向同性谐振子比较.

答:$E_N=(N+1)\hbar\omega,N=n_x+n_y,\quad n_x,n_y,N=0,1,2,\cdots$

简并度 $f_N=(N+1)$.二维与三维谐振子的能级都是均匀分布.但简并度不同(三维情况 $f_N=\dfrac{1}{2}(N+1)(N+2)$).

5.11　二维谐振子势 $V(x,y)=\dfrac{1}{2}m\omega_x^2x^2+\dfrac{1}{2}m\omega_y^2y^2$,设 $\omega_x/\omega_y=1/2$,求能级的分布和简并

度. 能级是否均匀分布？简并度有何规律？

*5.12　分析二维 Coulomb 引力势(自然单位)$V(\rho)=-1/\rho$ 中电子的能级分布和简并度，与三维情况比较.

答：$E_n=-1/2n^2$(自然单位)，$n=n_\rho+|m|+1/2$，n_ρ，$|m|=0,1,2,\cdots$，$n=1/2,3/2,5/2,\cdots$. 能级公式与三维情况相同，但主量子数 n 取值不同(三维情况，$n=1,2,3,\cdots$)，因而能级分布很不相同. 简并度 $f_n=(n+1)$ 与三维情况($f_n=n^2$)也不相同，因而能级的壳结构也不相同.

*5.13　设质子(自旋为 $\hbar/2$)处于三维各向同性谐振子势中，能级 $E_N=(N+3/2)\hbar\omega$，简并度(计及自旋)$f_N=(N+1)(N+2)$.

(a)利用位力定理，求第 N 壳的质子的 r^2 的平均值.

(b)设质子按 Pauli 原理从 $N=0$ 壳开始一直填满第 $N=K$ 壳，求质子总数，以及 r^2 的平均值$\langle r^2\rangle$.

(c)设质子总数为 Z，试求 $\sqrt{\langle r^2\rangle}$ 与 Z 的函数关系.

第 6 章　电磁场中粒子的运动

在 5.4 节中，我们讨论了氢原子问题，即电子在原子核的 Coulomb 引力势中的运动. 原子结构问题原则上可以归结为彼此有 Coulomb 斥力的多电子体系在原子核 Coulomb 引力势中的运动. 由于原子中的电子的速度 v 远小于光速 c（$v/c\sim 10^{-2}$），辐射场中磁场对电子的作用远小于电场，一般只考虑电场的作用. 本章将讨论恒定外磁场中原子能级和光谱的变化（6.2 节，Zeeman 效应）以及自由荷电粒子在恒定磁场中的运动（6.3 节，Landau 能级）. 在 6.1 节中将给出荷电粒子在恒定电磁场中的 Schrödinger 方程，这里将涉及两类动量（机械动量和正则动量）和规范不变性问题.

6.1　电磁场中荷电粒子的运动，两类动量

考虑质量为 μ，荷电 q 的粒子在电磁场中的运动. 在经典力学中，其 Hamilton 量为

$$H=\frac{1}{2\mu}\left(\boldsymbol{P}-\frac{q}{c}\boldsymbol{A}\right)^2+q\phi \tag{1}$$

其中，$\boldsymbol{A}$，ϕ 分别是电磁矢势和标势，$\boldsymbol{P}$ 称为正则动量. Hamilton 量这样写法的理由如下：把式(1)代入正则方程

$$\dot{\boldsymbol{r}}=\frac{\partial H}{\partial \boldsymbol{P}},\qquad \dot{\boldsymbol{P}}=-\frac{\partial H}{\partial \boldsymbol{r}} \tag{2}$$

即可得出[注]

$$\mu\ddot{\boldsymbol{r}}=q\left(\boldsymbol{E}+\frac{1}{c}v\times\boldsymbol{B}\right) \tag{3}$$

式中

$$\boldsymbol{E}=-\frac{1}{c}\frac{\partial}{\partial t}\boldsymbol{A}-\nabla\phi \tag{4}$$

$$\boldsymbol{B}=\nabla\times\boldsymbol{A}$$

分别为电场和磁场强度. 式(3)即荷电 q 的粒子在电磁场中的 Newton 方程，式(3)右边第二项即 Lorentz 力，是经过实验证明为正确的.

［注］　式(3)证明如下：以 x 分量为例，按式(1)和式(2)，

$$\dot{x}=\frac{\partial H}{\partial P_x}=\frac{1}{\mu}\left(P_x-\frac{q}{c}A_x\right) \tag{5}$$

所以

$$P_x = \mu\dot{x} + \frac{q}{c}A_x = \mu v_x + \frac{q}{c}Ax$$

因而

$$\boldsymbol{P} = \mu v + \frac{q}{c}\boldsymbol{A} \tag{6}$$

可以看出，在有磁场的情况下，带电粒子的正则动量并不等于其机械动量 μv. 式(5)对 t 微分，并利用式(6)和式(4)，得

$$\begin{aligned}
\mu\ddot{x} &= \dot{P}_x - \frac{q}{c}\dot{A}_x = -\frac{\partial H}{\partial x} - \frac{q}{c}\dot{A}_x \\
&= \frac{1}{\mu}\sum_{i=1}^{3}\left(P_i - \frac{q}{c}A_i\right)\frac{q}{c}\frac{\partial A_i}{\partial x} - q\frac{\partial}{\partial x}\phi - \frac{q}{c}\dot{A}_x \\
&= \frac{q}{c}\sum_{i=1}^{3}\dot{r}_i\frac{\partial A_i}{\partial x} - q\frac{\partial}{\partial x}\phi - \frac{q}{c}\left(\frac{\partial A_x}{\partial t} + \sum_{i=1}^{3}\dot{r}_i\frac{\partial A_x}{\partial r_i}\right) \\
&= -q\left(\frac{\partial}{\partial x}\phi + \frac{1}{c}\frac{\partial}{\partial t}A_x\right) + \frac{q}{c}\left[\dot{x}\frac{\partial}{\partial x}A_x + \dot{y}\frac{\partial}{\partial x}A_y + \dot{z}\frac{\partial}{\partial x}A_z\right. \\
&\quad \left. - \dot{x}\frac{\partial}{\partial x}A_x - \dot{y}\frac{\partial}{\partial y}A_x - \dot{z}\frac{\partial}{\partial z}A_x\right] \\
&= -q\left(\nabla\phi + \frac{1}{c}\frac{\partial}{\partial t}\boldsymbol{A}\right)_x + \frac{q}{c}[v\times(\nabla\times\boldsymbol{A})]_x
\end{aligned}$$

所以

$$\begin{aligned}
\mu\ddot{\boldsymbol{r}} &= -q\left(\nabla\phi + \frac{1}{c}\frac{\partial}{\partial t}\boldsymbol{A}\right) + \frac{q}{c}v\times(\nabla\times\boldsymbol{A}) \\
&= q\left(\boldsymbol{E} + \frac{1}{c}v\times\boldsymbol{B}\right)
\end{aligned}$$

按照量子力学中的正则量子化程序，在坐标表象中，把正则动量 $\boldsymbol{P}$ 换成算符 $\hat{\boldsymbol{P}}$，即

$$\boldsymbol{P} \to \hat{\boldsymbol{P}} = -\mathrm{i}\hbar\nabla \tag{7}$$

则电磁场中荷电 q 的粒子的 Hamilton 算符为

$$H = \frac{1}{2\mu}\left(\hat{\boldsymbol{P}} - \frac{q}{c}\boldsymbol{A}\right)^2 + q\phi \tag{8}$$

因而 Schrödinger 方程为

$$\mathrm{i}\hbar\frac{\partial}{\partial t}\psi = \left[\frac{1}{2\mu}\left(\hat{\boldsymbol{P}} - \frac{q}{c}\boldsymbol{A}\right)^2 + q\phi\right]\psi \tag{9}$$

一般说来，$\hat{\boldsymbol{P}}$ 与 $\boldsymbol{A}$ 不对易，

$$\hat{\boldsymbol{P}}\cdot\boldsymbol{A} - \boldsymbol{A}\cdot\hat{\boldsymbol{P}} = -\mathrm{i}\hbar\nabla\cdot\boldsymbol{A} \tag{10}$$

但若利用电磁场的横波条件 $\nabla\cdot\boldsymbol{A}=0$，则方程(9)也可以表示为

$$\mathrm{i}\hbar\frac{\partial}{\partial t}\psi = \left[\frac{1}{2\mu}\hat{\boldsymbol{P}}^2 - \frac{q}{\mu c}\boldsymbol{A}\cdot\hat{\boldsymbol{P}} + \frac{q^2}{2\mu c^2}A^2 + q\phi\right]\psi \tag{11}$$

讨论：

1. 定域的概率守恒与流密度

式(11)取复共轭(注意，$\boldsymbol{A}$ 与 ϕ 为实，在坐标表象中 $\hat{\boldsymbol{P}}^* = -\hat{\boldsymbol{P}}$)

$$-\mathrm{i}\hbar \frac{\partial}{\partial t}\psi^* = \left[\frac{1}{2\mu}\hat{\boldsymbol{P}}^2 + \frac{q}{\mu c}\boldsymbol{A}\cdot\hat{\boldsymbol{P}} + \frac{q^2}{2\mu c^2}A^2 + q\phi\right]\psi^* \tag{12}$$

$\psi^*\times$式(11)$-\psi\times$式(12)，利用$\nabla\cdot\boldsymbol{A}=0$，得

$$\begin{aligned}&\mathrm{i}\hbar\frac{\partial}{\partial t}(\psi^*\psi)\\ =&\frac{1}{2\mu}[\psi^*\hat{\boldsymbol{P}}^2\psi-\psi\hat{\boldsymbol{P}}^2\psi^*]-\frac{q}{\mu c}(\psi^*\boldsymbol{A}\cdot\hat{\boldsymbol{P}}\psi+\psi\boldsymbol{A}\cdot\hat{\boldsymbol{P}}\psi^*)\\ =&\frac{1}{2\mu}\hat{\boldsymbol{P}}\cdot(\psi^*\hat{\boldsymbol{P}}\psi-\psi\hat{\boldsymbol{P}}\psi^*)-\frac{q}{\mu c}\hat{\boldsymbol{P}}\cdot(\psi^*\boldsymbol{A}\psi)\\ =&-\frac{\mathrm{i}\hbar}{2\mu}\nabla\cdot\left[(\psi^*\hat{\boldsymbol{P}}\psi-\psi\hat{\boldsymbol{P}}\psi^*)-\frac{2q}{c}\psi^*\boldsymbol{A}\psi\right]\end{aligned}$$

即

$$\frac{\partial}{\partial t}\rho+\nabla\cdot\boldsymbol{j}=0 \tag{13}$$

式中

$$\rho=\psi^*\psi$$

$$\begin{aligned}\boldsymbol{j}&=\frac{1}{2\mu}(\psi^*\hat{\boldsymbol{P}}\psi-\psi\hat{\boldsymbol{P}}\psi^*)-\frac{q}{\mu c}\boldsymbol{A}\psi^*\psi\\ &=\frac{1}{2\mu}\left[\psi^*\left(\hat{\boldsymbol{P}}-\frac{q}{c}\boldsymbol{A}\right)\psi+\psi\left(\hat{\boldsymbol{P}}-\frac{q}{c}\boldsymbol{A}\right)^*\psi^*\right]\\ &=\frac{1}{2}(\psi^*\hat{v}\psi+\psi\hat{v}^*\psi^*)=\mathrm{Re}(\psi^*\hat{v}\psi)\end{aligned} \tag{14}$$

$$\hat{v}=\frac{1}{\mu}\left(\hat{\boldsymbol{P}}-\frac{q}{c}\boldsymbol{A}\right)=\frac{1}{\mu}\left(-\mathrm{i}\hbar\nabla-\frac{q}{c}\boldsymbol{A}\right) \tag{15}$$

与式(6)比较，$\hat{v}$ 可理解为粒子的速度算符，而 $\boldsymbol{j}$ 为流密度算符.

2. 规范不变性

电磁场具有规范不变性，即当 $\boldsymbol{A},\phi$ 作下列规范变换时，

$$\begin{cases}\boldsymbol{A}\to\boldsymbol{A}'=\boldsymbol{A}+\nabla\chi(\boldsymbol{r},t)\\ \phi\to\phi'=\phi-\dfrac{1}{c}\dfrac{\partial}{\partial t}\chi(\boldsymbol{r},t)\end{cases} \tag{16}$$

电场强度 $\boldsymbol{E}$ 和磁场强度 $\boldsymbol{B}$ 都不改变. 在经典 Newton 方程(3)中，只出现 $\boldsymbol{E}$ 和 $\boldsymbol{B}$，不出现 $\boldsymbol{A}$ 和 ϕ，其规范不变性是显然的. 但 Schrödinger 方程(9)中出现 $\boldsymbol{A}$ 和 ϕ，是否违反规范不变性？否. 可以证明，波函数如做相应的变换

$$\psi \rightarrow \psi' = e^{iq\chi/\hbar c}\psi \tag{17}$$

则 ψ'满足的 Schrödinger 方程,形式上与 ψ 相同,即

$$i\hbar\frac{\partial}{\partial t}\psi' = \left[\frac{1}{2\mu}\left(\hat{\boldsymbol{P}} - \frac{q}{c}\boldsymbol{A}'\right)^2 + q\phi'\right]\psi' \tag{18}$$

注意,变换(17)并非波函数的一个整体的(global)相位变换[因 $\chi(\boldsymbol{r},t)$依赖于$(\boldsymbol{r},t)$],物理观测结果的规范不变性并非一目了然. 但容易证明 $\rho,\boldsymbol{j},\langle v\rangle$等在规范变换下都不变.

6.2 正常 Zeeman 效应

原子中的电子,可近似看成在一个中心平均场中运动,能级一般有 m 简并. 实验发现,如把原子(光源)置于强磁场中,原子发出的每条光谱线都分裂为三条,此即正常 Zeeman 效应. 光谱线的分裂反映原子的简并能级发生分裂,即能级简并被解除或部分解除.

在原子大小范围中,实验室里常用的磁场都可视为均匀磁场,记为 $\boldsymbol{B}$,不依赖于电子的坐标. 相应的矢势 $\boldsymbol{A}$ 可取为①

$$\boldsymbol{A} = \frac{1}{2}\boldsymbol{B}\times\boldsymbol{r} \tag{1}$$

取磁场方向为 z 轴方向,则

$$A_x = -\frac{1}{2}By,\qquad A_y = \frac{1}{2}Bx,\qquad A_z = 0 \tag{1'}$$

为计算简单起见,考虑碱金属原子. 每个原子中只有一个价电子,在原子核及内层满壳电子所产生的屏蔽 Coulomb 场 $V(r)$中运动. 价电子的 Hamilton 量可以表示为

$$\begin{aligned} H &= \frac{1}{2\mu}\left[\left(\hat{P}_x - \frac{eB}{2c}y\right)^2 + \left(\hat{P}_y + \frac{eB}{2c}x\right)^2 + \hat{P}_z^2\right] + V(r) \\ &= \frac{1}{2\mu}\left[\hat{\boldsymbol{P}}^2 + \frac{eB}{c}\hat{l}_z + \frac{e^2B^2}{4c^2}(x^2+y^2)\right] + V(r) \end{aligned} \tag{2}$$

式中 $\hat{l}_z = (x\hat{P}_y - y\hat{P}_x) = -i\hbar\left(x\frac{\partial}{\partial y} - y\frac{\partial}{\partial x}\right) = -i\hbar\frac{\partial}{\partial\varphi}$是角动量的 z 分量. 在原子中,$(x^2+y^2)\approx a^2\approx(10^{-8}\,\text{cm})^2$,通常实验室中的磁场强度 $B(<10^5\,\text{Gs})$②,可以估算出式(2)中,B^2 项$\ll B$ 项,

$$\left|\frac{B^2\text{ 项}}{B\text{ 项}}\right| \approx \frac{e^2B^2}{4c^2}a^2\bigg/\frac{eB}{c}\hbar < 10^{-4}$$

---

① 不难验证$\nabla\times\boldsymbol{A}=\boldsymbol{B}$,$\nabla\cdot\boldsymbol{A}=0$. 以下结果与规范无关.

② $1\,\text{Gs}=10^{-4}\,\text{T}$.

因此可略去 B^2 项，

$$H = \frac{1}{2\mu}\hat{\boldsymbol{P}}^2 + V(r) + \frac{eB}{2\mu c}\hat{l}_z \tag{3}$$

上式右侧最后一项可以视为电子的轨道磁矩$\left(\hat{\mu}_z = -\frac{e}{2\mu c}\hat{l}_z\right)$与外磁场(沿 z 方向)的相互作用.

在外加均匀磁场(沿 z 方向)中,原子的球对称性被破坏,$\boldsymbol{l}$ 不再为守恒量. 但不难证明,$\boldsymbol{l}^2$ 和 l_z 仍为守恒量. 因此,能量本征函数仍可以选为对易守恒量完全集$(H,\boldsymbol{l}^2,l_z)$的共同本征函数,即

$$\begin{gathered}\psi_{n_r lm}(r,\theta,\varphi) = R_{n_r l}(r)\mathrm{Y}_{lm}(\theta,\varphi)\\ n_r, l = 0,1,2,\cdots,\quad m = l, l-1,\cdots,-l\end{gathered} \tag{4}$$

相应的能量本征值为

$$E_{n_r lm} = E_{n_r l} + \frac{eB}{2\mu c}m\hbar = E_{n_r l} + m\hbar\omega_{\mathrm{L}} \tag{5}$$

$\omega_{\mathrm{L}} = eB/2\mu c$ 称为 Larmor 频率,$\omega_{\mathrm{L}} \propto B$. $E_{n_r l}$ 就是屏蔽 Coulomb 场 $V(r)$ 中粒子的能量本征方程

$$\left[-\frac{\hbar^2}{2\mu}\boldsymbol{\nabla}^2 + V(r)\right]\psi = E\psi \tag{6}$$

的能量本征值. 屏蔽 Coulomb 场与纯 Coulomb 场有所不同,它只具有空间转动不变性(球对称性),其能量本征值与径向量子数 n_r 和角动量 l 都有关,记为 $E_{n_r l}$,简并度为$(2l+1)$. 但在加上外磁场之后,球对称性被破坏,能级简并被全部解除,能量本征值与 n_r, l, m 都有关(见式(5)),原来能级 $E_{n_r l}$ 分裂成$(2l+1)$条,分裂后的相邻能级的间距为 $\hbar\omega_{\mathrm{L}}$.

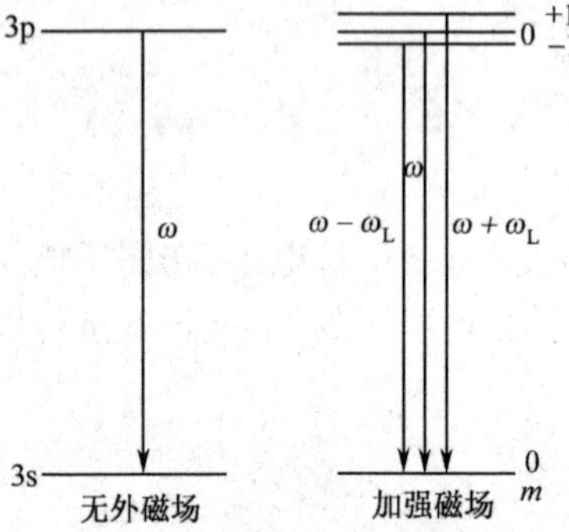

图 6.1 Na 原子最低两条能级在外磁场中的分裂

由于能级分裂,相应的光谱线也发生分裂. 图 6.1 所示,是钠原子光谱黄线在强磁场中的正常 Zeeman 分裂. 原来的一条钠黄线($\lambda \approx$ 5893Å)分裂成三条①,角频率为 $\omega, \omega \pm \omega_{\mathrm{L}}$. 所以外磁场 B 越强,则 Zeeman 分裂越大.

6.3 Landau 能级

考虑电子(质量 M,荷电 $-e$)在均匀磁场 $\boldsymbol{B}$ 中运动. 与上节相同,矢势取为 $\boldsymbol{A}=$

① 正常 Zeeman 效应中光谱线分裂成三条,是由跃迁选择决定的,见 11.5 节. 注意,能级分裂并不一定是三条.

$\frac{1}{2}\boldsymbol{B}\times\boldsymbol{r}$,取磁场方向为 z 轴方向,则

$$A_x=-\frac{1}{2}By,\quad A_y=\frac{1}{2}Bx,\quad A_z=0 \tag{1}$$

电子的 Hamilton 量表示为

$$\begin{aligned}H&=\frac{1}{2M}\left[\left(\hat{P}_x-\frac{eB}{2c}y\right)^2+\left(\hat{P}_y+\frac{eB}{2c}x\right)^2+\hat{P}_z^2\right]\\&=\frac{1}{2M}(\hat{P}_x^2+\hat{P}_y^2)+\frac{e^2B^2}{8Mc^2}(x^2+y^2)+\frac{eB}{2Mc}(x\hat{P}_y-y\hat{P}_x)+\frac{1}{2M}\hat{P}_z^2\end{aligned} \tag{2}$$

为了方便,以下把电子沿 z 轴方向的自由运动分离出去,集中讨论电子在 xy 平面中的运动.此时,

$$H=H_0+\omega_L\hat{l}_z \tag{3}$$

$$H_0=\frac{1}{2M}(\hat{P}_x^2+\hat{P}_y^2)+\frac{1}{2}m\omega_L^2(x^2+y^2),\quad \omega_L=eB/2Mc$$

$$\hat{l}_z=x\hat{P}_y-y\hat{P}_x=-\mathrm{i}\hbar\left(x\frac{\partial}{\partial y}-y\frac{\partial}{\partial x}\right)=-\mathrm{i}\hbar\frac{\partial}{\partial\varphi}$$

ω_L 为 Larmor 频率,B(即 ω_L)的线性项表示电子的轨道磁矩与外磁场的相互作用,而 B^2(即 ω_L^2)项称为反磁项(理由见后).在 Zeeman 效应中,由于电子局限在原子内部运动,在通常实验室所用磁场强度下,反磁项很小,常忽略不计①.但对于自由电子,或磁场极强(如白矮星和中子星内)时,B^2 项就必须考虑.注意:式(3)中 H_0 的形式与二维各向同性谐振子相同.

电子的能量本征态可取为对易守恒量完全集$(H,\hat{l}_z)$的共同本征态,即(采用平面极坐标)

$$\psi(\rho,\varphi)=R(\rho)\mathrm{e}^{\mathrm{i}m\varphi},\quad m=0,\pm1,\pm2,\cdots \tag{4}$$

代入能量本征方程 $H\psi=E\psi$,可求出径向方程

$$\left\{-\frac{\hbar^2}{2M}\left(\frac{\partial^2}{\partial\rho^2}+\frac{1}{\rho}\frac{\partial}{\partial\rho}-\frac{m^2}{\rho^2}\right)+\frac{1}{2}m\omega_L^2\rho^2\right\}R(\rho)=(E-m\hbar\omega_L)R(\rho) \tag{5}$$

可解出①能量本征值 E(Landau 能级)

$$\begin{aligned}&E=E_N=(N+1)\hbar\omega_L\\&N=(2n_\rho+|m|+m)=0,2,4,\cdots,\quad n_\rho=0,1,2,\cdots\end{aligned} \tag{6}$$

相应的能量本征函数(径向部分)为

$$R_{n_\rho|m|}(\rho)\propto\rho^{|m|}\,\mathrm{F}(-n_\rho,|m|+1,\alpha^2\rho^2)\mathrm{e}^{-\alpha^2\rho^2/2} \tag{7}$$

$$\alpha=\sqrt{m\omega_L/\hbar}=\sqrt{eB/2\hbar c}$$

F 为合流超几何函数,n_ρ 为径向波函数的节点数($\rho=0,\infty$点除外).

对于二维各向同性谐振子(自然频率为 ω_0),能级为 $E_N=(N+1)\hbar\omega_0$,$N=2n_\rho$

① 例如,参阅曾谨言:《量子力学》(第五版),卷Ⅰ,7.2 节,科学出版社,2013 年.

$+|m|=0,1,2,\cdots$，简并度为 $f_N=(N+1)$（参阅 5.3 节中练习题）. 对于均匀磁场中的电子，Hamilton 量式(3)中出现了 $\omega_L \hat{l}_z$ 项，此时尽管能量本征函数的形式未变，但能量本征值式(6)中出现一项 $m\hbar\omega_L$，因而 $N=2n_\rho+|m|+m$. 容易看出，所有$m\leqslant 0$的态所对应的能量都相同，因而能级简并度为∞. 对于较低的几条能级的简并度的分析，如下：

N	$E_N/\hbar\omega_L$	n_ρ	m
0	1	0	$0,-1,-2,-3,\cdots$
2	3	0	1
		1	$0,-1,-2,-3,\cdots$
4	5	0	2
		1	1
		2	$0,-1,-2,-3,\cdots$
6	7	0	3
		1	2
		2	1
		3	$0,-1,-2,-3,\cdots$

…………

式(6)所示电子能量(>0)可以看成电子在外磁场 B（沿 z 方向）中感应而产生的磁矩 μ_z 与外磁场的相互作用$-\mu_z B$，而

$$\mu_z=-(2n_\rho+1+|m|+m)e\hbar/2Mc \tag{8}$$

上式中的负号表示自由电子在受到外磁场作用时具有反磁性.

应当提到，关于 Landau 能级的简并度的上述结论，不因规范选择而异. 例如，对于 Landau 选用过的规范，

$$A_x=-By, \qquad A_y=A_z=0 \tag{9}$$

电子在 xy 平面内运动的 Hamilton 量为

$$H=\frac{1}{2M}\left[\left(\hat{P}_x-\frac{eB}{c}y\right)^2+\hat{P}_y^2\right] \tag{10}$$

此时，H 的本征态可取为对易守恒量完全集$(H,\hat{P}_x)$的共同本征态，即

$$\psi(x,y)=\mathrm{e}^{\mathrm{i}P_x x/\hbar}\phi(y), \qquad -\infty<P_x(\text{实})<+\infty \tag{11}$$

$\phi(y)$满足

$$\frac{1}{2M}\left[\left(P_x-\frac{eB}{c}y\right)^2-\hbar^2\frac{\mathrm{d}^2}{\mathrm{d}y^2}\right]\phi(y)=E\phi(y) \tag{12}$$

令 $y_0=cP_x/eB$，上式可化为

$$-\frac{\hbar^2}{2M}\phi''(y)+\frac{1}{2}m\omega_c^2(y-y_0)^2\phi(y)=E\phi(y) \tag{13}$$

$$\omega_c=eB/Mc=2\omega_L$$

ω_c 称为回旋(cyclotron)角频率①. 上式描述的是一个一维谐振子(但注意,$\omega_c=2\omega_L$),平衡点在 $y=y_0=cP_x/eB$ 点,其能量本征值为

$$\begin{aligned}E=E_n&=\left(n+\frac{1}{2}\right)\hbar\omega_c,\qquad n=0,1,2,\cdots\\&=(N+1)\hbar\omega_L,\qquad N=2n=0,2,4,\cdots\end{aligned}\tag{14}$$

与式(6)一致. 相应的能量本征函数为

$$\phi_{y_0n}(y)\propto e^{-\alpha^2(y-y_0)^2/2}\mathrm{H}(\alpha(y-y_0)),\qquad \alpha=\sqrt{m\omega_c/\hbar}\tag{15}$$

依赖于 n 和 $y_0(=cP_x/eB)$,而 y_0 依赖于 P_x,可以取$(-\infty,+\infty)$中一切实数值,但能级 E_n 不依赖于 y_0,因而能级为无穷度简并②. 这里我们注意到一个有趣的现象,即在均匀磁场中运动的电子,可以出现在无穷远处($y_0\to\pm\infty$),即为非束缚态(x 方向为平面波,也是非束缚态),但电子的能级却是离散的. 而通常一个二维非束缚态粒子的能量则是连续变化的.

Landau 能级对于理解量子 Hall 效应是很有用的,后者是指在低温下二维电子气在强磁场中出现的 Hall 电阻(电导)率的量子化现象③.

练习 1. 在式(2)中,忽略电子在 z 方向的自由运动,并令

$$q=-\frac{c}{eB}\left(\hat{P}_x-\frac{eB}{2c}y\right),\qquad p=\left(\hat{P}_y+\frac{eB}{2c}x\right)\tag{16}$$

证明

$$[q,p]=\mathrm{i}\hbar\tag{17}$$

即可以视为一组正则坐标和动量. 此时 Hamilton 量可以表示为

$$H=\frac{1}{2}M\omega_c^2q^2+\frac{1}{2M}p^2\tag{18}$$

式中

$$\omega_c=eB/Mc=2\omega_L$$

因而能量本征值为

$$E_n=\left(n+\frac{1}{2}\right)\hbar\omega_c=(2n+1)\hbar\omega_L,\qquad n=0,1,2,\cdots\tag{19}$$

与式(6)和式(14)一致.

练习 2. 同上,令

$$q'=\left(\hat{P}_y-\frac{eB}{2c}x\right),\qquad p'=-\frac{c}{eB}\left(\hat{P}_x+\frac{eB}{2c}y\right)\tag{20}$$

---

① 经典力学中,在沿 z 方向的均匀磁场 B 的作用下,电子所受 Lorentz 力 $\boldsymbol{F}=-e\boldsymbol{v}\times\boldsymbol{B}/c$,$v$ 为电子速度,电子在 xy 平面内的运动为圆周运动,半径为 R,维持圆周运动的向心力 Mv^2/R 由 Lorentz 力提供,即 $Mv^2/R=evB/c$,所以 $R=Mvc/eB$,称为回旋半径. 圆周运动频率 $\nu=v/2\pi R$,而角频率为 $\omega=2\pi\nu=v/R=eB/Mc$,此即回旋角频率 $\omega_c=2\omega_L$,$\omega_L=eB/2Mc$ 为 Larmor 角频率.

② 当然,以上假定了电子除受到磁场作用外,不再受其他限制. 如电子局限在 xy 平面中一个有限面积 S 中运动,可以证明,能级简并度为 $f=\frac{eB}{hc}S$,即单位面积简并度为 $f/S=\frac{eB}{hc}\propto B$.

③ 例如,参阅 R. Shankar, *Principles of Quantum Mechanics*, 2nd. ed. (1994), pp. 587～592.

同样证明

$$[q', p'] = \mathrm{i}\hbar \tag{21}$$

也是一组正则坐标和动量. 证明, q', p' 与 q, p 对易.

$$[q', q] = [q', p] = 0, \qquad [p', q] = [p', p] = 0 \tag{22}$$

但 q' 与 p' 不出现在 H 中, 即为循环坐标. 这与 Landau 能级简并度为∞密切相关.

习 题 6

6.1 证明粒子速度算符(见 6.1 节, 式(15))各分量满足下列对易关系

$$[\hat{v}_x, \hat{v}_y] = \frac{\mathrm{i}\hbar q}{\mu^2 c} B_z, \qquad [\hat{v}_y, \hat{v}_z] = \frac{\mathrm{i}\hbar q}{\mu^2 c} B_x, \qquad [\hat{v}_z, \hat{v}_x] = \frac{\mathrm{i}\hbar q}{\mu^2 c} B_y$$

即

$$\hat{v} \times \hat{v} = \frac{\mathrm{i}\hbar q}{\mu^2 c} \boldsymbol{B}$$

再证明

$$[\hat{v}, \hat{v}^2] = \frac{\mathrm{i}\hbar q}{\mu^2 c} (\hat{v} \times \boldsymbol{B} - \boldsymbol{B} \times \hat{v})$$

在只有磁场的情况下, 把 Hamilton 量写成 $H = \frac{\mu}{2} v^2$, 由此证明

$$\mu \frac{\mathrm{d}}{\mathrm{d}t} \hat{v} = \frac{q}{2c} (\hat{v} \times \boldsymbol{B} - \boldsymbol{B} \times \hat{v})$$

解释其物理意义.

6.2 荷电 q 质量为 μ 的粒子在均匀外磁场 $\boldsymbol{B}$ 中运动, Hamilton 量为

$$H = \frac{1}{2\mu} \left(\hat{\boldsymbol{P}} - \frac{q}{c} \mathbf{A} \right)^2 = \frac{1}{2} \mu \hat{v}^2$$

$$\hat{v} = \frac{1}{\mu} \left(\hat{\boldsymbol{P}} - \frac{q}{c} \mathbf{A} \right)$$

速度算符 $\hat{v}$ 的三个分量满足的对易式, 见上题. 假设 $\boldsymbol{B}$ 沿 z 轴方向, 只考虑粒子在 xy 平面中的运动, 则有

$$[\hat{v}_x, \hat{v}_y] = \frac{\mathrm{i}\hbar q}{\mu^2 c} B$$

设 $q > 0$, 令

$$\hat{Q} = \sqrt{\frac{\mu^2 c}{\hbar q B}} v_x, \qquad \hat{P} = \sqrt{\frac{\mu^2 c}{\hbar q B}} v_y$$

则

$$[\hat{Q}, \hat{P}] = \mathrm{i}$$

而

$$H = \frac{1}{2} \mu (\hat{v}_x^2 + \hat{v}_y^2) = \frac{1}{2} (\hat{Q}^2 + \hat{P}^2) \hbar\omega_c$$

式中 $\omega_c = qB/\mu c$ 为回转角频率. 上式与谐振子的 Hamilton 量相似. 由此求出其能量本征值(Landau 能级)

$$E_n = (n + 1/2) \hbar\omega_c$$

6.3 求互相垂直的均匀电场和磁场中的带电粒子的能量本征值.

提示:设电场沿 y 方向$\mathscr{E}=(0,\mathscr{E},0)$,磁场沿 z 方向,选 Landau 规范,$\boldsymbol{A}=(-By,0,0)$,则在 xy 平面内运动粒子的 Hamilton 量为

$$H=\frac{1}{2M}\left[\left(\hat{P}_x+\frac{qB}{c}y\right)^2+\hat{P}_y^2\right]-q\mathscr{E}y$$

选择对易守恒量完全集为$(H,\hat{P}_x)$,即令能量本征函数表示为 $\varphi(x,y)=\mathrm{e}^{\mathrm{i}P_x x/\hbar}\phi(y)$,$(-\infty<P_x$(实)$<\infty)$,则 $\phi(y)$满足

$$\left[-\frac{\hbar^2}{2M}\frac{\mathrm{d}^2}{\mathrm{d}y^2}+\frac{q^2B^2}{2Mc^2}y^2+\left(\frac{qBP_x}{Mc}-q\mathscr{E}\right)y\right]\phi(y)=\left(E-\frac{P_x^2}{2M}\right)\phi(y)$$

即

$$\left[-\frac{\hbar^2}{2M}\frac{\mathrm{d}^2}{\mathrm{d}y^2}+\frac{q^2B^2}{2Mc^2}(y-y_0)^2\right]\phi(y)=\left(E-\frac{P_x^2}{2M}+\frac{q^2B^2}{2Mc^2}y_0^2\right)\phi(y)$$

式中

$$y_0=\frac{Mc^2}{qB^2}\left(\mathscr{E}-\frac{BP_x}{Mc}\right)$$

所以

$$\begin{aligned}E&=\left(n+\frac{1}{2}\right)\hbar\omega_c+P_x^2/2M-q^2B^2y_0^2/2Mc^2,\quad \omega_c=|q|B/Mc\\&=\left(n+\frac{1}{2}\right)\hbar\omega_c+\frac{cP_x\mathscr{E}}{B}-\frac{1}{2}Mc^2\mathscr{E}^2/B^2,\quad n=0,1,2,\cdots\end{aligned}$$

6.4 设电子囚禁在二维各向同性谐振子场中,$V=\frac{1}{2}m\omega_0^2(x^2+y^2)$. 如再受到沿 z 轴方向的均匀磁场 B 的作用,取矢势 $\boldsymbol{A}=\frac{1}{2}\boldsymbol{B}\times\boldsymbol{r}$,(a)求电子的能级和本征函数.

提示:电子的 Hamilton 量 $H=H_0+V$, $H_0=\frac{1}{2M}(\hat{P}_x^2+\hat{P}_y^2)+\frac{1}{2}m\omega_L^2(x^2+y^2)+\omega_L l_z$, $\omega_L=eB/2Mc$(见 6.3 节,式(3))

(b)分别讨论 $B\to0$ 和 $B\to\infty$ 两种极限情况以及能级简并度的变化.(参阅,曾谨言,《量子力学》,第五版(2013 年),卷Ⅰ,7.4 节)

第 7 章　量子力学的矩阵形式与表象变换

在 1.3 节中已提到，一个量子态可以采用各种不同的表象来描述. 作为对量子态进行运算的算符，在不同的表象中也有不同的表述形式. 在 3.3.4 节中，介绍了量子体系的力学量完全集的概念，它们的共同本征态可以作为一个表象的一组完备基. 如果力学量完全集的本征值是离散的，则在以其本征态为基矢的表象中，体系的任何量子态可以用一个列矢来描述，而任何可观测量都可以用一个线性厄米矩阵来表述. 这样，量子力学中的各种问题都可以借用线性代数中的方法来处理. 为便于初学者容易理解，在 7.1 节、7.2 节中用大家熟悉的解析几何中的坐标系和坐标系变换作为类比，来引进量子力学中的表象和表象变换概念. 在 7.3 节中介绍量子力学的矩阵形式. 7.4 节介绍 Dirac 符号. Dirac 符号有很多优点，它不仅可以脱离具体的表象，而且运算简洁. 此外，还可以方便地推广到连续表象(力学量完全集的本征值是连续谱的情况).

7.1　量子态的不同表象，幺正变换

如图 7.1 所示，平面直角坐标系 x_1x_2 的基矢 $\boldsymbol{e}_1$ 和 $\boldsymbol{e}_2$，长度为 1，彼此正交，即

$$(\boldsymbol{e}_i,\boldsymbol{e}_j)=\delta_{ij}\qquad(i,j=1,2)\tag{1}$$

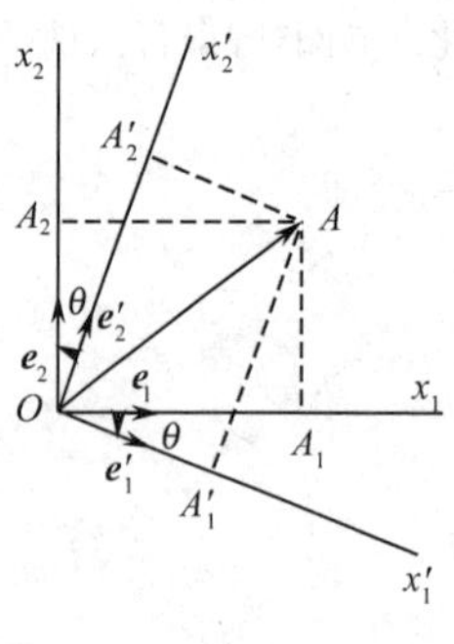

图 7.1

这里$(\boldsymbol{e}_i,\boldsymbol{e}_j)$表示基矢 $\boldsymbol{e}_i$ 与 $\boldsymbol{e}_j$ 的标积. 这一组基矢是完备的，平面上任何一个矢量 $\mathbf{A}$ 均可用它们来展开，

$$\mathbf{A}=A_1\boldsymbol{e}_1+A_2\boldsymbol{e}_2\tag{2}$$

$$A_1=(\boldsymbol{e}_1,\mathbf{A}),\qquad A_2=(\boldsymbol{e}_2,\mathbf{A})$$

A_1、A_2 代表矢量 $\mathbf{A}$ 与两个基矢的标积，即 $\mathbf{A}$ 在两个坐标轴上的分量(投影). 当 A_1、A_2 确定之后，就确定了平面上一个矢量. 因此可以认为(A_1,A_2)就是矢量 $\mathbf{A}$ 在坐标系 x_1x_2 中的表示.

现在假设有另外一个直角坐标系 $x_1'x_2'$，它相当于原来 x_1x_2 坐标系顺时针方向转 θ 角，其基矢为 $\boldsymbol{e}_1'$ 和 $\boldsymbol{e}_2'$，满足

$$(\boldsymbol{e}_i',\boldsymbol{e}_j')=\delta_{ij}\qquad(i,j=1,2)\tag{1$'$}$$

在此坐标系中矢量 $\mathbf{A}$ 表示成

$$\mathbf{A}=A_1'\boldsymbol{e}_1'+A_2'\boldsymbol{e}_2'\tag{2$'$}$$

$$A_1'=(\boldsymbol{e}_1',\mathbf{A}),\qquad A_2'=(\boldsymbol{e}_2',\mathbf{A})$$

(A_1', A_2')就是矢量 $\boldsymbol{A}$ 在 $x_1'x_2'$ 坐标系中的表示.

试问,同一个矢量 $\boldsymbol{A}$ 在两个坐标系中的表示有什么关系?根据式(2)与式(2′),

$$\boldsymbol{A} = A_1'\boldsymbol{e}_1' + A_2'\boldsymbol{e}_2' = A_1\boldsymbol{e}_1 + A_2\boldsymbol{e}_2 \tag{3}$$

上式分别用 $\boldsymbol{e}_1'$,$\boldsymbol{e}_2'$ 点乘(取标积),得

$$\begin{aligned} A_1' &= A_1(\boldsymbol{e}_1', \boldsymbol{e}_1) + A_2(\boldsymbol{e}_1', \boldsymbol{e}_2) \\ A_2' &= A_1(\boldsymbol{e}_2', \boldsymbol{e}_1) + A_2(\boldsymbol{e}_2', \boldsymbol{e}_2) \end{aligned} \tag{4}$$

表示成矩阵形式,则为

$$\begin{pmatrix} A_1' \\ A_2' \end{pmatrix} = \begin{pmatrix} (\boldsymbol{e}_1', \boldsymbol{e}_1) & (\boldsymbol{e}_1', \boldsymbol{e}_2) \\ (\boldsymbol{e}_2', \boldsymbol{e}_1) & (\boldsymbol{e}_2', \boldsymbol{e}_2) \end{pmatrix} \begin{pmatrix} A_1 \\ A_2 \end{pmatrix} = \begin{pmatrix} \cos\theta & -\sin\theta \\ \sin\theta & \cos\theta \end{pmatrix} \begin{pmatrix} A_1 \\ A_2 \end{pmatrix} \tag{5}$$

或记为

$$\begin{pmatrix} A_1' \\ A_2' \end{pmatrix} = R(\theta) \begin{pmatrix} A_1 \\ A_2 \end{pmatrix}$$

其中

$$R(\theta) = \begin{pmatrix} \cos\theta & -\sin\theta \\ \sin\theta & \cos\theta \end{pmatrix} \tag{6}$$

是把 $\boldsymbol{A}$ 在两个坐标系的表示 $\begin{pmatrix} A_1' \\ A_2' \end{pmatrix}$ 和 $\begin{pmatrix} A_1 \\ A_2 \end{pmatrix}$ 联系起来的变换矩阵. 可以看出,变换矩阵 R 的矩阵元正是两个坐标系的基矢之间的标积,描述基矢之间的关系. 任何矢量均可表示成各基矢的线性叠加,因此当 R 矩阵给定后,任何矢量在两个坐标系中的表示之间的关系,也随之确定.

变换矩阵 R 具有如下性质:

$$R\widetilde{R} = \widetilde{R}R = 1 \quad (\widetilde{R} \text{ 是 } R \text{ 的转置矩阵}) \tag{7}$$

$$\det R = \begin{vmatrix} \cos\theta & -\sin\theta \\ \sin\theta & \cos\theta \end{vmatrix} = +1 \tag{8}$$

这种矩阵称为真正交(proper orthogonal)矩阵. 又因为 $R^* = R$(实),所以 $R^+ = \widetilde{R}^* = \widetilde{R}$,因而式(7)可表示成

$$RR^+ = R^+R = 1 \tag{9}$$

这种矩阵称为幺正(unitary)矩阵. 因此,一个矢量在两个坐标系中的表示通过一个幺正变换相联系.

形式上与此相似,在量子力学中,按态叠加原理,任何一个量子态 ψ(可归一化),可以看成抽象的 Hilbert 空间中的一个"矢量". 体系的任何一组对易力学量完全集 F 的共同本征态 ψ_k(k 代表一组完备的量子数,在本节中,假定是离散谱),可以用来构成此态空间的一组正交归一完备的基矢(称为 F 表象),

$$(\psi_k, \psi_j) = \delta_{kj} \tag{10}$$

体系的任何一个态 ψ 可以用它们展开

$$\psi = \sum_k a_k \psi_k \tag{11}$$

$$a_k = (\psi_k, \psi)$$

这一组数($a_1, a_2, \cdots$)就是态ψ在F表象中的表示,它们分别是 ψ 与各基矢的标积. 在这里有两点与平常解析几何不同:(a)这里的"矢量"(量子态)一般是复量;(b)空间维数可以是无穷,有时甚至是不可数(连续谱情况).

现在来考虑另一组对易力学量完全集 F',其共同本征态记为 ψ'_α,也是正交归一的,

$$(\psi'_\alpha, \psi'_\beta) = \delta_{\alpha\beta} \tag{12}$$

而量子态 ψ 也可用它们来展开

$$\psi = \sum_\alpha a'_\alpha \psi'_\alpha \tag{13}$$

$$a'_\alpha = (\psi'_\alpha, \psi)$$

($a'_1, a'_2, \cdots$)就是同一个量子态 ψ 在 F' 表象中的表示. 试问:($a'_1, a'_2, \cdots$)与($a_1, a_2, \cdots$)有何联系? 显然,

$$\psi = \sum_\alpha a'_\alpha \psi'_\alpha = \sum_k a_k \psi_k \tag{14}$$

上式左乘 ψ'_α,(取标积),得

$$a'_\alpha = \sum_k (\psi'_\alpha, \psi_k) a_k = \sum_k S_{\alpha k} a_k \tag{15}$$

式中

$$S_{\alpha k} = (\psi'_\alpha, \psi_k) \tag{16}$$

是 F'表象基矢与 F 表象基矢的标积. 式(15)可表示成矩阵的形式,

$$\begin{pmatrix} a'_1 \\ a'_2 \\ \vdots \end{pmatrix} = \begin{pmatrix} S_{11} & S_{12} & \cdots \\ S_{21} & S_{22} & \cdots \\ \vdots & \vdots & \vdots \end{pmatrix} \begin{pmatrix} a_1 \\ a_2 \\ \vdots \end{pmatrix} \tag{17}$$

或简记为 $a' = Sa$. 式(17)就是同一个量子态在 F' 表象中的表示与它在 F 表象中的表示的关系,它们通过一个矩阵 S 相联系. S 矩阵的矩阵元(式(16))是两个表象的基矢之间的标积,刻画基矢之间的关系. 而任何一个量子态均可表示成基矢的某种线性叠加(见式(11)、式(13)),当 S 矩阵给定后,任何一个量子态在两个表象中的表示也随之确定. 可以证明[注]

$$SS^+ = S^+ S = I \tag{18}$$

即变换矩阵 S 是幺正矩阵,故变换也称为幺正变换.

[注] 例如,在 F 表象中,

$$(S^+ S)_{kj} = \sum_\alpha S^+_{k\alpha} S_{\alpha j} = \sum_\alpha S^*_{\alpha k} S_{\alpha j}$$

按式(16),则有

$$
\begin{aligned}
(S^+ S)_{kj} &= \sum_\alpha \int \mathrm{d}^3 r \psi'_\alpha(\boldsymbol{r}) \psi^*_k(\boldsymbol{r}) \int \mathrm{d}^3 r' \psi'^*_\alpha(\boldsymbol{r}') \psi_j(\boldsymbol{r}') \\
&= \int \mathrm{d}^3 r \int \mathrm{d}^3 r' \sum_\alpha \psi'^*_\alpha(\boldsymbol{r}') \psi'_\alpha(\boldsymbol{r}) \psi^*_k(\boldsymbol{r}) \psi_j(\boldsymbol{r}') \\
&= \int \mathrm{d}^3 r \int \mathrm{d}^3 r' \delta(\boldsymbol{r} - \boldsymbol{r}') \psi^*_k(\boldsymbol{r}) \psi_j(\boldsymbol{r}') \\
&= \int \mathrm{d}^3 r \psi^*_k(\boldsymbol{r}) \psi_j(\boldsymbol{r}) \\
&= \delta_{kj}
\end{aligned}
$$

所以 $S^+ S$ 在 F 表象中为单位矩阵，而单位矩阵在任何表象中均为单位矩阵，因此 $S^+ S = I$.

7.2　力学量(算符)的矩阵表示

仍以平面矢量作类比. 平面上一个矢量 $\boldsymbol{A}$ 经逆时针转动 θ 角后，变成另一个矢量 $\boldsymbol{B}$(图 7.2(a)). 在 $x_1 x_2$ 坐标系中，它们分别表成

$$
\begin{aligned}
\boldsymbol{A} &= A_1 \boldsymbol{e}_1 + A_2 \boldsymbol{e}_2 \\
\boldsymbol{B} &= B_1 \boldsymbol{e}_1 + B_2 \boldsymbol{e}_2
\end{aligned}
\tag{1}
$$

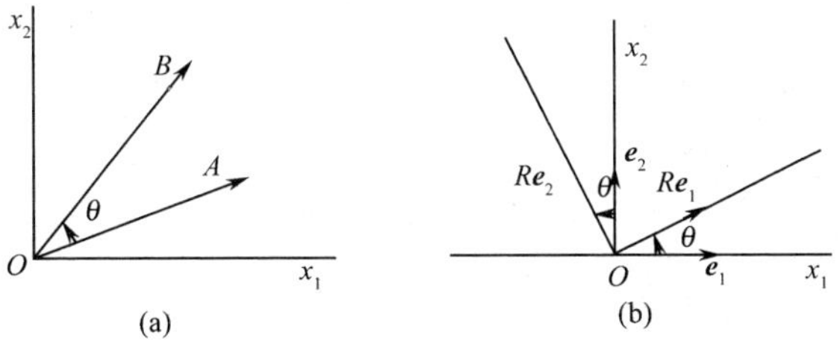

图 7.2

令

$$
\boldsymbol{B} = R(\theta) \boldsymbol{A} \tag{2}
$$

$R(\theta)$表示沿逆时针方向把矢量旋转 θ 角的操作. 用分量形式写出

$$
B_1 \boldsymbol{e}_1 + B_2 \boldsymbol{e}_2 = A_1 R\boldsymbol{e}_1 + A_2 R\boldsymbol{e}_2
$$

分别用 $\boldsymbol{e}_1$ 和 $\boldsymbol{e}_2$ 点乘，得

$$
\begin{aligned}
B_1 &= A_1 (\boldsymbol{e}_1, R\boldsymbol{e}_1) + A_2 (\boldsymbol{e}_1, R\boldsymbol{e}_2) \\
B_2 &= A_1 (\boldsymbol{e}_2, R\boldsymbol{e}_1) + A_2 (\boldsymbol{e}_2, R\boldsymbol{e}_2)
\end{aligned}
$$

即

$$
\begin{pmatrix} B_1 \\ B_2 \end{pmatrix} = \begin{pmatrix} (\boldsymbol{e}_1, R\boldsymbol{e}_1) & (\boldsymbol{e}_1, R\boldsymbol{e}_2) \\ (\boldsymbol{e}_2, R\boldsymbol{e}_1) & (\boldsymbol{e}_2, R\boldsymbol{e}_2) \end{pmatrix} \begin{pmatrix} A_1 \\ A_2 \end{pmatrix} = \begin{pmatrix} \cos\theta & -\sin\theta \\ \sin\theta & \cos\theta \end{pmatrix} \begin{pmatrix} A_1 \\ A_2 \end{pmatrix} \tag{3}
$$

此即式(2)的矩阵表示. 上式表示，把矢量逆时针方向旋转 θ 角的操作可用矩阵 $R(\theta)$刻画，

$$R(\theta) = \begin{pmatrix} \cos\theta & -\sin\theta \\ \sin\theta & \cos\theta \end{pmatrix} \tag{4}$$

它的矩阵元是描述基矢在旋转下如何变化的(图 7.2(b)).例如,第一列元素

$$\begin{pmatrix} R_{11} \\ R_{21} \end{pmatrix} = \begin{pmatrix} \cos\theta \\ \sin\theta \end{pmatrix} = \begin{pmatrix} (\boldsymbol{e}_1, R\boldsymbol{e}_1) \\ (\boldsymbol{e}_2, R\boldsymbol{e}_1) \end{pmatrix}$$

是基矢 $\boldsymbol{e}_1$ 经过旋转后(变成 $R\boldsymbol{e}_1$)在坐标系各基矢方向的投影.同样,第二列元素是描述 $\boldsymbol{e}_2$ 在旋转下如何变化的.因此,一旦 R 矩阵给定,则所有基矢在旋转下的变化就完全确定,因而任何矢量(表示成各基矢的线性叠加)在旋转下的变化就完全确定了.

与上类比,设量子态 ψ 经过算符 $\hat{L}$ 运算后变成另一个态 ϕ

$$\phi = L\psi \tag{5}$$

在以力学量完全集 F 的本征态 ψ_k 为基矢的表象(F 表象)中,上式表示成

$$\sum_k b_k \psi_k = \sum_k a_k \hat{L} \psi_k$$

两边左乘 ψ_j,(取标积),得

$$b_j = \sum_k (\psi_j, \hat{L}\psi_k) a_k = \sum_k L_{jk} a_k \tag{6}$$

式中

$$L_{jk} = (\psi_j, \hat{L}\psi_k) \tag{7}$$

式(6)表示成矩阵的形式则为

$$\begin{pmatrix} b_1 \\ b_2 \\ \vdots \end{pmatrix} = \begin{pmatrix} L_{11} & L_{12} & \cdots \\ L_{21} & L_{22} & \cdots \\ \vdots & \vdots & \vdots \end{pmatrix} \begin{pmatrix} a_1 \\ a_2 \\ \vdots \end{pmatrix} \tag{8}$$

式(8)即式(5)在 F 表象中的矩阵表示,而矩阵(L_{jk})即算符 $\hat{L}$ 在 F 表象中的表示.它的第 n 列元素

$$\begin{pmatrix} L_{1n} \\ L_{2n} \\ \vdots \end{pmatrix} = \begin{pmatrix} (\psi_1, \hat{L}\psi_n) \\ (\psi_2, \hat{L}\psi_n) \\ \vdots \end{pmatrix}$$

就是描述基矢 ψ_n 在 $\hat{L}$ 作用下如何变化的.因此,(L_{jk})矩阵一旦给定,则所有基矢,因而任何矢量(表示成各基矢的线性叠加),在 $\hat{L}$ 作用下如何变化也就完全确定了.

例 一维谐振子的坐标 x,动量 p 和 Hamilton 量 H 在能量表象中的矩阵表示.

利用公式(见习题 2.7,2.8)

$$\begin{aligned} x_{mn} &= (\psi_m, x\psi_n) = \frac{1}{\alpha}\left[\sqrt{\frac{n+1}{2}}\delta_{m\,n+1} + \sqrt{\frac{n}{2}}\delta_{m\,n-1}\right] \\ p_{mn} &= (\psi_m, \hat{p}\psi_n) = \mathrm{i}\hbar\alpha\left[\sqrt{\frac{n+1}{2}}\delta_{m\,n+1} - \sqrt{\frac{n}{2}}\delta_{m\,n-1}\right] \end{aligned} \tag{9}$$

可求出能量表象中 x 和 p 的矩阵表示(注意 n=0,1,2,…)

$$
(x_{mn}) = \frac{1}{\alpha}\begin{bmatrix} 0 & 1/\sqrt{2} & 0 & 0 & \cdots \\ 1/\sqrt{2} & 0 & \sqrt{2/2} & 0 & \cdots \\ 0 & \sqrt{2/2} & 0 & \sqrt{3/2} & \cdots \\ 0 & 0 & \sqrt{3/2} & 0 & \cdots \\ \vdots & \vdots & \vdots & \vdots & \vdots \end{bmatrix} \tag{10}
$$

$$
(p_{mn}) = \mathrm{i}\hbar\alpha\begin{bmatrix} 0 & -1/\sqrt{2} & 0 & 0 & \cdots \\ 1/\sqrt{2} & 0 & -\sqrt{2/2} & 0 & \cdots \\ 0 & \sqrt{2/2} & 0 & -\sqrt{3/2} & \cdots \\ 0 & 0 & \sqrt{3/2} & 0 & \cdots \\ \vdots & \vdots & \vdots & \vdots & \vdots \end{bmatrix} \tag{11}
$$

而 $H_{mn}=(\psi_m,\hat{H}\psi_n)=E_n(\psi_m,\psi_n)=E_n\delta_{mn}=\left(n+\frac{1}{2}\right)\hbar\omega\delta_{mn}$，

$$
(H_{mn}) = \hbar\omega\begin{bmatrix} 1/2 & 0 & 0 & 0 & \cdots \\ 0 & 3/2 & 0 & 0 & \cdots \\ 0 & 0 & 5/2 & 0 & \cdots \\ \vdots & \vdots & \vdots & \vdots & \vdots \end{bmatrix} \tag{12}
$$

是一个对角矩阵.任何一个力学量(算符)在以它自己的本征态为基矢的表象中显然是对角矩阵,对角元即其本征值.

在 F 表象(基矢 ψ_k)中,力学量 L 表示为矩阵(L_{kj}),矩阵元 $L_{kj}=(\psi_k,\hat{L}\psi_j)$.设有另一表象 F'(基矢 ψ'_α),则在 F'表象中 L 表示为$(L'_{\alpha\beta})$,$L'_{\alpha\beta}=(\psi'_\alpha,\hat{L}\psi'_\beta)$.利用

$$
\begin{aligned}
\psi'_\alpha &= \sum_k \psi_k(\psi_k,\psi'_\alpha) = \sum_k S^*_{\alpha k}\psi_k \\
S_{\alpha k} &= (\psi'_\alpha,\psi_k) \\
\psi'_\beta &= \sum_j \psi_j(\psi_j,\psi'_\beta) = \sum_j S^*_{\beta j}\psi_j
\end{aligned} \tag{13}
$$

得

$$
L'_{\alpha\beta} = \sum_{kj} S_{\alpha k}(\psi_k,\hat{L}\psi_j)S^*_{\beta j} = \sum_{kj} S_{\alpha k}L_{kj}S^+_{j\beta} = (SLS^+)_{\alpha\beta}
$$

即

$$
L' = SLS^+ = SLS^{-1} \tag{14}
$$

其中 $L=(L_{kj})$和 $L'=(L'_{\alpha\beta})$分别是同一个力学量 $\hat{L}$ 在 F 表象和 F'表象中的矩阵表示,而 $S=(S_{\alpha k})$,$S_{\alpha k}=(\psi'_\alpha,\psi_k)$,则是从 F 表象→F'表象的幺正变换矩阵.

$$
a' = Sa
$$
$$
L' = SLS^{-1}
$$

其中

$$
S = (S_{\alpha k}) = \begin{pmatrix} S_{11} & S_{12} & \cdots \\ S_{21} & S_{22} & \cdots \\ \vdots & \vdots & \vdots \end{pmatrix}, \quad S_{\alpha k} = (\psi'_\alpha,\psi_k)
$$

总结与比较

	F 表象(基矢 ψ_k)	F' 表象(基矢 ψ'_α)
量子态 ψ	$a=\begin{pmatrix}a_1\\a_2\\\vdots\end{pmatrix},a_k=(\psi_k,\psi)$	$a'=\begin{pmatrix}a'_1\\a'_2\\\vdots\end{pmatrix},a'_\alpha=(\psi'_\alpha,\psi)$
力学量 $\hat{L}$	$L=(L_{kj})=\begin{pmatrix}L_{11}&L_{12}&\cdots\\L_{21}&L_{22}&\cdots\\\vdots&\vdots&\vdots\end{pmatrix}$ $L_{kj}=(\psi_k,\hat{L}\psi_j)$	$L'=(L'_{\alpha\beta})=\begin{pmatrix}L'_{11}&L'_{12}&\cdots\\L'_{21}&L'_{22}&\cdots\\\vdots&\vdots&\vdots\end{pmatrix}$ $L'_{\alpha\beta}=(\psi'_\alpha,\hat{L}\psi'_\beta)$

是从 F 表象→F' 表象的幺正变换矩阵，而其逆变换为

$$S^{-1}=S^{+}$$

7.3 量子力学的矩阵形式

以上分析表明，在以对易力学量完全集 F 的本征态(假设是离散的)ψ_k 为基矢的表象中，力学量 L 就表示为矩阵形式(L_{kj})，$L_{kj}=(\psi_k,\hat{L}\psi_j)$，而量子态 ψ 则表示为列矢

$$\begin{pmatrix}a_1\\a_2\\\vdots\end{pmatrix}$$

其中 $a_k=(\psi_k,\psi)$. 这样，量子力学的理论表述均表示为矩阵形式，以下以 Schrödinger 方程，力学量本征方程，平均值等为例来说明.

7.3.1 Schrödinger 方程

$$\mathrm{i}\hbar\frac{\partial}{\partial t}\psi=\hat{H}\psi \tag{1}$$

在 F 表象中，$\psi(t)$表示为

$$\psi(t)=\sum_k a_k(t)\psi_k \tag{2}$$

代入式(1)，得

$$\mathrm{i}\hbar\sum_k\dot{a}_k(t)\psi_k=\sum_k a_k\hat{H}\psi_k$$

左乘 ψ_j，(取标积，利用基矢的正交归一性)，得

$$\mathrm{i}\hbar\dot{a}_j(t)=\sum_k H_{jk}a_k,\qquad H_{jk}=(\psi_j,\hat{H}\psi_k) \tag{3}$$

或表示为

$$
\mathrm{i}\hbar\begin{pmatrix}\dot{a}_1\\ \dot{a}_2\\ \vdots\end{pmatrix}=\begin{pmatrix}H_{11} & H_{12} & \cdots\\ H_{21} & H_{22} & \cdots\\ \vdots & \vdots & \vdots\end{pmatrix}\begin{pmatrix}a_1\\ a_2\\ \vdots\end{pmatrix} \tag{4}
$$

此即 F 表象中的 Schrödinger 方程.

7.3.2 平均值

在量子态 ψ 下,力学量 L 的平均值为

$$
\begin{aligned}
\overline{L}&=(\psi,\hat{L}\psi)=\sum_{kj}a_k^*(\psi_k,\hat{L}\psi_j)a_j=\sum_{kj}a_k^*L_{kj}a_j\\
&=(a_1^*\ a_2^*\ \cdots)\begin{pmatrix}L_{11} & L_{12} & \cdots\\ L_{21} & L_{22} & \cdots\\ \vdots & \vdots & \vdots\end{pmatrix}\begin{pmatrix}a_1\\ a_2\\ \vdots\end{pmatrix}
\end{aligned} \tag{5}
$$

此即平均值的矩阵形式.

特例 若 $\hat{L}=\hat{F}$,则 $L_{kj}=L_k\delta_{kj}$(对角矩阵),则在 ψ 态下,

$$
\overline{L}=\sum_k |a_k|^2L_k \tag{6}
$$

假定 ψ 已归一化,即 $\sum\limits_k |a_k|^2=1$,则 $|a_k|^2$ 表示在 ψ 态下测量 L 得到 L_k 值的概率.

7.3.3 本征方程

算符 $\hat{L}$ 的本征方程为

$$
\hat{L}\psi=L'\psi \tag{7}
$$

L' 为本征值. 用 $\psi=\sum\limits_k a_k\psi_k$ 代入,得

$$
\sum_k a_k\hat{L}\psi_k=L'\sum_k a_k\psi_k
$$

左乘 ψ_j,(取标积),得

$$
\sum_k L_{jk}a_k=L'a_j
$$

即

$$
\sum_k (L_{jk}-L'\delta_{jk})a_k=0 \tag{8}
$$

此即 $\hat{L}$ 的本征方程在 F 表象中的矩阵形式. 它是 $a_k(k=1,2,3,\cdots)$满足的线性齐次方程组,有非平庸解的条件为

$$
\det|L_{jk}-L'\delta_{jk}|=0 \tag{9}
$$

明显写出,

$$\begin{vmatrix} L_{11}-L' & L_{12} & L_{13} & \cdots \\ L_{21} & L_{22}-L' & L_{23} & \cdots \\ L_{31} & L_{32} & L_{33}-L' & \cdots \\ \vdots & \vdots & \vdots & \vdots \end{vmatrix} = 0$$

设表象空间维数为 N,则上式是本征值 L'的 N 次幂代数方程. 对于可观测量,L_{jk} 为厄米矩阵($L_{jk}^*=L_{kj}$),可以证明,上列方程必有 N 个实根,记为 L_j',($j=1,2,\cdots,N$). 分别用 L_j'代入式(8),可求出相应的解 $a_k^{(j)}$($k=1,2,\cdots,N$),表示成列矢

$$\begin{pmatrix} a_1^{(j)} \\ a_2^{(j)} \\ \vdots \\ a_N^{(j)} \end{pmatrix}, \qquad j=1,2,\cdots,N$$

它就是与本征值 L_j'相应的本征态在 F 表象中的表示(注意,若 L'有重根,则出现简并,此时简并态还不能唯一确定).

7.4 Dirac 符号

量子力学的理论表述,常采用 Dirac 符号. 它有两个优点:一是可以毋需采用具体表象(即可以脱离某一具体的表象)来讨论问题;二是运算简捷,特别是对于表象变换.

以下介绍一下 Dirac 符号的各种规定和运算法则.

7.4.1 右矢(ket)与左矢(bra)

量子体系的一切可能状态构成一个 Hilbert 空间. 空间中的一个矢量(方向)一般为复量,用以标记一个量子态,用一个右矢 $|\rangle$ 表示. 若要标志某个特殊的态,则在右矢内标上某种记号. 例如,$|\psi\rangle$表示用波函数 ψ 描述的状态. 对于本征态,常用本征值(或相应的量子数)标在右矢内. 例如,$|x'\rangle$表示坐标的本征态(x'是本征值),$|p'\rangle$表示动量本征态(本征值 p'),$|E_n\rangle$或$|n\rangle$表示能量本征态(本征值为 E_n),n 为标记守恒量完全集的本征值的好量子数,$|lm\rangle$表示角动量($\boldsymbol{l}^2,l_z$)的共同本征态(本征值分别为 $l(l+1)\hbar^2$ 和 $m\hbar$)等. 注意:态的这种表示,都只是一个抽象的态矢,未涉及任何具体的表象.

左矢$\langle|$表示共轭空间中与$|\rangle$相应的一个抽象态矢. 例如,$\langle\psi|$是$|\psi\rangle$的共轭态矢,$\langle x'|$是$|x'\rangle$的共轭态矢等.

7.4.2 标积

态矢$\langle\phi|$与$|\psi\rangle$的标积(ϕ,ψ)记为$\langle\phi\|\psi\rangle=\langle\phi|\psi\rangle$,$\langle\phi|\psi\rangle=(\phi,\psi)$,而$(\psi,\phi)=(\phi,\psi)^*$记为

$$\langle\phi|\psi\rangle^* = \langle\psi|\phi\rangle \tag{1}$$

若$\langle\phi|\psi\rangle=0$,则称$|\psi\rangle$与$|\phi\rangle$正交.若$\langle\psi|\psi\rangle=1$,则称$|\psi\rangle$为归一化态矢.

设力学量完全集 F 的本征态(离散)记为$|k\rangle$,它们的正交归一性表示为

$$\langle k|j\rangle = \delta_{kj} \tag{2}$$

连续谱的本征态的正交"归一性",则表示成 δ 函数形式.例如,动量本征态,$\langle p'|p''\rangle=\delta(p'-p'')$,坐标本征态$\langle x'|x''\rangle=\delta(x'-x'')$等.

在一个具体表象中如何计算标积,需要用到态矢在具体表象中的表示(见式(10)).

7.4.3 态矢在具体表象中的表示

例如,在 F 表象中(基矢记为$|k\rangle$),态矢$|\psi\rangle$可用$|k\rangle$展开,即

$$|\psi\rangle = \sum_k a_k|k\rangle \tag{3}$$

展开系数 $a_k=(\psi_k,\psi)$记为

$$a_k = \langle k|\psi\rangle \tag{4}$$

是态矢$|\psi\rangle$在基矢$|k\rangle$上的投影(分量).当所有 a_k 都给定时,就确定了一个态$|\psi\rangle$.所以这一组数$\{a_k\}=\{\langle k|\psi\rangle\}$就是态$|\psi\rangle$在 F 表象中的表示,常写成列矢形式

$$\begin{pmatrix} a_1 \\ a_2 \\ \vdots \end{pmatrix} = \begin{pmatrix} \langle 1|\psi\rangle \\ \langle 2|\psi\rangle \\ \vdots \end{pmatrix}$$

式(4)代入式(3),得

$$|\psi\rangle = \sum_k \langle k|\psi\rangle|k\rangle = \sum_k |k\rangle\langle k|\psi\rangle \tag{5}$$

式中$|k\rangle\langle k|$是一个**投影算符**(projection operator),

$$P_k = |k\rangle\langle k| \tag{6}$$

它对任何态矢$|\psi\rangle$运算后,就得到态矢$|\psi\rangle$在基矢$|k\rangle$方向上的分量矢量,

$$P_k|\psi\rangle = |k\rangle\langle k|\psi\rangle = a_k|k\rangle \tag{7}$$

或者说 P_k 的作用是把任何态矢在$|k\rangle$方向的分量挑选出来.注意:式(5)中$|\psi\rangle$是任意的,因此

$$\sum_k |k\rangle\langle k| = I \qquad \text{(单位算符)} \tag{8}$$

这正是这一组基矢$|k\rangle$的完备性的表现.在连续谱的情况,求和应换为积分.例如

$$\int dx'|x'\rangle\langle x'| = I, \qquad \int dp'|p'\rangle\langle p'| = I \tag{9}$$

在 F 表象中,两个态矢$|\psi\rangle$与$|\phi\rangle$的标积可如下计算.因为

$$|\psi\rangle = \sum_k |k\rangle\langle k|\psi\rangle = \sum_k \langle k|\psi\rangle|k\rangle$$

$$|\phi\rangle = \sum_k |k\rangle\langle k|\phi\rangle = \sum_k \langle k|\phi\rangle|k\rangle$$

所以

$$\langle\phi|\psi\rangle = \sum_k \langle\phi|k\rangle\langle k|\psi\rangle$$

$$= \sum_k b_k^* a_k = (b_1^*, b_2^*, \cdots)\begin{pmatrix} a_1 \\ a_2 \\ \vdots \end{pmatrix} \tag{10}$$

7.4.4 算符在具体表象中的表示

设态矢$|\psi\rangle$经算符$\hat{L}$运算后变成态矢$|\phi\rangle$,即

$$|\phi\rangle = \hat{L}|\psi\rangle \tag{11}$$

这里尚未涉及具体表象. 在F表象中,$\hat{L}$的矩阵表示为$(L_{kj})=\langle k|\hat{L}|j\rangle$,式(11)左乘$\langle k|$,利用基矢的完备性(8),得

$$\langle k|\phi\rangle = \langle k|\hat{L}|\psi\rangle = \sum_j \langle k|\hat{L}|j\rangle\langle j|\psi\rangle \tag{12}$$

即

$$b_k = \sum_j L_{kj} a_j \tag{13}$$

$b_k=\langle k|\phi\rangle$,$a_j=\langle j|\psi\rangle$分别是态矢$|\phi\rangle$和$|\psi\rangle$在$F$表象中的表示.

力学量L的本征方程

$$\hat{L}|\psi\rangle = L'|\psi\rangle \tag{14}$$

在F表象中表示为

$$\langle k|\hat{L}|\psi\rangle = \sum_j \langle k|\hat{L}|j\rangle\langle j|\psi\rangle = L'\langle k|\psi\rangle$$

即

$$\sum_j (L_{kj} - L'\delta_{kj})a_j = 0 \tag{15}$$

$a_j=\langle j|\psi\rangle$是$|\psi\rangle$在$F$表象的基矢$|j\rangle$方向的投影. 式(15)即$L$的本征方程在$F$表象中的表述形式.

7.4.5 Schrödinger 方程

$$\mathrm{i}\hbar\frac{\partial}{\partial t}|\psi\rangle = \hat{H}|\psi\rangle \tag{16}$$

在F表象中表示如下

$$\mathrm{i}\hbar\frac{\partial}{\partial t}\langle k|\psi\rangle = \langle k|\hat{H}|\psi\rangle = \sum_j \langle k|\hat{H}|j\rangle\langle j|\psi\rangle$$

即

$$\mathrm{i}\hbar\dot{a}_k = \sum_j H_{kj} a_j \tag{17}$$

在$|\psi\rangle$态下力学量$\hat{L}$的平均值为

$$\overline{L} = \langle\psi|\hat{L}|\psi\rangle = \sum_{kj}\langle\psi|k\rangle\langle k|\hat{L}|j\rangle\langle j|\psi\rangle$$
$$= \sum_{kj} a_k^* L_{kj} a_j \tag{18}$$

7.4.6 表象变换

1. 态的表象变换

设态$|\psi\rangle$在 F 表象中用$\langle k|\psi\rangle = a_k$ 描述，在 F'表象中用$\langle\alpha|\psi\rangle = a_\alpha{}'$描述，则

$$\langle\alpha|\psi\rangle = \sum_k \langle\alpha|k\rangle\langle k|\psi\rangle \tag{19}$$

即

$$a_\alpha{}' = \sum_k S_{\alpha k} a_k \tag{20}$$

式中

$$S_{\alpha k} = \langle\alpha|k\rangle \tag{21}$$

是从 $F\to F'$表象的变换，描述两个表象的基矢之间的关系. 式(20)可表示为矩阵形式

$$\begin{pmatrix} a'_1 \\ a'_2 \\ \vdots \end{pmatrix} = \begin{pmatrix} S_{11} & S_{12} & \cdots \\ S_{21} & S_{22} & \cdots \\ \vdots & \vdots & \vdots \end{pmatrix}\begin{pmatrix} a_1 \\ a_2 \\ \vdots \end{pmatrix} \tag{22}$$

或简记为

$$a' = Sa \tag{22'}$$

不难证明 S 为幺正变换

$$S^+ S = SS^+ = I \tag{23}$$

例如，在 F 表象中，

$$(S^+ S)_{kj} = \sum_\alpha S^+_{k\alpha} S_{\alpha j} = \sum_\alpha S^*_{\alpha k} S_{\alpha j}$$
$$= \sum_\alpha \langle\alpha|k\rangle^* \langle\alpha|j\rangle = \sum_\alpha \langle k|\alpha\rangle\langle\alpha|j\rangle$$
$$= \langle k|j\rangle = \delta_{kj} \tag{24}$$

即 $S^+ S = I$(单位矩阵)，而单位矩阵在任何表象中均为单位矩阵，这就证明了式(23).

2. 算符的表象变换

算符 $\hat{L}$ 在 F 表象中的矩阵元为 L_{jk}，$L_{jk} = \langle j|\hat{L}|k\rangle$，在 F'表象中的矩阵元为 $L'_{\alpha\beta}$，$L'_{\alpha\beta} = \langle\alpha|\hat{L}|\beta\rangle$，而

$$L'_{\alpha\beta} = \langle\alpha|\hat{L}|\beta\rangle = \sum_{kj}\langle\alpha|j\rangle\langle j|\hat{L}|k\rangle\langle k|\beta\rangle$$

$$
\begin{aligned}
&= \sum_{kj} S_{\alpha j} L_{jk} S^{*}_{\beta k} = \sum_{kj} S_{\alpha j} L_{jk} S^{+}_{k\beta} \\
&= (SLS^{+})_{\alpha\beta}
\end{aligned} \tag{25}
$$

即

$$
L' = SLS^{+} = SLS^{-1} \tag{25$'$}
$$

L'和L分别是算符$\hat{L}$在F'和F表象中的矩阵.

7.4.7 坐标表象与动量表象

以下讨论连续谱表象,其特点是基矢不能归一化. 以下分别讨论坐标表象和动量表象. 为表述简单,着重讨论一维粒子. 推广到三维或多粒子情况是直截了当的.

坐标表象

坐标x的本征方程

$$
x|x'\rangle = x'|x'\rangle \quad (-\infty < x'(\text{实}) < +\infty) \tag{26}
$$

本征态的正交"归一"关系为

$$
\langle x'|x''\rangle = \delta(x'-x'') \tag{27}
$$

任何一个量子态$|\psi\rangle$在坐标表象中表示为$\langle x|\psi\rangle$,通常记为

$$
\psi(x) = \langle x|\psi\rangle \tag{28}
$$

例如,坐标的本征态(本征值x')在坐标表象中表示为

$$
\psi_{x'}(x) = \langle x|x'\rangle = \delta(x-x') \tag{29}
$$

动量的本征态(本征值p')在坐标表象中表示为

$$
\langle x|p'\rangle = \frac{1}{\sqrt{2\pi\hbar}} \exp\left[ip'/\hbar\right] \tag{30}
$$

力学量的"矩阵"表示如下. 例如坐标x表示为

$$
\langle x'|x|x''\rangle = x'\delta(x'-x'') \tag{31}
$$

势能$V(x)$在坐标表象中表示为

$$
\langle x'|V(x)|x''\rangle = V(x')\delta(x'-x'') \tag{32}
$$

动量在坐标表象中的表示,可利用式(9)

$$
\begin{aligned}
\langle x' \mid p \mid x''\rangle &= \iint \mathrm{d}p'\mathrm{d}p'' \langle x' \mid p'\rangle\langle p' \mid p \mid p''\rangle\langle p'' \mid x''\rangle \\
&= \frac{1}{2\pi\hbar}\iint \mathrm{d}p'\mathrm{d}p'' \exp\left[\mathrm{i}p'x'/\hbar\right] p'\delta(p'-p'')\exp\left[-\mathrm{i}p''x''/\hbar\right] \\
&= \frac{1}{2\pi\hbar}\int \mathrm{d}p' \exp\left[\mathrm{i}p'(x'-x'')/\hbar\right. \\
&= \frac{1}{2\pi\hbar}\left(-\hbar\frac{\partial}{\partial x'}\right)\int \mathrm{d}p' \exp\left[\mathrm{i}p'(x'-x'')/\hbar\right] \\
&= -\mathrm{i}\hbar\frac{\partial}{\partial x'}\delta(x'-x'')
\end{aligned} \tag{33}
$$

力学量的平均值可如下求之. 例如

$$\langle\psi|V|\psi\rangle=\iint dx\,dx'\langle\psi|x\rangle\langle x|V|x'\rangle\langle x'|\psi\rangle$$

$$=\iint dx\,dx'\,\psi^*(x)V(x)\delta(x-x')\psi(x')$$

$$=\int dx\,\psi^*(x)V(x)\psi(x) \tag{34}$$

$$\langle\psi|T|\psi\rangle=\langle\psi|\frac{p^2}{2m}|\psi\rangle=\frac{1}{2m}\iint dx dx'\langle\psi|x\rangle\langle x|p^2|x'\rangle\langle x'|\psi\rangle$$

$$=\frac{1}{2m}\iint dx dx'\,\psi^*(x)\left(-\hbar^2\frac{\partial^2}{\partial x^2}\right)\delta(x-x')\psi(x')$$

$$=\frac{1}{2m}\int dx\,\psi^*(x)\left(-\hbar^2\frac{\partial^2}{\partial x^2}\right)\psi(x) \tag{35}$$

势场 $V(x)$ 中的 Schrödinger 方程

$$i\hbar\frac{\partial}{\partial t}|\psi(t)\rangle=H|\psi(t)\rangle=(T+V)|\psi(t)\rangle \tag{36}$$

在坐标表象中的表示式,可用 $\langle x|$ 左乘上式,得

$$i\hbar\frac{\partial}{\partial t}\langle x|\psi(t)\rangle=\langle x|H|\psi(t)\rangle=\int dx'\langle x|H|x'\rangle\langle x'|\psi(t)\rangle \tag{37}$$

$$i\hbar\frac{\partial}{\partial t}\psi(x,t)=\int dx'\left[-\frac{\hbar^2}{2m}\frac{\partial^2}{\partial x^2}\delta(x-x')+V(x')\delta(x-x')\right]\psi(x',t)$$

$$=\left[-\frac{\hbar^2}{2m}\frac{\partial^2}{\partial x^2}+V(x)\right]\psi(x,t) \tag{38}$$

动量表象

与坐标表象相似,在式(26)～式(38)中,把 x 换为 p,即可得到动量的相关表示式.

动量 p 的本征方程

$$p|p'\rangle=p'|p'\rangle \quad (-\infty<p'(\text{实})<+\infty) \tag{26'}$$

动量本征态的正交"归一"关系为

$$\langle p'|p''\rangle=\delta(p'-p'') \tag{27'}$$

任何一个量子态 $|\psi\rangle$ 在动量表象中表示为 $\langle p|\psi\rangle$. 如用通常用函数的表示式,为了不与 $\psi(x)$ 混淆,把 $\langle p|\psi\rangle$ 记为 $\varphi(p)$. 如用 Dirac 符号表示 $\langle p|\psi\rangle$,则无此混淆.

动量的本征态(本征值 p')在动量表象中表示为

$$\langle p|p'\rangle=\delta(p-p') \tag{29'}$$

坐标的本征态(本征值 x')在动量表象中表示为

$$\langle p|x'\rangle=\frac{1}{\sqrt{2\pi\hbar}}\exp\left[-ix'p/\hbar\right] \tag{30'}$$

在动量表象中，力学量的“矩阵”表示如下：例如动量 p 表示为

$$\langle p'|p|p''\rangle = p'\delta(p'-p'') \tag{31'}$$

势能 $V(x)$ 表示为

$$\langle p'|V(x)|p''\rangle = V\left(\mathrm{i}\frac{\partial}{\partial p'}\right)\delta(p'-p'') \tag{32'}$$

与式(33)相应，坐标在动量表象中的表示是

$$\langle p'|x|p''\rangle = \mathrm{i}\hbar\frac{\partial}{\partial p'}\delta(p'-p'') \tag{33'}$$

与式(34)相应，势能在动量表象中的表示是

$$\langle\psi\mid V\mid\psi\rangle = \int \mathrm{d}x\,\varphi^*(p)V\left(\mathrm{i}\hbar\frac{\partial}{\partial p}\right)\varphi(p) \tag{34'}$$

与式(35)相应，动能在动量表象中的表示是

$$\langle\psi\mid T\mid\psi\rangle = \frac{1}{2m}\int \mathrm{d}p\,\varphi^*(p)p^2\varphi(p) \tag{35'}$$

势场 $V(x)$ 中粒子的 Schrödinger 方程为

$$\mathrm{i}\hbar\frac{\partial}{\partial t}|\varphi(t)\rangle = H|\varphi(t)\rangle = (T+V)|\varphi(t)\rangle \tag{36'}$$

量子态从坐标表象变到动量表象可利用如下变换：

$$\langle x\mid\psi\rangle = \int \mathrm{d}p'\langle x\mid p'\rangle\langle p'\mid\psi\rangle = \int \mathrm{d}p'\frac{1}{\sqrt{2\pi\hbar}}\exp[\mathrm{i}p'x/\hbar]\varphi(p')$$

与式(38)相应，在动量表象中，势场 $V(x)$ 中粒子的 Schrödinger 方程为

$$\mathrm{i}\hbar\frac{\partial}{\partial t}\varphi(p,t) = \frac{p^2}{2m}\varphi(p,t) + V\left(\mathrm{i}\hbar\frac{\partial}{\partial p}\right)\varphi(p,t) \tag{38'}$$

习 题 7

7.1 设矩阵 A、B、C 满足 $A^2=B^2=C^2=1$，$BC-CB=\mathrm{i}A$. (a)证明 $AB+BA=AC+CA=0$；(b)在 A 表象中(设无简并)，求出 B 和 C 的矩阵表示.

答：$A=\begin{pmatrix}1 & 0\\ 0 & -1\end{pmatrix}$，$B=\begin{pmatrix}0 & b\\ b^{-1} & 0\end{pmatrix}$，$C=\begin{pmatrix}0 & c\\ c^{-1} & 0\end{pmatrix}$，参数 b 与 c 满足 $b^2-c^2=\mathrm{i}bc$.

7.2 设矩阵 A 和 B 满足 $A^2=0$，$AA^++A^+A=1$，$B=A^+A$. (a)证明 $B^2=B$；(b)在 B 表象中求出 A 的矩阵表示(设 B 本征态无简并).

答：$B=\begin{pmatrix}0 & 0\\ 0 & 1\end{pmatrix}$，$A=\begin{pmatrix}0 & \mathrm{e}^{\mathrm{i}\alpha}\\ 0 & 0\end{pmatrix}$，$\alpha$ 为实数.

7.3 设一维粒子 Hamilton 量 $H=p^2/2m+V(x)$. 写出 x 表象中 x，p 和 H 的“矩阵元”.

答：

$(x)_{x'x''}=\langle x'|x|x''\rangle = x'\delta(x'-x'')$

$(p)_{x'x''}=\langle x'|p|x''\rangle = -\mathrm{i}\hbar\frac{\partial}{\partial x'}\delta(x'-x'')$

$(H)_{x'x''}=\langle x'|H|x''\rangle = -\frac{\hbar^2}{2m}\frac{\partial^2}{\partial x'^2}\delta(x'-x'')+V(x')\delta(x'-x'')$

7.4　同上题，写出 p 表象中 x，p 和 H 的“矩阵元”.

答：

$$(x)_{p'p''}=\langle p'|x|p''\rangle=\mathrm{i}\hbar\frac{\partial}{\partial p'}\delta(p'-p'')$$

$$(p)_{p'p''}=\langle p'|p|p''\rangle=p'\delta(p'-p'')$$

$$(H)_{p'p''}=\langle p'|H|p''\rangle=\frac{p'^2}{2m}\delta(p'-p'')+V\left(\mathrm{i}\hbar\frac{\partial}{\partial p'}\right)\delta(p'-p'')$$

7.5　利用 x 表象和 p 表象之间的“幺正变换”，从 7.3 题推出 7.4 题的结果.

提示：例如

$$\begin{aligned}\langle p'|x|p''\rangle &=\iint \mathrm{d}x'\mathrm{d}x''\langle p'|x'\rangle\langle x'|x|''\rangle\langle x''|p''\rangle \\ &=\iint \mathrm{d}x'\mathrm{d}x''\frac{\mathrm{e}^{-\mathrm{i}p'x'/\hbar}}{\sqrt{2\pi\hbar}}x'\delta(x'-x'')\frac{\mathrm{e}^{\mathrm{i}p''x''/\hbar}}{\sqrt{2\pi\hbar}} \\ &=\frac{1}{2\pi\hbar}\int \mathrm{d}x'x'\mathrm{e}^{-\mathrm{i}(p'-p'')x'/\hbar} \\ &=\mathrm{i}\hbar\frac{\partial}{\partial p'}\frac{1}{2\pi\hbar}\int \mathrm{d}x'\mathrm{e}^{-\mathrm{i}(p'-p'')x'/\hbar} \\ &=\mathrm{i}\hbar\frac{\partial}{\partial p'}\delta(p'-p'')\end{aligned}$$

7.6　设体系的 Hamilton 量 H 的本征方程为 $H|n\rangle=E_n|n\rangle$，E_n 与 $|n\rangle$ 分别为能量本征值和本征态，n 为一组完备量子数. 证明 Hamilton 算符可以表示为

$$H=\sum_n E_n|n\rangle\langle n|$$

提示：利用 $\sum_n|n\rangle\langle n|=1$.

7.7　二态体系的 Hamilton 量 $H=H_0+H'$. 设 $H_0|n\rangle=E_n|n\rangle$，$n=1,2$. 在 H_0 表象中

$$H_0=\begin{pmatrix}E_1 & 0\\ 0 & E_2\end{pmatrix},\qquad H'=\begin{pmatrix}0 & H'_{12}\\ H'_{21} & 0\end{pmatrix},\qquad (H'_{21}=H'^{*}_{12})$$

证明　H 可以表示为

$$H=E_1|1\rangle\langle 1|+E_2|2\rangle\langle 2|+H'_{12}|1\rangle\langle 2|+H'_{21}|2\rangle\langle 1|$$

7.8　设一个二态体系的基态和激发态分别记为 $|g\rangle$ 和 $|e\rangle$，可以视为一个假想的自旋为1/2的粒子的自旋沿 z 轴方向“向上”和“向下”的状态. 证明假想的自旋算符($\hbar=1$)在 s_z 表象中可以表示为

$$s_z=\frac{1}{2}(|g\rangle\langle g|-|e\rangle\langle e|)$$

$$s_x=\frac{1}{2}(|g\rangle\langle e|+|e\rangle\langle g|)$$

$$s_y=-\frac{\mathrm{i}}{2}(|g\rangle\langle e|-|e\rangle\langle g|)$$

(参见 8.1 节，(20)式).

7.9　F 为体系的一个可观测量(厄米算符)，H 为体系的 Hamilton 量，证明在能量表象中的下列求和规则

$$\sum_{n}(E_n - E_k)\,|F_{nk}|^2 = \frac{1}{2}\langle k|[F,[H,F]]|k\rangle$$

提示:利用 $\sum_{n}|n\rangle\langle n| = 1$.

7.10　同上题,但 F 不一定是厄米算符,证明下列求和规则

$$\sum_{n}(E_n - E_k)(|F_{nk}|^2 + |F_{kn}|^2) = \langle k|[F^+,[H,F]]|k\rangle$$

提示:利用$[F^+,[H,F]]=F^+HF+FHF^+-HFF^+-F^+FH$.

第 8 章　自　　旋

Bohr 的旧量子论(1913)提出后,人们对于光谱规律的认识深入了一大步.理论反过来又促进了光谱实验工作的开展,特别是光谱精细结构和反常 Zeeman 效应方面.为了解释光谱分析中碰到的矛盾,G. E. Uhlenbeck 与 S. A. Goudsmit(1925)提出了电子自旋的假设.他们根据的主要实验事实是:

(a) 反常 Zeeman 效应. Paschen 和 Back(1912)发现反常 Zeeman 效应——在弱磁场中原子光谱线的复杂分裂现象(分裂成偶数条).例如,钠光谱线 $D_1 \rightarrow 4$ 条,$D_2 \rightarrow 6$ 条.

(b) 碱金属原子光谱的双线结构.例如,钠原子光谱中的一条很亮的黄线($\lambda \sim 589.3\text{nm}$),如用分辨本领稍高的光谱仪进行观测,就会发现它由很靠近的两条谱线组成,$D_1(\lambda=589.6\text{nm})$,$D_2(\lambda=589.0\text{nm})$.

Uhlenbeck 与 Goudsmit 最初提出的电子自旋(spin)概念,具有机械的性质.他们假定,与地球绕太阳的运动相似,电子一方面绕原子核公转(相应有轨道角动量),另一方面又有自转,自转角动量为 $s=\hbar/2$,但它在空间任何方向的投影只可能取两个值,即 $\pm\hbar/2$.与自旋相联系的磁矩为 $\mu=e\hbar/2mc$(Bohr 磁子).

把电子自旋看成机械的自转是不正确的.电子自旋及磁矩是电子本身的内禀属性,所以也称为内禀角动量和内禀磁矩.它们的存在,标志电子还有一个新的内禀自由度.电子的自旋及内禀磁矩,在后来的 Stern-Gerlach 实验中得到了直接证实.在 Stern-Gerlach 实验中(见示意图 8.1),用两块磁铁制备沿 z 方向的非均匀

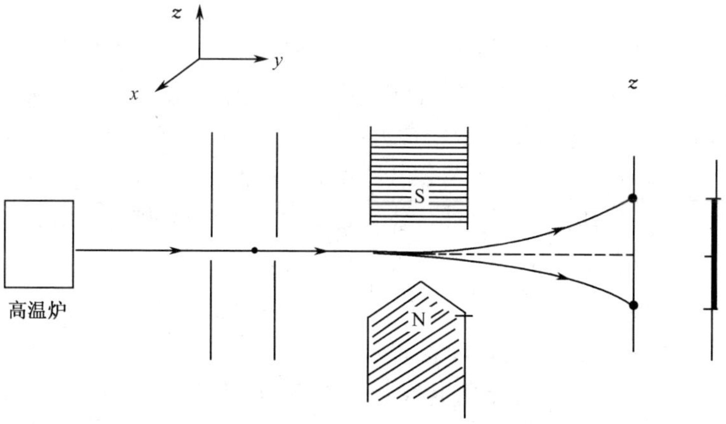

图 8.1　Stern-Gerlach 实验示意图

磁场.假设有一束银原子(处于基态,轨道角动量 $l=0$)沿 y 方向射入磁场中.实验观测表明,入射原子束将分裂成两束,最后在观测屏上出现两条亮线.从经典物理学来看,如果入射粒子具有磁矩 $\boldsymbol{\mu}$(常数值,与粒子坐标 $\boldsymbol{r}$ 无关),则在非均匀磁场 $\boldsymbol{B}$ 中将沿 z 方向受力

$$
\begin{aligned}
\boldsymbol{F} &= \nabla(\boldsymbol{\mu}\cdot\boldsymbol{B}) = [(\boldsymbol{\mu}\cdot\nabla)\boldsymbol{B} + (\boldsymbol{B}\cdot\nabla)\boldsymbol{\mu} + \boldsymbol{\mu}\times(\nabla\times\boldsymbol{B}) + \boldsymbol{B}\times(\nabla\times\boldsymbol{\mu})] \\
&= (\boldsymbol{\mu}\cdot\nabla)\boldsymbol{B} = \mu_z \frac{\partial B_z}{\partial z}\boldsymbol{e}_z
\end{aligned}
$$

经典物理中,μ_z 连续变化,因此在屏上将观测到原子沿 z 方向的连续分布(图 8.1,右侧所示).实验观测到原子束分裂为二,表明电子的磁矩沿 z 方向分量是量子化的,因而它的角动量的 z 分量也是量子化的,只能取两个值.(注意,原子核的磁矩远小于电子,对 Stern-Gerlach 实验的观测无可观的影响.)这个角动量与电子的轨道角动量无关,它标志电子有一个新的内禀自由度,称为自旋(spin),它并无经典对应.电子自旋与轨道角动量不同之点是:

(a) 电子自旋值是 $\hbar/2$(而不是 $\hbar$ 整数倍);

(b) |内禀磁矩/自旋|$=e/mc$,而|轨道磁矩/轨道角动量|$=e/2mc$(例如,参见 5.4 节氢原子,式(35)),两者差一倍.或者说,对于自旋,g 因子(回转磁比值)$|g_s|=2$,而对于轨道运动,$|g_l|=1$.

无数实验表明,除静质量、电荷之外,自旋和内禀磁矩也是标志各种粒子(电子,质子,中子等)的很重要的物理量.特别是自旋是半奇数或整数(包括零)就决定了粒子遵守 Fermi 统计或 Bose 统计.

8.1 电子自旋态与自旋算符

8.1.1 电子自旋态的描述

实验分析表明,电子不是一个只具有坐标空间的三个自由度的粒子,它还具有一个内禀自由度——自旋.要对它的状态作出完全的描述,还必须考虑其自旋状态.更确切地说,要考虑自旋在某给定方向(如 z 轴方向)的投影的两个可能取值的波幅,即波函数中还应包含自旋投影这个变量(习惯上取为 s_z),记为 $\psi(\boldsymbol{r},s_z)$.与连续变量 $\boldsymbol{r}$ 不同,s_z 只能取 $\pm\hbar/2$ 两个离散值.因此使用二分量波函数是方便的,即

$$
\psi(\boldsymbol{r},s_z) = \begin{pmatrix} \psi(\boldsymbol{r},\hbar/2) \\ \psi(\boldsymbol{r},-\hbar/2) \end{pmatrix} \tag{1}
$$

称为旋量波(spinor)函数,其物理意义如下:

$|\psi(\boldsymbol{r},\hbar/2)|^2$ 是电子自旋向上($s_z=\hbar/2$),而且位置在 $\boldsymbol{r}$ 处的概率密度,

$|\psi(\boldsymbol{r},-\hbar/2)|^2$ 是电子自旋向下($s_z=-\hbar/2$),而且位置在 $\boldsymbol{r}$ 处的概率密度,而

$\int d^3r|\psi(\boldsymbol{r},\hbar/2)|^2$ 表示电子自旋向上($s_z=\hbar/2$)的概率,

$\int d^3r|\psi(\boldsymbol{r},-\hbar/2)|^2$ 表示电子自旋向下($s_z=-\hbar/2$)的概率.

所以归一化条件表示为

$$
\begin{aligned}
&\sum_{s_z=\pm\hbar/2}\int d^3r|\psi(\boldsymbol{r},s_z)|^2\\
&=\int d^3r(\psi^*(\boldsymbol{r},\hbar/2),\psi^*(\boldsymbol{r},-\hbar/2))\begin{pmatrix}\psi(\boldsymbol{r},\hbar/2)\\ \psi(\boldsymbol{r},-\hbar/2)\end{pmatrix}\\
&=\int d^3r[|\psi(\boldsymbol{r},\hbar/2)|^2+|\psi(\boldsymbol{r},-\hbar/2)|^2]\\
&=\int d^3r\psi^+\psi=1
\end{aligned}
\tag{2}
$$

在有些情况下(例如,Hamilton 量不含自旋变量,或可表示为空间坐标部分与自旋变量部分之和),波函数可以分离变量,即

$$
\psi(\boldsymbol{r},s_z)=\phi(\boldsymbol{r})\chi(s_z) \tag{3}
$$

$\chi(s_z)$是描述自旋态的波函数,其一般形式为

$$
\chi(s_z)=\begin{pmatrix}a\\ b\end{pmatrix} \tag{4}
$$

式中$|a|^2$与$|b|^2$分别代表电子 $s_z=\pm\hbar/2$ 的概率,所以归一化条件表示为

$$
|a|^2+|b|^2=\chi^+\chi=(a^*\,b^*)\begin{pmatrix}a\\ b\end{pmatrix}=1 \tag{5}
$$

特例 s_z 的本征态$\chi_{m_s}(s_z)$,$m_s\hbar$ 表示 s_z 的本征值,$m_s=\pm1/2$. $\chi_{\pm1/2}(s_z)$分别表示 $s_z=\pm\hbar/2$ 的本征态,常简记为α与β,

$$
\alpha=\chi_{1/2}(s_z)=\begin{pmatrix}1\\ 0\end{pmatrix},\qquad \beta=\chi_{-1/2}(s_z)=\begin{pmatrix}0\\ 1\end{pmatrix} \tag{6}
$$

α与β构成电子自旋态空间的一组正交完备基. 一般自旋态(4)可以用它们来展开,即

$$
\chi(s_z)=\begin{pmatrix}a\\ b\end{pmatrix}=a\alpha+b\beta \tag{7}
$$

而波函数(1)可以表示成

$$
\psi(\boldsymbol{r},s_z)=\psi(\boldsymbol{r},\hbar/2)\alpha+\psi(\boldsymbol{r},-\hbar/2)\beta \tag{8}
$$

8.1.2 电子自旋算符,Pauli 矩阵

考虑到自旋具有角动量的特征,假设自旋 $\boldsymbol{s}$ 的三个分量具有与轨道角动量 $\boldsymbol{l}$ 的三个分量相同的对易关系,

$$\begin{cases} s_x s_y - s_y s_x = \mathrm{i}\hbar s_z \\ s_y s_z - s_z s_y = \mathrm{i}\hbar s_x \\ s_z s_x - s_x s_z = \mathrm{i}\hbar s_y \end{cases} \tag{9}$$

引进 Pauli 算符 $\boldsymbol{\sigma}$(无量纲),

$$\boldsymbol{s} = \frac{\hbar}{2}\boldsymbol{\sigma} \tag{10}$$

则式(9)可表示为

$$\begin{cases} \sigma_x\sigma_y - \sigma_y\sigma_x = 2\mathrm{i}\sigma_z & (11\text{a}) \\ \sigma_y\sigma_z - \sigma_z\sigma_y = 2\mathrm{i}\sigma_x & (11\text{b}) \\ \sigma_z\sigma_x - \sigma_x\sigma_z = 2\mathrm{i}\sigma_y & (11\text{c}) \end{cases}$$

也可表示为

$$[\sigma_i, \sigma_j] = 2\mathrm{i}\varepsilon_{ijk}\sigma_k \tag{12}$$

由于 $\boldsymbol{s}$ 沿任何方向的投影只能取 $\pm\hbar/2$,所以 $\boldsymbol{\sigma}$ 沿任何方向的投影只能取 ± 1,因而

$$\sigma_x^2 = \sigma_y^2 = \sigma_z^2 = I(\text{单位算符}) \tag{13}$$

分别用 σ_y 左乘和右乘式(11b),并利用式(13),可得

$$\sigma_z - \sigma_y\sigma_z\sigma_y = 2\mathrm{i}\sigma_y\sigma_x$$

$$\sigma_y\sigma_z\sigma_y - \sigma_z = 2\mathrm{i}\sigma_x\sigma_y$$

两式相加,得 $\sigma_x\sigma_y + \sigma_y\sigma_x = 0$. 类似可求出其他两个式子,概括起来,即 $\boldsymbol{\sigma}$ 的**三个分量彼此反对易**,

$$\begin{cases} \sigma_x\sigma_y + \sigma_y\sigma_x = 0 \\ \sigma_y\sigma_z + \sigma_z\sigma_y = 0 \\ \sigma_z\sigma_x + \sigma_x\sigma_z = 0 \end{cases} \tag{14}$$

把式(11)和式(14)联合起来,得

$$\begin{cases} \sigma_x\sigma_y = -\sigma_y\sigma_x = \mathrm{i}\sigma_z \\ \sigma_y\sigma_z = -\sigma_z\sigma_y = \mathrm{i}\sigma_x \\ \sigma_z\sigma_x = -\sigma_x\sigma_z = \mathrm{i}\sigma_y \end{cases} \tag{15}$$

式(15)与式(13)可归纳为

$$\sigma_\alpha\sigma_\beta = \delta_{\alpha\beta} + \mathrm{i}\sum_\gamma \varepsilon_{\alpha\beta\gamma}\sigma_\gamma \tag{16}$$

它与 $\boldsymbol{\sigma}^+ = \boldsymbol{\sigma}$(厄米性)概括了 Pauli 算符的全部代数性质.

练习 1. 证明

$$(\boldsymbol{\sigma}\cdot\boldsymbol{A})(\boldsymbol{\sigma}\cdot\boldsymbol{B}) = \boldsymbol{A}\cdot\boldsymbol{B} + \mathrm{i}\boldsymbol{\sigma}\cdot(\boldsymbol{A}\times\boldsymbol{B}) \tag{17}$$

其中,$\boldsymbol{A}$ 与 $\boldsymbol{B}$ 是与 $\boldsymbol{\sigma}$ 对易的任何两个矢量. 利用此式证明 $(\boldsymbol{\sigma}\cdot\boldsymbol{p})^2 = p^2$, $(\boldsymbol{\sigma}\cdot\boldsymbol{l})^2 = \boldsymbol{l}^2 - \boldsymbol{\sigma}\cdot\boldsymbol{l}$,这里 $\boldsymbol{p}$ 和 $\boldsymbol{l}$ 分别为动量和轨道角动量.

练习 2. 设算符 $\boldsymbol{A}$ 与 $\boldsymbol{\sigma}$ 对易,证明

$$\boldsymbol{\sigma}(\boldsymbol{\sigma}\cdot\boldsymbol{A})-\boldsymbol{A}=\boldsymbol{A}-(\boldsymbol{A}\cdot\boldsymbol{\sigma})\boldsymbol{\sigma}=\mathrm{i}\boldsymbol{A}\times\boldsymbol{\sigma} \tag{18}$$

以下我们采用一个特殊表象，即 σ_z 对角化的表象，把 Pauli 算符表成矩阵的形式. 由于 σ_z 本征值只能取 ±1，所以 σ_z 矩阵可表示为

$$\sigma_z=\begin{pmatrix}1 & 0\\ 0 & -1\end{pmatrix} \tag{19}$$

令 σ_x 矩阵表示为

$$\sigma_x=\begin{pmatrix}a & b\\ c & d\end{pmatrix}$$

考虑到 $\sigma_z\sigma_x=-\sigma_x\sigma_z$，得

$$\begin{pmatrix}a & b\\ -c & -d\end{pmatrix}=\begin{pmatrix}-a & b\\ -c & d\end{pmatrix}$$

所以 $a=d=0$，因而 σ_x 化为

$$\sigma_x=\begin{pmatrix}0 & b\\ c & 0\end{pmatrix}$$

再根据厄米性要求，$\sigma_x^+=\sigma_x$，可得 $c=b^*$，因而

$$\sigma_x=\begin{pmatrix}0 & b\\ b^* & 0\end{pmatrix}$$

而

$$\sigma_x^2=\begin{pmatrix}0 & b\\ b^* & 0\end{pmatrix}\begin{pmatrix}0 & b\\ b^* & 0\end{pmatrix}=\begin{pmatrix}|b|^2 & 0\\ 0 & |b|^2\end{pmatrix}=1$$

所以 $|b|^2=1$. 令 $b=\mathrm{e}^{\mathrm{i}\alpha}$（$\alpha$ 实），则

$$\sigma_x=\begin{pmatrix}0 & \mathrm{e}^{\mathrm{i}\alpha}\\ \mathrm{e}^{-\mathrm{i}\alpha} & 0\end{pmatrix}$$

再利用 $\sigma_y=-\mathrm{i}\sigma_z\sigma_x$，可求出

$$\sigma_y=-\mathrm{i}\begin{pmatrix}0 & \mathrm{e}^{\mathrm{i}\alpha}\\ -\mathrm{e}^{-\mathrm{i}\alpha} & 0\end{pmatrix}=\begin{pmatrix}0 & \mathrm{e}^{\mathrm{i}(\alpha-\pi/2)}\\ \mathrm{e}^{-\mathrm{i}(\alpha-\pi/2)} & 0\end{pmatrix}$$

这里有一个相位的不定性（参阅 9.1，9.2 节）. 习惯上取 $\alpha=0$，于是得出 Pauli 算符的下列矩阵表示（Pauli 表象）

$$\sigma_x=\begin{pmatrix}0 & 1\\ 1 & 0\end{pmatrix},\quad \sigma_y=\begin{pmatrix}0 & -\mathrm{i}\\ \mathrm{i} & 0\end{pmatrix},\quad \sigma_z=\begin{pmatrix}1 & 0\\ 0 & -1\end{pmatrix} \tag{20}$$

称为 Pauli 矩阵，其应用极为广泛，读者应牢记.

练习 3. 令 $\sigma_\pm=\frac{1}{2}(\sigma_x\pm\mathrm{i}\sigma_y)$. 在 Pauli 表象中

$$\sigma_+=\begin{pmatrix}0 & 1\\ 0 & 0\end{pmatrix},\qquad \sigma_-=\begin{pmatrix}0 & 0\\ 1 & 0\end{pmatrix} \tag{21}$$

用矩阵乘法证明

$$\sigma_x\alpha=\beta,\quad \sigma_x\beta=\alpha,\quad \sigma_y\alpha=\mathrm{i}\beta,\quad \sigma_y\beta=-\mathrm{i}\alpha$$
$$\sigma_+\alpha=0,\quad \sigma_+\beta=\alpha,\quad \sigma_-\alpha=\beta,\quad \sigma_-\beta=0 \tag{22}$$

说明 $\sigma_\pm$ 有何意义.

（答案：σ_+ 与 σ_- 分别是自旋 z 分量的升、降算符.）

8.2 总角动量的本征态

电子自旋是一种相对论效应. 可以证明，在中心力场 $V(r)$（如 Coulomb 场）中运动的电子的相对论性波动方程（Dirac 方程），在非相对论极限下，Hamilton 量中将出现一项自旋轨道耦合作用 $\xi(r)\boldsymbol{s}\cdot\boldsymbol{l}$，而[1]

$$\xi(r)=\frac{1}{2\mu^2c^2}\frac{1}{r}\frac{\mathrm{d}V}{\mathrm{d}r} \tag{1}$$

μ 为电子质量，c 为真空中光速. 在处理正常 Zeeman 效应时，由于外磁场较强，自旋轨道耦合作用相对说来是很小的，可以忽略. 但当外磁场很弱，或没有外场的情况，原子中的电子所受到的自旋轨道耦合作用对能级和光谱的影响（精细结构），就不应忽略. 碱金属原子光谱的双线结构和反常 Zeeman 效应都与此有关.

在中心力场中的电子，当计及自旋轨道耦合作用后，由于 $[\boldsymbol{l},\boldsymbol{s}\cdot\boldsymbol{l}]\neq 0$，$[\boldsymbol{s},\boldsymbol{s}\cdot\boldsymbol{l}]\neq 0$，轨道角动量 $\boldsymbol{l}$ 和自旋 $\boldsymbol{s}$ 分别都不是守恒量. 但可以证明，它们之和，即总角动量 $\boldsymbol{j}$ 是守恒量，

$$\boldsymbol{j}=\boldsymbol{l}+\boldsymbol{s} \tag{2}$$

$$[\boldsymbol{j},\boldsymbol{s}\cdot\boldsymbol{l}]=0 \tag{3}$$

证明式(3)时只需考虑 $\boldsymbol{l}$ 与 $\boldsymbol{s}$ 属于不同自由度，彼此对易，即

$$[l_\alpha,s_\beta]=0,\qquad \alpha,\beta=x,y,z \tag{4}$$

利用此式，还可以证明，与 $\boldsymbol{l}$ 和 $\boldsymbol{s}$ 相似，$\boldsymbol{j}$ 的三个分量满足下列对易关系

$$\begin{aligned}[j_x,j_y]&=\mathrm{i}\hbar j_z\\ [j_y,j_z]&=\mathrm{i}\hbar j_x\\ [j_z,j_x]&=\mathrm{i}\hbar j_y\end{aligned} \tag{5}$$

令

$$\boldsymbol{j}^2=j_x^2+j_y^2+j_z^2 \tag{6}$$

还可以证明

$$[\boldsymbol{j}^2,j_\alpha]=0,\qquad \alpha=x,y,z \tag{7}$$

应当提到，在计及自旋轨道耦合后，虽然 $\boldsymbol{l}$ 不是守恒量，但 $\boldsymbol{l}^2$ 仍然是守恒量，因为

$$[\boldsymbol{l}^2,\boldsymbol{s}\cdot\boldsymbol{l}]=0 \tag{8}$$

---

① 参阅：曾谨言. 量子力学（第五版），卷Ⅱ，第 11 章. 北京：科学出版社，2013.

因此，中心力场中电子的能量本征态可以选为一组对易守恒量完全集$(H,\boldsymbol{l}^2,\boldsymbol{j}^2,j_z)$的共同本征态，而空间角度部分与自旋部分的波函数则可取为$(\boldsymbol{l}^2,\boldsymbol{j}^2,j_z)$的共同本征态(注意，$\boldsymbol{s}^2=s_x^2+s_y^2+s_z^2=3\hbar^2/4$ 是常量). 下面来求此共同本征态. 在(θ,φ,s_z)表象中，设此共同本征态表示为

$$\phi(\theta,\varphi,s_z)=\begin{pmatrix}\phi(\theta,\varphi,\hbar/2)\\ \phi(\theta,\varphi,-\hbar/2)\end{pmatrix}\equiv\begin{pmatrix}\phi_1(\theta,\varphi)\\ \phi_2(\theta,\varphi)\end{pmatrix} \tag{9}$$

首先，要求它是 $\boldsymbol{l}^2$ 的本征态，

$$\boldsymbol{l}^2\phi=C\phi\qquad (C\text{ 是常数})$$

亦即

$$\boldsymbol{l}^2\phi_1=C\phi_1,\qquad \boldsymbol{l}^2\phi_2=C\phi_2$$

即 ϕ_1 与 ϕ_2 都应是 $\boldsymbol{l}^2$ 的本征态，并且对应的本征值相同.

其次，要求 ϕ 为 j_z 的本征态，

$$j_z\phi=j_z'\phi$$

即

$$l_z\begin{pmatrix}\phi_1\\ \phi_2\end{pmatrix}+\frac{\hbar}{2}\begin{pmatrix}1&0\\0&-1\end{pmatrix}\begin{pmatrix}\phi_1\\ \phi_2\end{pmatrix}=j_z'\begin{pmatrix}\phi_1\\ \phi_2\end{pmatrix}$$

所以

$$l_z\phi_1=(j_z'-\hbar/2)\phi_1$$
$$l_z\phi_2=(j_z'+\hbar/2)\phi_2$$

即 ϕ_1 与 ϕ_2 都应是 l_z 的本征态，但相应的本征值相差 $\hbar$. 因此，式(9)可以取为

$$\phi(\theta,\varphi,s_z)=\begin{pmatrix}a\mathrm{Y}_{lm}(\theta,\varphi)\\ b\mathrm{Y}_{l,m+1}(\theta,\varphi)\end{pmatrix} \tag{10}$$

容易看出

$$\boldsymbol{l}^2\phi=l(l+1)\hbar^2\phi,\qquad j_z\phi=(m+1/2)\hbar\phi \tag{11}$$

最后，要求 $\phi(\theta,\varphi,s_z)$是 $\boldsymbol{j}^2$ 的本征态，

$$\boldsymbol{j}^2\begin{pmatrix}a\mathrm{Y}_{lm}\\ b\mathrm{Y}_{l,m+1}\end{pmatrix}=\lambda\hbar^2\begin{pmatrix}a\mathrm{Y}_{lm}\\ b\mathrm{Y}_{l,m+1}\end{pmatrix} \tag{12}$$

λ(无量纲)待定. 在 Pauli 表象中

$$\begin{aligned}\boldsymbol{j}^2&=\boldsymbol{l}^2+\boldsymbol{s}^2+2\boldsymbol{s}\cdot\boldsymbol{l}\\&=\boldsymbol{l}^2+\frac{3}{4}\hbar^2+\hbar(\sigma_xl_x+\sigma_yl_y+\sigma_zl_z)\\&=\begin{pmatrix}\boldsymbol{l}^2+3\hbar^2/4+\hbar l_z&\hbar l_-\\ \hbar l_+&\boldsymbol{l}^2+3\hbar^2/4-\hbar l_z\end{pmatrix}\end{aligned} \tag{13}$$

式中

$$l_\pm=l_x\pm\mathrm{i}l_y$$

把式(13)代入式(12)，利用

$$l_{\pm} Y_{lm} = \hbar \sqrt{(l \pm m+1)(l \mp m)} Y_{l,m\pm 1}$$

可得

$$\begin{aligned} &[l(l+1)+3/4+m]a+\sqrt{(l-m)(l+m+1)}b=\lambda a \\ &\sqrt{(l-m)(l+m+1)}a+[l(l+1)+3/4-(m+1)]b=\lambda b \end{aligned} \tag{14}$$

此乃 a、b 的线性齐次方程组，它们有非平庸解的条件为

$$\begin{vmatrix} l(l+1)+3/4+m-\lambda & \sqrt{(l-m)(l+m+1)} \\ \sqrt{(l-m)(l+m+1)} & l(l+1)+3/4-m-1-\lambda \end{vmatrix} = 0 \tag{15}$$

解之，得 λ 的两个根

$$\lambda_1 = (l+1/2)(l+3/2), \quad \lambda_2 = (l-1/2)(l+1/2) \tag{16}$$

或表示成

$$\lambda = j(j+1), \qquad j = l \pm 1/2 \tag{17}$$

把 $j=l+1/2$ 根代入方程(14)中任何一式，可得

$$a/b = \sqrt{(l+m+1)/(l-m)} \tag{18}$$

类似，把 $j=l-1/2$ 根($l\neq 0$)代入式(14)中任何一式，得

$$a/b = -\sqrt{(l-m)/(l+m+1)} \tag{19}$$

把式(18)、式(19)分别代入式(10)，利用归一化条件，并取适当相位(参见 9.3 节)，可得出($\boldsymbol{l}^2$，$\boldsymbol{j}^2$，j_z)的共同本征函数如下：

对于 $j=l+1/2$，$l=0,1,2,\cdots$

$$\phi(\theta,\varphi,s_z) = \frac{1}{\sqrt{2l+1}} \begin{pmatrix} \sqrt{l+m+1} Y_{lm} \\ \sqrt{l-m} Y_{l,m+1} \end{pmatrix} \tag{20a}$$

对于 $j=l-1/2$，$l=1,2,\cdots$

$$\phi(\theta,\varphi,s_z) = \frac{1}{\sqrt{2l+1}} \begin{pmatrix} -\sqrt{l-m} Y_{lm} \\ \sqrt{l+m+1} Y_{l,m+1} \end{pmatrix} \tag{20b}$$

($\boldsymbol{l}^2$，$\boldsymbol{j}^2$，j_z)的本征值分别为 $l(l+1)\hbar^2$，$j(j+1)\hbar^2$ ($j=l\pm 1/2$)，$m_j\hbar=(m+1/2)\hbar$.

在式(20a)中，$j=l+1/2$，$m_{\max}=l$，$m_{\min}=-(l+1)$，即

$$m=l, \quad l-1, \quad \cdots, 0, \quad \cdots, -(l+1)$$

相应 $$\begin{aligned} m_j = m+1/2 &= l+1/2, l-1/2, \cdots, 1/2, \cdots, -(l+1/2) \\ &= j, \quad j-1, \quad \cdots, 1/2, \cdots, -j \end{aligned}$$

共有$(2j+1)$个可能取值.

在式(20b)中，$j=l-1/2$，$l\neq 0$. $m_{\max}=l-1$，(因 $m=l$ 时，$\phi=0$ 无意义)，$m_{\min}=-l$，(因 $m=-l-1$ 时，$\phi=0$). 所以

$$m=l-1, \quad l-2, \quad \cdots, -l+1, \quad -l$$

相应 $$\begin{aligned} m_j = m+1/2 &= l-1/2, l-3/2, \cdots, -l+3/2, -l+1/2 \\ &= j, \quad j-1, \quad \cdots, -j+1, \quad -j \end{aligned}$$

同样也具有$(2j+1)$个可能取值.

概括起来,$(\boldsymbol{l}^2,\boldsymbol{j}^2,j_z)$的共同本征态可记为$\phi_{ljm_j}$,对应的本征值分别为$l(l+1)\hbar^2,j(j+1)\hbar^2,m_j\hbar(m_j=j,j-1,\cdots,-j)$.

对于$j=l+1/2$,(式中$m_j=m+1/2$)

$$\begin{aligned}\phi_{ljm_j}&=\frac{1}{\sqrt{2l+1}}\begin{pmatrix}\sqrt{l+m+1}\,\mathrm{Y}_{lm}\\ \sqrt{l-m}\,\mathrm{Y}_{l,m+1}\end{pmatrix}\\&=\sqrt{\frac{l+m+1}{2l+1}}\mathrm{Y}_{lm}\begin{pmatrix}1\\0\end{pmatrix}+\sqrt{\frac{l-m}{2l+1}}\mathrm{Y}_{l,m+1}\begin{pmatrix}0\\1\end{pmatrix}\\&=\frac{1}{\sqrt{2j}}\begin{pmatrix}\sqrt{j+m_j}\,\mathrm{Y}_{j-1/2,m_j-1/2}\\ \sqrt{j-m_j}\,\mathrm{Y}_{j-1/2,m_j+1/2}\end{pmatrix}\end{aligned}\tag{21a}$$

对于$j=l-1/2(l\neq0)$,(式中$m_j=m+1/2$)

$$\begin{aligned}\phi_{ljm_j}&=\frac{1}{\sqrt{2l+1}}\begin{pmatrix}-\sqrt{l-m}\,\mathrm{Y}_{lm}\\ \sqrt{l+m+1}\,\mathrm{Y}_{l,m+1}\end{pmatrix}\\&=-\sqrt{\frac{l-m}{2l+1}}\mathrm{Y}_{lm}\begin{pmatrix}1\\0\end{pmatrix}+\sqrt{\frac{l+m+1}{2l+1}}\mathrm{Y}_{l,m+1}\begin{pmatrix}0\\1\end{pmatrix}\\&=\frac{1}{\sqrt{2j+2}}\begin{pmatrix}-\sqrt{j-m_j+1}\,\mathrm{Y}_{j+1/2,m_j-1/2}\\ \sqrt{j+m_j+1}\,\mathrm{Y}_{j+1/2,m_j+1/2}\end{pmatrix}\end{aligned}\tag{21b}$$

$l=0$情况,根本不存在自旋轨道耦合,总角动量即自旋,$j=s=1/2,m_j=m_s=\pm1/2$.波函数可以表示为

$$\begin{cases}\phi_{0\frac{1}{2}\frac{1}{2}}=\begin{pmatrix}\mathrm{Y}_{00}\\0\end{pmatrix}=\dfrac{1}{\sqrt{4\pi}}\begin{pmatrix}1\\0\end{pmatrix}\\ \phi_{0\frac{1}{2}-\frac{1}{2}}=\begin{pmatrix}0\\ \mathrm{Y}_{00}\end{pmatrix}=\dfrac{1}{\sqrt{4\pi}}\begin{pmatrix}0\\1\end{pmatrix}\end{cases}\tag{22}$$

在光谱学上习惯用下列符号标记这些态:

l	0	1	2	3	4
j	1/2	1/2　3/2	3/2　5/2	5/2　7/2	7/2　9/2
光谱学符号	$\mathrm{s}_{1/2}$	$\mathrm{p}_{1/2}$　$\mathrm{p}_{3/2}$	$\mathrm{d}_{3/2}$　$\mathrm{d}_{5/2}$	$\mathrm{f}_{5/2}$　$\mathrm{f}_{7/2}$	$\mathrm{g}_{7/2}$　$\mathrm{g}_{9/2}$

练习1. 证明ϕ_{ljm_j}是$\boldsymbol{s}\cdot\boldsymbol{l}=\frac{\hbar}{2}\boldsymbol{\sigma}\cdot\boldsymbol{l}$的本征态,并求出相应的本征值.

提示:利用$\boldsymbol{j}^2=\boldsymbol{l}^2+\boldsymbol{s}^2+2\boldsymbol{s}\cdot\boldsymbol{l}=\boldsymbol{l}^2+3\hbar^2/4+2\boldsymbol{s}\cdot\boldsymbol{l}$,可以求得

$$
(\boldsymbol{s}\cdot\boldsymbol{l})\phi_{ljm_j}=\begin{cases}\dfrac{\hbar^2}{2}l\phi_{ljm_j}, & j=l+1/2\\ -\dfrac{\hbar^2}{2}(l+1)\phi_{ljm_j}, & j=l-1/2(l\neq 0)\end{cases} \tag{23}
$$

练习 2. 求 σ_z 在 ϕ_{ljm_j} 态下的平均值.

答案：

$$
\langle ljm_j\,|\,\sigma_z\,|\,ljm_j\rangle=\begin{cases}m_j/j, & j=l+1/2\\ -m_j/(j+1), & j=l-1/2,(l\neq 0)\end{cases} \tag{24}
$$

8.3　碱金属原子光谱的双线结构与反常 Zeeman 效应

8.3.1　碱金属原子光谱的双线结构

碱金属原子（$_3$Li，$_{11}$Na，$_{19}$K，$_{37}$Rb，$_{55}$Cs 等）有一个价电子(valence electron). 原子核及内层满壳电子（"原子实"）对它的作用，可近似用一个屏蔽 Coulomb 场$V(r)$来表示. 碱金属原子的低激发能级就是来自价电子的激发. 价电子的 Hamilton 量为

$$
\begin{gathered}H=p^2/2\mu+V(r)+\xi(r)\boldsymbol{s}\cdot\boldsymbol{l}\\ \xi(r)=\frac{1}{2\mu^2c^2}\frac{1}{r}\frac{\mathrm{d}V}{\mathrm{d}r}\end{gathered} \tag{1}
$$

按照上节关于守恒量的分析，H 的本征态可选为对易守恒量完全集$(H,\boldsymbol{l}^2,\boldsymbol{j}^2,j_z)$的共同本征态，即令

$$
\psi(r,\theta,\varphi,s_z)=R(r)\phi_{ljm_j}(\theta,\varphi,s_z) \tag{2}
$$

这里 $\phi_{ljm_j}(\theta,\varphi,s_z)$是$(\boldsymbol{l}^2,\boldsymbol{j}^2,j_z)$的共同本征态. 把式(2)代入能量本征方程

$$
\left[-\frac{\hbar^2}{2\mu}\left(\frac{1}{r^2}\frac{\partial}{\partial r}r^2\frac{\partial}{\partial r}-\frac{\boldsymbol{l}^2}{\hbar^2r^2}\right)+V(r)+\xi(r)\boldsymbol{s}\cdot\boldsymbol{l}\right]\psi=E\psi \tag{3}
$$

利用 8.2 节的式(23)，可得出如下径向方程：

对于 $j=l+1/2$，

$$
\left[-\frac{\hbar^2}{2\mu}\frac{1}{r^2}\frac{\mathrm{d}}{\mathrm{d}r}r^2\frac{\mathrm{d}}{\mathrm{d}r}+V(r)+\frac{l(l+1)\hbar^2}{2\mu r^2}+\frac{l\hbar^2}{2}\xi(r)\right]R(r)=ER(r) \tag{4}
$$

对于 $j=l-1/2(l\neq 0)$，

$$
\left[-\frac{\hbar^2}{2\mu}\frac{1}{r^2}\frac{\mathrm{d}}{\mathrm{d}r}r^2\frac{\mathrm{d}}{\mathrm{d}r}+V(r)+\frac{l(l+1)\hbar^2}{2\mu r^2}-\frac{(l+1)\hbar^2}{2}\xi(r)\right]R(r)=ER(r) \tag{5}
$$

对于给定 $V(r)$($\xi(r)$随之而定)，分别解出上列径向方程，并根据束缚态边条件，即可定出离散能量本征值. 由于 $V(r)$并非纯 Coulomb 场，电子能量本征值与量子数(n,l,j)都有关，记为 E_{nlj}，是$(2j+1)$重简并. 在原子中，由于 $V(r)<0$($V(\infty)=0$，吸引力)，所以 $V'(r)>0$，$\xi(r)>0$. 再利用 8.2 节式(23)，可以得出

$$
E_{nlj=l+1/2}>E_{nlj=l-1/2} \tag{6}
$$

即 $j=l+1/2$ 能级略高于 $j=l-1/2(l\neq 0)$能级. 但由于自旋轨道耦合很小，这两

条能级很靠近. 这就是造成光谱双线粗细结构的原因. 仔细计算表明,自旋轨道耦合造成的能级分裂 $\Delta E = E_{nlj=l+1/2} - E_{nlj=l-1/2}$ 随原子序数 Z 增大而增大. 对于锂原子($Z=3$),此分裂很小,不易分辨. 从钠原子($Z=11$)开始,分裂才比较明显.

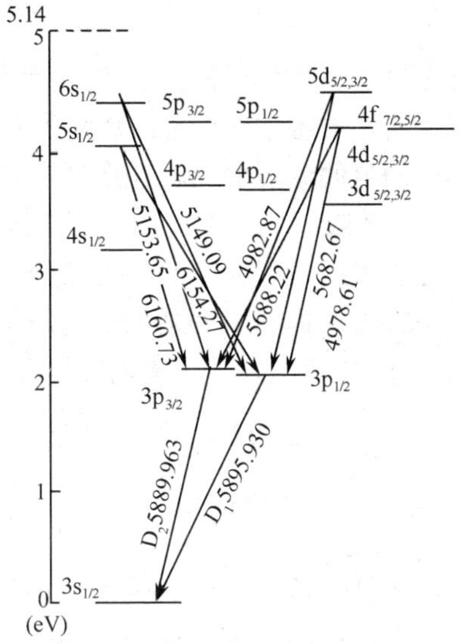

图 8.2　Na 原子能级图
光谱线波长单位是 Å=0.1nm

Na 原子有 11 个电子. 基态的电子组态(configuration,指电子在各单粒子能级上的填布情况)为$(1s)^2(2s)^2(2p)^6(3s)^1$,其中有 10 个电子填满了最低的两个大壳(主量子数 $n=1,2$),构成满壳组态:$(1s)^2(2s)^2(2p)^6$,而价电子处于 3s 能级. Na 原子的最低的激发能级是价电子激发到 3p 能级所构成. 考虑到自旋轨道耦合,3p 能级分裂成两条,$3p_{3/2}$ 能级略高于 $3p_{1/2}$ 能级(图 8.2). 当电子从 $3p_{3/2}$ 和 $3p_{1/2}$ 跃迁回(基态)$3s_{1/2}$ 能级时,发射出的两条光谱线,处于可见光波段内,波长分别为 $\lambda=589.0\text{nm}$ 和 589.6nm,即钠黄线 D_2 和 D_1.

8.3.2　反常 Zeeman 效应

在强磁场中,原子光谱发生分裂(一般为 3 条)的现象,称为正常 Zeeman 效应. 对于正常 Zeeman 效应,不必考虑电子自旋就可以说明(参见 6.2 节). 若计及电子自旋和相应的内禀磁矩,则需要把内禀磁矩与外磁场的作用考虑进去. 但当外磁场很强时,我们仍然可以把自旋轨道耦合略去,Hamilton 量表示为(仍假设外磁场 B 均匀,沿 z 轴方向)

$$H = p^2/2\mu + V(r) + \frac{eB}{2\mu c}(l_z + 2s_z) \tag{7}$$

式中,右边最后两项分别是电子的轨道磁矩和内禀磁矩与外磁场 B 的作用. 由于 H 不含自旋轨道耦合,波函数自旋部分可以与空间部分分离. H 的本征态可选为对易守恒量完全集$(H, \boldsymbol{l}^2, l_z, s_z)$的共同本征态,即

$$\begin{aligned}\psi_{nlmm_s}(r,\theta,\varphi,s_z) &= \psi_{nlm}(r,\theta,\varphi)\chi_{m_s}(s_z) \\ &= R_{nl}(r)\mathrm{Y}_{lm}(\theta,\varphi)\chi_{m_s}(s_z)\end{aligned} \tag{8}$$

相应的能量本征值为

$$E_{nlmm_s} = E_{nl} + \frac{eB}{2\mu c}\hbar(m + 2m_s), \qquad m_s = \pm 1/2$$

$$E_{nlmm_s}=E_{nl}+\frac{eB}{2\mu c}\hbar(m\pm 1) \tag{9}$$

与不考虑电子自旋时的能级 E_{nlm}(参阅 6.2 节,式(5))相比,能级虽有所改变,但对于原子光谱的正常 Zeeman 分裂并无影响. 以钠黄线的正常 Zeeman 分裂为例,考虑到光的电偶极辐射的跃迁选择定则(参见 11.5 节)之一,$\Delta m_s=0$,跃迁分别只在 $m_s=+1/2$ 或 $m_s=-1/2$ 两组能级内部进行(即不允许 $m_s=+1/2$ 态$\leftrightarrow m_s=-1/2$ 的跃迁). 因此对观测到的谱线三分裂现象没有影响.

当所加外磁场 B 很弱时,自旋轨道耦合作用并不比外磁场作用小,此时应把它们一并加以考虑,这就造成反常 Zeeman 现象. 此时,价电子的 Hamilton 量为

$$\begin{aligned} H &= p^2/2\mu+V(r)+\xi(r)\boldsymbol{s}\cdot\boldsymbol{l}+\frac{eB}{2\mu c}(l_z+2s_z) \\ &= p^2/2\mu+V(r)+\xi(r)\boldsymbol{s}\cdot\boldsymbol{l}+\frac{eB}{2\mu c}j_z+\frac{eB}{2\mu c}s_z \end{aligned} \tag{10}$$

在无外磁场($B=0$)的情况下,只计及自旋轨道耦合(参阅式(1)),电子的总角动量为守恒量,能量本征态可以取为对易守恒量完全集$(H,\boldsymbol{l}^2,\boldsymbol{j}^2,j_z)$的共同本征态. 而在有外磁场(沿 z 方向)的情况下,利用式(10)可以证明,虽然 j_z 仍为守恒量,j_x,j_y 和 $\boldsymbol{j}^2$ 均非守恒量,要严格计算能量本征态比较麻烦. 问题主要出自式(10)最后一项.

为此,设先忽略式(10)的最后一项[注],则$(H,\boldsymbol{l}^2,\boldsymbol{j}^2,j_z)$仍为对易守恒量完全集,$H$ 本征态仍可表示为式(2)的形式

$$\psi_{nljm_j}(r,\theta,\varphi,s_z)=R_{nlj}(r)\phi_{ljm_j}(\theta,\varphi,s_z) \tag{11}$$

能量本征值为

$$E_{nljm_j}=E_{nlj}+m_j\hbar\omega_{\mathrm{L}},\qquad \omega_{\mathrm{L}}=eB/2\mu c \tag{12}$$

$R_{nlj}(r)$与 E_{nlj} 则是求解径向方程(4)和(5)得出的本征函数和本征值. 当无外磁场时($B=0$),能级 E_{nlj} 是$(2j+1)$重简并. 当加上外磁场时,如式(12)所示,能级 E_{nljm_j} 将依赖于磁量子数 m_j,一般说来,E_{nlj} 能级分裂为$(2j+1)$条. 注意,$(2j+1)$为偶数,这就可以说明反常 Zeeman 分裂现象了(图 8.3).

[注] 考虑 Hamilton 量(10)最后一项后,能级要复杂得多,但上述定性分析结论不变. 下面提供处理 Hamilton 量(10)最后一项的一个近似方法(即一级近似简并微扰论,参阅 10.1 节). 当计及最后一项后,虽然$[\boldsymbol{l}^2,s_z]=0$,$[j_z,s_z]=0$,但$[\boldsymbol{j}^2,s_z]\neq 0$,$\boldsymbol{j}^2$ 不再是守恒量,即 j 不是严格的好量子数. 但由于外磁场 B 很微弱,$\omega_{\mathrm{L}}s_z$ 仍可视为微扰,在一级微扰近似下,我们可以局限在 E_{nlj} 的诸简并态张开的$(2j+1)$维子空间中把微扰 $\omega_{\mathrm{L}}s_z$ 对角化(即忽略不同 j 态的混合). 而在此子空间中,$\omega_{\mathrm{L}}s_z$ 实际已经对角化,因为(利用$[j_z,s_z]=0$),

$$\langle ljm_j'|s_z|ljm_j\rangle=\delta_{m_j'm_j}\langle ljm_j|s_z|ljm_j\rangle \tag{13}$$

利用 8.2 节式(24),可得

$$\omega_{\mathrm{L}}\langle ljm_j|s_z|ljm_j\rangle=\hbar\omega_{\mathrm{L}}\begin{cases} m_j/2j, & j=l+1/2 \\ -m_j/(2j+2), & j=l-1/2,(l\neq 0) \end{cases} \tag{14}$$

Hamilton 量(10)的本征值在一级微扰近似下为

$$E_{nljm_j} = E_{nlj} + m_j\hbar\omega_L \begin{cases} (1+1/2j), & j = l+1/2 \\ (1-1/(2j+2)), & j = l-1/2(l \neq 0) \end{cases} \tag{15}$$

而本征函数仍如式(11)所示.

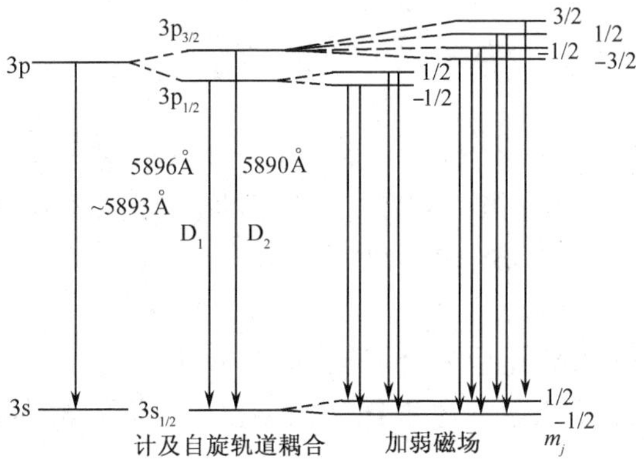

图 8.3　钠黄线的反常 Zeeman 分裂

跃迁选择定则：$\Delta l = \pm 1$

$\Delta j = 0, \pm 1$

$\Delta m_j = 0, \pm 1$

8.4　多电子体系的自旋态,纠缠态

8.4.1　2 电子的自旋单态与三重态

中性氦原子有两个电子,研究氦原子的状态,就涉及两个电子组成的体系的自旋态. 设两个电子的自旋记为 $\boldsymbol{s}_1$ 与 $\boldsymbol{s}_2$,令

$$\boldsymbol{S} = \boldsymbol{s}_1 + \boldsymbol{s}_2 \tag{1}$$

表示两个电子的自旋之和. 由于 $\boldsymbol{s}_1$ 与 $\boldsymbol{s}_2$ 分别属于两个电子,即涉及不同的自由度,$[s_{1\alpha}, s_{2\beta}]=0$,$\alpha,\beta = x,y,z$. 由此不难证明,$\boldsymbol{S}$ 的三个分量满足下列对易式

$$[S_x, S_y] = i\hbar S_z, \quad [S_y, S_z] = i\hbar S_x, \quad [S_z, S_x] = i\hbar S_y \tag{2}$$

令

$$\boldsymbol{S}^2 = S_x^2 + S_y^2 + S_z^2 \tag{3}$$

利用式(2),不难证明

$$[\boldsymbol{S}^2, S_\alpha] = 0, \qquad \alpha = x, y, z \tag{4}$$

两个电子组成的体系的自旋自由度为 2. 既可以选(s_{1z}, s_{2z})为对易自旋力学量完全集,也可以选$(\boldsymbol{S}^2, S_z)$为对易自旋力学量完全集. 下面我们来求$(\boldsymbol{S}^2, S_z)$的共同本征态.

令 s_{1z}本征态记为 $\alpha(1)$和 $\beta(1)$,s_{2z}本征态记为 $\alpha(2)$和 $\beta(2)$,则(s_{1z}, s_{2z})的共同本征态有 4 个,即

$$\alpha(1)\alpha(2),\quad \beta(1)\beta(2),\quad \alpha(1)\beta(2),\quad \beta(1)\alpha(2) \tag{5}$$

显然它们也是 $S_z=s_{1z}+s_{2z}$ 的本征态,本征值分别为 $\hbar,-\hbar,0,0$. 试问:它们是否为 $\boldsymbol{S}^2$ 的本征态?利用

$$\begin{aligned}\boldsymbol{S}^2 &=(\boldsymbol{s}_1+\boldsymbol{s}_2)^2=\boldsymbol{s}_1^2+\boldsymbol{s}_2^2+2\boldsymbol{s}_1\cdot\boldsymbol{s}_2\\ &=\frac{3}{2}\hbar^2+\frac{\hbar^2}{2}(\sigma_{1x}\sigma_{2x}+\sigma_{1y}\sigma_{2y}+\sigma_{1z}\sigma_{2z})\end{aligned} \tag{6}$$

以及(8.1 节式(20))

$$\sigma_y\alpha=\mathrm{i}\beta,\quad \sigma_y\beta=-\mathrm{i}\alpha,\quad \sigma_x\alpha=\beta,\quad \sigma_x\beta=\alpha,\quad \sigma_z\alpha=\alpha,\quad \sigma_z\beta=-\beta \tag{7}$$

并注意 $\boldsymbol{\sigma}_1$ 和 $\boldsymbol{\sigma}_2$ 分别作用于第一和第二个电子的自旋波函数上,容易证明

$$\begin{cases}\boldsymbol{S}^2\alpha(1)\alpha(2)=2\hbar^2\alpha(1)\alpha(2)\\ \boldsymbol{S}^2\beta(1)\beta(2)=2\hbar^2\beta(1)\beta(2)\end{cases} \tag{8}$$

即 $\alpha(1)\alpha(2)$ 和 $\beta(1)\beta(2)$ 已经是 $\boldsymbol{S}^2$ 本征态. 但对于 $S_z=0$ 的两个本征态 $\alpha(1)\beta(2)$ 与 $\beta(1)\alpha(2)$ 则否. 然而我们可以把这两个态线性叠加,以构成 $\boldsymbol{S}^2$ 的本征态,令

$$\chi=c_1\alpha(1)\beta(2)+c_2\beta(1)\alpha(2) \tag{9}$$

要求它是 $\boldsymbol{S}^2$ 的本征态,即

$$\boldsymbol{S}^2\chi=\lambda\hbar^2\chi \tag{10}$$

λ(无量纲)待定. 利用式(6)与式(7),不难得出

$$\begin{aligned}\boldsymbol{S}^2\chi &=\hbar^2(c_1+c_2)\alpha(1)\beta(2)+\hbar^2(c_1+c_2)\beta(1)\alpha(2)\\ &=\lambda\hbar^2[c_1\alpha(1)\beta(2)+c_2\beta(1)\alpha(2)]\end{aligned}$$

由此可得出

$$\begin{aligned}(1-\lambda)c_1+c_2&=0\\ c_1+(1-\lambda)c_2&=0\end{aligned} \tag{11}$$

此方程组有非平庸解的条件为

$$\begin{vmatrix}1-\lambda & 1\\ 1 & 1-\lambda\end{vmatrix}=0 \tag{12}$$

解之,得两根,$\lambda=0,2$.

用 $\lambda=0$ 根代入式(11)中任何一式,可得 $c_1/c_2=-1$.

$\lambda=2$ 根代入式(11)中任何一式,可得 $c_1/c_2=1$.

再利用归一化条件,并取适当相位,可求出 $\boldsymbol{S}^2$ 的归一化本征态为

$$\begin{cases}\dfrac{1}{\sqrt{2}}[\alpha(1)\beta(2)-\beta(1)\alpha(2)] & (\boldsymbol{S}^2\text{ 本征值为 }0)\\ \dfrac{1}{\sqrt{2}}[\alpha(1)\beta(2)+\beta(1)\alpha(2)] & (\boldsymbol{S}^2\text{ 本征值为 }2\hbar^2)\end{cases} \tag{13}$$

令 $\boldsymbol{S}^2$ 本征值记为 $S(S+1)\hbar^2$,则以上两个态分别相当于 $S=0$ 和 1. 联合式(8)与式(13),就求出了$(\boldsymbol{S}^2,S_z)$的共同本征态,记为 χ_{SM_S}. $S=1,M_S=\pm1,0$ 的三个态称

为自旋三重态(triplet),而 $S=0, M_S=0$ 的态称为自旋单态(singlet). 见表 8.1.

表 8.1 两个电子的自旋三重态与单态

$(\boldsymbol{S}^2, S_z)$ 共同本征函数 χ_{SM_S}	S	M_S
$\alpha(1)\alpha(2)$	1	1 (三重态)
$\frac{1}{\sqrt{2}}[\alpha(1)\beta(2)+\beta(1)\alpha(2)]$	1	0 (三重态)
$\beta(1)\beta(2)$	1	-1 (三重态)
$\frac{1}{\sqrt{2}}[\alpha(1)\beta(2)-\beta(1)\alpha(2)]$	0	0(单态)

练习 1. 令 $P_{12}=\frac{1}{2}(1+\boldsymbol{\sigma}_1\cdot\boldsymbol{\sigma}_2)$. (a)证明 $P_{12}^2=1$;(b)证明 $P_{12}=\boldsymbol{S}^2/\hbar^2-1$,并由此证明 $P_{12}\chi_{SM_S}=(-)^{S+1}\chi_{SM_S}$, P_{12}有何物理意义?

答:考虑到 $S=1$ 和 0 态分别对两个电子的自旋交换是对称和反对称,所以 P_{12}是两个电子的(自旋)交换算符.

练习 2. 令$P_3=\frac{1}{4}(3+\boldsymbol{\sigma}_1\cdot\boldsymbol{\sigma}_2)=\frac{1}{2}(1+P_{12})$

$$P_1=\frac{1}{4}(1-\boldsymbol{\sigma}_1\cdot\boldsymbol{\sigma}_2)=\frac{1}{2}(1-P_{12})$$

证明 $P_3\chi_{1M_S}=\chi_{1M_S}, P_3\chi_{00}=0, P_1\chi_{1M_S}=0, P_1\chi_{00}=\chi_{00}$.

所以 P_3 与 P_1 分别是三重态和单态的投影算符.

练习 3. 利用 $\boldsymbol{S}^2=\frac{\hbar^2}{2}(3+\boldsymbol{\sigma}_1\cdot\boldsymbol{\sigma}_2)$,证明 χ_{SM_S} 也是 $\boldsymbol{\sigma}_1\cdot\boldsymbol{\sigma}_2$ 的本征态,即

$$\boldsymbol{\sigma}_1\cdot\boldsymbol{\sigma}_2\chi_{1M_S}=\chi_{1M_S}, \quad \boldsymbol{\sigma}_1\cdot\boldsymbol{\sigma}_2\chi_{00}=-3\chi_{00}.$$

练习 4. 自旋为 $\hbar/2$ 的二粒子组成的体系,处于自旋单态 χ_{00}. 设 $\boldsymbol{a}$ 与 $\boldsymbol{b}$ 是空间任意两个方向. 粒子 1 的自旋沿 $\boldsymbol{a}$ 方向的分量 $\boldsymbol{\sigma}_1\cdot\boldsymbol{a}$ 与粒子 2 的自旋沿 $\boldsymbol{b}$ 方向的分量 $\boldsymbol{\sigma}_2\cdot\boldsymbol{b}$ 有确切的关联. 证明

$$\langle\chi_{00}|(\boldsymbol{\sigma}_1\cdot\boldsymbol{a})(\boldsymbol{\sigma}_2\cdot\boldsymbol{b})|\chi_{00}\rangle=-(\boldsymbol{a}\cdot\boldsymbol{b}) \tag{14}$$

提示:利用 $P_{12}\chi_{00}=-\chi_{00}$,可得$\langle\chi_{00}|(\boldsymbol{\sigma}_1+\boldsymbol{\sigma}_2)|\chi_{00}\rangle=0$. 因此

$$\begin{aligned}\langle\chi_{00}|(\boldsymbol{\sigma}_1\cdot\boldsymbol{a})(\boldsymbol{\sigma}_2\cdot\boldsymbol{b})|\chi_{00}\rangle &=-\langle\chi_{00}|(\boldsymbol{\sigma}_1\cdot\boldsymbol{a})(\boldsymbol{\sigma}_1\cdot\boldsymbol{b})|\chi_{00}\rangle\\ &=-(\boldsymbol{a}\cdot\boldsymbol{b})-\mathrm{i}\langle\chi_{00}|\boldsymbol{\sigma}_1|\chi_{00}\rangle\cdot(\boldsymbol{a}\times\boldsymbol{b})=-(\boldsymbol{a}\cdot\boldsymbol{b})\end{aligned}$$

从以上讨论可以看出,自旋为 $\hbar/2$ 的二粒子体系的 4 个自旋态,可以是(s_{1z}, s_{2z})的共同本征态式(5). $s_z=\pm\hbar/2$ 的自旋态可以形象地记为 $\alpha=|\uparrow\rangle, \beta=|\downarrow\rangle$. 于是式(5)可以表示为

$$|\uparrow\rangle_1|\uparrow\rangle_2, \quad |\uparrow\rangle_1|\downarrow\rangle_2, \quad |\downarrow\rangle_1|\uparrow\rangle_2, \quad |\downarrow\rangle_1|\downarrow\rangle_2 \tag{15}$$

以它们为基矢的表象,称为角动量非耦合(uncoupling)表象. 而$(\boldsymbol{S}^2, S_z)$的共同本征态 χ_{SM}(表 8.1)可以表示为

$$\chi_{00}=\frac{1}{\sqrt{2}}[|\uparrow\rangle_1|\downarrow\rangle_2-|\downarrow\rangle_1|\uparrow\rangle_2]$$

$$\chi_{10}=\frac{1}{\sqrt{2}}[|\uparrow\rangle_1|\downarrow\rangle_2+|\downarrow\rangle_1|\uparrow\rangle_2] \tag{16}$$

$$\chi_{11}=|\uparrow\rangle_1|\uparrow\rangle_2$$

$$\chi_{1-1}=|\downarrow\rangle_1|\downarrow\rangle_2$$

以它们为基矢的表象,称为角动量耦合(coupling)表象.

由两个粒子组成的复合体系的量子态,如果能够表示为每个粒子的量子态的乘积,则称为可分离态(separable state). 反之,为纠缠态(entangled state). 例如,式(15)中诸态均为可分离态,这是可以理解的,因为(s_{1z},s_{2z})都是单体算符. 而式(16)中的 χ_{11} 和 χ_{1-1} 为可分离态,但 χ_{00} 和 χ_{10} 则为纠缠态. 这是可以理解的,因为尽管 $\boldsymbol{S}^2=(\boldsymbol{s}_1+\boldsymbol{s}_2)^2=\boldsymbol{s}_1^2+\boldsymbol{s}_2^2+2\boldsymbol{s}_1\cdot\boldsymbol{s}_2=\frac{3}{2}\hbar^2+2\boldsymbol{s}_1\cdot\boldsymbol{s}_2=\frac{\hbar^2}{2}(3+\boldsymbol{\sigma}_1\cdot\boldsymbol{\sigma}_2)$是自旋二体算符,但 $S_z=s_{1z}+s_{2z}$ 却是自旋单体算符.

8.4.2 Bell 基

以下我们考虑由 2 电子体系的自旋二体算符构成的 CSCO 的共同本征态。利用 Pauli 算符的基本对易式以及不同电子的自旋算符(Pauli 矩阵)彼此对易,可以证明,

$$\begin{cases}(\sigma_{1x}\sigma_{2x})(\sigma_{1y}\sigma_{2y})(\sigma_{1z}\sigma_{2z})=-1\\(\sigma_{1x}\sigma_{2y})(\sigma_{1y}\sigma_{2z})(\sigma_{1z}\sigma_{2x})=-1\\(\sigma_{1x}\sigma_{2z})(\sigma_{1z}\sigma_{2y})(\sigma_{1y}\sigma_{2x})=-1\end{cases} \tag{17}$$

上式中任何一式的左侧的 3 个二体自旋算符中任何两个都构成 2 电子体系的一组 CSCO. 例如,$\{\sigma_{1x}\sigma_{2x},\sigma_{1y},\sigma_{2y}\}$的共同本征态,列于表 8.2 中[采用$(\sigma_{1z},\sigma_{2z})$表象],这就是著名的 Bell 基.

表 8.2 Bell 基

Bell 基记号	表示式	$\sigma_{1x}\sigma_{2x}$	$\sigma_{1y}\sigma_{2y}$	$\sigma_{1z}\sigma_{2z}$
$\lvert\psi^-\rangle_{12}$	$\frac{1}{\sqrt{2}}[\lvert\uparrow\downarrow\rangle_{12}-\lvert\downarrow\uparrow\rangle_{12}]$	-1	-1	-1
$\lvert\psi^+\rangle_{12}$	$\frac{1}{\sqrt{2}}[\lvert\uparrow\downarrow\rangle_{12}+\lvert\downarrow\uparrow\rangle_{12}]$	$+1$	$+1$	-1
$\lvert\varphi^-\rangle_{12}$	$\frac{1}{\sqrt{2}}[\lvert\uparrow\uparrow\rangle_{12}-\lvert\downarrow\downarrow\rangle_{12}]$	-1	$+1$	$+1$
$\lvert\varphi^+\rangle_{12}$	$\frac{1}{\sqrt{2}}[\lvert\uparrow\uparrow\rangle_{12}+\lvert\downarrow\downarrow\rangle_{12}]$	$+1$	-1	$+1$

类似还可以证明

$$\begin{cases}(\sigma_{1y}\sigma_{2z})(\sigma_{1z}\sigma_{2y})(\sigma_{1x}\sigma_{2x})=1\\(\sigma_{1z}\sigma_{2x})(\sigma_{1x}\sigma_{2z})(\sigma_{1y}\sigma_{2y})=-1\\(\sigma_{1x}\sigma_{2y})(\sigma_{1y}\sigma_{2x})(\sigma_{1z}\sigma_{2z})=1\end{cases} \tag{18}$$

$(\sigma_{1x}\sigma_{2y},\sigma_{1y}\sigma_{2x})$的共同本征态(也是$\sigma_{1z}\sigma_{2z}$的本征态)及本征值,列于表 8.3 中.

表 8.3

表示式	$\sigma_{1x}\sigma_{2y}$	$\sigma_{1y}\sigma_{2x}$	$\sigma_{1z}\sigma_{2z}$
$\frac{1}{\sqrt{2}}[\|\uparrow\downarrow\rangle_{12}-\mathrm{i}\|\downarrow\uparrow\rangle_{12}]$	-1	-1	-1
$\frac{1}{\sqrt{2}}[\|\uparrow\downarrow\rangle_{12}+\mathrm{i}\|\downarrow\uparrow\rangle_{12}]$	$+1$	$+1$	-1
$\frac{1}{\sqrt{2}}[\|\uparrow\uparrow\rangle_{12}-\mathrm{i}\|\downarrow\downarrow\rangle_{12}]$	-1	$+1$	$+1$
$\frac{1}{\sqrt{2}}[\|\uparrow\uparrow\rangle_{12}+\mathrm{i}\|\downarrow\downarrow\rangle_{12}]$	$+1$	-1	$+1$

[注] 单电子自旋态的表象有多种选取.令$\sigma_\alpha(\alpha=x, y, z)$的本征态记为$|\alpha\rangle$和$|\bar{\alpha}\rangle$,相应本征值分别为$\pm1$,即

$$\sigma_z|z\rangle=|z\rangle,\quad \sigma_z|\bar{z}\rangle=-|\bar{z}\rangle$$
$$\sigma_x|x\rangle=|x\rangle,\quad \sigma_x|\bar{x}\rangle=-|\bar{x}\rangle$$
$$\sigma_y|y\rangle=|y\rangle,\quad \sigma_y|\bar{y}\rangle=-|\bar{y}\rangle$$

利用$\sigma_x,\sigma_y,\sigma_z$之间的对易关系(或矩阵表示)可以证明

$$\sigma_x|y\rangle=\mathrm{i}|\bar{y}\rangle,\quad \sigma_x|\bar{y}\rangle=-\mathrm{i}|y\rangle,\quad \sigma_x|z\rangle=|\bar{z}\rangle,\quad \sigma_x|\bar{z}\rangle=|z\rangle$$
$$\sigma_y|z\rangle=\mathrm{i}|\bar{z}\rangle,\quad \sigma_y|\bar{z}\rangle=-\mathrm{i}|z\rangle,\quad \sigma_y|x\rangle=\mathrm{i}|\bar{x}\rangle,\quad \sigma_y|\bar{x}\rangle=-\mathrm{i}|x\rangle$$
$$\sigma_z|x\rangle=|\bar{x}\rangle,\quad \sigma_z|\bar{x}\rangle=|x\rangle,\quad \sigma_z|y\rangle=|\bar{y}\rangle,\quad \sigma_z|\bar{y}\rangle=|y\rangle$$

还可以证明不同表象的基矢之间有下列关系:

$$|x\rangle=\frac{1}{\sqrt{2}}[|z\rangle+|\bar{z}\rangle],\quad |\bar{x}\rangle=\frac{1}{\sqrt{2}}[|z\rangle-|\bar{z}\rangle]$$

其逆表示式为

$$|z\rangle=\frac{1}{\sqrt{2}}[|x\rangle+|\bar{x}\rangle],\quad |\bar{z}\rangle=\frac{1}{\sqrt{2}}[|x\rangle-|\bar{x}\rangle]$$

在$(\sigma_{1z},\sigma_{2z})$表象中,表 8.2 与表 8.3 中给出的态,都是两个直积态的相干叠加.若单电子自旋态的表象选取另外的表象,则可能是 4 项直积态的相干叠加.

8.4.3 GHZ 态

在量子信息理论中,把任何 2 态量子体系称为量子比特(qubit).例如,一个电子的自旋沿任何一个方向的两个分量的自旋态,一个光子的两个偏振态,任何2 态体系,都可以是一个量子比特的物理体现. 8.4.2 节所讲的 Bell 基,就是 2 量子比特的纠缠态.

下面我们讨论 $N(\geqslant3)$电子体系的一种自旋态,即 3 量子比特的一种纠缠态,称为 GHZ 态①.

---

① D. M. Greenberg, M. A. Horne, A. Zeilinger, in *Bell's Theorem. Quantum Theory, and Conceptions of the Universe*, M. Kafatos 主编,(Kluwer, Dordrecht, 1989), p. 69; D. M. Greenberg, M. A. Horne, A. Shimony, A. Zeilinger, Am. J. Phys. **58**(1990) 1131.

可以证明①，对于 3 电子体系，4 个 3 体自旋算符有下列关系：

$$(\sigma_{1x}\sigma_{2y}\sigma_{3y})(\sigma_{1y}\sigma_{2x}\sigma_{3y})(\sigma_{1y}\sigma_{2y}\sigma_{3x})(\sigma_{1x}\sigma_{2x}\sigma_{3x}) = -1 \tag{19}$$

上式左侧 4 个 3 体自旋算符中的任何 3 个都构成一个 CSCO. 例如，取

$$(A_1, A_2, A_3) = \{(\sigma_{1x}\sigma_{2y}\sigma_{3y}), (\sigma_{1y}\sigma_{2y}\sigma_{3x}), (\sigma_{1y}\sigma_{2y}\sigma_{3x})\} \tag{20}$$

它们的共同本征态，如表 8.4 所示，称为 GHZ 态.

表 8.4　3 量子比特的 GHZ 态

$(\sigma_{1z}, \sigma_{2z}, \sigma_{3z})$表象	$\sigma_{1x}\sigma_{2y}\sigma_{3y}$	$\sigma_{1y}\sigma_{2x}\sigma_{3y}$	$\sigma_{1y}\sigma_{2y}\sigma_{3x}$	$\sigma_{1x}\sigma_{2x}\sigma_{3x}$
$\frac{1}{\sqrt{2}}[\vert\uparrow\uparrow\uparrow\rangle + \mathrm{i}\vert\downarrow\downarrow\downarrow\rangle]$	∓ 1	∓ 1	∓ 1	± 1
$\frac{1}{\sqrt{2}}[\vert\uparrow\uparrow\downarrow\rangle + \mathrm{i}\vert\downarrow\downarrow\uparrow\rangle]$	± 1	± 1	∓ 1	± 1
$\frac{1}{\sqrt{2}}[\vert\uparrow\downarrow\uparrow\rangle + \mathrm{i}\vert\downarrow\uparrow\downarrow\rangle]$	± 1	∓ 1	± 1	± 1
$\frac{1}{\sqrt{2}}[\vert\uparrow\downarrow\downarrow\rangle + \mathrm{i}\vert\downarrow\uparrow\uparrow\rangle]$	∓ 1	± 1	± 1	± 1

类似，还可以分析 4 量子比特的 GHZ 态. 以下把$(\sigma_{1\alpha}\sigma_{2\beta}\sigma_{3\gamma}\sigma_{4\delta})$简单表示为$(\alpha\beta\gamma\delta)$，$\alpha, \beta, \gamma, \delta = x, y, z$. 可以证明①

$$(xxxx)(yyyy) = (xxyy)(yyxx) = (xyxy)(yxyx) = (xyyx)(yxxy) = (zzzz) \tag{21}$$

这 9 个 4 体算符中，任何 4 个函数独立的 4 体算符，都构成 4 量子比特体系的一个 CSCO. 例如，$\{(xxxx), (xxyy), (xyxy), (xyyx)\}$组成一个 CSCO. 当然，在这 4 个 4 体算符中，把任何一个换成$\{(zzzz)\}$，也构成一个 CSCO. 它们的共同本征态列于表 8.5 中.

表 8.5　4 量子比特的 GHZ 态

$(zzzz)$表象	$xxxx$	$xxyy$	$xyxy$	$xyyx$	$zzzz$
$\frac{1}{\sqrt{2}}[\vert\uparrow\uparrow\uparrow\uparrow\rangle \pm \vert\downarrow\downarrow\downarrow\downarrow\rangle]$	± 1	∓ 1	∓ 1	∓ 1	$+$
$\frac{1}{\sqrt{2}}[\vert\uparrow\uparrow\uparrow\downarrow\rangle \pm \vert\downarrow\downarrow\downarrow\uparrow\rangle]$	± 1	± 1	± 1	∓ 1	$-$
$\frac{1}{\sqrt{2}}[\vert\uparrow\uparrow\downarrow\uparrow\rangle \pm \vert\downarrow\downarrow\uparrow\downarrow\rangle]$	± 1	± 1	∓ 1	± 1	$-$
$\frac{1}{\sqrt{2}}[\vert\uparrow\uparrow\downarrow\downarrow\rangle \pm \vert\downarrow\downarrow\uparrow\uparrow\rangle]$	± 1	∓ 1	± 1	± 1	$+$
$\frac{1}{\sqrt{2}}[\vert\uparrow\downarrow\uparrow\uparrow\rangle \pm \vert\downarrow\uparrow\downarrow\downarrow\rangle]$	± 1	∓ 1	∓ 1	± 1	$-$
$\frac{1}{\sqrt{2}}[\vert\uparrow\downarrow\uparrow\downarrow\rangle \pm \vert\downarrow\uparrow\downarrow\uparrow\rangle]$	± 1	± 1	∓ 1	± 1	$+$
$\frac{1}{\sqrt{2}}[\vert\uparrow\downarrow\downarrow\uparrow\rangle \pm \vert\downarrow\uparrow\uparrow\downarrow\rangle]$	± 1	± 1	± 1	∓ 1	$+$
$\frac{1}{\sqrt{2}}[\vert\uparrow\downarrow\downarrow\downarrow\rangle \pm \vert\downarrow\uparrow\uparrow\uparrow\rangle]$	± 1	∓ 1	± 1	± 1	$-$

① M. Q. Ruan & J. Y. Zeng, Phys. Rev. **A 70**(2004) 052113

8.5 纠缠与不确定性原理

8.5.1 纠缠的确切含义

"纠缠"一词首先见于 1935 年 Schrödinger 的一篇文献①. 同年稍早,A. Einstein, B. Podolsky & N. Rosen② 讨论了 2 自由粒子体系(一维,无自旋)的如下量子态:

$$\psi(x_1,x_2) \propto \delta(x_1-x_2-a) = \frac{1}{\sqrt{2\pi\hbar}}\int \mathrm{d}p\exp[\mathrm{i}p(x_1-x_2-a)/\hbar] \tag{1}$$

按照量子态叠加原理,可以表示成两个粒子的动量(p_1,p_2)的共同本征态的相干叠加,即

$$\psi(x_1,x_2) = \int_{-\infty}^{+\infty} \mathrm{d}p\psi_p(x_2)u_p(x_1) \tag{2}$$

其中,$u_p(x_1)\propto \mathrm{e}^{\mathrm{i}px_1/\hbar}$是粒子 1 的动量本征态(本征值 p),$\psi_p(x_2)\propto \mathrm{e}^{-\mathrm{i}p(x_2-a)/\hbar}$是粒子 2 的动量本征态(本征值$-p$),$-\infty<p<+\infty$.

对于这个量子态,按照量子态的统计诠释,不管两个粒子相距 $x=x_1-x_2=a$ 多远,如果测量粒子 1 的动量的测值为 p,则测量粒子 2 的动量,结果一定是$(-p)$,两者之间有确切的关联(几率性的). 这就是纠缠态以及非局域关联(non-local correlation)的概念. 人们就称这个量子态是是(p_1,p_2)的纠缠态. Einstein 认为,当两个粒子相距很大的情况下(如 $a\to\infty$),粒子 1 的测量结果不会影响到对于粒子 2 的测量结果,否则就要乞求于离奇的超距作用(spooky action at a distance).

不难看出,量子态(1)除了是 2 自由粒子的相对坐标 $x=(x_1-x_2)$的本征态(本征值 $x=a$)以外,还是总动量 $p=(p_1+p_2)$的本征态(本征值 $P=0$),即此量子态是二粒子(一维,无自旋)体系的一组力学量完全集(x,p)的共同本征态. 应该注意,式(1)是 2 个自由粒子的 δ 波包,是一个非定态,它将迅即扩散到全空间,不便于实验操控.

20 世纪 50 年代,Bohm③ 考虑 2 电子体系的如下自旋态($S=M=0$,各向同性)

$$|\psi^-\rangle_{12} = \frac{1}{\sqrt{2}}[|\uparrow\downarrow\rangle_{12} - |\downarrow\uparrow\rangle_{12}] = \frac{1}{\sqrt{2}}[|\uparrow\rangle_1|\downarrow\rangle_2 - |\downarrow\rangle_1\uparrow|\rangle_2] \tag{3}$$

即自旋单态($S=M=0$,各向同性),它是两个电子的 s_{1z} 和 s_{2z} 的本征态的直积态的相干叠加. 不管两个电子相距多远,当人们测量第 1 个电子的自旋的 z 分量,如果测值 $s_{1z}=\pm\hbar/2$,则第 2 电子的自旋的 z 分量的测值,一定相应为 $s_{2z}=\pm\hbar/2$. 这就

① E. Schrödinger, Naturwissenschaften **23**(1935) 807, 823, 844. [Schrödinger 猫态佯谬]

② A. Einstein, B. Podolsky, N. Rosen, Phys. Rev. **47**(1935) 777. [EPR 佯谬]

③ D. Bohm, *Quantum Theory* [New York, Prentice-Hall, 1951]. [EPR 佯谬的 Bohm 形式]

说明，自旋单态是(s_{1y}, s_{2y})的纠缠态，同样展示了非局域关联. 这就是 EPR 佯谬的 Bohm 形式.

关于纠缠态，早期的一种看法是(以下限于讨论纯态)：与波动-粒子二象性属于单粒子性质相反，纠缠涉及至少 2 个粒子. 例如，Aspect① 文中提到：

"In contrast to wave-particle duality, which is a one-particle feature, entanglement involves at least two particles."
上面所举的两个例子就属于这种情况.

另一种看法是，量子纠缠并不一定涉及两个粒子，而只涉及(至少)两个彼此对易的可观测量(observables)[②,③]. 例如，V. Vedral ③ 提到：

"What exactly is entanglement? After all is said and done, it takes (at least) two to tangle, although these two need not be particles. To study entanglement, two or more subsystems need to be identified , together with the appropriate degrees of freedom that might be entangled. These subsystems are technically known as modes. Most formally, entanglement is the degree of correlation between observables pertaining to different modes that exceeds any correlation allowed by the laws of classical physics."

我们倾向于后一种观点. 从量子力学理论上来看，一般而言，量子纠缠应该理解为涉及至少两个可对易可观测量. 这两个可观测量，既可以属于同一个粒子，也可以属于两个粒子③. 实际上，单个粒子的两个对易可观测量之间的纠缠已在很多实验中实现. 例如，在 C. Monroe 等的工作④中，制备了一个介观尺度上的纠缠纯态，即束缚在 Paul 阱中的$^9Be^+$的内部态(电子激发态)与其质心运动(即离子的空间运动)自由度的纠缠纯态.

在 8.2 节讨论过单电子的总角动量，$\boldsymbol{j}=\boldsymbol{l}+\boldsymbol{s}$ 是轨道角动量 $\boldsymbol{l}$ 和自旋角动量 $\boldsymbol{s}$ 之和. 单个电子的一个 CSCO$(\boldsymbol{l}^2, \boldsymbol{j}^2, l_z)$的共同本征态记为 ϕ_{ljm_j}，$j=l\pm 1/2$，$|m_j|\leqslant j, m_j=m+1/2$，

$$\text{对于 } j=l+1/2, l=0,1,2,\cdots,\quad \phi_{ljm_j}=\sqrt{\frac{l+m+1}{2l+1}}\mathrm{Y}_{lm}\begin{pmatrix}1\\0\end{pmatrix}+\sqrt{\frac{l-m}{2l+1}}\mathrm{Y}_{l,m+1}\begin{pmatrix}1\\0\end{pmatrix}$$
$$\text{对于 } j=l-1/2, l=1,2,\cdots,\quad \phi_{ljm_j}=\sqrt{\frac{l-m}{2l+1}}\mathrm{Y}_{lm}\begin{pmatrix}1\\0\end{pmatrix}+\sqrt{\frac{l-m+1}{2l+1}}\mathrm{Y}_{l,m+1}\begin{pmatrix}0\\1\end{pmatrix}\tag{4}$$

可以看出，ϕ_{ljm_j}态不是 l_z 的征态与 s_z 的本征态的直积态，而是两项直积态的相干叠加，即 ϕ_{lim_j}是单电子的两个对易的可观测量 l_z 和 s_z 纠缠态. 式(4)的叠加系

① A. Aspect, Nature **446**(2007) 866.

② P. Knight, Nature **395**(1998) 12.

③ V. Vedral, Nature **453**(2008) 1004.

④ C. Monroe, *et al.*, Nature **272**(1996) 1131.

数的模方表征 l_z 和 s_z 的同时测量值的相对几率. 例如,对于 $j=l+1/2$ 的 ϕ_{ljm_j},l_z 的测值为 m 与 s_z 的测量值 1/2 的相对几率为 $(l+m+1)/(2l+1)$, 等.

为确切起见,当谈及一个纠缠态时,必须指明,它是什么样的两个(或多个)对易的可观测量之间的纠缠[①]. 对易可观测量 A 和 B 的纠缠纯态,有如下两个特点[②]:

(a) 测量之前,A 和 B 都不具有确定的值(即不是 A 和 B 的共同本征态).

(b) A 和 B 的同时测量结果之间有确切的关联(几率性的).

因此,我们可以说:

式(1)所示量子态是 (p_1,p_2) 的纠缠态,它是 $(x\ ,P)$ 的共同本征态. 式(3)所示量子态是 2 电子的自旋 (s_{1z},s_{2z}) 的纠缠态,它是 (S^2,S_z) 的一个共同本征态 $(S=M_S=0)$.

式(4)所示量子态是单个电子的 (l_z,s_z) 的纠缠态,但不是 $\boldsymbol{j}^2$ 和 j_z 的纠缠态.

8.5.2 纠缠与不确定性原理的关系

在量子力学理论建立的初期,Heisenberg 的不确定性原理的提出,是科学史上一个重大事件. 特别是,按照不确定性原理,一个粒子的同一时刻的坐标和动量不具有确定值. 更普遍地讲,两个不对易的可观测量,一般说来,不能有共同本征态.

我们注意到,纠缠与不确定性原理之间有密切的关系:不确定性原理主要强调:两个不对易的可观测量不能同时具有确定值. 但如果两个可观测量属于不同的自由度,则彼此一定是对易的,就可以同时具有确定值,就不涉及不确定性原理. 而纠缠则涉及不同自由度的两个或多个对易的可观测量的共同测量结果之间的关联(几率性的).

与不确定性原理相应,能否对"一个给定量子纯态是否是纠缠态?"给出一个判据? 这里一定会涉及多自由度体系.

8.5.3 纯态的一个纠缠判据

一个多自由度或多粒子体系的量子态,必须用一组对易可观测量完全集的共同本征态来完全确定[参见本书,卷 I,4. 3. 4 节]. 每一组对易的可观测量原则上是可以共同测定的. 在实验上,相当于对体系进行一组完备的可观测量的测量,以制备体系的一个完全确定的量子态.

设 $(A_1,A_2,\cdots)$ 构成体系的一组对易可观测量完全集,其共同本征态记为 $\{|A_1',A_2',\cdots\rangle\}$. 再假设 $(B_1,B_2,\cdots)$ 构成体系的另一组对易可观测量完全集,其共

---

① M. Q. Ruan & J. Y. Zeng, Chin. Phys. Lett. **20**(2003) 1420.

② A. Mair, Nature **412**(2001) 313.

同本征态记为$\{|B'_1,B'_2,\cdots\rangle\}$. 先考虑$(A_1,A_2,\cdots)$中的任何一个可观测量与$(B_1,B_2,\cdots)$中任何一个可观测量的对易关系，定义对易式矩阵 $C=C^+$，其矩阵元素为

$$C_{\alpha\beta}\equiv \mathrm{i}[B_\beta,A_\alpha] \tag{5}$$

与不确定度关系式相似，我们有

$$\Delta A_\alpha \Delta B_\beta \geqslant \frac{1}{2}|\langle C_{\alpha\beta}\rangle| \tag{6}$$

如果$|\langle C_{\alpha\beta}\rangle|=|\langle[A_\alpha,B_\beta]\rangle|\neq 0$，则 A_α 与B_β不能共同测定.

以下我们给出纯态的一个纠缠判据[①]：

(a)设矩阵 C 的每一行 $i(i=1,2,\cdots)$，至少有一个矩阵元素$C_{ij}(j=1,2,\cdots)$不为零.

(b)设对于所有量子态，$\{|\psi\rangle=|A'_1,A'_2,\cdots\rangle\}$，$\langle\psi|C|\psi\rangle\neq 0$ 都成立.

如果条件(a)和(b)都满足，则在量子态$\{|\psi\rangle=|A'_1,A'_2,\cdots\rangle\}$下，$(B_1,B_2,\cdots)$的共同测量是彼此纠缠的.

证明

在条件(a)下，$|\psi\rangle=|A'_1,A'_2,\cdots\rangle$不可能是$(B_1,B_2,...)$的一个共同本征态. 其次，由于$\{|A'_1,A'_2,\cdots\rangle\}$和$\{|B'_1,B'_2,\cdots\rangle\}$分别都张开体系的 Hilbert 空间的一组完备基，体系的任何给定的量子态都可以用其中任何一组基来展开. 因此，任何一个给定的态$|A'_1,A'_2,\cdots\rangle$都可以展开如下：

$$|A'_1,A'_2,\cdots\rangle=\sum_{B'_1,B'_2,\cdots}\langle B'_1,B'_2,\cdots|A'_1,A'_2,\cdots\rangle|B'_1,B'_2,\cdots\rangle \tag{7}$$

设条件(a)和(b)都满足，展开系数$\langle B'_1,B'_2,\cdots|A'_1,A'_2,\cdots\rangle$就不完全为 0，而且是完全确定的，其值依赖于$|B'_1,B'_2,\cdots\rangle$. $|\langle B'_1,B'_2,\cdots|A'_1,A'_2,\cdots\rangle|^2$就是在$|A'_1,A'_2,\cdots\rangle$态下$(B_1,B_2,..)$的共同测量值分别为$(B'_1,B'_2,\cdots)$的几率. 因此$(B'_1,B'_2,\cdots)$的共同测量之间有确切的关联(几率性的)，即量子态$|A'_1,A'_2,\cdots\rangle$是$(B_1,B_2,\cdots)$的纠缠态.

但如果条件(a)成立，但条件(b)不成立，即对于所有$\{|\psi\rangle=|A'_1,A'_2,\cdots\rangle\}$，$\langle\psi|C|\psi\rangle=0$，就不能判定所有的量子态$\{|A'_1,A'_2,\cdots\rangle\}$都是，或都不是$(B_1,B_2,\cdots)$的纠缠态.(参见 8.5.4 节，例 4. 上述证明与表象无关.)

(证毕)

可以看出，上述纯态的纠缠判据与是不确定度关系有相似之处. 不确定度关系主要强调：不对易的两个可观测量 A 和 B，即 $C=\mathrm{i}[B,A]\neq 0$，一般说来，不能共同具有确定值，[对于特殊的量子态$|\psi\rangle$，满足$\langle\psi|C|\psi\rangle=0$，除外]. 上述纯态的纠缠判据则讨论：在多粒子或多自由度体系的一组对易可观测量完全集$(A_1,A_2,\cdots)$的共同本征态$\{|\psi\rangle=|A'_1,A'_2,\cdots\rangle\}$下，另一组对易可观测量完全集$(B_1,B_2,\cdots)$的共同

---

① J. Y. Zeng, Y. A. Lei, S. Y. Pei & X. C. Zeng, http://arxiv: org/abs / 1306.3325 (2013).

测量之间存在相干关联(纠缠)的条件，即借助于对易式矩阵$C_{ij}\equiv i[B_i,A_j]$的性质来判断. 可以看出,上述纯态的 CSCO 判据,在数学结构上与不确定度关系相似(参见 pp. 64-65,以及 pp. 66 的[注]). 可以认为,纯态的 CSCO 判据是不确定度关系在多自由度体系情况下的推广.

8.5.4 几个示例

以下用几个简单的例子对上述纯态的纠缠判据进行验证.

例 1 EPR 佯谬中的 2 自由粒子(无自旋)的纠缠态.

可以证明,EPR 佯谬一文中的式(9)给出的量子态[见式(1)]是 $(A_1,A_2)=(x,P)$的共同本征态,$x=x_1-x_2=a$ 是相对坐标,$P=p_1+p_2=0$ 是总动量. 分别取$(B_1,B_2)=(p_1,p_2)$和(x_1,x_2),则相应的 C 矩阵为

$$C=\hbar\begin{pmatrix}1 & 0\\ -1 & 0\end{pmatrix},\quad C=\hbar\begin{pmatrix}0 & 1\\ 0 & 1\end{pmatrix}\tag{8}$$

是常数矩阵,满足条件(a)和(b),这就验证了式(1)是 (p_1,p_2) 和 (x_1,x_2)的纠缠态.

例 2 单电子的总角动量的本征态.

单电子的总角动量 $\boldsymbol{j}=\boldsymbol{l}+\boldsymbol{s}$,$\boldsymbol{l}$ 是轨道角动量,$\boldsymbol{s}$ 是自旋角动量. $(\boldsymbol{l}^2,\boldsymbol{j}^2,j_z)$构成一组对易可观测量完全集,它们的共同本征态记为 ϕ_{ljm_j}. 对于给定 l 的总角动量的本征态$|jm_j\rangle$,取$(A_1,A_2)=(j^2,j_z)$,$(B_1,B_2)=(l_z,s_z)$,则相应的 C 矩阵为

$$C=2\hbar\begin{pmatrix}-s_xl_y+s_yl_x & 0\\ s_xl_y-s_yl_x & 0\end{pmatrix}\tag{9}$$

可以证明条件(a)和 (b)满足,这就验证了式(4)所示的单电子(给定 l)的总角动量的本征态$|jm_j\rangle$是 l_z 和 s_z 的纠缠态.

例 3 Bell 基.

如 8.4.2 节表 8.2 所示,Bell 基是$(A_1,A_2)=(\sigma_{1x}\sigma_{2x},\sigma_{1y}\sigma_{2y},)$的共同本征态. 若分别选择$(B_1,B_2)=(\sigma_{1x},\sigma_{2x})$,$(\sigma_{1y},\sigma_{2y})$,$(\sigma_{1z},\sigma_{2z})$,则 C 矩阵分别为

$$-2\begin{pmatrix}0 & \sigma_{1z}\sigma_{2y}\\ 0 & \sigma_{1y}\sigma_{2z}\end{pmatrix},\quad 2\begin{pmatrix}\sigma_{1z}\sigma_{2x} & 0\\ \sigma_{1x}\sigma_{2z} & 0\end{pmatrix},\quad 2\begin{pmatrix}-\sigma_{1y}\sigma_{2x} & \sigma_{1x}\sigma_{2y}\\ -\sigma_{1x}\sigma_{2y} & \sigma_{1y}\sigma_{2x}\end{pmatrix}\tag{10}$$

可以证明,条件(a)和(b)满足,这就验证了 Bell 基是$(\sigma_{1x},\sigma_{2x})$,$(\sigma_{1y},\sigma_{2y})$以及$(\sigma_{1z},\sigma_{2z})$的纠缠态.

例 4 (S^2,S_z)的共同本征态.

(S^2,S_z)的共同本征态记为$|S,M\rangle$,$|S=0,M=0\rangle$是单态,$|S=1,M=0,\pm1\rangle$是三重态. 从波函数的形式来看,$|0,0\rangle$和$|1,0\rangle$是(s_{1z},s_{2z})纠缠态,而$|1,1\rangle$和$|1,-1\rangle$则是直积态. 这一点也可以用上述纯态的纠缠判据来说明. 选择$(A_1,A_2)=(S^2,S_z)$,$(B_1,B_2)=(s_{1z},s_{2z})$可得

$$C=-\frac{1}{2}\hbar^3\begin{pmatrix}\sigma_{1y}\sigma_{2x}-\sigma_{1x}\sigma_{2y} & 0\\ \sigma_{1x}\sigma_{2y}-\sigma_{1y}\sigma_{2x} & 0\end{pmatrix}\tag{11}$$

可以证明,对于所有三重态和单态,$\langle\psi|C|\psi\rangle=0$. 所以条件(a)满足,但条件(b)不满足,因而不能保证(S^2,S_z)的所有共同本征态都是或都不是(s_{1z},s_{2z})的共同本征态.

例5　3量子比特体系的GHZ态

3量子比特的GHZ态(见8.4.3节,表8.4)是

$$\{A_1, A_2, A_3\}=\{\sigma_{1x}\sigma_{2y}\sigma_{3y}, \sigma_{1y}\sigma_{2x}\sigma_{3y}, \sigma_{1y}\sigma_{2y}\sigma_{3x}\}$$

的共同本征态. 如$\{B_1, B_2, B_3\}$分别取为$\{\sigma_{1x}, \sigma_{2y}, \sigma_{3y}\}$, $\{\sigma_{1y}, \sigma_{2x}, \sigma_{3y}\}$, $\{\sigma_{1y}, \sigma_{2y}, \sigma_{3y}\}$,则$C$矩阵分别为

$$-2\begin{pmatrix} 0 & \sigma_{1z}\sigma_{2x}\sigma_{3y} & \sigma_{1z}\sigma_{2y}\sigma_{3x} \\ 0 & -\sigma_{1y}\sigma_{2z}\sigma_{3y} & 0 \\ 0 & 0 & -\sigma_{1y}\sigma_{2y}\sigma_{3z} \end{pmatrix}$$

$$-2\begin{pmatrix} -\sigma_{1x}\sigma_{2y}\sigma_{3y} & 0 & 0 \\ -\sigma_{1x}\sigma_{2z}\sigma_{3y} & 0 & \sigma_{1y}\sigma_{2z}\sigma_{3x} \\ 0 & 0 & -\sigma_{1y}\sigma_{2y}\sigma_{3z} \end{pmatrix}$$

$$-2\begin{pmatrix} -\sigma_{1x}\sigma_{2y}\sigma_{3y} & 0 & 0 \\ 0 & -\sigma_{1x}\sigma_{2z}\sigma_{3y} & 0 \\ \sigma_{1x}\sigma_{2y}\sigma_{3z} & \sigma_{1y}\sigma_{2x}\sigma_{3z} & 0 \end{pmatrix} \tag{12}$$

条件(a)和(b)都满足,所以3量子比特的GHZ态是自旋纠缠态. 对于4个和更多量子比特的GHZ态,也可以用纯态的纠缠判据来验证.

习　题　8

8.1　(a)在σ_z表象中,求σ_x的本征态;

答:σ_x的本征值分别为±1,相应的本征态在σ_z表象中表示为

$$\frac{1}{\sqrt{2}}\begin{pmatrix}1\\1\end{pmatrix},\qquad \frac{1}{\sqrt{2}}\begin{pmatrix}1\\-1\end{pmatrix}$$

(b)求σ_z表象→σ_x表象的变换矩阵S;

答:$S=\frac{1}{\sqrt{2}}\begin{pmatrix}1 & 1\\1 & -1\end{pmatrix}=\widetilde{S}^*=S^+=S^{-1}$.

(c)验证

$$S\sigma_x S^{-1}=S\begin{pmatrix}0 & 1\\1 & 0\end{pmatrix}S^{-1}=\begin{pmatrix}1 & 0\\0 & -1\end{pmatrix}$$

注意:$\mathrm{Tr}\sigma_x=0$不因表象变换而异.

8.2　在σ_z表象中,求$\boldsymbol{\sigma}\cdot\boldsymbol{n}$的本征态,$\boldsymbol{n}(\sin\theta\cos\varphi, \sin\theta\sin\varphi, \cos\theta)$是$(\theta,\varphi)$方向的单位矢.

$$\boldsymbol{\sigma}\cdot\boldsymbol{n}=\begin{pmatrix}\cos\theta & \sin\theta e^{-i\varphi}\\ \sin\theta e^{i\varphi} & -\cos\theta\end{pmatrix}$$

8.3　在s_z本征态$\chi_{1/2}(s_z)=\begin{pmatrix}1\\0\end{pmatrix}$下,求$\overline{(\Delta s_x)^2}$和$\overline{(\Delta s_y)^2}$.

答:$\overline{(\Delta s_x)^2}=\overline{(\Delta s_y)^2}=\hbar^2/4$.

8.4　(a)在s_z本征态$\chi_{1/2}$下,求$\boldsymbol{\sigma}\cdot\boldsymbol{n}$的可能测值及相应的概率;(b)同第2题,若电子处于$\boldsymbol{\sigma}\cdot\boldsymbol{n}=+1$的自旋态下,求$\boldsymbol{\sigma}$的各分量的可能测值和相应的概率以及$\boldsymbol{\sigma}$的平均值.

8.5　(a)证明　$e^{i\lambda\sigma_z}=\cos\lambda+i\sigma_z\sin\lambda$($\lambda$为常数);

(b)证明　$e^{i\boldsymbol{\sigma}\cdot\boldsymbol{A}}=\cos A+i\boldsymbol{\sigma}\cdot\boldsymbol{n}\sin A$, $\boldsymbol{A}=A\boldsymbol{n}$, $A=|\boldsymbol{A}|$, $\boldsymbol{n}$为$\boldsymbol{A}$方向单位矢量,$\boldsymbol{A}$为常矢量;

(c) 证明 $\mathrm{Tr}\,e^{i\boldsymbol{\sigma}\cdot\boldsymbol{A}}=2\cos A$，Tr 为求矩阵的对角元之和.

8.6　证明 $e^{i\lambda\sigma_z}\sigma_x e^{-i\lambda\sigma_z}=\sigma_x\cos2\lambda-\sigma_y\sin2\lambda$（$\lambda$ 为常数）.

8.7　电子的磁矩算符可表示为 $\boldsymbol{\mu}=-\dfrac{e}{2mc}(\boldsymbol{l}+2\boldsymbol{s})$. 磁矩的观测值定义为 $\mu=\langle ljm_j|\mu_z|ljm_j\rangle|_{m_j=j}=\langle ljj|\mu_z|ljj\rangle$，$|ljm_j\rangle$ 是 $(\boldsymbol{l}^2,\boldsymbol{j}^2,j_z)$ 的共同本征态. 计算 μ.

提示：$\mu_z=-\dfrac{e}{2mc}(j_z+s_z)$，利用 8.2 节式(24).

答：$\mu=-gj$，　$g=1+\dfrac{j(j+1)-l(l+1)+3/4}{2j(j+1)}$　称为 Landè g 因子（单位 $e\hbar/2mc$），即

$$\mu=\begin{cases}-(j+1/2), & j=l+1/2\\ -j(2j+1)/(2j+2), & j=l-1/2(l\neq0)\end{cases}$$

8.8　由两个非全同粒子（自旋均为 $\hbar/2$）组成的体系，设粒子间相互作用为 $H=A\boldsymbol{s}_1\cdot\boldsymbol{s}_2$（不考虑轨道运动）. 设初始时刻（$t=0$）粒子 1 自旋“向上”（$s_{1z}=1/2$），粒子 2 自旋“向下”（$s_{2z}=-1/2$）. 求时刻 $t(>0)$ 时，(a)粒子 1 自旋向上的概率；(b)粒子 1 和 2 的自旋均向上的概率；(c)总自旋 $S=0$ 和 1 的概率；(d)求 $\boldsymbol{s}_1$ 和 $\boldsymbol{s}_2$ 的平均值.

答：$\langle s_{1x}\rangle=\langle s_{1y}\rangle=\langle s_{2x}\rangle=\langle s_{2y}\rangle=0$，$\langle s_{1z}\rangle=\dfrac{1}{2}\cos At$，$\langle s_{2z}\rangle=-\dfrac{1}{2}\cos At$.

8.9　设有一个定域电子，受到沿 x 方向均匀磁场 B 的作用，Hamilton 量（不考虑轨道运动）为 $H=\dfrac{eB}{mc}s_x=\dfrac{eB\hbar}{2mc}\sigma_x$. 设 $t=0$ 时电子自旋“向上”（$s_z=\hbar/2$），求 $t>0$ 时 $\boldsymbol{s}$ 的平均值.

答：$\langle s_x\rangle=0$，$\langle s_y\rangle=-\dfrac{\hbar}{2}\sin2\omega t$，$\langle s_z\rangle=\dfrac{\hbar}{2}\cos2\omega t$，$\omega=eB/2mc$.

8.10　两个全同粒子处于一维谐振子势 $V(x)=\dfrac{1}{2}m\omega^2x^2$ 中，分别下列几种情况，求此二粒子体系的最低三条能及本征函数.

(a)单粒子自旋为 0；

(b)单粒子自旋为 1/2；

(c)如果两个粒子之间还有相互作用 $-\gamma\delta(x_1-x_2)$，（γ 为正常数），讨论上述(a)和(b)两种情况下能级发生的变动，画出能级图.

8.11　考虑 3 个自旋为 1/2 的非全同粒子组成的体系，Hamilton 量为 $H=A\boldsymbol{s}_1\cdot\boldsymbol{s}_2+B(\boldsymbol{s}_1+\boldsymbol{s}_2)\cdot\boldsymbol{s}_3$，$A$ 与 B 为实常数，找出体系的守恒量，求出体系的能级和简并度.

8.12　对于自旋为 $\hbar/2$ 的粒子，$\boldsymbol{s}=\boldsymbol{\sigma}$（取 $\hbar=1$）. $\hat{r}=r/r$ 为径向单位矢量.

(a)定义 $h=\boldsymbol{s}\cdot\hat{\boldsymbol{r}}$（旋度 helicity），证明 $h^2=1.4$，h 的本征值为 $\pm1/2$，h 为赝标量.

(b)定义 $U=e^{i\pi h}$（赝自旋 pseudospin 变换），证明 $U=2ih$.

(c)证明在 U 变换下，粒子的算符 F 变换如下，$F-\widetilde{F}=U^{-1}FU=F+4h[F,h]$.

(d)证明 $\boldsymbol{s}\to\tilde{\boldsymbol{s}}=-\boldsymbol{s}+2\hat{\boldsymbol{r}}(\hat{\boldsymbol{r}}\cdot\boldsymbol{s})=-\boldsymbol{s}+2\hat{\boldsymbol{r}}h$

$\boldsymbol{l}\to\tilde{\boldsymbol{l}}=\boldsymbol{l}+2\boldsymbol{s}-2\hat{\boldsymbol{r}}(\hat{\boldsymbol{s}}\cdot\boldsymbol{s})=\boldsymbol{l}+2\boldsymbol{s}-2\hat{\boldsymbol{r}}h$

$\boldsymbol{j}=\boldsymbol{l}+\boldsymbol{s}\to\tilde{\boldsymbol{j}}=\tilde{\boldsymbol{l}}+\tilde{\boldsymbol{s}}=\boldsymbol{j}$（总角动量），验证 $[\boldsymbol{j},h]=0$

$\boldsymbol{l}^2\to(\tilde{\boldsymbol{l}})^2=\boldsymbol{l}^2+4\boldsymbol{l}\cdot\boldsymbol{s}$，　$\boldsymbol{l}\cdot\boldsymbol{s}\to\tilde{\boldsymbol{l}}\cdot\tilde{\boldsymbol{s}}=-\boldsymbol{l}\cdot\boldsymbol{s}^{-1}$

参阅：钱伯初，曾谨言. 量子力学题精选与剖析(第三版). 北京：科学出版社 2008. 15. 30 题.

第 9 章　力学量本征值问题的代数解法

量子体系的本征值问题，特别是能量本征值问题的求解，习惯采用分析解法，即在一定的边条件下求解坐标表象中的微分方程. 第 2 章和第 5 章中处理方势，δ势，谐振子势，Coulomb 势中粒子的本征值问题时，就是采用这种分析解法. 这个方法的优点是：常见势场在坐标表象中有简单和直观的表达式. 在历史上，量子体系的能量本征值问题，例如谐振子和氢原子，很早就用代数方法求出了它们的本征值. 第 7 章中介绍的量子力学的矩阵形式，就是一种代数方法. 近年来. 在物理学各前沿领域中，代数方法（包括群及群表示理论）被广泛用来处理本征值问题.

下面 9.1 节给出谐振子能量本征值问题的一种代数解法（Schrödinger 因式分解），它在处理许多问题时，有广泛的应用（如分子、晶格、原子核的振动，相干态，场量子化等）. 角动量的本征值问题，在 9.2 节中讲述. 9.3 节讨论两个角动量的合成角动量的本征值和本征态问题，这里将引进 Clebsch-Gordan 系数.

9.1　谐振子的 Schrödinger 因式分解法

一维谐振子的 Hamilton 量为

$$H = \frac{1}{2\mu}p^2 + \frac{1}{2}\mu\omega^2 x^2 \tag{1}$$

以下采用自然单位（$\hbar=\mu=\omega=1$）①，则

$$H = \frac{1}{2}p^2 + \frac{1}{2}x^2 \tag{2}$$

而基本对易式则表示为

$$[x, p] = \mathrm{i} \tag{3}$$

其中坐标 x 和动量 p 为厄米算符. 令

$$a = \frac{1}{\sqrt{2}}(x + \mathrm{i}p), \qquad a^+ = \frac{1}{\sqrt{2}}(x - \mathrm{i}p) \tag{4}$$

利用式(3)，容易证明

$$[a, a^+] = 1 \tag{5}$$

式(4)之逆为

$$x = \frac{1}{\sqrt{2}}(a^+ + a), \quad p = \frac{\mathrm{i}}{\sqrt{2}}(a^+ - a) \tag{6}$$

---

① 能量单位 $\hbar\omega$，长度单位 $\sqrt{\hbar/\mu\omega}$，动量单位 $\sqrt{\mu\hbar\omega}$，参见附录 A7.

利用式(6)和式(5),可将 H 表示为

$$H = \left(a^+ a + \frac{1}{2}\right) = \left(\hat{N} + \frac{1}{2}\right) \tag{7}$$

其中

$$\hat{N} = a^+ a = \hat{N}^+ \tag{8}$$

在任何量子态 ψ 下,

$$\overline{N} = (\psi, a^+ a\psi) = (a\psi, a\psi) \geqslant 0 \tag{9}$$

所以,$\hat{N}$ 为正定厄米算符. 下面证明 $\hat{N}$ 的本征值 n 为非负整数,

$$n = 0,1,2,3,\cdots \tag{10}$$

因此,H 的本征值 E_n 为(自然单位,$\hbar\omega$)

$$E_n = \left(n + \frac{1}{2}\right), \quad n = 0,1,2,\cdots \tag{11}$$

证明 设 $|n\rangle$ 为 $\hat{N}$ 的本征态,

$$\hat{N}|n\rangle = n|n\rangle \tag{12}$$

利用式(5)和式(8),易得

$$[\hat{N}, a^+] = a^+, \qquad [\hat{N}, a] = -a \tag{13}$$

因此

$$[\hat{N}, a]|n\rangle = -a|n\rangle$$

但上式左边$=\hat{N}a|n\rangle - a\hat{N}|n\rangle = \hat{N}a|n\rangle - na|n\rangle$,由此可得

$$\hat{N}a|n\rangle = (n-1)a|n\rangle \tag{14}$$

这说明 $a|n\rangle$ 也是 $\hat{N}$ 的本征态,相应本征值为$(n-1)$,如此类推. 因此,从 $\hat{N}$ 的本征态 $|n\rangle$ 出发,逐次用 a 运算,可得出 $\hat{N}$ 的一系列本征态

$$|n\rangle, \quad a|n\rangle, \quad a^2|n\rangle, \quad \cdots$$

相应本征值依次为

$$n, \qquad n-1, \quad (n-2), \quad \cdots$$

考虑到 $\hat{N}$ 为正定厄米算子,其本征值必为非负实数($\geqslant 0$). 设它的最小本征值为 n_0,本征态记为 $|n_0\rangle$,则

$$a|n_0\rangle = 0 \tag{15}$$

(否则 $a|n_0\rangle$ 为 $\hat{N}$ 的本征态,$a|n_0\rangle \sim |n_0 - 1\rangle$,即 $\hat{N}$ 的本征值为(n_0-1),这与假设矛盾). 因此,由式(15)可得

$$\hat{N}|n_0\rangle = 0 = 0|n_0\rangle \tag{16}$$

即 $|n_0\rangle$ 是 $\hat{N}$ 的本征值为 0 的本征态,即 $n_0=0$. 此态记为 $|0\rangle$,亦即谐振的最低能态(基态),对应的能量本征值(见式(7),加上自然单位)为 $\hbar\omega/2$.

利用式(13)的前一式,可证明与式(14)类似的式子

$$\hat{N}a^+|n\rangle = (n+1)a^+|n\rangle \tag{17}$$

这说明 $a^+|n\rangle$ 也是 $\hat{N}$ 的本征态,本征值为$(n+1)$. 联合式(16)与式(17),从 $|0\rangle$ 出

发，逐次用 a^+ 运算，可得出 $\hat{N}$ 的全部本征态

$$
\begin{array}{lcccc}
 & |0\rangle, & a^+|0\rangle, & a^{+2}|0\rangle, & \cdots \\
\hat{N}\ \text{本征值为} & 0, & 1, & 2, & \cdots \\
H\ \text{本征值(自然单位)为} & 1/2, & 3/2, & 5/2, & \cdots
\end{array}
\tag{18}
$$

（证毕）

a^+ 称为升算符(raising operator)，而 a 称为降算符(lowering operator). 谐振子常用于描述固体中晶格的小振动，a^+ 与 a 又称为振动声子的产生和湮没算符，而 $|0\rangle$ 则视为声子真空态. 在量子电动力学中，电磁辐射场量子化以后，辐射场量子就是光子，而 a^+ 与 a 分别是光子的产生和湮没算符。

利用归纳法可以证明(留作练习)，$\hat{N}$(即 H)的归一化本征态可表为

$$|n\rangle = \frac{1}{\sqrt{n!}}(a^+)^n|0\rangle \tag{19}$$

满足

$$H|n\rangle = \left(n+\frac{1}{2}\right)|n\rangle \tag{20}$$

$$\langle n|n'\rangle = \delta_{nn'} \tag{21}$$

思考题　在谐振子的能量本征值的微分方程解法(见 2.4 节)中，利用了束缚态波函数在无穷远处的边条件，才得出离散的能量值 $E_n=\left(n+\frac{1}{2}\right)\hbar\omega$. 在上述代数解法中，似乎未涉及束缚态边条件. 这应如何理解?

利用式(19)，可以证明

$$a^+|n\rangle = \sqrt{n+1}|n+1\rangle, \qquad a|n\rangle = \sqrt{n}|n-1\rangle \tag{22}$$

再借助于式(6)，可求出 x 与 p 的矩阵元(加上自然单位)

$$
\begin{cases}
x_{n'n} = \dfrac{1}{\sqrt{2}}(\sqrt{n+1}\delta_{n'n+1}+\sqrt{n}\delta_{n'n-1})\sqrt{\dfrac{\hbar}{\mu\omega}} \\
p_{n'n} = \dfrac{\mathrm{i}}{\sqrt{2}}(\sqrt{n+1}\delta_{n'n+1}-\sqrt{n}\delta_{n'n-1})\sqrt{\mu\omega\hbar}
\end{cases}
\tag{23}
$$

练习　证明在能量本征态 $|n\rangle$ 下，$\overline{x}=\overline{p}=0$，$\overline{x^2}=\overline{p^2}=(n+1/2)$. 由此证明　$\Delta x\Delta p=(n+1/2)$(单位 $\hbar$). 对于基态，$\Delta x\Delta p=1/2$.

下面讨论谐振子能量本征态在坐标表象中的表示式. 先考虑基态 $|0\rangle$，它满足

$$a|0\rangle = 0$$

即

$$(x+\mathrm{i}p)|0\rangle = 0 \tag{24}$$

在坐标表象中基态波函数 $\psi_0(x)=\langle x|0\rangle$满足①

$$\left(x+\frac{\mathrm{d}}{\mathrm{d}x}\right)\psi_0(x)=0 \tag{25}$$

解出得

$$\psi_0(x)\propto \mathrm{e}^{-x^2/2}$$

添上自然单位，可得出在坐标表象中的归一化基态波函数

$$\psi_0(x)=\left(\frac{\mu\omega}{\pi\hbar}\right)^{1/4}\mathrm{e}^{-\frac{\mu\omega}{2\hbar}x^2} \tag{26}$$

坐标表象中的激发态波函数可表示为

$$\psi_n(x)=\langle x|n\rangle=\frac{1}{\sqrt{n!}}\langle x|a^{+n}|0\rangle \tag{27}$$

其中 a^+ 为（见式(4)，添上长度自然单位，$\alpha^{-1}=\sqrt{\hbar/\mu\omega}$）

$$a^+=\frac{1}{\sqrt{2}}\left(\alpha x-\frac{1}{\alpha}\frac{\mathrm{d}}{\mathrm{d}x}\right)$$

所以

$$\psi_n(x)=\frac{1}{\sqrt{n!}}\left(\frac{\alpha^2}{\pi}\right)^{1/4}\left(\alpha x-\frac{1}{\alpha}\frac{\mathrm{d}}{\mathrm{d}x}\right)^n\mathrm{e}^{-\alpha^2x^2/2} \tag{28}$$

Schrödinger 的因式分解法在 19 世纪 80 年代提出的超对称量子力学（supersymmetric quantum mechanics）中又得到进一步发展②.

9.2 角动量的本征值与本征态

在 3.3.2 节中，讨论了轨道角动量的性质. 在第 8 章中讲述了自旋以及自旋与轨道角动量耦合成的总角动量. 本节将更一般地讨论角动量的本征值和本征态问题.

假设算符 j_x,j_y,j_z 满足下列对易式

$$[j_x,j_y]=\mathrm{i}\hbar j_z,\qquad [j_y,j_z]=\mathrm{i}\hbar j_x,\qquad [j_z,j_x]=\mathrm{i}\hbar j_y \tag{1}$$

则以 j_x,j_y,j_z 作为三个分量的矢量算符 $\boldsymbol{j}$，称为角动量算符. 式(1)即**角动量的基本对易式**. 轨道角动量 $\boldsymbol{l}$，自旋 $\boldsymbol{s}$，以及总角动量 $\boldsymbol{l}+\boldsymbol{s}=\boldsymbol{j}$ 的各分量都满足此基本对

① 式(24)可写成$\langle x'|x+\mathrm{i}p|0\rangle=0$，插入$\int\mathrm{d}x''|x''\rangle\langle x''|=1$，得

$$\int\mathrm{d}x''\langle x'|x+\mathrm{i}p|x''\rangle\langle x''|0\rangle=0,\text{即}$$

$$\int\mathrm{d}x''\left\{x'\delta(x'-x'')+\mathrm{i}\left[-\mathrm{i}\frac{\mathrm{d}}{\mathrm{d}x'}\delta(x'-x'')\right]\right\}\langle x''|0\rangle=0$$

积分后得，$\left(x'+\frac{\mathrm{d}}{\mathrm{d}x'}\right)\langle x'|0\rangle=0$，把 $x'\to x$，注意$\langle x|0\rangle=\psi_0(x)$，即得式(25).

② 初学者可参阅 R. Dutt, A. Khare & U. P. Sukhatme, Am. J. Phys. **56**(1988) 163.

易式. 以下将根据此基本对易式以及角动量算符的厄米性来求出角动量的本征值和本征态. 定义

$$\boldsymbol{j}^2 = j_x^2 + j_y^2 + j_z^2 \tag{2}$$

容易证明

$$[\boldsymbol{j}^2, j_\alpha] = 0, \qquad \alpha = x, y, z \tag{3}$$

练习　定义

$$j_\pm = j_x \pm \mathrm{i} j_y \tag{4}$$

其逆表示式为

$$j_x = \frac{1}{2}(j_+ + j_-), \qquad j_y = \frac{1}{2\mathrm{i}}(j_+ - j_-) \tag{5}$$

证明

$$[j_z, j_\pm] = \pm \hbar j_\pm \tag{6}$$

$$[j_+, j_-] = j_+ j_- - j_- j_+ = 2\hbar j_z \tag{7}$$

$$[j_+, j_-]_+ = j_+ j_- + j_- j_+ = 2(j^2 - j_z^2) \tag{8}$$

$$j_\pm j_\mp = j^2 - j_z^2 \pm \hbar j_z \tag{9}$$

由于 $\boldsymbol{j}^2$ 与 j_z 对易,可以求它们的共同本征态(取 $\hbar=1$)

$$\boldsymbol{j}^2 |\lambda m\rangle = \lambda |\lambda m\rangle, \quad j_z |\lambda m\rangle = m |\lambda m\rangle \tag{10}$$

以下分几步进行.

(a) 按式(3),可知 $\boldsymbol{j}^2 j_+ - j_+ \boldsymbol{j}^2 = 0$. 取矩阵元,得 $\langle \lambda' m' | \boldsymbol{j}^2 j_+ - j_+ \boldsymbol{j}^2 | \lambda m\rangle = 0$. 利用式(10),得 $(\lambda' - \lambda)\langle \lambda' m' | j_+ | \lambda m\rangle = 0$. 所以当 $\lambda' \neq \lambda$ 时, $\langle \lambda' m' | j_+ | \lambda m\rangle = 0$, 即只当 $\lambda' = \lambda$ 时,矩阵元 $\langle \lambda' m' | j_+ | \lambda m\rangle$ 才可能不为零. 所以

$$\langle \lambda' m' | j_+ | \lambda m\rangle = \delta_{\lambda'\lambda} \langle \lambda m' | j_+ | \lambda m\rangle \tag{11}$$

对于 j_-、j_x, j_y, j_z 也有类似的公式,即它们的矩阵元,对于量子数 λ 是对角化的.

(b) 按式(4), $j_z j_\pm - j_\pm j_z = \pm j_\pm$, 两边取矩阵元(注意,它们对于 λ 是对角化的) $\langle \lambda m' | j_z j_\pm - j_\pm j_z | \lambda m\rangle = \pm \langle \lambda m' | j_\pm | \lambda m\rangle$. 再利用式(10),得 $(m' - m \mp 1)\langle \lambda m' | j_\pm | \lambda m\rangle = 0$. 可见只当 $m' = m \pm 1$ 时,矩阵元 $\langle \lambda m' | j_\pm | \lambda m\rangle$ 才可能不为零. 所以

$$\langle \lambda' m' | j_\pm | \lambda m\rangle = \delta_{\lambda'\lambda} \delta_{m'm\pm 1} \langle \lambda m \pm 1 | j_\pm | \lambda m\rangle \tag{12}$$

这说明算符 $j_\pm$ 使磁量子数 m 增、减 1,所以称为升算符和降算符. 由于 j_x、j_y、j_z、$j_\pm$ 等的矩阵对于量子数 λ 是对角化的,以下为简单起见,暂时把 λ 略去不记.

(c) 求 $j_\pm$ 的不为 0 的矩阵元. 对式(7)两边取矩阵元 $\langle m' | j_+ j_- - j_- j_+ | m\rangle = 2m\delta_{mm'}$. 插入 $\sum_{m''} \cdots | m''\rangle\langle m'' | \cdots = 1$, 对于 $m' = m$ 情况,得

$$\sum_{m''} \{\langle m | j_+ | m''\rangle\langle m'' | j_- | m\rangle - \langle m | j_- | m''\rangle\langle m'' | j_+ | m\rangle\} = 2m$$

利用 $j_\pm$ 矩阵元的选择定则式(12),得

$$\langle m|j_+|m-1\rangle\langle m-1|j_-|m\rangle-\langle m|j_-|m+1\rangle\langle m+1|j_+|m\rangle=2m$$

再利用 $j_-=j_+^\dagger$，可知 $\langle m-1|j_-|m\rangle=\langle m|j_+|m-1\rangle^*$.

令

$$\xi_m=\langle m+1|j_+|m\rangle=\langle m|j_-|m+1\rangle^* \tag{13}$$

可得 $|\langle m|j_+|m-1\rangle|^2-|\langle m+1|j_+|m\rangle|^2=2m$，即

$$|\xi_{m-1}|^2-|\xi_m|^2=2m \tag{14}$$

其解可表示为 $|\xi_m|^2=C-m(m+1)$，C 是与 m 无关的实数. 由于 $|\xi_m|^2\geqslant 0$，所以 $m(m+1)\leqslant C$. 这表明，量子数 m 的取值要受到一定限制，即 m 有一个上界 $\overline{m}$ 与下界 $\underline{m}$. 这样，由式(13)与式(14)可知 $\xi_{\overline{m}}=\langle\overline{m}+1\rangle|j_+|\overline{m}\rangle=0$，因而 $C=\overline{m}(\overline{m}+1)$. 类似有 $\xi_{\underline{m}-1}=\langle\underline{m}-1|j_-|\underline{m}\rangle^*=0$. 由此得出 $\overline{m}(\overline{m}+1)-(\underline{m}-1)(\underline{m}-1+1)=0$，因而 $\underline{m}=-\overline{m}$. 由于两个相邻的 m 值相差 1，所以 m 的任何两个值相差必为整数，因而 $\overline{m}-\underline{m}=$ 正整数，所以 $\overline{m}=$ 正整数/2. 记 $\overline{m}\equiv j$，则

$$j=\begin{cases}1/2,3/2,5/2,\cdots(\text{半奇数})\\0,1,2,\cdots\quad(\text{零或正整数})\end{cases} \tag{15}$$

而 $C=\overline{m}(\overline{m}+1)=j(j+1)$，$|\xi_m|^2=C-m(m+1)$ 化为

$$|\xi_m|^2=j(j+1)-m(m+1)=(j-m)(j+m+1) \tag{16}$$

(d)求 $(\boldsymbol{j}^2,j_z)$ 的本征值. 按式(8)，有 $\boldsymbol{j}^2=j_z^2+\frac{1}{2}(j_+j_-+j_-j_+)$. 两边取平均值

$$\langle\lambda m|\boldsymbol{j}^2|\lambda m\rangle=\langle\lambda m|j_z^2|\lambda m\rangle+\frac{1}{2}\langle\lambda m|j_+j_-+j_-j_+|\lambda m\rangle \tag{17}$$

利用式(10)和式(12)，得

$$\begin{aligned}\lambda&=m^2+\frac{1}{2}\{\langle m|j_+|m-1\rangle\langle m-1|j_-|m\rangle+\langle m|j_-|m+1\rangle\langle m+1|j_+|m\rangle\}\\&=m^2+\frac{1}{2}\{|\xi_{m-1}|^2+|\xi_m|^2\}\end{aligned} \tag{18}$$

再利用式(16)，可求出

$$\lambda=m^2+\frac{1}{2}\{(j-m+1)(j+m)+(j-m)(j+m+1)\}=j(j+1) \tag{19}$$

即角动量平方 $\boldsymbol{j}^2$ 的本征值为 $j(j+1)$，而 j 取正整数(包括 0)及半奇数. 按上面分析，$m(m+1)\leqslant\overline{m}(\overline{m}+1)=j(j+1)$，所以 $m=j,j-1,\cdots,-j+1,-j$. 把 $(\boldsymbol{j}^2,j_z)$ 共同本征态 $|\lambda m\rangle$ 改记为 $|jm\rangle$，则式(10)表示为

$$\begin{aligned}&\boldsymbol{j}^2|jm\rangle=j(j+1)|jm\rangle,\quad j_z|jm\rangle=m|jm\rangle\\&j=\begin{cases}0,1,2,\cdots\quad(\text{正整数或零})\\1/2,3/2,5/2,\cdots(\text{半奇数})\end{cases},\quad m=-j,-j+1,\cdots,j-1,j\end{aligned} \tag{20}$$

(e) $j_\pm,j_x,j_y$ 的矩阵元. 利用式(11)、式(13)和式(16)，可得出

$$\langle jm+1|j_+|jm\rangle=\mathrm{e}^{\mathrm{i}\delta}\sqrt{(j-m)(j+m+1)} \tag{21}$$

式中 δ 为任意正实数,这反映 j_+(以及 j_-, j_x, j_y)的矩阵元有一个相位不定性. 习惯上常常用 Condon & Shortley 一书的取法,即取 $\delta=0$(这意味着 $|jm+1\rangle$ 态与 $|jm\rangle$ 态之间的相位差已取定). 在这种相位规定下,$j_\pm$ 的矩阵元为实数,

$$
\begin{aligned}
\langle jm+1|j_+|jm\rangle &= \sqrt{(j-m)(j+m+1)} \\
\langle jm-1|j_-|jm\rangle &= \sqrt{(j+m)(j-m+1)}
\end{aligned} \tag{22}
$$

再利用式(5)可求出 j_x 及 j_y 的矩阵元如下

$$
\begin{aligned}
\langle jm+1|j_x|jm\rangle &= \frac{1}{2}\sqrt{(j-m)(j+m+1)} \\
\langle jm-1|j_x|jm\rangle &= \frac{1}{2}\sqrt{(j+m)(j-m+1)} \\
\langle jm+1|j_y|jm\rangle &= -\frac{\mathrm{i}}{2}\sqrt{(j-m)(j+m+1)} \\
\langle jm-1|j_y|jm\rangle &= \frac{\mathrm{i}}{2}\sqrt{(j+m)(j-m+1)}
\end{aligned} \tag{23}
$$

9.3 两个角动量的耦合,Clebsch-Gordan 系数

在第 8 章中讨论过自旋与轨道角动量的耦合($\boldsymbol{j}=\boldsymbol{l}+\boldsymbol{s}$)以及两个电子的自旋的耦合($\boldsymbol{S}=\boldsymbol{s}_1+\boldsymbol{s}_2$). 下面普遍讨论两个角动量的耦合.

设 $\boldsymbol{j}_1$ 与 $\boldsymbol{j}_2$ 分别表示第一和第二粒子的角动量,即(以下取 $\hbar=1$)

$$
\begin{aligned}
&[j_{1\alpha}, j_{1\beta}] = \mathrm{i}\varepsilon_{\alpha\beta\gamma} j_{1\gamma}, \quad [j_{2\alpha}, j_{2\beta}] = \mathrm{i}\varepsilon_{\alpha\beta\gamma} j_{2\gamma} \\
&\alpha,\beta,\gamma = x,y,z
\end{aligned} \tag{1}
$$

由于它们分别对不同粒子的态矢运算,属于不同的自由度,所以彼此是对易的

$$
[j_{1\alpha}, j_{2\beta}] = 0, \qquad \alpha,\beta = x,y,z \tag{2}
$$

定义两个角动量之和

$$
\boldsymbol{j} = \boldsymbol{j}_1 + \boldsymbol{j}_2 \tag{3}
$$

利用 $\boldsymbol{j}_1$ 和 $\boldsymbol{j}_2$ 的各分量满足的角动量基本对易式(1),以及式(2),不难证明 $\boldsymbol{j}$ 的三个分量也满足角动量的基本对易式,

$$
[j_\alpha, j_\beta] = \mathrm{i}\varepsilon_{\alpha\beta\gamma} j_\gamma \tag{4}
$$

或表示成

$$
\boldsymbol{j}\times\boldsymbol{j} = \mathrm{i}\boldsymbol{j}
$$

设($\boldsymbol{j}_1^2, j_{1z}$)的共同本征态记为 $\psi_{j_1m_1}$,

$$
\begin{cases}
\boldsymbol{j}_1^2\psi_{j_1m_1} = j_1(j_1+1)\psi_{j_1m_1} \\
j_{1z}\psi_{j_1m_1} = m_1\psi_{j_1m_1}
\end{cases} \tag{5a}
$$

类似,($\boldsymbol{j}_2^2, j_{2z}$)的共同本征态记为 $\psi_{j_2m_2}$,

$$
\begin{cases}
\boldsymbol{j}_2^2\psi_{j_2m_2} = j_2(j_2+1)\psi_{j_2m_2} \\
j_{2z}\psi_{j_2m_2} = m_2\psi_{j_2m_2}
\end{cases} \tag{5b}
$$

对于两个粒子组成的体系，它的任何一个态（限于角动量涉及的自由度）可以用 $\psi_{j_1m_1}(1)\psi_{j_2m_2}(2)$展开. 换言之，$(\boldsymbol{j}_1^2, j_{1z}, \boldsymbol{j}_2^2, j_{2z})$可作为体系的对易力学量完全集，$\psi_{j_1m_1}(1)\psi_{j_2m_2}(2)$是它们的共同本征态，以之为基矢的表象，称为非耦合表象（uncoupling representation）. 在给定 j_1 和 j_2 的情况下，

$$\begin{cases} m_1 = j_1, j_1-1, \cdots, -j_1+1, -j_1 \\ m_2 = j_2, j_2-1, \cdots, -j_2+1, -j_2 \end{cases} \tag{6}$$

所以 $\psi_{j_1m_1}(1)\psi_{j_2m_2}(2)$共有$(2j_1+1)(2j_2+1)$个，即它们张开$(2j_1+1)(2j_2+1)$维子空间.

考虑到

$$\begin{aligned} &[\boldsymbol{j}_1^2, j_\alpha] = 0, \quad [\boldsymbol{j}_2^2, j_\alpha] = 0 \\ &[j_{1\alpha}, j_{2\beta}] = 0 \\ &[\boldsymbol{j}^2, j_\alpha] = 0, \quad \alpha = x, y, z \end{aligned} \tag{7}$$

$(\boldsymbol{j}_1^2, \boldsymbol{j}_2^2, \boldsymbol{j}^2, j_z)$也是两粒子体系的一组对易力学量完全集，共同本征态记为 $\psi_{j_1j_2jm}(1,2)$，以其为基矢的表象称为耦合表象（coupling representation），即

$$\begin{cases} \boldsymbol{j}_1^2\psi_{j_1j_2jm} = j_1(j_1+1)\psi_{j_1j_2jm} \\ \boldsymbol{j}_2^2\psi_{j_1j_2jm} = j_2(j_2+1)\psi_{j_1j_2jm} \\ \boldsymbol{j}^2\psi_{j_1j_2jm} = j(j+1)\psi_{j_1j_2jm} \\ j_z\psi_{j_1j_2jm} = m\psi_{j_1j_2jm} \end{cases} \tag{8}$$

在给定 j_1 和 j_2 的子空间中，耦合表象的基矢 $\psi_{j_1j_2jm}(1,2)$可以简记为 $\psi_{jm}(1,2)$. 试问 j 可以取哪些数值？$\psi_{jm}(1,2)$与 $\psi_{j_1m_1}(1)\psi_{j_2m_2}(2)$之间的关系如何？令

$$\psi_{jm}(1,2) = \sum_{m_1m_2}\langle j_1m_1j_2m_2|jm\rangle\psi_{j_1m_1}(1)\psi_{j_2m_2}(2) \tag{9}$$

展开系数称为 Clebsch-Gordan(CG)系数，即$(2j_1+1)(2j_2+1)$维子空间中耦合表象的基矢与非耦合表象的基矢之间的幺正变换矩阵的矩阵元. 考虑到 $j_z = j_{1z} + j_{2z}$，对式(9)运算，得

$$m\psi_{jm}(1,2) = \sum_{m_1m_2}(m_1+m_2)\langle j_1m_1j_2m_2|jm\rangle\psi_{j_1m_1}(1)\psi_{j_2m_2}(2)$$

即

$$\sum_{m_1m_2}(m-m_1-m_2)\langle j_1m_1j_2m_2|jm\rangle\psi_{j_1m_1}(1)\psi_{j_2m_2}(2) = 0 \tag{10}$$

在$(2j_1+1)(2j_2+1)$维子空间中，$\psi_{j_1m_1}(1)\psi_{j_2m_2}(2)$是$(2j_1+1)(2j_2+1)$个彼此独立的（完备的）正交归一基矢，式(10)右边所有系数必须为零，即

$$(m-m_1-m_2)\langle j_1m_1j_2m_2|jm\rangle = 0 \tag{11}$$

所以，只当 $m=m_1+m_2$ 时，$\langle j_1m_1j_2m_2|jm\rangle$才可能不为零. 因此式(9)中两个求和指标实际上只有一个是独立的. 例如，可改写成

$$\psi_{jm}(1,2) = \sum_{m_1}\langle j_1m_1j_2\,m-m_1|jm\rangle\psi_{j_1m_1}(1)\psi_{j_2\,m-m_1}(2) \tag{12}$$

我们知道，任何表象的基矢都有相位不定性，因而两个表象之间的幺正变换也有一个相位不定性. 如取适当的相位规定，就可以使 CG 系数为实数. 在此情况下，用式(12)代入正交归一性关系$(\psi_{j'm'},\psi_{jm})=\delta_{j'j}\delta_{m'm}$，对于 $m'=m$，给出

$$\sum_{m_1'm_1}\langle j_1m_1'j_2m-m_1'|j'm\rangle\langle j_1m_1j_2m-m_1|jm\rangle \times(\psi_{j_1m_1'},\psi_{j_1m_1})(\psi_{j_2m-m_1'},\psi_{j_2m-m_1})=\delta_{jj'}$$

即

$$\sum_{m_1}\langle j_1m_1j_2m-m_1|j'm\rangle\langle j_1m_1j_2m-m_1|jm\rangle=\delta_{jj'} \tag{13}$$

习惯上都取 CG 系数为实①，因此式(9)之逆可表示为

$$\psi_{j_1m_1}(1)\psi_{j_2m_2}(2)=\sum_{\substack{jm\\(m=m_1+m_2)}}\langle j_1m_1j_2m_2|jm\rangle\psi_{jm}(1,2) \tag{14}$$

代入正交归一性关系$(\psi_{j_1m_1}\psi_{j_2m_2},\psi_{j_1m_1'}\psi_{j_2m_2'})=\delta_{m_1m_1'}\delta_{m_2m_2'}$，得

$$\sum_{\substack{jj'mm'\\ \left(\substack{m=m_1+m_2\\ m'=m_1'+m_2'}\right)}}\langle j_1m_1j_2m_2|jm\rangle\langle j_1m_1'j_2m_2'|j'm'\rangle(\psi_{jm},\psi_{j'm'})=\delta_{m_1m_1'}\delta_{m_2m_2'}$$

对 $m_2'=m_2$，得

$$\sum_{jm}\langle j_1m_1j_2m-m_1|jm\rangle\langle j_1m_1'j_2m-m_1'|jm\rangle=\delta_{m_1m_1'} \tag{15}$$

式(13)与式(15)是 CG 系数的幺正性和实数性的反映.

***j* 的取值范围.**

给定 j_1 和 j_2，

$$\begin{cases}m_1=j_1,j_1-1,\cdots,-j_1+1,-j_1\\ m_2=j_2,j_2-1,\cdots,-j_2+1,-j_2\end{cases}$$

即$(m_1)_{\max}=j_1$，$(m_2)_{\max}=j_2$，所以$(m)_{\max}=(m_1+m_2)_{\max}=j_1+j_2$. 按角动量性质，可知 $j_{\max}=j_1+j_2$. 试问：j 还可以取哪些值？$j_{\min}=$？ 这可以从子空间维数的分析给出. $m=(m_1+m_2)$可能取值如下：

$$\begin{cases}j_1+j_2\\ j_1+(j_2-1), \quad (j_1-1)+j_2\\ j_1+(j_2-2), \quad (j_1-1)+(j_2-1), \quad (j_1-2)+j_2\\ \qquad\qquad\cdots\cdots\cdots\cdots\\ -j_1-(j_2-2), \quad -(j_1-1)-(j_2-1), \quad -(j_1-2)-j_2\\ -j_1-(j_2-1), \quad -(j_1-1)-j_2\\ -j_1-j_2\end{cases}$$

---

① 非耦合表象与耦合表象之间的幺正变换 S 满足 $S^{-1}=S^{+}$. 若 S 取为实，$S^*=S$，则 $S^{-1}=\widetilde{S}$. S 矩阵元即 CG 系数，$S|_{j_1m_1j_2m_2,jm}=\langle j_1m_1j_2m_2|jm\rangle$.

S^{-1}矩阵元为 $S^{-1}|_{jm,j_1m_1j_2m_2}=\widetilde{S}|_{jm,j_1m_1j_2m_2}=S|_{j_1m_1j_2m_2,jm}=\langle j_1m_1j_2m_2|jm\rangle$.

可以看出，j 的取值除 $j_{max}=(j_1+j_2)$ 之外，还可以取 $j_1+j_2-1,\cdots$ 依次递减 1（每个 j 值只能取一次），至到 $j_{min}\geqslant 0$. 但 $j_{min}=$？我们注意到，对于给定 j_1 和 j_2 的态空间，维数是 $(2j_1+1)(2j_2+1)$. 而在表象变换时，空间维数是不变的. 对于一个 j 值，m 有 $(2j+1)$ 个可能取值. 因此，从维数不变的要求，有

$$\sum_{j=j_{min}}^{(j_1+j_2)}(2j+1)=(2j_1+1)(2j_2+1) \tag{16}$$

左边求和后，得

$$\begin{aligned}&(j_1+j_2+j_{min}+1)(j_1+j_2-j_{min}+1)\\&=(2j_1+1)(2j_2+1)\end{aligned} \tag{17}$$

因此，如 $j_1\geqslant j_2$，则 $j_{min}=(j_1-j_2)$；如 $j_2\geqslant j_1$，则 $j_{min}=(j_2-j_1)$.

总之，$j_{min}=|j_1-j_2|$. 所以 j 取值范围如下

$$j=j_1+j_2,j_1+j_2-1,\cdots,|j_1-j_2| \tag{18}$$

此结果可概括为三角形法则 $\triangle(j_1j_2j)$（三角形任何一边之长不大于另外两边之和，不小于另外两边之差）.

按式(11)与式(18)，概括起来，CG 系数有下列两个基本性质：

(a) 仅当 $m=m_1+m_2$ 时，$\langle j_1m_1j_2m_2|jm\rangle$ 才不等于 0； (19)

(b) 仅当 $|j_1-j_2|\leqslant j\leqslant j_1+j_2$ 时，$\langle j_1m_1j_2m_2|jm\rangle$ 才不等于 0.

应当提到，角动量非耦合表象与耦合表象之间的幺正变换有一个相位不定性. 通常采用的相位规定是：取

(a) CG 系数为实；

(b) $\langle j_1,m_1=j_1,j_2,m_2=j-j_1|jm=j\rangle$ 为非负（实数）. (20)

$j_2=1/2$ 和 1 的 CG 系数列于表 9.1 中.

表 9.1　CG 系数表

(a) $\langle j_1m_11/2m_2|jm\rangle$

j \ m_2	$1/2$	$-1/2$
$j_1+1/2$	$\sqrt{\dfrac{j_1+m+1/2}{2j_1+1}}$	$\sqrt{\dfrac{j_1-m+1/2}{2j_1+1}}$
$j_1-1/2$	$-\sqrt{\dfrac{j_1-m+1/2}{2j_1+1}}$	$\sqrt{\dfrac{j_1+m+1/2}{2j_1+1}}$

（续表）

(b) $\langle j_1 m_1 1 m_2 | jm\rangle$

j \ m_2	1	0	-1
j_1+1	$\sqrt{\dfrac{(j_1+m)(j_1+m+1)}{(2j_1+1)(2j_1+2)}}$	$\sqrt{\dfrac{(j_1-m+1)(j_1+m+1)}{(2j_1+1)(j_1+1)}}$	$\sqrt{\dfrac{(j_1-m)(j_1-m+1)}{(2j_1+1)(2j_1+2)}}$
j_1	$-\sqrt{\dfrac{(j_1+m)(j_1-m+1)}{2j_1(j_1+1)}}$	$\dfrac{m}{\sqrt{j_1(j_1+1)}}$	$\sqrt{\dfrac{(j_1-m)(j_1+m+1)}{2j_1(j_1+1)}}$
j_1-1	$\sqrt{\dfrac{(j_1-m)(j_1-m+1)}{2j_1(2j_1+1)}}$	$-\sqrt{\dfrac{(j_1-m)(j_1+m)}{j_1(2j_1+1)}}$	$\sqrt{\dfrac{(j_1+m+1)(j_1+m)}{2j_1(2j_1+1)}}$

练习 1. 按照表 9.1(a)，对于 $j_1=1/2$ 的情况，写出相应的 CG 系数，并与 8.4 节表 8.1 比较.

练习 2. 同上，对 $j_1=l, j_2=1/2$ 的情况，写出相应的 CG 系数，并与 8.2 节式(21)比较.

*　　　　*　　　　*

Racah 利用代数方法推导出了 CG 系数的普遍公式

$$\begin{aligned}&\langle j_1 m_1 j_2 m_2 | j_3 m_3\rangle\\&=\delta_{m_3,m_1+m_2}\left\{(2j_3+1)\frac{(j_1+j_2-j_3)!(j_2+j_3-j_1)!(j_3+j_1-j_2)!}{(j_1+j_2+j_3+1)!}\right.\\&\left.\times\prod_{i=1,2,3}(j_i+m_i)!(j_i-m_i)!\right\}^{1/2}\\&\times\sum_{\nu}\left[(-1)^{\nu}\nu!(j_1+j_2-j_3-\nu)!(j_1-m_1-\nu)!\right.\\&\left.\times(j_2+m_2-\nu)!(j_3-j_1-m_2+\nu)!(j_3-j_2+m_1+\nu)!\right]^{-1}\end{aligned}\tag{21}$$

求和中，整数 ν 应取得使所有阶乘因子中的数是非负整数.

利用式(21)可得出 CG 系数的各种对称性关系：

$$\begin{aligned}\langle j_1 m_1 j_2 m_2 | j_3 m_3\rangle&=(-1)^{j_1+j_2-j_3}\langle j_1-m_1 j_2-m_2 | j_3-m_3\rangle\\&=(-1)^{j_1+j_2-j_3}\langle j_2 m_2 j_1 m_1 | j_3 m_3\rangle\\&=(-1)^{j_1-m_1}\sqrt{\frac{2j_3+1}{2j_2+1}}\langle j_1 m_1 j_3-m_3 | j_2-m_2\rangle\\&=(-1)^{j_2+m_2}\sqrt{\frac{2j_3+1}{2j_1+1}}\langle j_3-m_3 j_2 m_2 | j_1-m_1\rangle\\&=(-1)^{j_1-m_1}\sqrt{\frac{2j_3+1}{2j_2+1}}\langle j_3 m_3 j_1-m_1 | j_2 m_2\rangle\\&=(-1)^{j_2+m_2}\sqrt{\frac{2j_3+1}{2j_1+1}}\langle j_2-m_2 j_3 m_3 | j_1 m_1\rangle\end{aligned}\tag{22}$$

关于两个角动量的耦合系数，文献中曾经出现过几种符号. 本书中的符号 $\langle j_1 m_1 j_2 m_2 | j_1 j_2 jm\rangle=\langle j_1 m_1 j_2 m_2 | jm\rangle$ 与 A. E. Edmonds，*Angular Momentum in Quantum Mechanics* 书中相同. E. U. Condon & G. H. Shortley，*The Theory of Atomic Spectra* 书中用 $\langle j_1 j_2 m_1 m_2 | jm\rangle$. M. E. Rose，*Elementary Theory of Angular Momentum* 书中用 $C(j_1 j_2 j, m_1 m_2)$.

E. P. Wigner 引进 $3j$ 符号，定义如下

$$\begin{pmatrix} j_1 & j_2 & j_3 \\ m_1 & m_2 & m_3 \end{pmatrix} = (-1)^{j_1-j_2-m_3}(2j_3+1)^{-1/2}\langle j_1m_1j_2m_2 | j_3-m_3\rangle \tag{23}$$

它们具有很清楚的对称性关系,容易记忆.即

$$(-1)^{j_1+j_2+j_3}\begin{pmatrix} j_1 & j_2 & j_3 \\ m_1 & m_2 & m_3 \end{pmatrix} = \begin{pmatrix} j_2 & j_1 & j_3 \\ m_2 & m_1 & m_3 \end{pmatrix}$$
$$= \begin{pmatrix} j_1 & j_3 & j_2 \\ m_1 & m_3 & m_2 \end{pmatrix} = \begin{pmatrix} j_3 & j_2 & j_1 \\ m_3 & m_2 & m_1 \end{pmatrix} \tag{24}$$

$$\begin{pmatrix} j_1 & j_2 & j_3 \\ m_1 & m_2 & m_3 \end{pmatrix} = \begin{pmatrix} j_2 & j_3 & j_1 \\ m_2 & m_3 & m_1 \end{pmatrix} = \begin{pmatrix} j_3 & j_1 & j_2 \\ m_3 & m_1 & m_2 \end{pmatrix} \tag{25}$$

$$\begin{pmatrix} j_1 & j_2 & j_3 \\ m_1 & m_2 & m_3 \end{pmatrix} = (-1)^{j_1+j_2+j_3}\begin{pmatrix} j_1 & j_2 & j_3 \\ -m_1 & -m_2 & -m_3 \end{pmatrix} \tag{26}$$

由式(26)可看出,若 $m_1=m_2=m_3=0$,则只当 $j_1+j_2+j_3=$偶数时,$3j$ 符号才可能不为零.

习 题 9

9.1 谐振子的湮没算符(自然单位)$a=(x+\mathrm{i}p)/\sqrt{2}$的本征方程表示为 $a|\alpha\rangle=\alpha|\alpha\rangle$,$|\alpha\rangle$可以表示为谐振子能量本征态的相干叠加,$|\alpha\rangle=\sum\limits_n C_n|n\rangle$. 利用 9.1 节式(22),证明归一化的本征态$|\alpha\rangle$可以表示为

$$|\alpha\rangle = \mathrm{e}^{-\frac{1}{2}|\alpha|^2}\sum_{n=0}^{\infty}\frac{\alpha^n}{\sqrt{n!}}|n\rangle$$

$|\alpha\rangle$称为谐振子的相干态(coherent state).

9.2 证明 (a)谐振子相干态可以表示为$|\alpha\rangle=\mathrm{e}^{\alpha a^+-\alpha^* a}|0\rangle$,$|0\rangle$是谐振子基态.

提示:利用$[a,a^+]=1$,证明$[a,\mathrm{e}^{\alpha a^+-\alpha^* a}]=\alpha\mathrm{e}^{\alpha a^+-\alpha^* a}$;

(b)对于 α 为实数情况,$\left(利用\ a^+-a=-\sqrt{2}\dfrac{\partial}{\partial x}\right)$

$$\psi_\alpha(x)=\langle x|\alpha\rangle=\psi_0(x-x_0),\qquad x_0=\sqrt{2}\alpha$$

是相干态$|\alpha\rangle$在 x 表象中的表示式,$\psi_\alpha(x)$的波形与谐振子基态 $\psi_0(x)$相同,但有一个往 x 方向的平移,波峰从 $x=0$ 点挪到了 x_0 点.

9.3 荷电 q 的谐振子受到沿 x 方向均匀外电场 $\mathscr{E}$ 的作用,

$$H=\frac{1}{2m}p^2+\frac{1}{2}m\omega^2x^2-q\mathscr{E}x=H_0-q\mathscr{E}x$$

证明 (a)H 的本征态为 $\psi_n(x)=\psi_n(x-x_0)=\mathrm{e}^{-\mathrm{i}x_0p/\hbar}\psi_n(x)$,$x_0=q\mathscr{E}/m\omega^2$,本征值为$\left(n+\dfrac{1}{2}\right)\hbar\omega-\dfrac{1}{2}m\omega^2x_0^2=\left(n+\dfrac{1}{2}\right)\hbar\omega-q^2\mathscr{E}^2/2m\omega^2$;

提示:对$\dfrac{1}{2}m\omega^2x^2-q\mathscr{E}x$ 进行配平方.

(b)H 可以表示为 $H=\left(b^+b+\dfrac{1}{2}\right)\hbar\omega$,式中 $b=a-a_0$,$b^+=a^+-a_0$,$a_0=x\sqrt{m\omega/2\hbar}$(无量纲).

9.4 在$(\boldsymbol{l}^2,l_z)$表象(以$|lm\rangle$为基矢)中,$l=1$ 的子空间的维数为 3.求 l_x 在此三维空间中

的矩阵表示.再利用矩阵方法求出 l_x 的本征值和本征态.

提示:利用 9.2 节式(23)求 l_x 的矩阵表示.

答:l_x 本征值为 0,+1,−1,相应的本征态为

$$\frac{1}{\sqrt{2}}\begin{pmatrix}1\\0\\-1\end{pmatrix},\quad \frac{1}{2}\begin{pmatrix}1\\\sqrt{2}\\1\end{pmatrix},\quad \frac{1}{2}\begin{pmatrix}1\\-\sqrt{2}\\1\end{pmatrix}$$

9.5 设原子中有两个价电子,处于 E_{nl} 能级上.按 LS 耦合方案,$\boldsymbol{l}_1+\boldsymbol{l}_2=\boldsymbol{L}$,$\boldsymbol{s}_1+\boldsymbol{s}_2=\boldsymbol{S}$,$\boldsymbol{L}+\boldsymbol{S}=\boldsymbol{J}$(总角动量).证明

(a) $L+S$ 必为偶数;

(b) $J=L+S,\cdots,|L-S|$.当 $S=0$ 时 $J=L$(偶);而 $S=1$ 时,$J=L+1,L,L-1$,J 可以为奇,也可以为偶.

9.6 大小相等的两个角动量耦合成总角动量为零的态,ψ_{jj00}.证明 $j_{1z}=-j_{2z}=j,j-1,\cdots,-j$ 的概率都相等,即 $1/(2j+1)$.

提示:利用 $\langle jmj-m|00\rangle=(-1)^{j-m}/\sqrt{2j+1}$.

9.7 设 $\boldsymbol{j}_1+\boldsymbol{j}_2=\boldsymbol{j}$,在 $|j_1j_2jm\rangle$ 态下,证明

$$\langle j_{1x}\rangle=\langle j_{1y}\rangle=\langle j_{2x}\rangle=\langle j_{2y}\rangle=0$$

$$\langle j_{1z}\rangle=m\frac{j(j+1)+j_1(j_1+1)-j_2(j_2+1)}{2j(j+1)}$$

$$\langle j_{2z}\rangle=m\frac{j(j+1)+j_2(j_2+1)-j_1(j_1+1)}{2j(j+1)}=m-\langle j_{1z}\rangle$$

第10章 微 扰 论

10.1 束缚态微扰论

体系的能量本征值问题,除了少数体系(如谐振子,氢原子等)外,往往不能严格求解.因此,在处理各种实际问题时,除了采用适当的模型以简化问题外,往往还需要采用合适的近似解法.例如,微扰论,变分法,绝热近似,准经典近似等.各种近似方法都有其优缺点和适用范围,其中应用最广泛的近似方法就是微扰论.

设体系的 Hamilton 量为 H(不显含 t),能量本征方程为

$$H|\psi\rangle = E|\psi\rangle \tag{1}$$

E 为能量本征值.此方程的求解,一般都比较困难.本节介绍求解束缚态的能量本征值和本征态的一种近似方法,即微扰论。假设 H 可以分为两部分,

$$H = H_0 + H' \tag{2}$$

设 H_0 的本征值和本征函数比较容易解出,或已有现成的解.从经典物理来理解,与 H_0 相比,H'是一个小量,称为微扰,(在量子力学中,微扰的确切含义,见后面的讨论.)因此,可以在H_0 的本征解的基础上,把 H'的影响逐级考虑进去,以求出方程(1)的尽可能精确的近似解.微扰论的具体形式有多种多样,但其基本精神都相同,即按微扰(视为一级小量)进行逐级展开.

设 H_0 的本征方程

$$\begin{aligned} &H_0|\psi_{n\nu}^{(0)}\rangle = E_n^{(0)}|\psi_{n\nu}^{(0)}\rangle, \qquad \nu = 1,2,\cdots,f_n \\ &\langle\psi_{n\nu}^{(0)}|\psi_{m\mu}^{(0)}\rangle = \delta_{mn}\delta_{\mu\nu} \end{aligned} \tag{3}$$

的本征值 $E_n^{(0)}$ 和正交归一本征态$|\psi_{n\nu}^{(0)}\rangle$已解出. $E_n^{(0)}$ 可能是不简并的($f_n=1$),也可能是简并的($f_n\geqslant 2$).按微扰论的逐级展开的精神,令

$$\begin{aligned} |\psi\rangle &= |\psi^{(0)}\rangle + |\psi^{(1)}\rangle + |\psi^{(2)}\rangle + \cdots \\ E &= E^{(0)} + E^{(1)} + E^{(2)} + \cdots \end{aligned} \tag{4}$$

以下约定:波函数的各级高级近似解与零级近似解都正交,即

$$\langle\psi^{(0)}|\psi^{(s)}\rangle = 0, \qquad s = 1,2,3,\cdots \tag{5}$$

把式(4)代入式(1),比较等式两边的同级项,可得出各级近似下的能量本征方程

$$(H_0 - E^{(0)})|\psi^{(0)}\rangle = 0 \tag{6a}$$

$$(H_0 - E^{(0)})|\psi^{(1)}\rangle = (E^{(1)} - H')|\psi^{(0)}\rangle \tag{6b}$$

$$(H_0 - E^{(0)})|\psi^{(2)}\rangle = (E^{(1)} - H')|\psi^{(1)}\rangle + E^{(2)}|\psi^{(0)}\rangle \tag{6c}$$

$$(H_0 - E^{(0)})|\psi^{(3)}\rangle = (E^{(1)} - H')|\psi^{(2)}\rangle + E^{(2)}|\psi^{(1)}\rangle + E^{(3)}|\psi^{(0)}\rangle \tag{6d}$$

…………

式(6b)、式(6c)、式(6d)两边左乘$\langle\psi^{(0)}|$，并利用式(5)，可以得出

$$E^{(1)}=\langle\psi^{(0)}|H'|\psi^{(0)}\rangle \tag{7a}$$

$$E^{(2)}=\langle\psi^{(0)}|H'|\psi^{(1)}\rangle \tag{7b}$$

$$E^{(3)}=\langle\psi^{(0)}|H'|\psi^{(2)}\rangle \tag{7c}$$

式(6c)两边左乘$\langle\psi^{(1)}|$，得

$$\langle\psi^{(1)}|(H_0-E^{(0)})|\psi^{(2)}\rangle=\langle\psi^{(1)}|(E^{(1)}-H')|\psi^{(1)}\rangle$$

式(6b)两边左乘$\langle\psi^{(2)}|$，并利用式(7c)，得

$$\langle\psi^{(2)}|(H_0-E^{(0)})|\psi^{(1)}\rangle=0-\langle\psi^{(2)}|H'|\psi^{(0)}\rangle=-E^{(3)}$$

利用H_0的厄米性，以上两式的左边应相等，因而得出

$$E^{(3)}=\langle\psi^{(1)}|(H'-E^{(1)})|\psi^{(1)}\rangle \tag{7d}$$

利用此式，可以直接用微扰一级近似波函数(而不需用二级近似波函数)来计算能量三级近似$E^{(3)}$.

10.1.1 非简并态微扰论

首先假设，在不考虑微扰时，体系处于非简并能级$E_k^{(0)}$($f_k=1$)，即

$$E^{(0)}=E_k^{(0)} \tag{8}$$

($E_k^{(0)}$可以是任何一个非简并能级，但在计算前要取定，)因而相应的零级能量本征函数是完全确定的，即

$$|\psi^{(0)}\rangle=|\psi_k^{(0)}\rangle \tag{9}$$

以下分别计算各级微扰近似.

1. 一级近似

设一级微扰近似波函数表示为

$$|\psi^{(1)}\rangle=\sum_n a_n^{(1)}|\psi_n^{(0)}\rangle \tag{10}$$

注意：上式求和中，$E_n^{(0)}$可能是不简并的($f_n=1$)，也可能是简并的($f_n\geqslant 2$). 为表述简洁，上式中$|\psi_n^{(0)}\rangle$的n标记一组完备量子数，简并量子数未明显写出.

将式(8)、式(9)、式(10)代入式(6b)得

$$(H_0-E^{(0)})\sum_n a_n^{(1)}|\psi_n^{(0)}\rangle=(E^{(1)}-H')|\psi_k^{(0)}\rangle$$

两边左乘$\langle\psi_m^{(0)}|$(求标积)，利用H_0本征态的正交归一性，得

$$(E_m^{(0)}-E_k^{(0)})a_m^{(1)}=E^{(1)}\delta_{mk}-H'_{mk} \tag{11}$$

式中

$$H'_{mk}=\langle\psi_m^{(0)}|H'|\psi_k^{(0)}\rangle$$

式(11)中，$m=k$时，得

$$E^{(1)}=E_k^{(1)}=H'_{kk}=\langle\psi_k^{(0)}|H'|\psi_k^{(0)}\rangle \tag{12}$$

而$m\neq k$时，得

$$a_m^{(1)} = \frac{H'_{mk}}{E_k^{(0)} - E_m^{(0)}}, \qquad (m \neq k) \tag{13}$$

因此，按式(5)的约定，在一级近似下，能量本征值和本征函数分别为

$$E_k = E_k^{(0)} + H'_{kk} \tag{14a}$$

$$|\psi_k\rangle = |\psi_k^{(0)}\rangle + |\psi_k^{(1)}\rangle = |\psi_k^{(0)}\rangle + \sum_n{}' \frac{H'_{nk}}{E_k^{(0)} - E_n^{(0)}} |\psi_n^{(0)}\rangle \tag{14b}$$

上式中 $\sum\limits_n{}'$ 表示对 n 求和时，$n=k$ 项必须摒弃.

2. 二级近似

把式(9)、式(10)、式(13)代入式(7b)，得

$$E^{(2)} = E_k^{(2)} = \langle\psi_k^{(0)}|H'|\psi_k^{(1)}\rangle = \sum_n{}' \frac{|H'_{nk}|^2}{E_k^{(0)} - E_n^{(0)}} \tag{15}$$

此即能量的二级修正. 所以在准确到二级近似下，能量的本征值为

$$E_k = E_k^{(0)} + H'_{kk} + \sum_n{}' \frac{|H'_{nk}|^2}{E_k^{(0)} - E_n^{(0)}} \tag{16}$$

同理，用式(10)、式(12)、式(13)代入式(7d)，得

$$\begin{aligned} E^{(3)} &= E_k^{(3)} = \langle\psi_k^{(1)}|H' - E^{(1)}|\psi_k^{(1)}\rangle \\ &= \sum_n{}'\sum_m{}' \frac{H'_{kn}\ H'_{nm}\ H'_{mk}}{(E_k^{(0)} - E_n^{(0)})(E_k^{(0)} - E_m^{(0)})} - H'_{kk}\sum_n{}' \frac{H'_{kn}H'_{nk}}{(E_k^{(0)} - E_n^{(0)})^2} \end{aligned} \tag{17}$$

此即能量的三级修正. 类似，可得到能量的各级修正.

由式(13)、式(14)、式(16)可以看出，非简并态的微扰论逐级展开的收敛性要求

$$\left|\frac{H'_{nk}}{E_k^{(0)} - E_n^{(0)}}\right| \ll 1 \qquad (\text{所有 } n \neq k) \tag{18}$$

因此，如在 $E_k^{(0)}$ 能级邻近存在另外的能级 $E_n^{(0)}$(即它们接近于简并)，则微扰论展开的收敛性就很差. 特别是有简并的情况，上述微扰论公式就完全不适用.(见10.1.2节及例4).

用微扰论处理具体问题时，要恰当地选取 H_0. 在有些问题中，H_0 与微扰 H' 的划分是很显然的. 例如，在 Stark 效应和 Zeeman 效应中，分别把外电场和外磁场的作用看成微扰. 但在有些问题中，往往根据如何使计算简化来决定 H_0 与 H' 的划分，同时还兼顾计算结果的可靠性. 微扰论计算中，要充分利用 H' 的对称性以及相应的微扰矩阵元的选择定则，这样可以省掉许多不必要的计算上的麻烦.

例 1 氦原子及类氦离子的基态能量.

氦原子及类氦离子(如 Li^+, Be^{++}, B^{+++} 等)是最简单的多电子原子，在原子核(带电 $+Ze$)外有两个电子. 两个电子的 Hamilton 量(取原子单位① $\hbar = m_e = e = 1$)表示为

① 能量单位为 $m_e e^4/\hbar^2$，长度单位为 $a = \hbar^2/m_e e^2$(Bohr 半径)，参见附录 A7.

$$H = -\frac{1}{2}(\nabla_1^2 + \nabla_2^2) - \frac{Z}{r_1} - \frac{Z}{r_2} + \frac{1}{r_{12}} = H_0 + H' \tag{19}$$

$$H_0 = \left(-\frac{1}{2}\nabla_1^2 - \frac{Z}{r_1}\right) + \left(-\frac{1}{2}\nabla_2^2 - \frac{Z}{r_2}\right), \quad H' = \frac{1}{r_{12}}$$

r_1 和 r_2 分别表示两个电子与原子核的距离，$-Z(1/r_1+1/r_2)$表示原子核对两个电子的 Coulomb 吸引能. $r_{12}=|\boldsymbol{r}_1-\boldsymbol{r}_2|$是两个电子的相对距离，$1/r_{12}$表示两个电子之间的 Coulomb 排斥能，可视为微扰. H_0 描述的是两个无相互作用的电子在原子核的 Coulomb 引力场中的运动，H_0 的本征函数可以表示成两个类氢原子波函数之积. 对于基态，两个电子都处于 1s 轨道($n=1$, $l=m=0$)，波函数的空间部分表示为

$$\phi(r_1, r_2) = \psi_{100}(r_1)\psi_{100}(r_2) \tag{20}$$

它对于两个电子空间坐标的交换是对称的. 按照全同 Fermi 子体系的波函数的反对称要求，两个电子相应的自旋态只能是自旋单态 $\chi_0(s_{1z}, s_{2z})$，对交换自旋是反对称的. 因此，两个电子的波函数表示为

$$\psi = \phi(r_1, r_2)\chi_0(s_{1z}, s_{2z}) \tag{21}$$

ψ 对交换电子(全部坐标)是反对称的. 本征函数(21)相应的 H_0 的本征值为 $2\cdot(-Z^2/2)=-Z^2$(原子单位). (注意，类氢原子能级为 $E_n=-Z^2/2n^2$，对于 1s 态，$n=1$.)

能量的微扰一级修正为(见式(7a))

$$\left\langle\frac{1}{r_{12}}\right\rangle = \iint d^3r_1 d^3r_2 |\psi_{100}(r_1)|^2 |\psi_{100}(r_2)|^2 / r_{12} \tag{22}$$

式中

$$\psi_{100}(r) = \frac{Z^{3/2}}{\sqrt{\pi}} e^{-Zr} \tag{23}$$

利用积分公式

$$\iint d^3r_1 d^3r_2 \frac{e^{-2Z(r_1+r_2)}}{r_{12}} = \frac{5\pi^2}{8Z^5} \tag{24}$$

可求出$\langle 1/r_{12}\rangle = \frac{5}{8}Z$. 因此，在微扰一级近似下，氦原子(类氦离子)的基态能量为

$$E = -Z^2 + \frac{5}{8}Z \quad (\text{原子单位}) \tag{25}$$

其中$-Z^2$是忽略两个电子的 Coulomb 排斥力时体系(H_0)的能量，而 $5Z/8$ 是两个电子之间 Coulomb 排斥力对能量的一级微扰修正.

例 2 电介质的极化率.

考虑各向同性电介质在外电场作用下的极化现象. 当没有外电场时，介质中的离子在其平衡位置附近作小振动，可视为简谐运动. 设沿 x 方向加上均匀外电场 $\mathscr{E}$，它只对离子沿 x 方向的振动有影响，而对 y, z 方向振动无影响，故不予考虑. 设离子荷电 q，则

$$\begin{aligned} &H = H_0 + H' \\ &H_0 = -\frac{\hbar^2}{2\mu}\frac{d^2}{dx^2} + \frac{1}{2}\mu\omega^2 x^2, \qquad H' = -q\mathscr{E}x \end{aligned} \tag{26}$$

以下计算外加电场对谐振子能级 $E_k^{(0)} = \left(k+\frac{1}{2}\right)\hbar\omega$ 的影响.

利用矩阵元公式(见 9.1 节，式(23))

$$x_{n'n}=\left[\sqrt{\frac{n+1}{2}}\delta_{n'n+1}+\sqrt{\frac{n}{2}}\delta_{n'n-1}\right]\sqrt{\frac{\hbar}{\mu\omega}} \tag{27}$$

可求出准确到二级微扰近似下的能量

$$\begin{aligned}E_k&=E_k^{(0)}+H'_{kk}+\sum_n{}'\frac{|H'_{nk}|^2}{E_k^{(0)}-E_n^{(0)}}\qquad(\text{注意 } H'_{kk}=0)\\&=\left(k+\frac{1}{2}\right)\hbar\omega+\frac{q^2\mathscr{E}^2}{\hbar\omega}\sum_n{}'\frac{|x_{nk}|^2}{(k-n)}\\&=\left(k+\frac{1}{2}\right)\hbar\omega+\frac{q^2\mathscr{E}^2}{\hbar\omega}(|x_{k-1,k}|^2-|x_{k+1,k}|^2)\\&=\left(k+\frac{1}{2}\right)\hbar\omega-\frac{q^2\mathscr{E}^2}{2\mu\omega^2}\end{aligned} \tag{28}$$

即所有能级都下移一个常量 $q^2\mathscr{E}^2/2\mu\omega^2$，这对于能谱形状（均匀分布）并无影响. 但波函数将发生改变. 在微扰一级近似下，波函数为

$$\begin{aligned}\psi_k(x)&=\psi_k^{(0)}(x)+\sum_n{}'\frac{H'_{nk}}{(E_k^{(0)}-E_n^{(0)})}\psi_n^{(0)}\\&=\psi_k^{(0)}(x)+\frac{q\mathscr{E}}{\omega\sqrt{\mu\hbar\omega}}\left[\sqrt{\frac{k+1}{2}}\psi_{k+1}^{(0)}(x)-\sqrt{\frac{k}{2}}\psi_{k-1}^{(0)}(x)\right]\end{aligned} \tag{29}$$

即在原来的零级波函数 $\psi_k^{(0)}$ 之外，混进了与它紧邻的两条能级的波函数 $\psi_{k\pm1}^{(0)}$，它们的宇称正好与 $\psi_k^{(0)}$ 相反. 所以 ψ_k 不再是具有确定宇称的态，这是外加电场破坏了空间反射不变性的表现.

当未加外电场时，离子的位置平均值

$$\langle x\rangle=(\psi_k^{(0)},x\psi_k^{(0)})=0 \tag{30}$$

这是意料之中的事，因为坐标原点本来就取在离子的平衡位置. 当加上外电场 $\mathscr{E}$ 之后，离子平衡位置将发生移动. 利用式(29)与式(27)，不难求出

$$\begin{aligned}\langle x\rangle&=(\psi_k,x\psi_k)\\&=\frac{2q\mathscr{E}}{\mu\omega^2}\left[\sqrt{\frac{k+1}{2}}x_{k,k+1}-\sqrt{\frac{k}{2}}x_{k,k-1}\right]=\frac{q\mathscr{E}}{\mu\omega^2}\end{aligned} \tag{31}$$

即正离子将沿电场方向挪动 $q\mathscr{E}/\mu\omega^2$，负离子则沿反方向挪动 $|q|\mathscr{E}/\mu\omega^2$. 因此，外电场诱导所产生的电偶极矩为

$$D=2\frac{|q|\mathscr{E}}{\mu\omega^2}|q|=2q^2\mathscr{E}/\mu\omega^2 \tag{32}$$

因而极化率为

$$\kappa=D/\mathscr{E}=2q^2/\mu\omega^2 \tag{33}$$

练习　Hamilton 量式(26)的本征值可严格求解（提示，对式(26)中的势能项配平方）. 试证明严格求解得出的能量本征值与微扰论二级近似结果（见式(28)）相同（但严格求解出的能量本征态与微扰一级近似解并不完全相同）.

10.1.2　简并态微扰论

实际问题中，特别是处理体系的激发态时，常常碰到简并态或近似简并态. 此时，非简并态微扰论是不适用的. 这里首先碰到的困难是：零级能量给定后，对应的零级波函数并未确定，这是简并态微扰论首先要解决的问题. 体系能级的简并性与

体系的对称性密切相关.当考虑微扰之后,如体系的某种对称性受到破坏,则能级可能分裂,简并将被部分解除或全部解除.因此在简并态微扰论中,充分考虑体系的对称性及其破缺是至关重要的.

假设不考虑微扰时,体系处于某简并能级 $E_k^{(0)}$,即

$$E^{(0)} = E_k^{(0)} \tag{34}$$

与非简并态不同的是,此时零级波函数,尚不能完全确定,但其一般形式必为

$$|\psi^{(0)}\rangle = \sum_{\mu=1}^{f_k} a_\mu |\psi_{k\mu}^{(0)}\rangle \tag{35}$$

用式(34)、式(35)代入式(6b),得

$$\begin{aligned}(H_0 - E_k^{(0)})|\psi^{(1)}\rangle &= (E^{(1)} - H')|\psi^{(0)}\rangle \\ &= (E^{(1)} - H')\Big|\sum_\mu a_\mu |\psi_{k\mu}^{(0)}\rangle\end{aligned}$$

左乘 $\langle\psi_{k\mu}^{(0)}|$,(取标积),考虑到式(5)的约定,得

$$\sum_\mu (H'_{\mu'\mu} - E^{(1)}\delta_{\mu'\mu})a_\mu = 0 \tag{36}$$

此即零级波函数(35)中的展开系数 a_μ 满足的齐次线性方程组.它有非平庸解的充要条件为

$$\det|H'_{\mu'\mu} - E^{(1)}\delta_{\mu'\mu}| = 0 \tag{37}$$

上式是 $E^{(1)}$ 的 f_k 次幂方程(有些书上称之为久期方程(secular equation),是从天体力学的微扰论中借用来的术语).根据 H' 的厄米性,方程(37)必然有 f_k 个实根,记为 $E_{k\alpha}^{(1)}$,$\alpha=1,2,\cdots,f_k$,分别把每一个根 $E_{k\alpha}^{(1)}$ 代入方程(36),即可求得相应的解,记为 $a_{\alpha\mu}$,$\mu=1,2,\cdots,f_k$.于是得出新的零级波函数

$$|\phi_{k\alpha}^{(0)}\rangle = \sum_\mu^{f_k} a_{\alpha\mu}|\psi_{k\mu}^{(0)}\rangle, \quad \alpha = 1,2,\cdots,f_k \tag{38}$$

它相应的准确到一级微扰修正的能量为

$$E_k^{(0)} + E_{k\alpha}^{(1)} \tag{39}$$

如 f_k 个根 $E_{k\alpha}^{(1)}$ 无重根,则原来的 f_k 重简并能级 $E_k^{(0)}$ 将完全解除简并,分裂为 f_k 条.所相应的波函数和能量本征值由式(38)和式(39)给出.但如 $E_{k\alpha}^{(1)}$ 有部分重根,则能级简尚未完全解除.凡未完全解除简并的能量本征值,相应的零级波函数仍是不确定的.

例 3 氢原子的 Stark 效应.

把原子置于外电场中,则它发射的光谱线会发生分裂,此即 Stark 效应.下面考虑氢原子光谱的 Lyman 线系的第一条谱线($n=2\rightarrow n=1$)的 Stark 分裂.

在不计及自旋时,氢原子的基态($n=1$)不简并,但第一激发态($n=2$)则是四重简并的,对应于能级

$$E_2 = -\frac{e^2}{2a}\frac{1}{2^2} \tag{40}$$

的 4 个零级波函数$|2lm\rangle$为

$$\underset{\text{2s态}}{|200\rangle},\underbrace{|210\rangle,|211\rangle,|21-1\rangle}_{\text{2p态}} \tag{41}$$

为了方便，对它们进行编号，依次记为$|1\rangle$，$|2\rangle$，$|3\rangle$，$|4\rangle$.

设沿 z 轴方向加上均匀外电场 $\mathscr{E}$，它对电子(荷电$-e$)的作用能为

$$H' = e\mathscr{E}z = e\mathscr{E}r\cos\theta \tag{42}$$

考虑到

$$[H', l_z] = 0 \tag{43}$$

l_z 仍保持为守恒量，再考虑到 $\cos\theta \sim Y_{10}(\theta)$，所以微扰 H' 具有如下选择定则：$\Delta m=0$，$\Delta l=\pm 1$，即只当 m 相同而且 l 相差 1 的态之间的 H' 矩阵元才可能不为零. 具体计算 H' 矩阵元时，可利用公式(附录 A4，式(33))

$$\cos\theta Y_{lm} = \sqrt{\frac{(l+1)^2-m^2}{(2l+1)(2l+3)}}Y_{l+1m} + \sqrt{\frac{l^2-m^2}{(2l-1)(2l+1)}}Y_{l-1m}$$

计算结果，不为零的矩阵元为

$$\langle 1|H'|2\rangle = \langle 2|H'|1\rangle = -3e^2\mathscr{E}a \tag{44}$$

因此，方程(37)表示为

$$\begin{pmatrix} -E^{(1)} & -3e^2\mathscr{E}a & 0 & 0 \\ -3e^2\mathscr{E}a & -E^{(1)} & 0 & 0 \\ 0 & 0 & -E^{(1)} & 0 \\ 0 & 0 & 0 & -E^{(1)} \end{pmatrix}\begin{pmatrix} a_1 \\ a_2 \\ a_3 \\ a_4 \end{pmatrix} = 0 \tag{45}$$

可以注意到，由于微扰 H' 的选择定则($\Delta m=0$)，氢原子的第一激发态($n=2$)的四维态空间可分解成 3 个不变子空间($m=0,+1,-1$)，维数分别为 2,1,1. 方程(45)有非平庸解的充要条件为系数行列式为 0，解之得

$$E^{(1)} = \pm 3e^2\mathscr{E}a, 0, 0 \tag{46}$$

对于根 $E^{(1)}=3e^2\mathscr{E}a$，方程(45)的解为 $a_2/a_1=-1$，$a_3=a_4=0$. 因此，归一化的新的零级波函数为

$$|\phi_1\rangle = \frac{1}{\sqrt{2}}(|200\rangle - |210\rangle) \tag{47}$$

相应能量为

$$-\frac{e^2}{2a}\frac{1}{2^2} + 3e\mathscr{E}a$$

对于根 $E^{(1)}=-3e^2\mathscr{E}a$，类似可求出

$$|\phi_2\rangle = \frac{1}{\sqrt{2}}(|200\rangle + |210\rangle) \tag{48}$$

对应能量为

$$-\frac{e^2}{2a}\frac{1}{2^2} - 3e\mathscr{E}a$$

对于二重根 $E^{(1)}=0$，代入式(49)，得 $a_1=a_2=0$，但 a_3 与 a_4 不能唯一确定. 不妨仍取原来的零级波函数，即 $a_3=1, a_4=0$ 与 $a_3=0, a_4=1$，亦即

$$|\phi_3\rangle = |211\rangle, \qquad |\phi_4\rangle = |21-1\rangle \tag{49}$$

这两条能级的简并尚未解除，对应能量都是$-\dfrac{e^2}{2a}\dfrac{1}{2^2}$. 如图 10.1 所示.

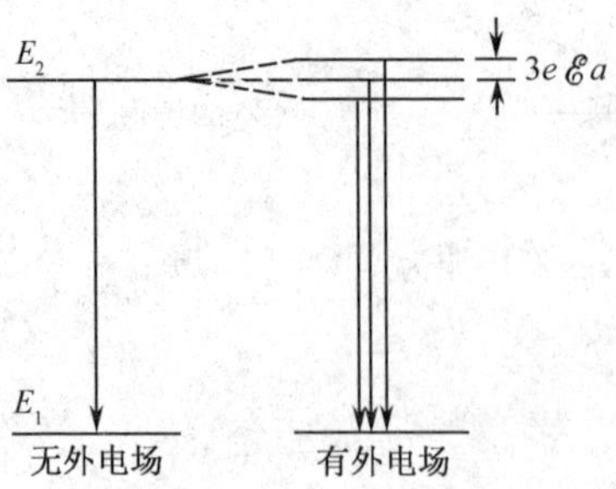

图 10.1

类似可以讨论 $n=3$ 激发能级，其简并度为 9. 可以分解为 5 个不变子空间（$m=0,+1,-1,+2,-2$），维数分别为 3,2,2,1,1.（见第 10.5 题）.

讨论

(a) 新的零级波函数的正交归一性. 按式(36)，对于根 $E_{k\alpha}^{(0)}$（实，k 给定）

$$\sum_{\mu}(H'_{\mu'\mu}-E_{k\alpha}^{(1)}\delta_{\mu'\mu})a_{\alpha\mu}=0 \tag{50}$$

取复共轭，注意 $H'^{*}_{\mu'\mu}=H'_{\mu\mu'}$（厄米性），得

$$\sum_{\mu}(H'_{\mu'\mu}-E_{k\alpha}^{(1)}\delta_{\mu'\mu})a_{\alpha\mu}^{*}=0$$

把 $\mu\leftrightarrow\mu'$，$\alpha\rightarrow\alpha'$，得

$$\sum_{\mu'}(H'_{\mu'\mu}-E_{k\alpha'}^{(1)}\delta_{\mu'\mu})a_{\alpha'\mu'}^{*}=0 \tag{51}$$

式(50)乘以 $a_{\alpha'\mu'}^{*}$，对 μ' 求和，式(51)乘以 $a_{\alpha\mu}$，对 μ 求和，然后两式相减，得

$$(E_{k\alpha}^{(1)}-E_{k\alpha'}^{(1)})\sum_{\mu}a_{\alpha\mu}a_{\alpha'\mu}^{*}=0 \tag{52}$$

对于不同的根，$E_{k\alpha}^{(1)}\neq E_{k\alpha'}^{(1)}$，必有

$$\sum_{\mu}a_{\alpha\mu}a_{\alpha'\mu}^{*}=0 \tag{53}$$

按式(38)，上式即

$$\langle\phi_{k\alpha'}\rangle|\phi_{k\alpha}\rangle=0 \tag{54}$$

联合 $|\phi_{k\alpha}\rangle$ 的归一性，得

$$\langle\phi_{k\alpha'}\rangle|\phi_{k\alpha}\rangle=\sum_{\mu}a_{\alpha'\mu}^{*}a_{\alpha\mu}=\delta_{\alpha'\alpha} \tag{55}$$

(b) 在以新的零级波函数 $|\phi_{k\alpha}^{(0)}\rangle$ 为基矢的 f_k 维子空间中，H'（因而 H）是对角化的. 因为

$$\begin{aligned}\langle\phi_{k\alpha'}|H'|\phi_{k\alpha}\rangle&=\sum_{\mu\nu}a_{\alpha'\mu}^{*}a_{\alpha\nu}\langle k\mu|H'|k\nu\rangle\\&=\sum_{\mu\nu}a_{\alpha'\mu}^{*}a_{\alpha\nu}H'_{\mu\nu}=\sum_{\mu}a_{\alpha'\mu}^{*}E_{k\alpha}^{(1)}a_{\alpha\mu}\\&=E_{k\alpha}^{(1)}\delta_{\alpha'\alpha}\end{aligned} \tag{56}$$

此结论是意料中的事，因为简并微扰论的精神，第一步就是在该简并能级的各简并态所张开的子空间中作一个幺正变换，使 H' 对角化.

对 $\alpha'=\alpha$，上式给出

$$E_{k\alpha}^{(1)}=\langle\phi_{k\alpha}|H'|\phi_{k\alpha}\rangle \tag{57}$$

$E_{k\alpha}^{(1)}$ 即能级一级修正，是微扰 H' 在新的零级波函数下的平均值.

(c) 若最初的零级波函数选得适当，已使 H' 对角化，即

$$H'_{\mu\nu}=\langle\psi_{k\mu}^{(0)}|H'|\psi_{k\nu}^{(0)}\rangle=H'_{\mu\nu}\delta_{\mu\nu} \tag{58}$$

则式(36)的解就是

$$E_{k\mu}^{(1)} = H'_{\mu\mu}, \qquad \mu = 1,2,\cdots,f_k \tag{59}$$

对应的零级近似波函数就是$|\psi_{k\mu}^{(0)}\rangle$. 这在处理正常 Zeeman 效应(6.2 节)和反常 Zeeman 效应(8.3.2 节)中都已用到. 简并微扰论中,零级波函数的选择是至关重要的,应充分利用体系的对称性. 特别是,尽量选择零级波函数同时又是某些守恒量(与 H_0 和 H'都对易)的本征态(即用一些好量子数来标记零级波函数),则计算将大为简化(可以把表象空间约化为若干个不变子空间,分别在各子空间中把 H 对角化).

(d)近简并情况. 设 H_0 的本征能级中,有一些能级(即使本身都不简并)彼此很靠近,则 10.1 节所讲的非简并态微扰论是不适用的. 用上面所讲的简并态微扰论也不能令人满意,因为在此情况下,微扰有可能把这些紧邻的几条能级上的态强烈混合. 此时,更好的做法是首先在这些紧邻能级所有的量子态所张开的子空间中把 H 对角化,即把这些紧邻的所有能级(本身既可以是非简并态,也可以是简并态)一视同仁,首先加以考虑.

例 4 二能级体系.

设体系 Hamilton 量为

$$H = H_0 + H' \tag{60}$$

H_0 有两条非简并能级 E_1 和 E_2 很靠近,而其余能级则离开很远,

$$H_0|\varphi_1\rangle = E_1|\varphi_1\rangle, \qquad H_0|\varphi_2\rangle = E_2|\varphi_2\rangle \tag{61}$$

则 H 的对角化可以局限在$|\varphi_1\rangle$和$|\varphi_2\rangle$张开的二维态空间中进行. 在此空间中 H 表示为①

$$H = \begin{pmatrix} E_1 & H'_{12} \\ H'_{21} & E_2 \end{pmatrix}, \quad H'_{12} = \langle\varphi_1|H'|\varphi_2\rangle = H'^{*}_{21} \tag{62}$$

设 H 本征态表为

$$|\psi\rangle = c_1|\varphi_1\rangle + c_2|\varphi_2\rangle \tag{63}$$

则 H 的本征方程 $H|\psi\rangle = E|\psi\rangle$可化为

$$\begin{pmatrix} E-E_1 & -H'_{12} \\ -H'^{*}_{12} & E-E_2 \end{pmatrix}\begin{pmatrix} c_1 \\ c_2 \end{pmatrix} = 0 \tag{64}$$

此方程有非平庸解的条件为

$$\begin{vmatrix} E-E_1 & -H'_{12} \\ -H'^{*}_{12} & E-E_2 \end{vmatrix} = 0 \tag{65}$$

解之,可得出 E 的两个根

$$E_{\pm} = \frac{1}{2}\left[(E_1+E_2) \pm \sqrt{(E_1-E_2)^2 + 4|H'|_{12}|^2}\right] \tag{66}$$

令

① 若 $H'_{11}\neq 0, H'_{22}\neq 0$,只需在下面所有公式中把 $E_1\to E_1+H'_{11}, E_2\to E_2+H'_{22}$,则一切结果都同样成立.

$$E_c = \frac{1}{2}(E_1 + E_2) \qquad \text{（两能级的重心）} \tag{67}$$

$$d = \frac{1}{2}(E_2 - E_1) \qquad \text{（设 } E_2 > E_1\text{）} \tag{68}$$

即 $E_1 = E_c - d, E_2 = E_c + d$，而

$$E_\pm = E_c \pm \sqrt{d^2 + |H'_{12}|^2} = E_c \pm |H'_{12}| \sqrt{1+R^2} \tag{69}$$

式中

$$R = d/|H'_{12}| \tag{70}$$

$1/R = |H'_{12}|/d$ 是表征微扰的重要性的一个参数. $1/R \gg 1$（$|H'_{12}| \gg d$）表示强耦合，$1/R \ll 1$（$|H'_{12}| \ll d$）表示弱耦合. 为表述方便，令

$$\tan\theta = 1/R, \qquad H'_{12} = |H'_{12}| e^{-i\gamma} \tag{71}$$

若 H'_{12} 为实，则 $\gamma = 0$（斥力），或 π（引力）.

用 E_- 根代入式(64)，可得

$$\frac{c_1}{c_2} = \frac{H'_{12}}{E_- - E_1} = \frac{|H'_{12}| e^{-i\gamma}}{-\sqrt{d^2 + |H'_{12}|^2} + d} = -\frac{e^{-i\gamma}}{\sqrt{R^2+1} - R}$$
$$= -(\sqrt{R^2+1} + R) e^{-i\gamma} = -\frac{\cos(\theta/2)}{\sin(\theta/2)} e^{-i\gamma}$$

相应的本征态可表示为

$$|\psi_-\rangle = \cos(\theta/2)|\varphi_1\rangle - \sin(\theta/2)e^{i\gamma}|\varphi_2\rangle, \text{或} \begin{pmatrix} \cos(\theta/2) \\ -\sin(\theta/2)e^{i\gamma} \end{pmatrix} \tag{72}$$

类似可求出 E_+ 根相应的本征态

$$|\psi_+\rangle = \sin(\theta/2)|\varphi_1\rangle + \cos(\theta/2)e^{i\gamma}|\varphi_2\rangle, \text{或} \begin{pmatrix} \sin(\theta/2) \\ \cos(\theta/2)e^{i\gamma} \end{pmatrix} \tag{73}$$

讨论：

(a) 设 $E_1 = E_2$（二重简并），$\gamma = \pi$（引力），则 $d = 0, R = 0$（强耦合），$\theta = \pi/2$，而

$$|\psi_\mp\rangle = \frac{1}{\sqrt{2}}(|\varphi_1\rangle \pm |\varphi_2\rangle) \tag{74}$$

(b) 设 $R \gg 1$（弱耦合），即 $|H'_{12}| \ll d, \frac{1}{R} \approx \theta \ll 1$，则（图 10.2）

$$\begin{aligned} |\psi_-\rangle &\approx |\varphi_1\rangle + \frac{1}{2R}|\varphi_2\rangle, \qquad E_- \approx E_c - R|H'_{12}| \\ |\psi_+\rangle &\approx \frac{1}{2R}|\varphi_1\rangle - |\varphi_2\rangle, \qquad E_+ \approx E_c + R|H'_{12}| \end{aligned} \tag{75}$$

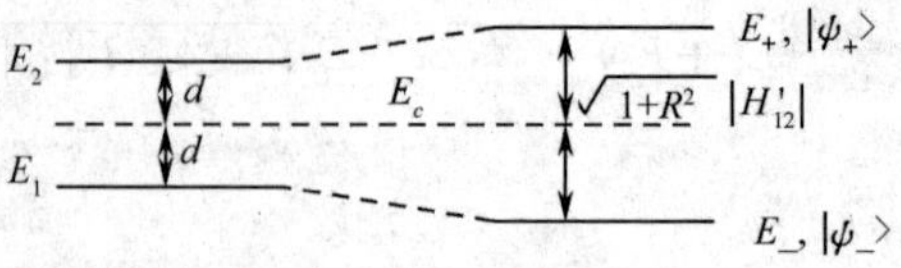

图 10.2

10.2 散射态微扰论

散射实验在近代物理学的发展中起了特别重要的作用.原子和分子物理,原子核物理以及粒子物理的建立和发展,都离不开散射实验及其理论分析.著名的Rutherford的 α 粒子对原子的散射实验(大角度偏转),肯定了原子有一个核,即原子核,从此揭开了人类研究原子结构的新领域.20世纪50年代,高能电子散射实验对研究原子核的电荷分布和电荷半径提供了详细的信息.又例如,美国的SLAC(Stanford Linear Accelerator Center)所做的高能光子对中子的散射实验表明,中子具有复杂的结构.尽管中子整体说来是中性的,但其组成粒子都具有电荷.在量子色动力学(quantum chromodynamics)理论中,中子含有3个组成粒子(称为quark),它们的自旋都是1/2,而电荷分别为(2/3,−1/3,−1/3)(单位,e).散射实验还提供了粒子相互作用的丰富信息.

10.2.1 散射态的描述

散射态是一种非束缚态,涉及体系的能谱的连续区部分.束缚态理论的兴趣在于研究体系的离散的能量本征值和本征态以及它们之间的量子跃迁.在实验上则主要是通过光谱分析(谱线的波数,强度,选择定则等)来获取有关信息.在散射问题中,人们感兴趣的不是能量本征值(能量可连续变化),而是散射粒子的角分布,角关联,极化等.由于散射实验的观测都是在离开"靶子"很远的地方($r\gg\lambda$,λ 是粒子波长)进行,角分布等观测量依赖于波函数在 $r\to\infty$ 处的渐近行为,它与入射粒子能量、相互作用等有关,是散射理论最关心的问题.

从经典力学来看,在散射过程中,每个入射粒子都以一个确定的碰撞参数(impact parameter)b 和方位角(azimuth angle)φ_0 射向靶子(图10.3).由于靶子的作用,入射粒子轨道发生偏转,沿某方向(θ,φ)出射.然而在散射实验中,人们并不对每个粒子的轨道有兴趣,而是研究入射粒子束经过散射后沿不同方向出射的分布.

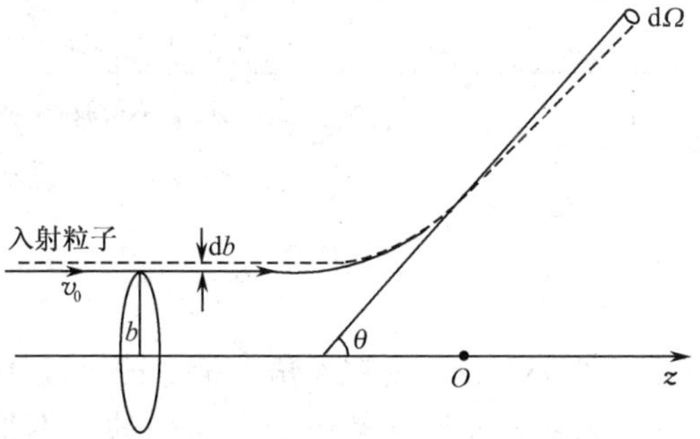

图10.3

设一束粒子以稳定的入射流密度 j_i（单位时间穿过单位截面的粒子数）入射. 由于靶粒子的作用，设在单位时间内有 dn 个粒子沿(θ,φ)方向的立体角 dΩ 中出射. 显然，$\mathrm{d}n\propto j_i\mathrm{d}\Omega$. 令 $\mathrm{d}n=\sigma(\theta,\varphi)j_i\mathrm{d}\Omega$，即

$$\sigma(\theta,\varphi)=\frac{1}{j_i}\left(\frac{\mathrm{d}n}{\mathrm{d}\Omega}\right) \tag{1}$$

$\sigma(\theta,\varphi)$的量纲是面积，称为**散射截面**，它与(θ,φ)有关. 如把沿各方向出射的粒子都计算在内，即

$$\sigma_{\mathrm{t}}=\int\mathrm{d}\Omega\sigma(\theta,\varphi)=\int_0^{2\pi}\mathrm{d}\varphi\int_0^{\pi}\mathrm{d}\theta\sin\theta\,\sigma(\theta,\varphi) \tag{2}$$

σ_{t} 称为总截面. 显然，对于一个半径为 a 的球体靶子，$\sigma_{\mathrm{t}}=\pi a^2$.

在量子力学中，粒子运动状态用波函数描述. 以下为简单起见，假定在散射过程中入射粒子与靶粒子的内部态不改变（内部激发自由度冻结），即**弹性散射**(elastic scattering). 在弹性散射过程中，只有相对运动状态发生改变. 设入射粒子与靶子的相互作用用局域势 $V(\boldsymbol{r})$ 描述，$\boldsymbol{r}$ 是它们的相对坐标. 这样的两体问题总可以化为单体问题（参阅 5.1.3 节）. 我们还假定 $V(\boldsymbol{r})$ 具有**有限的力程** a，即在 $|\boldsymbol{r}|>a$ 区域，$V(\boldsymbol{r})=0$，粒子是自由的.

在散射实验中，有一个入射粒子源. 它提供一束稳定的接近于单色的入射粒子束，从远处射向靶子（散射中心）. 当然，实际的入射粒子束都是具有一定宽度$(\sim d)$的长度$(\sim l)$的波包. 从宏观装置来看，d 和 l 是小的. 但与入射粒子波长 λ 和相互作用力程 a 相比，往往是很大的，即 $d,l\gg\lambda,a$. 在此情况下，入射粒子束可以近似用一个平面波来描述（取入射方向为 z 轴方向），即

$$\psi_i=\mathrm{e}^{\mathrm{i}kz} \tag{3}$$

它是动量的本征态($p_z=\hbar k,p_x=p_y=0$). 入射粒子能量为 $E=\hbar^2k^2/2\mu$，入射流密度为 $j_i=\hbar k/\mu$. 由于靶子的作用，入射粒子的动量并非守恒量，所以有一定的概率改变方向，即出现散射波(图 10.4).

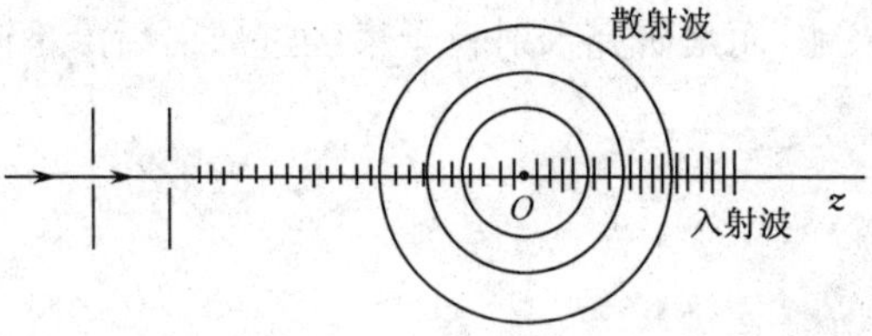

图 10.4

设相互作用为一个中心势 $V(r)$，则粒子角动量守恒. 可以论证，当 $r\to\infty$时，散射波为往外出射的(outgoing)球面波 $f(\theta)\mathrm{e}^{\mathrm{i}kr}/r$，$f(\theta)$的量纲是长度，称为**散射振幅**(scattering amplitude)，它随 θ 而改变. 概括说来，在中心势 $V(r)$的作用下，波函

数在 $r\to\infty$ 处的渐近行为是

$$\psi \to e^{ikz} + f(\theta)\frac{e^{ikr}}{r} \tag{4}$$

上式右边第一项为入射波，第二项为散射波. 与入射波相应的入射流密度 $j_i = \hbar k/\mu$. 与散射波相应的散射流密度（径向）为

$$\begin{aligned} j_s &= \frac{i\hbar}{2\mu}\left[f(\theta)\frac{e^{ikr}}{r}\frac{\partial}{\partial r}\left(f^*(\theta)\frac{e^{-ikr}}{r}\right) - \text{复共轭项}\right] \\ &= \frac{\hbar k}{\mu}|f(\theta)|^2/r^2 \end{aligned} \tag{5}$$

因此在 θ 角方向的立体角元 $d\Omega$ 中单位时间内的出射粒子数为

$$dn = j_s r^2 d\Omega = \frac{\hbar k}{\mu}|f(\theta)|^2 d\Omega \tag{6}$$

因此

$$\sigma(\theta) = \frac{1}{j_i}\left(\frac{dn}{d\Omega}\right) = |f(\theta)|^2 \tag{7}$$

这就是散射截面（或称微分截面，或角分布）$\sigma(\theta)$ 与散射振幅 $f(\theta)$ 的关系，而总截面为

$$\sigma_t = 2\pi\int_0^\pi |f(\theta)|^2 \sin\theta d\theta \tag{8}$$

注意：在散射角 θ 极小（$\theta\approx 0$）范围中，散射粒子与入射粒子无法分开. 即入射波与散射波叠加在一起，干涉效应就不可忽略. 在实验的实际探测中，都是在 θ 不太小的远处测量散射粒子，得出 $|f(\theta)|^2$. 而对于 $\theta\approx 0$ 邻域，则采用外插方法提取.

在理论上，$f(\theta)$ 由求解 Schrödinger 方程

$$\left[-\frac{\hbar^2}{2\mu}\nabla^2 + V(r)\right]\psi = E\psi \tag{9}$$

并要求当 $r\to\infty$ 时 ψ 的渐近行为如式(4)所示而定出.

还应提到，上述理论分析中还作了下列一些近似考虑：(a)实际的散射实验中，靶子含有许多散射中心（原子，原子核，或其他粒子）. 但各散射中心之间的距离可认为很大，因而从不同的散射中心出来的散射波的干涉效应被忽略了. (b)实验上往往把靶子做得很薄，使入射粒子束中绝大部分粒子不受影响（无碰撞）地通过靶子，只有很少一部分粒子经受一次散射后即出射（不经受多次散射）. (c)截面是一个统计概念. 为得到较好的统计性，往往要求入射束流强度较大，使单位时间内记录下来的散射粒子数较大，但又要求入射束流不可过分强，以保证入射束的各粒子之间的相互作用可不必考虑.

10.2.2 Lippman-Schwinger 方程

考虑动量为 $\hbar k$ $(E=\hbar^2k^2/2\mu)$ 的入射粒子对势场 $V(\boldsymbol{r})$ 的散射. 这归结为求解 Schrödinger 方程

$$(\nabla^2+k^2)\psi(\boldsymbol{r})=\frac{2\mu}{\hbar^2}V(\boldsymbol{r})\psi(\boldsymbol{r}) \tag{10}$$

并要求 $\psi(\boldsymbol{r})$满足下列边条件

$$\psi(\boldsymbol{r})\xrightarrow{r\to\infty}\mathrm{e}^{\mathrm{i}\boldsymbol{k}\cdot\boldsymbol{r}}+f(\theta,\varphi)\frac{\mathrm{e}^{\mathrm{i}kr}}{r} \tag{11}$$

定义 Green 函数 $G(\boldsymbol{r},\boldsymbol{r}')$，它满足

$$(\nabla^2+k^2)G(\boldsymbol{r},\boldsymbol{r}')=\delta(\boldsymbol{r}-\boldsymbol{r}') \tag{12}$$

容易证明

$$\psi(\boldsymbol{r})=\frac{2\mu}{\hbar^2}\int\mathrm{d}^3r'G(\boldsymbol{r},\boldsymbol{r}')V(\boldsymbol{r}')\psi(\boldsymbol{r}') \tag{13}$$

是满足方程(10)的一个解，因为利用(12)，有

$$\begin{aligned}(\nabla^2+k^2)\psi(\boldsymbol{r})&=\frac{2\mu}{\hbar^2}\int\mathrm{d}^3r'(\nabla^2+k^2)G(\boldsymbol{r},\boldsymbol{r}')V(\boldsymbol{r}')\psi(\boldsymbol{r}')\\&=\frac{2\mu}{\hbar^2}V(\boldsymbol{r})\psi(\boldsymbol{r})\end{aligned}$$

方程(10)的解可以表示成

$$\psi(\boldsymbol{r})=\psi^{(0)}(\boldsymbol{r})+\frac{2\mu}{\hbar^2}\int\mathrm{d}^3r'G(\boldsymbol{r},\boldsymbol{r}')V(\boldsymbol{r}')\psi(\boldsymbol{r}') \tag{14}$$

式中 $\psi^{(0)}(\boldsymbol{r})$是满足下列齐次方程的任何一个解

$$(\nabla^2+k^2)\psi^{(0)}(\boldsymbol{r})=0 \tag{15}$$

这种不确定性可用入射波的边条件来定. 对于力程为有限的势场，如假设入射波 $\psi_i(\boldsymbol{r})=\mathrm{e}^{\mathrm{i}\boldsymbol{k}\cdot\boldsymbol{r}}$（入射粒子具有动量 $\hbar\boldsymbol{k}$），$\psi^{(0)}$可取为 ψ_i，则散射问题归结为求解下列积分方程

$$\begin{aligned}\psi(\boldsymbol{r})&=\mathrm{e}^{\mathrm{i}\boldsymbol{k}\cdot\boldsymbol{r}}+\frac{2\mu}{\hbar^2}\int\mathrm{d}^3r'G(\boldsymbol{r},\boldsymbol{r}')V(\boldsymbol{r}')\psi(\boldsymbol{r}')\\&=\psi_i(\boldsymbol{r})+\psi_{sc}(\boldsymbol{r})\end{aligned} \tag{16}$$

式(16)即 Lippman-Schwinger 方程，它是一个积分方程. 为确定式(16)中的 Green 函数，要利用散射波边条件(11)，

$$\psi_{sc}(\boldsymbol{r})=\frac{2\mu}{\hbar^2}\int\mathrm{d}^3r'G(\boldsymbol{r},\boldsymbol{r}')V(\boldsymbol{r}')\psi(\boldsymbol{r}')\xrightarrow{r\to\infty}f(\theta,\varphi)\frac{\mathrm{e}^{\mathrm{i}kr}}{r} \tag{17}$$

下面来求解 Green 函数. 根据方程(3)的空间平移不变性，$G(\boldsymbol{r},\boldsymbol{r}')$应表示成 $G(\boldsymbol{r}-\boldsymbol{r}')$形式. 作 Fourier 变换

$$G(\boldsymbol{r}-\boldsymbol{r}')=\int\mathrm{d}^3q\mathrm{e}^{\mathrm{i}\boldsymbol{q}\cdot(\boldsymbol{r}-\boldsymbol{r}')}\widetilde{G}(\boldsymbol{q}) \tag{18}$$

代入方程(3)，利用$\nabla^2\mathrm{e}^{\mathrm{i}\boldsymbol{q}\cdot(\boldsymbol{r}-\boldsymbol{r}')}=-q^2\mathrm{e}^{\mathrm{i}\boldsymbol{q}\cdot(\boldsymbol{r}-\boldsymbol{r}')}$，以及

$$\delta(\boldsymbol{r}-\boldsymbol{r}')=\frac{1}{(2\pi)^3}\int\mathrm{d}^3q\mathrm{e}^{\mathrm{i}\boldsymbol{q}\cdot(\boldsymbol{r}-\boldsymbol{r}')}$$

可以求得

$$(-q^2+k^2)\widetilde{G}(\boldsymbol{q})=\frac{1}{(2\pi)^3}$$

即

$$\widetilde{G}(\boldsymbol{q})=-\frac{1}{(2\pi)^3}\frac{1}{(q^2-k^2)} \tag{19}$$

因此

$$G(\boldsymbol{r}-\boldsymbol{r}')=-\frac{1}{(2\pi)^3}\int \mathrm{d}^3 q\,\frac{1}{q^2-k^2}\cdot \mathrm{e}^{\mathrm{i}\boldsymbol{q}\cdot(\boldsymbol{r}-\boldsymbol{r}')} \tag{20}$$

令 $\boldsymbol{R}=\boldsymbol{r}-\boldsymbol{r}'$，则

$$\begin{aligned}
G(\boldsymbol{R}) &= -\frac{1}{(2\pi)^3}\int \mathrm{d}^3 q\,\frac{\mathrm{e}^{\mathrm{i}\boldsymbol{q}\cdot\boldsymbol{R}}}{q^2-k^2} \\
&= -\frac{1}{(2\pi)^3}\int_0^\infty q^2\mathrm{d}q\int_0^\pi \sin\theta\mathrm{d}\theta\int_0^{2\pi}\mathrm{d}\varphi\,\frac{\mathrm{e}^{\mathrm{i}qR\cos\theta}}{q^2-k^2} \\
&= -\frac{1}{(2\pi)^2}\frac{1}{\mathrm{i}R}\int_{-\infty}^{+\infty}\mathrm{d}q\,\frac{q\,\mathrm{e}^{\mathrm{i}qR}}{q^2-k^2} \\
&= \frac{1}{4\pi^2}\frac{1}{2\mathrm{i}R}\int_{-\infty}^{+\infty}\mathrm{d}q\left[\frac{1}{q-k}+\frac{1}{q+k}\right]\mathrm{e}^{\mathrm{i}qR}
\end{aligned} \tag{21}$$

$q=\pm k$ 是被积函数的一级极点. 把 q 解析延拓到复 k 平面上，用残数(residue)定理计算出积分. 积分值与积分围道(contour)的选取有关，这相当于选取不同的散射波边条件. 物理上感兴趣的是要求给出往外出射波. 分析表明，所要求的 q 空间的围道应如图 10.5 所示. 这样，可求得

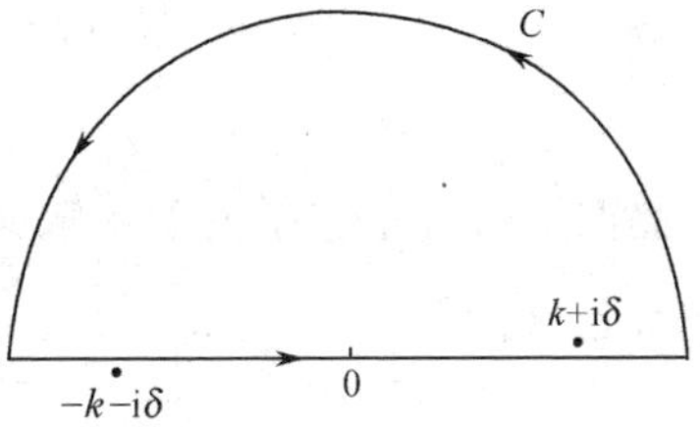

图 10.5 q 空间围道($\delta\to 0^+$)

$$G(\boldsymbol{R})=-\frac{1}{4\pi R}\mathrm{e}^{\mathrm{i}kR}$$

即

$$G(\boldsymbol{r}-\boldsymbol{r}')=-\frac{\mathrm{e}^{\mathrm{i}k|\boldsymbol{r}-\boldsymbol{r}'|}}{4\pi|\boldsymbol{r}-\boldsymbol{r}'|} \tag{22}$$

代入式(16)，得

$$\psi(\boldsymbol{r})=\mathrm{e}^{\mathrm{i}\boldsymbol{k}\cdot\boldsymbol{r}}-\frac{\mu}{2\pi\hbar^2}\int \mathrm{d}^3 r'\,\frac{\mathrm{e}^{\mathrm{i}k|\boldsymbol{r}-\boldsymbol{r}'|}}{|\boldsymbol{r}-\boldsymbol{r}'|}V(\boldsymbol{r}')\psi(\boldsymbol{r}') \tag{23}$$

此即方程(10)的解，并满足边条件(11). 由于积分号内含有待求的未知函数 $\psi(\boldsymbol{r})$，式(23)是一个积分方程. 具体求解时，往往只能采取逐级近似法.

10.2.3 Born 近似

如把入射粒子与靶子相互作用 V 看成微扰，则作为一级近似解，式(23)右边的微扰项中的 $\psi(\boldsymbol{r}')$ 可以用零级近似解 $\mathrm{e}^{\mathrm{i}\boldsymbol{k}\cdot\boldsymbol{r}'}$ 代替，即

$$\psi(\boldsymbol{r}) = \mathrm{e}^{i\boldsymbol{k}\cdot\boldsymbol{r}} - \frac{\mu}{2\pi\hbar^2}\int \mathrm{d}^3 r' \frac{\mathrm{e}^{ik|\boldsymbol{r}-\boldsymbol{r}'|}}{|\boldsymbol{r}-\boldsymbol{r}'|} V(\boldsymbol{r}')\mathrm{e}^{i\boldsymbol{k}\cdot\boldsymbol{r}'} \tag{24}$$

此即势散射问题的 Born 一级近似解.

下面将根据式(24)在 $r\to\infty$ 处的渐近行为,与式(11)比较,以求出散射振幅的一级近似解. 假设 $V(\boldsymbol{r}')$具有有限力程,则式(15)中的积分实际上只局限于空间一个有限区域. 因此,当 $\boldsymbol{r}\to\infty$时,

$$|\boldsymbol{r}-\boldsymbol{r}'| = (r^2 - 2\boldsymbol{r}\cdot\boldsymbol{r}' + r'^2)^{1/2}$$
$$\approx r(1-\boldsymbol{r}\cdot\boldsymbol{r}'/r^2)$$

式(24)的被积函数中的分母$|\boldsymbol{r}-\boldsymbol{r}'|$是一个光滑的缓变化函数,当 $r\to\infty$时,可以用 r 代替. 但分子是随 $\boldsymbol{r}'$迅速振荡的函数,所以

$$\mathrm{e}^{ik|\boldsymbol{r}-\boldsymbol{r}'|} \approx \mathrm{e}^{ikr(1-\boldsymbol{r}\cdot\boldsymbol{r}'/r^2)} = \mathrm{e}^{ikr - i\boldsymbol{k}_f\cdot\boldsymbol{r}'} \tag{25}$$

式中,$\boldsymbol{k}_f = k\boldsymbol{r}/r$,$\hbar\boldsymbol{k}_f$ 是出射粒子的动量. 对于弹性散射,$|\boldsymbol{k}_f| = |\boldsymbol{k}| = k$. 这样,由式(24)与式(25)可得出

$$\psi_{sc}(\boldsymbol{r}) \xrightarrow{r\to\infty} -\frac{\mu \mathrm{e}^{ikr}}{2\pi\hbar^2 r}\int \mathrm{d}^3 r' \mathrm{e}^{-i(\boldsymbol{k}_f-\boldsymbol{k})\cdot\boldsymbol{r}'} V(\boldsymbol{r}') \tag{26}$$

与式(11)比较,得

$$f(\theta,\varphi) = -\frac{\mu}{2\pi\hbar^2}\int \mathrm{d}^3 r' \mathrm{e}^{-i\boldsymbol{q}\cdot\boldsymbol{r}'} V(\boldsymbol{r}') \tag{27}$$

$$\boldsymbol{q} = \boldsymbol{k}_f - \boldsymbol{k} \tag{28}$$

$\hbar\boldsymbol{q}$ 是散射过程中粒子的动量转移(图 10.6). 可以看出 $q = 2k\sin\theta/2$,θ 是散射角. 由式(27)可以看出,除一个常数因子外,散射振幅 f 即相互作用 $V(\boldsymbol{r})$的 Fourier 变换. 若 V 为中心势,则 f 与 φ 角无关. 此时计算式(27)的积分,可选择 $\boldsymbol{q}$ 方向为 z'轴方向,采用球坐标系,可得出

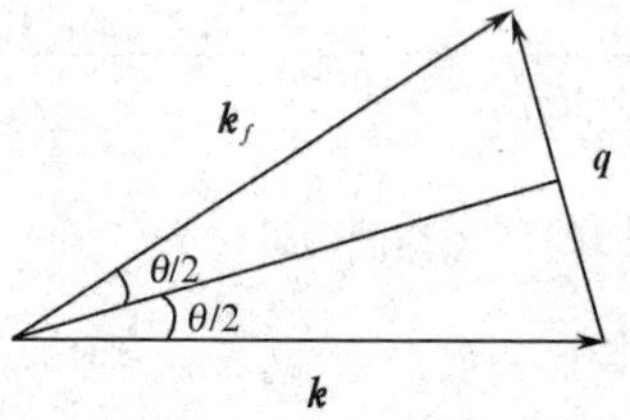

图 10.6

$$f(\theta) = -\frac{2\mu}{\hbar^2 q}\int_0^\infty r' V(r') \sin qr' \mathrm{d}r' \tag{29}$$

$$q = 2k\sin(\theta/2)$$

而散射截面为

$$\sigma(\theta) = |f(\theta)|^2 = \frac{4\mu^2}{\hbar^4 q^2}\left|\int_0^\infty r' V(r') \sin qr' \mathrm{d}r'\right|^2 \tag{30}$$

可以看出,q 越大,则 $\sigma(\theta)$越小,而且对于高速入射粒子(k 很大),$\sigma(\theta)$主要集中在小角度范围内.

关于 Born 近似适用的范围,可参阅曾谨言《量子力学》第五版,卷Ⅰ,13.2.2 节. 一般说来,Born 近似较适用于高能粒子散射. 可以证明,如果 Born 近似在低能区适用,则在高能区也适用. 但反之不一定成立.

10.2.4 全同粒子的散射

全同粒子相碰撞，由于波函数的交换对称性，将出现一些很有趣的特性. 这完全是一种量子效应. 为了比较，先讨论无自旋的不同粒子的碰撞，然后讨论无自旋的两个全同粒子的碰撞，最后讨论自旋为 $\hbar/2$ 的全同粒子的碰撞.

1. α 粒子与氧原子核的碰撞

α 粒子（$^4_2$He）与氧原子核（$^{16}_8$O）的基态自旋都是 0. 考虑 α-O 碰撞.

图 10.7 是质心系中的图像. D_1 与 D_2 是两个探测器. 图 10.7(a)表示在 θ 方向 D_1 测得一个 α 粒子，而在 $(\pi-\theta)$ 方向 D_2 测得一个 O 核. 图 10.7(b)则正好是 α 与 O 核交换了一下. 设在 θ 方向测得 α 粒子的散射振幅为 $f(\theta)$，微分截面为 $|f(\theta)|^2$. 按图 10.7(b)，O 核在 θ 方向的散射振幅与 α 粒子在 $(\pi-\theta)$ 方向的散射振幅 $f(\pi-\theta)$ 相同，截面为 $|f(\pi-\theta)|^2$. 因此，在 θ 方向测得粒子（不论是 α，还是 O 核）的微分截面为

$$\sigma(\theta)=|f(\theta)|^2+|f(\pi-\theta)|^2 \tag{31}$$

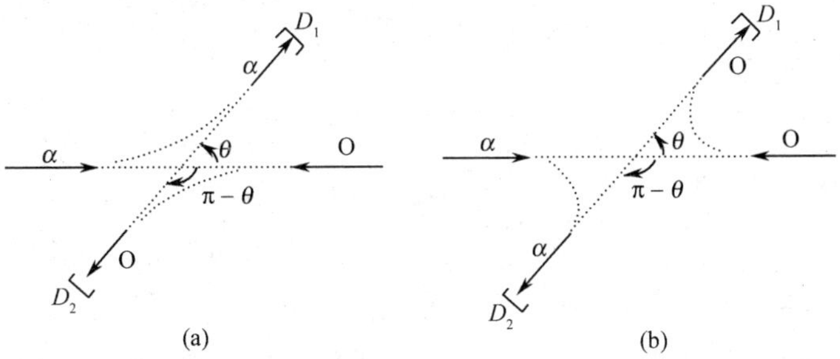

图 10.7

2. α-α 碰撞

对于两个 α 粒子的碰撞，考虑到波函数的交换对称性，在质心系中，入射波表示为

$$\psi_i = e^{ikz}+e^{-ikz} \tag{32}$$

$z=z_1-z_2$ 是两个 α 粒子相对坐标的 z 分量. 经散射后，$\psi_i\to\psi_i+\psi_{sc}$，散射波 ψ_{sc} 对于两个 α 粒子交换也应是对称的. 当两个粒子交换时，$\boldsymbol{r}_1\leftrightarrow\boldsymbol{r}_2$，相当于 $\boldsymbol{r}\to-\boldsymbol{r}$，即 $r\to r$，$\theta\to\pi-\theta$. 因此

$$\psi_{sc}\xrightarrow{r\to\infty}[f(\theta)+f(\pi-\theta)]\frac{e^{ikr}}{r} \tag{33}$$

即散射振幅为 $f(\theta)+f(\pi-\theta)$. 因此微分截面为

$$\sigma(\theta)=|f(\theta)+f(\pi-\theta)|^2$$

$$=|f(\theta)|^2+|f(\pi-\theta)|^2$$
$$+f^*(\theta)f(\pi-\theta)+f(\theta)f^*(\pi-\theta) \tag{34}$$

最后两项是干涉项,是全同粒子波函数的交换对称性带来的. 散射的角分布 $\sigma(\theta)$ 有下列特点:在质心系中全同粒子散射截面对于 $\theta=\pi/2$ 角是对称的. 因为

$$\sigma(\pi/2-\gamma)=|f(\pi/2-\gamma)+f(\pi/2+\gamma)|^2$$
$$=\sigma(\pi/2+\gamma) \tag{35}$$

3. e-e 碰撞

电子具有自旋 $\hbar/2$. 对于两个电子交换,波函数应反对称. 两个电子组成的体系,自旋态可以是单态($S=0$)或三重态($S=1$). 前者相应的空间波函数对于交换空间坐标应要求是对称的,因此散射振幅为 $f(\theta)+f(\pi-\theta)$. 对于后者,则为 $f(\theta)-f(\pi-\theta)$. 所以微分截面为

$$\begin{aligned}\sigma_0(\theta)&=|f(\theta)+f(\pi-\theta)|^2, \quad \text{对于 } S=0 \text{ 态}\\ \sigma_1(\theta)&=|f(\theta)-f(\pi-\theta)|^2, \quad \text{对于 } S=1 \text{ 态}\end{aligned} \tag{36}$$

设入射电子束与靶电子均未极化,即自旋取向是无规分布. 统计说来,有 1/4 概率处于单态($S=0$),3/4 概率处于三重态. 因此,微分截面为

$$\begin{aligned}\sigma(\theta)&=\frac{1}{4}\sigma_0(\theta)+\frac{3}{4}\sigma_1(\theta)\\ &=\frac{1}{4}|f(\theta)+f(\pi-\theta)|^2+\frac{3}{4}|f(\theta)-f(\pi-\theta)|^2\\ &=|f(\theta)|^2+|f(\pi-\theta)|^2\\ &\quad-\frac{1}{2}[f^*(\theta)f(\pi-\theta)+f(\theta)f^*(\pi-\theta)]\end{aligned} \tag{37}$$

最后两项是干涉项. 可以看出,它既不同于不同粒子的散射截面(见式(31)),也不同于全同无自旋粒子的散射截面(见式(34)). 但同样可以证明,在质心系中散射截面对 $\theta=\pi/2$ 角也是对称的.

习 题 10

10.1 设非简谐振子的 Hamilton 量表示为 $H=H_0+H'$,

$$H_0=-\frac{\hbar^2}{2\mu}\frac{\mathrm{d}^2}{\mathrm{d}x^2}+\frac{1}{2}\mu\omega^2x^2$$
$$H'=\beta x^3 \quad (\beta \text{ 为实常数})$$

用微扰论求其能量本征值(准到二级近似)和本征函数(准到一级近似).

10.2 考虑耦合谐振子,$H=H_0+H'$,

$$H_0=-\frac{\hbar^2}{2\mu}\left(\frac{\partial^2}{\partial x_1^2}+\frac{\partial^2}{\partial x_2^2}\right)+\frac{1}{2}\mu\omega^2(x_1^2+x_2^2)$$
$$H'=-\lambda x_1x_2 \quad (\lambda \text{ 为实常数,刻画耦合强度})$$

(a)求出 H_0 的本征值及能级简并度;

(b)以第一激发态为例，用简并微扰论计算 H' 对能级的影响(一级近似)；

(c)严格求解 H 的本征值，并与微扰论计算结果比较，进行讨论.

提示：作坐标变换，令 $x_1=\frac{1}{\sqrt{2}}(\xi+\eta)$，$x_2=\frac{1}{\sqrt{2}}(\xi-\eta)$，$\xi,\eta$ 称为简正坐标.

则 H 可化为两个独立的谐振子.

10.3 一维无限深势阱($0<x<a$)中的粒子，受到微扰 H' 作用

$$H'(x)=\begin{cases}2\lambda x/a, & 0<x<a/2\\ 2\lambda(1-x/a), & a/2<x<a\end{cases}$$

求基态能量的一级修正. $\left(\text{答：}E_1^{(1)}=\left(\frac{1}{2}+\frac{2}{\pi^2}\right)\lambda.\right)$

10.4 实际原子核不是一个点电荷，它具有一定大小，可近似视为半径为 R 的均匀分布球体. 它产生的静电势为

$$\phi(r)=\begin{cases}\frac{Ze}{R}\left(\frac{3}{2}-\frac{1}{2}\frac{r^2}{R^2}\right), & r<R\\ Ze/r, & r>R\end{cases}$$

Ze 为核电荷. 试把非点电荷效应看成微扰，

$$H'=\begin{cases}-\frac{Ze^2}{R}\left(\frac{3}{2}-\frac{1}{2}\frac{r^2}{R^2}\right)+\frac{Ze^2}{r}, & r<R\\ 0, & r>R\end{cases}$$

计算原子的 1s 能级的一级微扰修正. $\left(\text{答案：}\frac{2}{5}\frac{Z^4e^2R^2}{a^3}\right.$，$a$ 为 Bohr 半径$\left.\right)$.

10.5 设氢原子处于 $n=3$ 能级. 求它的 Stark 分裂.

10.6 用 Born 近似法计算如下势散射的微分截面：

(a) $V(r)=\begin{cases}-V_0, & r<a\\ 0, & r>a\end{cases}$

答：$\sigma(\theta)=\frac{4\mu^2V_0^2}{\hbar^4q^6}(\sin qa-qa\cos qa)^2$，$q=2k\sin(\theta/2)$

(b) $V(r)=V_0\mathrm{e}^{-\alpha r^2}$

答：$\sigma(\theta)=\frac{\pi\mu^2V_0^2}{4\alpha^3\hbar^4}\mathrm{e}^{-q^2/2\alpha}$

(c) $V(r)=\kappa\mathrm{e}^{-\alpha r}/r$

答：$\sigma(\theta)=\frac{4\mu^2\kappa^2}{\hbar^4}(\alpha^2+q^2)^{-2}$

(d) $V(r)=\gamma\delta(r)$

答：$\sigma(\theta)=\mu^2\gamma^2/4\pi^2\hbar^4$，各向同性.

*10.7 核子(自旋为 1/2)在各向同性谐振子势 $V(r)=\frac{1}{2}m\omega^2r^2$ 中，能级 $E_N=(N+3/2)$，$N=2n_r+l$，　$l,n_r,N=0,1,2,\cdots$.

(a) 讨论 $N=2$ 能级的简并度，求轨道角动量 l 和总角动量 j 的可能取值.

(b) 如势场中还出现一项 $-D\boldsymbol{l}^2$，($D>0$)，$N=2$ 能级将如何分裂？画出能级分裂图；与无限深球方势阱中相应能级比较，并从物理上说明；(c) 再考虑核子受到如下自旋轨道耦合 $-C\boldsymbol{s}\cdot\boldsymbol{l}$，($C>0$). $N=2$ 能级又将如何分裂？画出能级分裂图，给出各能级的简并度.

* 10.8　xy 平面中的转子的 Hamilton 量的 $H=L_z^2/2I=-\frac{\hbar^2}{2I}\frac{\partial^2}{\partial\varphi^2}$，$I$ 为转动惯量.(a) 求转子的能级和能量本征函数(见 3.2 节，例 2)；(b) 设转子具有电偶极矩 $\boldsymbol{D}$，受到弱电场(xy 平面内)$\mathscr{E}$ 的作用，$H'=-\boldsymbol{D}\cdot\mathscr{E}=-D\mathscr{E}\cos\varphi$，利用一级微扰论计算转子能级和波函数；(c) 如外加电场极强，转子不能自由转动，只能局限在一个很窄的角度($\varphi\sim0$)附近小振动，$H'=-D\mathscr{E}\cos\varphi\simeq-D\mathscr{E}(1-\varphi^2/2)$，求振动能级和本征函数.

第 11 章 量子跃迁

11.1 量子态随时间的演化

量子力学中，关于量子态的问题，可分两类：

(a) 体系的可能状态问题，即力学量的本征态与本征值问题. 量子力学的基本假定之一是：力学量的观测值就是与力学量相应的算符的本征值. 通过求解算符的本征方程可以求出它们. 特别重要的是 Hamilton 量(不显含 t)的本征值问题，可求解不含时 Schrödinger 方程

$$H|\psi\rangle = E|\psi\rangle \tag{1}$$

得出能量本征值 E 和相应的本征态. 要特别注意，在大多数情况下，能级有简并，仅根据能量本征值 E 并不能把相应的本征态完全确定下来，而往往需要找出一组守恒量完全集 F(其中包括 H)，并要求 $|\psi\rangle$ 是它们的共同本征态，从而把简并态完全标记清楚.

(b) 体系状态随时间演化的问题. 量子力学的另一个基本假定是：体系状态随时间的演化，遵守含时 Schrödinger 方程

$$\mathrm{i}\hbar \frac{\partial}{\partial t}|\psi(t)\rangle = H|\psi(t)\rangle \tag{2}$$

由于它是含时间一阶导数的方程，对于一个给定体系(给定 H)，当其初态 $|\psi(0)\rangle$ 给定之后，原则上可以从方程(2)求解出以后任何时刻 t 的状态 $|\psi(t)\rangle$，即 $|\psi(t)\rangle$ 由初态 $|\psi(0)\rangle$ 唯一确定①.

11.1.1 Hamilton 量不含时的体系

如体系的 Hamilton 量不显含 $t(\partial H/\partial t=0)$，则体系的能量为守恒量. 此时，$|\psi(t)\rangle$ 的求解是比较容易的. 方程(2)的解形式上可以表示为

$$|\psi(t)\rangle = U(t)|\psi(0)\rangle = \mathrm{e}^{-\mathrm{i}Ht/\hbar}|\psi(0)\rangle \tag{3}$$

---

① W. H. Zurek, Phys. Today, Oct. 1991, p. 36～44，文中提到："States of quantum systems evolve according to the *deterministic linear* Schrödinger equation, $\mathrm{i}\hbar\frac{\partial}{\partial t}|\psi\rangle = H|\psi\rangle$. That is, just as in classical mechanics, given the initial state of the system and its Hamiltonian H, one can compute the state at arbitrary time. This deterministic evolution of $|\psi\rangle$ has been verified in carefully controlled experiments."

J. Maddox, Nature **362**(1993) 693，提到"... the Schrödinger equation is a *perfectly deterministic* equation exactly comparable to the equation of motion of a classical mechanical system, ..."

$U(t)=\mathrm{e}^{-\mathrm{i}Ht/\hbar}$是描述量子态随时间演化的算符.如采取能量表象,把 $\psi(0)$表示成

$$|\psi(0)\rangle = \sum_n a_n |\psi_n\rangle \tag{4}$$

这里

$$a_n=\langle\psi_n|\psi(0)\rangle \tag{5}$$

由$|\psi(0)\rangle$完全确定,ψ_n 是包括 H 在内的一组守恒量完全集的共同本征态,即

$$H\psi_n = E_n\psi_n \tag{6}$$

n代表一组完备的量子数.把式(4)代入式(3),利用式(6),即可求得 t 时刻的量子态,

$$|\psi(t)\rangle = \sum_n a_n \mathrm{e}^{-\mathrm{i}E_n t/\hbar} |\psi_n\rangle \tag{7}$$

如果

$$|\psi(0)\rangle=|\psi_k\rangle \tag{8}$$

即初始时刻体系处于能量本征态 ψ_k,相应能量为 E_k. 按式(4),$a_n=\delta_{nk}$. 此时

$$|\psi(t)\rangle = \mathrm{e}^{-\mathrm{i}E_k t/\hbar} |\psi_k\rangle \tag{9}$$

即体系将保持在初始时刻的能量本征态,这种量子态,称为定态.

如果体系在初始时刻并不处于某一个能量本征态,而是若干能量本征态的叠加,如式(4)所示,式中 $a_n=\langle\psi_n|\psi(0)\rangle$,由初态$|\psi(0)\rangle$决定(见式(5)),则 $t>0$ 时刻体系的状态$|\psi(t)\rangle$由式(7)给出,是一个非定态.

例 1 设一个局域电子处于沿 x 方向的均匀磁场 B 中(不考虑电子的轨道运动),电子内禀磁矩与外磁场的作用为

$$H=-\boldsymbol{\mu}_s\cdot\boldsymbol{B}=\frac{eB}{\mu c}s_x=\frac{eB\hbar}{2\mu c}\sigma_x=\hbar\omega_{\mathrm{L}}\sigma_x \tag{10}$$

$$\omega_{\mathrm{L}}=\frac{eB}{2\mu c}\quad(\text{Larmor 频率})$$

设初始时刻电子自旋态为 s_z 的本征态,$s_z=\hbar/2$(采用 s_z 表象)

$$|\chi(0)\rangle=\begin{pmatrix}1\\0\end{pmatrix} \tag{11}$$

求在 t 时刻电子自旋$|\chi(t)\rangle$.

解 方法一

令

$$|\chi(t)\rangle=\begin{pmatrix}a(t)\\b(t)\end{pmatrix} \tag{12}$$

按初条件,$a(0)=1,b(0)=0$.把式(12)代入 Schrödinger 方程,

$$\mathrm{i}\hbar\frac{\mathrm{d}}{\mathrm{d}t}\begin{pmatrix}a\\b\end{pmatrix}=\hbar\omega_{\mathrm{L}}\begin{pmatrix}0&1\\1&0\end{pmatrix}\begin{pmatrix}a\\b\end{pmatrix} \tag{13}$$

得

$$\dot{a}=-\mathrm{i}\omega_{\mathrm{L}}b,\quad \dot{b}=\mathrm{i}\omega_{\mathrm{L}}a$$

两式相加、减,得

$$\dot{a}+\dot{b}=-\mathrm{i}\omega_{\mathrm{L}}(a+b),\quad \dot{a}-\dot{b}=\mathrm{i}\omega_{\mathrm{L}}(a-b)$$

所以

$$a(t)+b(t)=[a(0)+b(0)]e^{-i\omega_L t}, a(t)-b(t)=[a(0)-b(0)]e^{i\omega_L t}$$

上两式相加、减，得

$$a(t)=\cos\omega_L t, \quad b(t)=-i\sin\omega_L t$$

即

$$|\chi(t)\rangle=\begin{pmatrix}\cos\omega_L t\\ -i\sin\omega_L t\end{pmatrix} \tag{14}$$

方法二

体系的能量本征态，即 σ_x 的本征态，本征值和本征态分别为（参阅习题 8.1）

$$\begin{aligned}&\sigma_x=+1, E=E_+=\hbar\omega_L, |\varphi_+\rangle=\frac{1}{\sqrt{2}}\begin{pmatrix}1\\1\end{pmatrix}\\ &\sigma_x=-1, E=E_-=-\hbar\omega_L, |\varphi_-\rangle=\frac{1}{\sqrt{2}}\begin{pmatrix}1\\-1\end{pmatrix}\end{aligned} \tag{15}$$

电子自旋初态为 $|\chi(0)\rangle=\begin{pmatrix}1\\0\end{pmatrix}=\frac{1}{\sqrt{2}}(\varphi_+ +\varphi_-)$ 是守恒量 σ_x 的两个本征态的等权重叠加，所以 t 时刻自旋态为

$$\begin{aligned}|\chi(t)\rangle&=\frac{1}{\sqrt{2}}(e^{-i\omega_L t}|\varphi_+\rangle+e^{i\omega_L t}|\varphi_-\rangle)\\ &=\begin{pmatrix}\cos\omega_L t\\ -i\sin\omega_L t\end{pmatrix}\end{aligned} \tag{16}$$

与式(14)相同.

练习　同上，求电子自旋各分量的平均值随时间的变化.

答：$\overline{s_x}=0, \overline{s_y}=-\frac{\hbar}{2}\sin 2\omega_L t, \overline{s_z}=\frac{\hbar}{2}\cos 2\omega_L t.$

11.1.2　Hamilton 量含时体系的量子跃迁的微扰论

前已提及，量子力学基本假定之一：量子态随时间的演化遵守 Schrödinger 方程(2). 对于含时 Hamilton 量 $H(t)$ 描述的体系，能量是不守恒的，不存在严格的定态，量子态随时间的演化问题的求解比较困难. 但由于 Schrödinger 方程是含波函数对时间一阶微商的方程，按照微分方程的解的唯一性定理，只要体系的初始($t=0$)时刻的状态 $|\psi(0)\rangle$ 给定，则以后($t>0$)任何时刻的状态 $|\psi(t)\rangle$，作为 t 的函数是唯一确定的，即 $|\psi(t)\rangle=U(t)|\psi(0)\rangle, U(t)=T\exp\left[-\frac{i}{\hbar}\int_0^t H(t)dt\right]$ 为量子态随时间演化的算符，T 为编时算符①.

在实际问题中，人们更感兴趣的往往不是泛泛地讨论量子态随时间的演化，而是想知道在某种外界作用下体系在定态之间的跃迁概率.

设无外界作用时，体系的 Hamilton 量（不显含 t）为 H_0. 包括 H_0 在内的一组对易力学量完全集 F 的共同本征态记为 $|\psi_n\rangle$（n 标记一组完备的量子数）. 设体系

① 例如，参阅 M. O. Scully & M. S. Zubairy, *Quantum Optics* (Cambridge Univ. Press, 1997), p. 156.

初始时刻处于某一能量本征态

$$|\psi(0)\rangle = |\psi_k\rangle \tag{17}$$

在含时微扰 $H'(t)$加上之后，体系的 Hamilton 量为

$$H = H_0 + H'(t) \tag{18}$$

此时，并非完全集 F 中所有的力学量都能保持为守恒量，因而体系不能保持在原来的本征态，而将变成 F 的各本征态的叠加，

$$|\psi(t)\rangle = \sum_n C_{nk}(t)\mathrm{e}^{-\mathrm{i}E_n t/\hbar}|\psi_n\rangle \tag{19}$$

量子态 $\psi(t)$（亦即 $C_{nk}(t)$）随时间的演化，可以在给定初条件(17)下，求解如下含时 Schrödinger 方程得出

$$\mathrm{i}\hbar\frac{\partial}{\partial t}|\psi(t)\rangle = (H_0 + H')|\psi(t)\rangle \tag{20}$$

用(19)式代入，得

$$\mathrm{i}\hbar\sum_n \dot{C}_{nk}\mathrm{e}^{-\mathrm{i}E_n t/\hbar}|\psi_n\rangle = \sum_n C_{nk}\mathrm{e}^{-\mathrm{i}E_n t/\hbar}H'|\psi_n\rangle \tag{21}$$

上式左乘$\langle\psi_{k'}|$，利用本征函数的正交归一性，得

$$\mathrm{i}\hbar\dot{C}_{k'k} = \sum_n \mathrm{e}^{\mathrm{i}\omega_{k'n}}\langle k'|H'|n\rangle C_{nk} \tag{22}$$

其中

$$\omega_{k'n} = (E_{k'} = E_n)/\hbar \tag{23}$$

方程(22)是含时 Schrödinger 方程(20)在 F 表象中的表示. 于是问题归结为在给定的初条件(17)，即

$$C_{nk}(0) = \delta_{nk} \tag{24}$$

下如何去求解 $C_{nk}(t)$. 在时刻 t 去测量力学量 F，得到 F_n 值的概率为

$$P_{nk}(t) = |C_{nk}(t)|^2 \tag{25}$$

亦即体系从初始状态 ψ_k 在时刻 t 跃迁到 ψ_n 态，跃迁概率为 $P_{nk}(t)$，而单位时间内的跃迁概率，即跃迁速率(transition rate)为

$$w_{nk} = \frac{\mathrm{d}}{\mathrm{d}t}P_{nk}(t) = \frac{\mathrm{d}}{\mathrm{d}t}|C_{nk}(t)|^2 \tag{26}$$

当然，对于一般的 $H'(t)$，问题求解是困难的. 但如果 H'很微弱（从经典力学来讲，$H'\ll H_0$），$|C_{nk}(t)|^2\ll 1$，$(n\neq k)$，$|C_{nk}(t)|^2$ 将随时间很缓慢地变化，体系仍有很大的概率停留在原来状态. 在此情况下，可以用微扰逐级近似方法，即含时微扰论来求解.

零级近似，即忽略 H'影响. 按式(22)，$\dot{C}_{k'k}^{(0)}(t)=0$，即 $C_{k'k}^{(0)}=$常数（不依赖于 t）. 所以 $C_{k'k}^{(0)}(t)=C_{k'k}^{(0)}(0)=C_{k'k}(0)$. 再利用初条件(24)，得

$$C_{k'k}^{(0)}(t) = \delta_{k'k} \tag{27}$$

一级近似. 按微扰论精神，在式(22)右边，令 $C_{nk}(t)\approx C_{nk}^{(0)}(t)=\delta_{nk}$，由此得出一级近似解

$$i\hbar\dot{C}_{k'k}^{(1)}=e^{i\omega_{k'k}t}H'_{k'k} \tag{28}$$

积分，得

$$C_{k'k}^{(1)}(t)=\frac{1}{i\hbar}\int_0^t e^{i\omega_{k'k}t}H'_{k'k}\mathrm{d}t \tag{29}$$

因此，在准确到微扰一级近似下，

$$\begin{aligned}C_{k'k}(t)&=C_{k'k}^{(0)}+C_{k'k}^{(1)}(t)\\&=\delta_{k'k}+\frac{1}{i\hbar}\int_0^t e^{i\omega_{k'k}t}H'_{k'k}\mathrm{d}t\end{aligned} \tag{30}$$

对于 $k'\neq k$（末态不同于初态），

$$C_{k'k}(t)=\frac{1}{i\hbar}\int_0^t e^{i\omega_{k'k}t}H'_{k'k}\mathrm{d}t \tag{31}$$

而

$$P_{k'k}(t)=\frac{1}{\hbar^2}\left|\int_0^t H'_{k'k}e^{i\omega_{k'k}t}\,\mathrm{d}t\right|^2 \tag{32}$$

此即微扰论一级近似下的跃迁概率公式. 此公式成立的条件是

$$|P_{k'k}(t)|\ll 1\quad(\text{对 } k'\neq k) \tag{33}$$

即跃迁概率很小，体系有很大概率仍停留在初始状态. 因为，如不然，在求解一级近似解时，就不能把 $C_{nk}(t)$ 近似代之为 δ_{nk}.

由式(32)可以看出，跃迁概率与初态 k、末态 k' 以及微扰 H' 的性质都有关. 特别是，如果 H' 具有某种对称性，使 $H'_{k'k}=0$，则 $P_{k'k}=0$，即在一级微扰近似下，不能从初态 k 跃迁到末态 k'，或者说从 k 态到 k' 态的跃迁是禁戒的(forbidden)[①]，即相应有某种**选择规则**(selection rule).

利用 H' 的厄米性，$H'_{k'k}=H'^{*}_{kk'}$，可以看出，在一级近似下，从 k 态到 k' 态的跃迁概率 $P_{k'k}$，等于从 k' 态到 k 态的概率($k'\neq k$). 但应注意，由于能级一般有简并，而且简并度不尽相同. 所以不能一般地讲：从能级 E_k 到能级 $E_{k'}$ 的跃迁概率等于从能级 $E_{k'}$ 到能级 E_k 的跃迁概率. 如要计算跃迁到能级 $E_{k'}$ 的跃迁概率，则需要把到 $E_{k'}$ 能级的诸简并态的跃迁概率都考虑进去. 如果体系的初态（由于 E_k 能级有简并）未完全确定，则从诸简并态出发的各种跃迁概率都要逐个计算，然后进行平均（假设各简并态出现的概率相同）. 简单说来，**应对初始能级诸简并态求平均，对终止能级诸简并态求和**. 例如，一般中心力场中粒子能级 E_{nl} 的简并度为$(2l+1)$（磁量子数 $m=l,l-1,\cdots,-l$）. 所以从 E_{nl} 能级到 $E_{n'l'}$ 能级的跃迁概率为

$$P_{nl\to n'l'}=\frac{1}{2l+1}\sum_{m,m'}P_{n'l'm',nlm} \tag{34}$$

其中 $P_{n'l'm',nlm}$ 是从 nlm 态到 $n'l'm'$ 态的跃迁概率.

---

① 当然，在微扰高阶近似下，从 k 态到 k' 态的跃迁（通过适当的中间态）也是可能的. 但这种情况下跃迁概率在很大程度上会被削弱. 在一级近似下跃迁概率如不为零，一般可不必去计算高阶近似的贡献.

应当指出,通常人们感兴趣的跃迁当然是指末态不同于初态的情况. 但应注意,由于能级往往有简并,所以量子跃迁并不意味着末态能量一定与初态能量不同. 弹性散射就是一个例子. 在弹性散射过程中,粒子从初态(动量为 $\boldsymbol{p}_i$ 的本征态)跃迁到末态(动量为 $\boldsymbol{p}_f$ 的本征态),状态(动量方向)改变了,但能量并未改变($|\boldsymbol{p}_f|=|\boldsymbol{p}_i|$).

例 2 考虑一维谐振子,荷电 q. 设初始($t=-\infty$)时刻处于基态$|0\rangle$. 设微扰

$$H'=-q\mathscr{E}x\mathrm{e}^{-t^2/\tau^2} \tag{35}$$

$\mathscr{E}$ 为外电场强度,τ 为参数. 当 $t=+\infty$时,测得振子处于激发态$|n\rangle$的振幅为

$$C_{n0}^{(1)}(\infty)=\frac{1}{\mathrm{i}\hbar}\int_{-\infty}^{+\infty}+(-q\mathscr{E})\langle n|x|0\rangle\mathrm{e}^{-t^2/\tau^2+\mathrm{i}\omega_{n0}t}$$

$$\omega_{n0}=(E_n-E_0)/\hbar=n\omega$$

利用

$$\langle n|x|0\rangle=\sqrt{\frac{\hbar}{2\mu\omega}}\delta_{n1}$$

可知在一级微扰近似下,从基态只能跃迁到第一激发态. 容易算出

$$C_{10}^{(1)}(\infty)=\frac{-q\mathscr{E}}{\mathrm{i}\hbar}\sqrt{\frac{\hbar}{2\mu\omega}}\int_{-\infty}^{+\infty}\mathrm{e}^{-t^2/\tau^2+\mathrm{i}\omega t}\,\mathrm{d}t$$

$$=\mathrm{i}q\mathscr{E}\sqrt{\frac{1}{2\mu\hbar\omega}}\sqrt{\pi}\tau\mathrm{e}^{-\omega^2\tau^2/4}$$

所以

$$P_{10}(\infty)=\frac{q^2\mathscr{E}^2}{2\mu\hbar\omega}\pi\tau^2\mathrm{e}^{-\omega^2\tau^2/2} \tag{36}$$

振子仍然停留在基态的概率为 $1-P_{10}(\infty)$. 可以看出,如 $\tau\to\infty$,即微扰无限缓慢地加进来,则 $P_{10}(\infty)=0$,粒子将保持在基态,即不发生跃迁. 与此相反,如 $\tau\to0$,即微扰突然加上(突发微扰),同样也有 $P_{10}(\infty)=0$,粒子也保持在原来状态(见下节讨论).

11.1.3 量子跃迁理论与定态微扰论的关系

用不含时微扰论来处理实际问题时,有两种情况:

(a) 纯粹是求能量本征值问题的一种技巧,即人为地把 H 分成两部分,$H=H_0+H'$,其中 H_0 的本征值问题已有解或较容易解出,然后逐级把 H'的影响逐级考虑进去,以求得 H 的更为精确的解. 例如,粒子在势场 $V(x)$的极小点(势能谷)附近的振动(x_0 为极小点,$V'(x_0)=0$),$V(x)$可表成

$$V(x)=V(x_0)+\frac{1}{2!}V''(x_0)(x-x_0)^2+\frac{1}{3!}V'''(x_0)(x-x_0)^3+\cdots \tag{37}$$

对于小振动,保留$(x-x_0)^2$ 项就是好的近似. 此时粒子作简谐振动. 但对于振幅较大(能量较高)的振动,则需要考虑非简谐项$(x-x_0)^3$,…,但不妨把它们视为微扰,

用不含时微扰论来处理.

(b) 真正加上了某种外界微扰. 例如,Stark 效应,Zeeman 效应等. 在此过程中,H'实际上是随时间 t 而变的. 但人们通常仍然用不含时微扰论来处理. 其理由如下:

设

$$H'(t) = H' e^{t/\tau} \quad (-\infty < t \leqslant 0) \tag{38}$$

式中参数 τ 表征微扰加进来的快慢. $H'(t)$变化如图 11.1 所示.

设 $t=-\infty$ 时体系处于 H_0 的非简并态$|k\rangle$ (～能量 E_k),按微扰论一级近似,$t=0$,时刻体系跃迁到$|n\rangle$态($n \neq k$)的波幅为

$$\begin{aligned} C_{nk}^{(1)}(0) &= -\frac{\mathrm{i}}{\hbar}\int_{-\infty}^{0} \mathrm{d}t \langle n|H'|k\rangle \exp\left[\frac{t}{\tau} + \mathrm{i}\omega_{nk} t\right] \\ &= -\frac{\mathrm{i}}{\hbar} \frac{\langle n|H'|k\rangle}{\mathrm{i}\omega_{nk} + 1/\tau} \end{aligned} \tag{39}$$

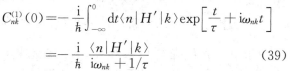

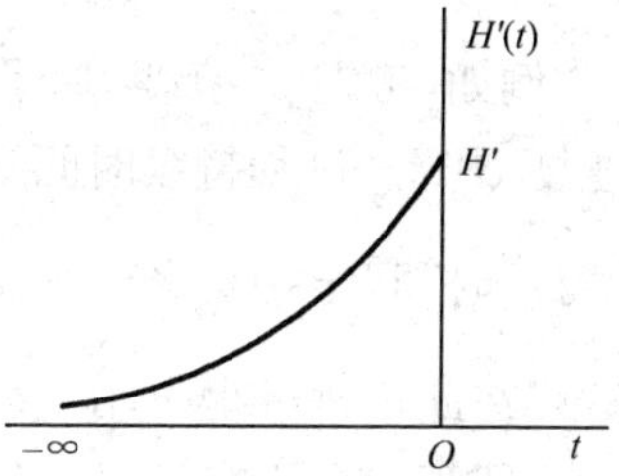

图 11.1

设微扰 $H'(t)$的引进足够缓慢,确切地说,τ 比体系的特征时间长得多,亦即 $1/\tau$ 比体系的所有 $n \neq k$ 的$|\omega_{nk}| = |E_n - E_k|/\hbar$ 小得多. 令$|\omega_{nk}|$($n \neq k$)的极小值记为 $\omega_{\min}$,$T = 1/\omega_{\min}$ 即体系的特征时间. 因此,当下列条件满足时

$$\tau \gg T \tag{40}$$

式(39)化为 $C_{nk}^{(1)}(0) = -\langle n|H'|k\rangle/\hbar\omega_{nk}$. 因此,在微扰一级近似下

$$|\psi(0)\rangle = |k\rangle + \sum_n{}' \frac{\langle n|H'|k\rangle}{E_k - E_n}|n\rangle \tag{41}$$

上式右边第一项是 H_0 的非简并本征态$|k\rangle$,第二项正是微扰 H'带来的修正(一级近似). 式(41)正是不含时微扰论中 $H = H_0 + H'$的一个本征态(一级微扰近似),与 10.1 节中所给出的公式(14b)相同. 以上所述即绝热地引进微扰的概念.

通常在处理原子的 Zeeman 效应和 Stark 效应等时,外场引进过程所经历的时间,比原子内禀的特征时间 $\omega_{nk}^{-1} \approx 10^{-15}$ s 长得多. 所以可以用不含时微扰论来处理.

以下我们按照微扰 $H'(t)$的特点,分几种情况讨论体系的量子态随时间的演化和跃迁概率. 在 11.2 节中讨论突发(sudden)微扰和绝热(adiabatic)微扰,在 11.3 节中讨论周期(periodic)微扰和在有限时间间隔$(0,T)$中的常微扰.

11.2 突发微扰与绝热微扰

11.2.1 突发微扰

设体系受到一个突发的(但有限的)微扰的作用

$$H'(t) = \begin{cases} H', & |t| < \varepsilon/2 \\ 0, & |t| > \varepsilon/2 \end{cases} \quad (\varepsilon \to 0^+) \tag{1}$$

即一个常微扰 H'(有限大)在一个很短时间$(-\varepsilon/2, +\varepsilon/2)$中突发地起作用,按

Schrödinger 方程，

$$|\psi(\varepsilon/2)\rangle-|\psi(-\varepsilon/2)\rangle=\frac{1}{\mathrm{i}\hbar}\int_{-\varepsilon/2}^{+\varepsilon/2}H'(t)\psi(t)\,\mathrm{d}t\xrightarrow{\varepsilon\to 0^+}0 \tag{2}$$

即突发(瞬时但有限大)微扰并不改变体系的状态，即 ψ(末态)$=\psi$(初态). 这里所谓瞬时($\varepsilon\to 0$)作用，是指 ε 远小于体系的特征时间. 但应注意，Hamilton 量 $H=H_0+H'$ 与 $H=H_0$ 描述不同的体系，它们的能级和能量本征态并不相同. 所以，即使 ψ(末态)$=\psi$(初态)是 H_0 的本征态，它并非 H_0+H' 的本征态.

例如，考虑 β^- 衰变，原子核$(Z,N)\xrightarrow{\beta^-}(Z+1,N-1)$过程中，释放出一个电子(速度 $v\approx c$)，过程持续时间 $T\approx a/Zc$，a 为 Bohr 半径. 与原子中 1s 轨道电子运动的特征时间①$\tau\approx(a/Z)/Z\alpha c$($\alpha\approx 1/137$)相比，$\dfrac{T}{\tau}=Z\alpha=Z/137$，$T\ll\tau$(设 $Z\ll 1/\alpha\approx 137$). 在此短暂过程中，β^- 衰变前原子中一个 K 壳电子(1s 电子)的状态还来不及改变，即维持在原来状态. 但由于原子核电荷已经改变，原来状态并不严格是新原子的能量本征态，特别是，不是新原子的 1s 态. 试问有多大概率处于新原子的 1s 态？设 K 电子波函数表为

$$\psi_{100}(Z,r)=\left(\frac{Z^3}{\pi a^3}\right)^{1/2}\mathrm{e}^{-Zr/a} \tag{3}$$

按照波函数统计诠释，测得此 K 电子处于新原子的 1s 态的概率为

$$\begin{aligned}P_{100}&=|\langle\psi_{100}(Z+1)|\psi_{100}(Z)\rangle|^2\\&=\frac{Z^3(Z+1)^3}{\pi^2a^6}(4\pi)^2\left|\int_0^\infty\mathrm{e}^{-(2Z+1)r/a}r^2\,\mathrm{d}r\right|^2\\&=\left(1+\frac{1}{Z}\right)^3\left(1+\frac{1}{2Z}\right)^{-6}\\&\approx 1-\frac{3}{4Z^2}\qquad(1\ll Z\ll 137)\end{aligned} \tag{4}$$

例如，$Z=10$，$P_{100}\approx 0.9932$.

练习　氢原子处于基态，受到脉冲电场

$$\mathscr{E}(t)=\mathscr{E}_0\delta(t) \tag{5}$$

作用，$\mathscr{E}_0$ 为常数. 试用微扰论(一级近似)计算电子跃迁到各激发态的概率以及仍停留在基态的概率

参阅钱伯初，曾谨言:《量子力学习题精选与剖析》(第三版)，p. 380，13.3 题.(科学出版社，2008).

---

① 按类氢原子估算，电子动能平均值$=-E=\dfrac{\mu e^4Z^2}{2\hbar^2}$(对 1s 轨道，$n=1$). 设电子速度为 v，则$\dfrac{1}{2}\mu v^2\sim\mu e^4Z^2/2\hbar^2$，所以 $v\sim Ze^2/\hbar=Z\alpha c$($\alpha=e^2/\hbar c=1/137$ 为精细结构常数).

11.2.2 量子绝热近似及其成立的条件

以下讨论与突发微扰相反的极端情况，即体系的 Hamilton 量 $H(t)$ 随时间很缓慢变化的情况. 设 $H(t)$ 的瞬时(instantaneous)本征方程为

$$H(t)|n(t)\rangle = E_n(t)|n(t)\rangle \tag{6}$$

$|n(t)\rangle$ 是包含 $H(t)$ 在内的一组力学量完全集的共同本征态，n 是一组完备的量子数，$E_n(t)$ 为瞬时能量本征值，一般要随时间变化. 作为本征态，$|n(t)\rangle$ 具有相位(可以含时)不定性.

设体系初态处于 $H(0)$ 的某一瞬时本征态

$$|\psi(0)\rangle = |m(0)\rangle \tag{7}$$

试问：在 $t>0$ 时刻 $|\psi(t)\rangle=$？众所周知，Hamilton 量含时的体系，能量不守恒，不存在严格的定态，体系会发生量子跃迁. 一般说来，$|\psi(t)\rangle$ 应该表示为所有 $|n(t)\rangle$ 的相干叠加

$$|\psi(t)\rangle = \sum_n a_n(t)\exp\left[-\frac{i}{\hbar}\int_0^t E_n(t')\mathrm{d}t'\right]|n(t)\rangle \tag{8}$$

上式中 $|a_n(t)|^2$ 表示在 t 时刻测得体系处于 $|n(t)\rangle$ 态的概率. 一般情况下，$|\psi(t)\rangle$ 很难求解，需要用近似方法来处理，对于 $H(t)$ 随时间变化足够缓慢的体系，则可以用量子绝热定理来处理.

量子绝热定理说①~③：设体系 Hamilton 量 $H(t)$ 随时间变化足够缓慢，初态为 $|\psi(0)\rangle=|m(0)\rangle$，则 $t>0$ 时刻体系将保持在 $H(t)$ 的相应的瞬时本征态 $|m(t)\rangle$ 上.

定理成立的条件是什么？也就是说：$H(t)$ 随时间变化"足够缓慢"的确切含义是什么？从绝热定理的物理内容来讲，就是要求式(8)中所有 $n\neq m$ 项的 $|a_n(t)|^2$ 非常小，$|a_n(t)|^2\ll 1$，即从 $|m(0)\rangle$ 态到所有 $|n(t)\rangle(n\neq m)$ 态的跃迁可以忽略，因而体系才可能保持在 $|m(t)\rangle$ 态. 能保证这一点的条件将在式(19)或式(21)中给出. 在此之前，先从物理直观图像来分析"$H(t)$ 随时间变化足够缓慢"的确切含义.

半经典图像①

考虑质量为 M 的粒子在宽度为 $L(t)$ 的一维无限深方势阱中运动，阱宽 $L(t)$ 随时间缓慢变化(阱壁缓慢移动). 阱内粒子动量和速度的量级为

---

① R. Shankar, *Principles of Quantum Mechanics*, 2nd. ed., p. 478~481, (Plenum Press, New York, 1994).

② W. Ditrich and M. Router, *Classical and Quantum Dynamics*, 2nd ed., (1992), p. 303.

③ B. R. Holstein, Am. J. Phys. **57**(1989) 714, eq(24).

$$p \approx \hbar/L, \quad v = \frac{p}{M} \approx \hbar/ML \tag{9}$$

粒子在阱内运动的周期(即粒子运动的特征时间)为

$$T \approx \frac{L}{v} \approx \frac{ML^2}{\hbar} \tag{10}$$

所谓"阱壁缓慢移动"是指在粒子运动的一周期 T 内阱宽的变化 $\Delta L = T|\dot{L}| \ll L$,即

$$\frac{ML^2}{\hbar}|\dot{L}|/L = |\dot{L}| \Big/ \frac{\hbar}{ML} = |\dot{L}|/v \ll 1 \tag{11}$$

即阱壁移动的速度$|\dot{L}|$非常缓慢,$|\dot{L}|$比阱内粒子运动速度 v 小得多,这就是经典物理中阱壁绝热移动的含义.

量子力学的估算

一个量子体系随时间变化的特征时间为

$$T \approx 1/\omega_{\min} \tag{12}$$

$\omega_{\min}$是体系从初态 i 到一切可能末态 f 的跃迁相应的频率 $\omega_{fi} = |E_f - E_i|/\hbar$ 中的极小值. 对于一维无限深方阱,$E_n(t) = \pi^2\hbar^2 n^2/2ML^2(t)$,$n=1,2,3,\cdots$,

$$T \approx \frac{1}{\omega_{\min}} = \frac{\hbar}{|E_f - E_i|_{\min}} \approx \frac{ML^2}{\hbar} \tag{13}$$

与式(10)的估算一致. 阱壁运动的特征时间 τ(即 Hamilton 量 $H(t)$随时间变化快慢的特征时间)为

$$\tau = \omega^{-1} \approx L/|\dot{L}| \tag{14}$$

所以绝热变化条件可以表述为①~④

$$T/\tau = |\dot{L}| \Big/ \frac{\hbar}{ML} \ll 1, \quad \text{或}\ \omega/\omega_{\min} \ll 1 \tag{15}$$

这与半经典估计式(11)一致,它表示体系 Hamilton 量 $H(t)$缓慢变化的频率 ω 远小于体系的特征频率 $\omega_{\min}$. 在文献中,把无量纲量 $\beta = \omega/\omega_{\min}$ 称为绝热参量(adia-batic parameter),而绝热近似成立的条件就是

$$\beta \ll 1 \tag{16}$$

这与大家熟知的非相对论近似的适用条件,即无量纲参量 $\beta = v/c \ll 1$,是一个道理(v 为粒子速度,c 为真空中光速). 由式(13)与式(15)可以看出,在能级接近简并情

---

① 见上页所引文献②.

② 见上页所引文献③.

③ F. Casas, J. A. Oteo, and J. Ros, Phys. Lett. **A163**(1992) 359.

④ A. Mastafazadeh, *Dynamical Invariant, Adiabatic Approximation and Geometric Phase*, Nova Science Publishers, New York(2001), p. 50~51.

况（ω_{min}很小），量子绝热近似就很差. 特别是能级出现简并情况，量子绝热定理完全失效.

下面来更严格讨论量子绝热定理成立的条件. 把式(8)代入 Schrödinger 方程

$$\mathrm{i}\hbar \frac{\partial}{\partial t}|\psi(t)\rangle = H(t)|\psi(t)\rangle \tag{17}$$

得

$$\begin{aligned}
&\mathrm{i}\hbar\sum_n \dot{a}_n(t)\exp\left[-\frac{\mathrm{i}}{\hbar}\int_0^t E_n(t')\mathrm{d}t'\right]|n(t)\rangle \\
&+\sum_n a_n E_n(t)\exp\left[-\frac{\mathrm{i}}{\hbar}\int_0^t E_n(t')\mathrm{d}t'\right]|n(t)\rangle \\
&+\mathrm{i}\hbar\sum_n a_n(t)\exp\left[-\frac{\mathrm{i}}{\hbar}\int_0^t E_n(t')\mathrm{d}t'\right]|\dot{n}(t)\rangle \\
=&\sum_n a_n(t)\exp\left[-\frac{\mathrm{i}}{\hbar}\int_0^t E_n(t')\mathrm{d}t'\right]E_n(t)|n(t)\rangle
\end{aligned}$$

上式左边第二项与右边相同，消去. 用$\langle m(t)|$左乘上式(取标积)，得

$$\begin{aligned}
\dot{a}_m &= -\sum_n a_n \exp\left[-\frac{\mathrm{i}}{\hbar}\int_0^t [E_m(t')-E_n(t')]\mathrm{d}t'\right]\langle m|\dot{n}\rangle \\
&= -a_m\langle m|\dot{m}\rangle - \sum_{n\neq m} a_n \exp\left[-\frac{\mathrm{i}}{\hbar}\int_0^t [E_m(t')-E_n(t')\mathrm{d}t'\right]\langle m|\dot{n}\rangle
\end{aligned} \tag{18}$$

上式即$|\psi(t)\rangle$的展开系数$a_n(t)$所满足的方程组. 绝热定理成立的条件是式(18)右边所有$n\neq m$的项可以略去. 式(18)对t积分后，即可求出$a_m(t)$(无量纲)[①].

在绝热一级近似下，$n\neq m$项可以略去的条件为

$$\left|\frac{\hbar\langle m|\dot{n}\rangle}{E_m-E_n}\right| \ll 1(\text{对所有 } n\neq m) \tag{19}$$

上式左边为无量纲量，即绝热参量. 上式表明，绝热定理要求体系的瞬时本征态随时间变化的频率，比体系的内禀特征频率$|(E_m-E_n)/\hbar|$要小得多.

瞬时能量本征态方程(6)对t微分，得

$$\frac{\partial H}{\partial t}|n(t)\rangle + H|\dot{n}(t)\rangle = \frac{\partial E_n}{\partial t}|n(t)\rangle + E_n|\dot{n}(t)\rangle$$

用$\langle m(t)|$左乘，$(m\neq n)$，得

$$\left\langle m\left|\frac{\partial H}{\partial t}\right|n\right\rangle + E_m\langle m|\dot{n}\rangle = E_n\langle m|\dot{n}\rangle$$

所以

$$\langle m|\dot{n}\rangle = \frac{\left\langle m\left|\frac{\partial H}{\partial t}\right|n\right\rangle}{(E_n-E_m)} \quad (n\neq m) \tag{20}$$

---

① B. R. Holstein, Am. J. Phys. **57**(1989) 1079, The adiabatic theorem and Berry's phase.

于是式(19)可以改写为

$$\left|\frac{\hbar\langle m|\dot{n}\rangle}{E_n-E_m}\right|=\left|\frac{\hbar\langle m|\dot{H}|n\rangle}{(E_n-E_m)^2}\right|\ll 1,(\text{对所有 } n\neq m) \tag{21}$$

式(19)或式(21)即很多文献中给出的量子绝热定理成立的条件①～③. 当此条件满足时,体系从瞬时能量本征态$|m(0)\rangle$跃迁到所有 $n\neq m$ 的瞬时能量本征态$|n(t)\rangle$的概率就可以忽略,因而能保证体系保持在与$|m(0)\rangle$相应的瞬时能量本征态$|m(t)\rangle$,见图 11.2.

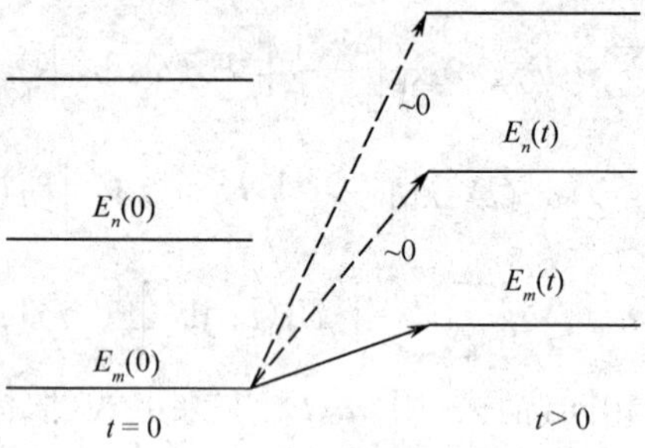

图 11.2

所以,如果 $H(t)$随时间变化足够缓慢,能保证绝热近似条件(21)满足,则式(18)就化为

$$\dot{a}_m=-\langle m|\dot{m}\rangle a_m \tag{22}$$

积分得

$$a_m(t)=\exp\left[-\int_0^t\langle m|\dot{m}\rangle \mathrm{d}t\right]a_m(0) \tag{23}$$

因此,如体系初态$|\psi(0)\rangle=|m(0)\rangle$,即 $a_n(0)=\delta_{nm}$,则在绝热近似下,式(8)解$|\psi(t)\rangle$中所有 $n\neq m$ 项可以忽略,因而

$$|\psi(t)\rangle=\mathrm{e}^{\mathrm{i}[\alpha_m(t)+\gamma_m(t)]}|m(t)\rangle \tag{24}$$

式中

$$\alpha_m(t)=-\frac{1}{\hbar}\int_0^t E_m(t)\mathrm{d}t \tag{25}$$

$$\gamma_m(t)=\mathrm{i}\int_0^t\langle m|\dot{m}\rangle\mathrm{d}t \tag{26}$$

$\alpha_m(t)$即大家熟悉的动力学相,它只依赖于瞬时本征能量 $E_m(t)$随时间的变化. 在 H 不含时的情况下,E_m 不随 t 变化,$\alpha_m(t)=-E_m t/\hbar$. 与此不同,$\gamma_m(t)$依赖于$\langle m|$

① Y. Aharonov and J. Anandan, Phys. Rev. Lett. **58** (1987) 1593.

② D. Bohm, *Quantum Theory*, chap. 20, London, Constable and Company, 1950.

③ 孙昌璞,张芃,《量子力学新进展》,第二辑(2001),p. 21～86.

$\dot{m}\rangle = \langle m|\dot{H}|n\rangle/(E_n - E_m)$，即与瞬时能量本征态$|m(t)\rangle$有关[①,②]. 在文献中，Moore 把 $\gamma_m(t)$称为绝热相(adiabatic phase).

综上所述，在绝热近似下，按照量子态的演化必须满足 Schrödinger 方程的要求，式(24)中$|\psi(t)\rangle$的含时相因子 $e^{i[\alpha_m(t)+\gamma_m(t)]}$是必不可少的. 由于 Schrödinger 方程是含$|\psi(t)\rangle$对时间一阶导数的方程，按照微分方程的解的唯一性定理，对于给定体系的 Hamilton 量 $H(t)$和初条件(7)$|\psi(0)\rangle = |m(0)\rangle$，在绝热近似下，含时 Schrödinger 方程(17)的解$|\psi(t)\rangle$只能有唯一的解，即式(24)所示的解$|\psi(t)\rangle = e^{i(\alpha_m(t)+\gamma_m(t))}|m(t)\rangle$，而一般说来，$|\psi(t)\rangle = e^{i\alpha_m(t)}|m(t)\rangle$ 并不是含时 Schrödinger 方程(17) 的解(除非 $\gamma_m(t)=0$).

应该强调，作为瞬时能量本征方程(6)的解来讲，$|m(t)\rangle$具有含时相位不定性，即$|m(t)\rangle$，$|\varphi(t)\rangle = e^{i\alpha_m(t)}|m(t)\rangle$，$|\psi(t)\rangle = e^{i[\alpha_m(t)+\gamma_m(t)]}|m(t)\rangle$等，都是方程(6)的瞬时能量本征态，而且它们相应的能量本征值均为 $E_m(t)$.

［注］ 设体系的 Hamilton 量随时间的变化是由于它所依赖的参数 $\boldsymbol{R}(t)$随时间变化所致，并且$\boldsymbol{R}(t)$作周期变化，周期为 τ，即 $\boldsymbol{R}(\tau)=\boldsymbol{R}(0)$，$H(\boldsymbol{R}(\tau))=H(\boldsymbol{R}(0))$，在参数空间中 $\boldsymbol{R}(t)$构成一条闭合曲线 C. 在 $H(\boldsymbol{R}(t))$绝热变化条件下，M. V. Berry 发现一个重要性质[③]，即一般说来，绝热相 $\gamma_m(\tau)$并不一定等于 $\gamma_m(0)$. Berry 原来文献中把 $\gamma_m(\tau) - \gamma_m(0) = \gamma_m(C)$ 称为 "geometrical phase change". 后来一些人把 $\gamma_m(C)$习惯称为 Berry 几何相，是一个可观测量. 后来，Y. Aharonov 和 J. Anandan[④] 放弃了绝热近似假定，但假设体系的量子态按照含时 Schrödinger 方程做周期演化. 他们研究了体系的量子态的相位随时间的演化，引进了 Aharonov-Anandan 相. 有兴趣的读者可参阅原始文献[④].

11.3 周期微扰，有限时间内的常微扰

考虑周期微扰

$$H'(t) = H'e^{-i\omega t} \tag{1}$$

按 11.1 节式(31)，在时刻 t 体系从初态 k 跃迁到末态 $k'(k'\neq k)$的跃迁振幅为

$$C_{k'k}(t) = \frac{1}{i\hbar}\int_0^t dt\langle k'|H'|k\rangle e^{i(\omega_{k'k}-\omega)t} = \frac{1}{i\hbar}\langle k'|H'|k\rangle \frac{e^{i(\omega_{k'k}-\omega)t}-1}{i(\omega_{k'k}-\omega)}$$

跃迁概率为

---

① 见 p. 212，文献 1.

② D. J. Moore, Phys. Report **210**(1991) 1-43.

③ M. V. Berry, Proc. Roy, Soc. (London) **A392** (1984) 45.

④ Y. Aharonov and J. Anandan, Phys. Rev. Lett. **58**(1987) 1593.

$$P_{k'k}(t) = \frac{4\,|H'_{k'k}|^2}{\hbar^2}\left\{\frac{\sin[(\omega_{k'k}-\omega)t/2]}{\omega_{k'k}-\omega}\right\}^2 \tag{2}$$

利用(见附录 A2,式(6))

$$\lim_{\alpha\to\infty}\frac{\sin^2\alpha x}{x^2} = \pi\alpha\delta(x)$$

即

$$\lim_{t\to\infty}\frac{\sin^2[(\omega_{k'k}-\omega)t/2]}{[(\omega_{k'k}-\omega)/2]^2} = \pi t\delta[(\omega_{k'k}-\omega)/2]$$

可以得出,当$(\omega_{k'k}-\omega)t\gg 1$ 时,

$$P_{k'k}(t) = \frac{2\pi t}{\hbar^2}|H'_{k'k}|^2\delta(\omega_{k'k}-\omega) \tag{3}$$

而单位时间的跃迁概率(跃迁速率)为

$$\begin{aligned} w_{k'k} &= \frac{\mathrm{d}}{\mathrm{d}t}P_{k'k}(t) = \frac{2\pi}{\hbar^2}|H'_{k'k}|^2\delta(\omega_{k'k}-\omega) \\ &= \frac{2\pi}{\hbar}|H'_{k'k}|^2\delta(E_{k'}-E_k-\hbar\omega) \end{aligned} \tag{4}$$

上式表明,如果周期微扰持续时间足够长(远大于体系的内禀特征时间),则跃迁速率将与时间无关,而且只有当末态能量 $E_{k'}\approx E_k+\hbar\omega$ 的情况下,才有可观的跃迁概率. 式(4)中的 $\delta(E_{k'}-E_k-\hbar\omega)$ 正是周期微扰作用下体系的能量守恒的反映.

下面考虑另一种情况,即常微扰只在一定时间间隔中起作用. 设(图 11.3)

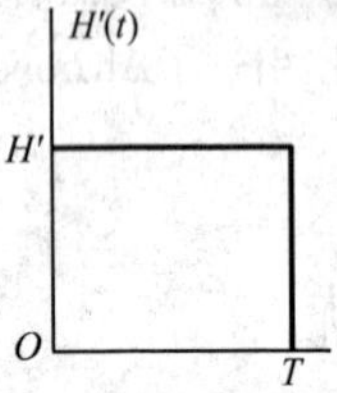

图 11.3

$$H'(t) = H'[\theta(t)-\theta(t-T)] \tag{5}$$

其中 $\theta(t)$为阶梯函数,定义为

$$\theta(t) = \begin{cases} 0, & t<0 \\ 1, & t>0 \end{cases} \tag{6}$$

按 11.1 节式(31),在时刻 t,微扰 $H'(t)$导致的体系从 k 态→k' 态的跃迁振幅(一级近似)为

$$C^{(1)}_{k'k}(t) = \frac{1}{\mathrm{i}\hbar}\int_{-\infty}^{t} H'_{k'k}(t')\mathrm{e}^{\mathrm{i}\omega_{k'k}t'}\mathrm{d}t' \tag{7}$$

分部积分,得

$$C^{(1)}_{k'k}(t) = -\frac{H'_{k'k}(t)\mathrm{e}^{\mathrm{i}\omega_{k'k}t}}{\hbar\omega_{k'k}} + \int_{-\infty}^{t}\frac{\partial H'_{k'k}}{\partial t'}\frac{\mathrm{e}^{\mathrm{i}\omega_{k'k}t'}}{\hbar\omega_{k'k}}\mathrm{d}t' \tag{8}$$

当 $t>T$ 后,上式右边第一项为零,第二项化为

$$\int_{-\infty}^{t}\mathrm{d}t' H'_{k'k}[\delta(t')-\delta(t'-T)]\frac{\mathrm{e}^{\mathrm{i}\omega_{k'k}t'}}{\hbar\omega_{k'k}} = \frac{H'_{k'k}}{\hbar\omega_{k'k}}(1-\mathrm{e}^{\mathrm{i}\omega_{k'k}T}) \tag{9}$$

因此,跃迁概率$(k'\neq k)$为

$$P_{k'k}(t)=\frac{|H'_{k'k}|^2}{\hbar^2\omega_{k'k}^2}|1-\mathrm{c}^{\mathrm{i}\omega_{k'k}T}|^2$$

$$=\frac{|H'_{k'k}|^2}{\hbar^2}\frac{\sin^2(\omega_{k'k}T/2)}{(\omega_{k'k}/2)^2} \tag{10}$$

$\dfrac{\sin^2(\omega_{k'k}T/2)}{(\omega_{k'k}/2)^2}$随 $\omega_{k'k}$ 变化的曲线，如图 11.4 所示.

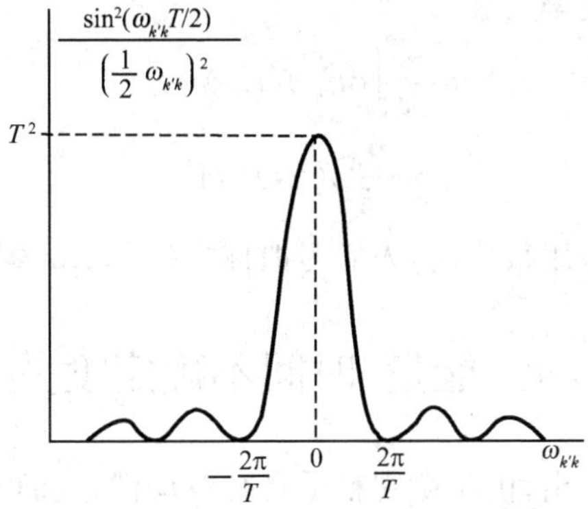

图 11.4

当微扰作用的时间间隔 T 足够长（$\omega_{k'k}T\gg1$）时，$P_{k'k}(t)$（$t\geqslant T$）只在 $\omega_{k'k}\approx0$ 的一个窄范围中不为零. 利用（参阅附录 A2，式(6)）

$$\lim_{\alpha\to\infty}\frac{\sin^2\alpha x}{x^2}=\pi\alpha\delta(x)$$

即

$$\lim_{T\to\infty}\frac{\sin^2(\omega_{k'k}T/2)}{(\omega_{k'k}/2)^2}=\pi T\delta(\omega_{k'k}/2)=2\pi T\delta(\omega_{k'k})$$

因此，当 $\omega_{k'k}T\gg1$，$t\geqslant T$ 时，

$$P_{k'k}(t)=\frac{2\pi}{\hbar^2}\ |H'_{k'k}|^2\delta(\omega_{k'k})T \tag{11}$$

而跃迁速率为

$$w_{k'k}=P_{k'k}/T=\frac{2\pi}{\hbar^2}\ |H'_{k'k}|^2\delta(\omega_{k'k})$$

$$=\frac{2\pi}{\hbar}\ |H'_{\ k'k}|^2\delta(E_{k'}-E_k) \tag{12}$$

上式表明，如常微扰只在一段时间$(0,T)$内起作用，只要作用延续的时间 T 足够长（**远大于体系的特征时间**），则跃迁速率与时间无关，而且只当末态能量 $E_{k'}\approx E_k$（初态能量）的情况下，才有可观的跃迁发生. $\delta(E_{k'}-E_k)$是常微扰作用下体系能量守恒的反映.

初学者可能对式(12)中出现的δ函数感到困扰，因为一级微扰论成立的条件是计算所得出的跃迁速率很小. 因此，δ函数带来的表观的∞是否损害了理论的可信度? 在实际问题中，由于这种或那种物理情况，δ函数总会被积分掉，而一级微扰论的适用性，取决于δ函数下的面积. 事实上，有δ函数出现的公式(12)，只当$E_{k'}$连续变化的情况下才有意义. 设$\rho(E_{k'})$表示体系(H_0)的末态的态密度，即在$(E_{k'}, E_{k'}+\mathrm{d}E_{k'})$范围中的末态数为$\rho(E_{k'})\mathrm{d}E_{k'}$. 因此，从初态$k$到$E_{k'}\approx E_k$附近一系列可能末态的跃迁速率之和为

$$
\begin{aligned}
w &= \int \mathrm{d}E_{k'}\rho(E_{k'})w_{k'k} \\
&= \frac{2\pi}{\hbar}\rho(E_k)\left|H'_{k'k}\right|^2
\end{aligned}
\tag{13}
$$

此公式在散射理论中应用很广泛，人们习惯称之为 Fermi 黄金规则(golden rule).

11.4 能量-时间不确定度关系

在1.1节中已经指出，由于微观粒子具有波动性，人们对于粒子的力学量的经典概念应有所修改. 把经典粒子力学量的概念全盘都搬到量子力学中来，显然是不恰当的. 使用经典粒子力学量的概念来描述微观粒子必定会受到一定的限制. 这个限制集中表现在 Heisenberg 的不确定度关系中. 下面我们来讨论与此有关，但含义不尽相同的能量-时间不确定度关系. 先讨论几个特例.

例1 设粒子初始状态为 $\psi(\boldsymbol{r},0)=\psi_1(\boldsymbol{r})+\psi_2(\boldsymbol{r})$，$\psi_1$ 和 ψ_2 是粒子的两个能量本征态，本征值为E_1和E_2，则

$$
\psi(\boldsymbol{r},t) = \psi_1(\boldsymbol{r})\mathrm{e}^{-\mathrm{i}E_1 t/\hbar} + \psi_2(\boldsymbol{r})\mathrm{e}^{-\mathrm{i}E_2 t/\hbar} \tag{1}
$$

$\psi(\boldsymbol{r},t)$是一个非定态. 在此态下，各力学量的概率分布一般要随时间而变. 例如，粒子在空间的概率密度

$$
\begin{aligned}
\rho(\boldsymbol{r},t) &= \left|\psi(\boldsymbol{r},t)\right|^2 \\
&= \left|\psi_1(\boldsymbol{r})\right|^2 + \left|\psi_2(\boldsymbol{r})\right|^2 + (\psi_1^*\psi_2\mathrm{e}^{\mathrm{i}\omega t} + \psi_1\psi_2^*\mathrm{e}^{-\mathrm{i}\omega t})
\end{aligned}
\tag{2}
$$

其中

$$
\omega = (E_2 - E_1)/\hbar = \Delta E/\hbar
$$

ΔE可视为测量体系能量时出现的不确定度. 由上可见，$\rho(\boldsymbol{r},t)$随时间而周期变化，周期$T=2\pi/\omega=h/\Delta E$. 动量以及其他力学量的概率分布也有同样的变化周期. 这个周期T是表征体系性质变化快慢的特征时间，记为$\Delta t=T$. 按以上分析，它与体系的能量不确定度ΔE有下列关系

$$
\Delta t\Delta E \approx h \tag{3}
$$

对于一个定态，能量是完全确定的，即$\Delta E=0$. 定态的特点是所有(不显含t)力学量的概率分布都不随时间改变，即变化周期$T=\infty$，或者说特征时间$\Delta t=\infty$. 这并不违反关系式(3).

例 2 设自由粒子状态用一个波包来描述(图 11.5),波包宽度$\approx\Delta x$,群速度为 v,相应于经典粒子的运动速度.波包掠过空间某点所需时间 $\Delta t\approx\Delta x/v$.此波包所描述的粒子的动量的不确定度为 $\Delta p\approx\hbar/\Delta x$.因此其能量不确定度 $\Delta E\approx\dfrac{\partial E}{\partial p}\Delta p=v\Delta p$.所以

$$\Delta t\cdot\Delta E\approx\frac{\Delta x}{v}\cdot v\Delta p=\Delta x\cdot\Delta p\approx\hbar \tag{4}$$

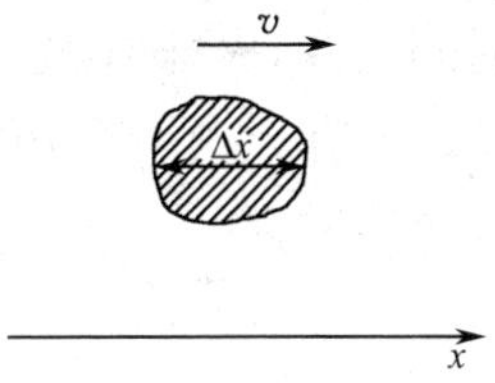

图 11.5

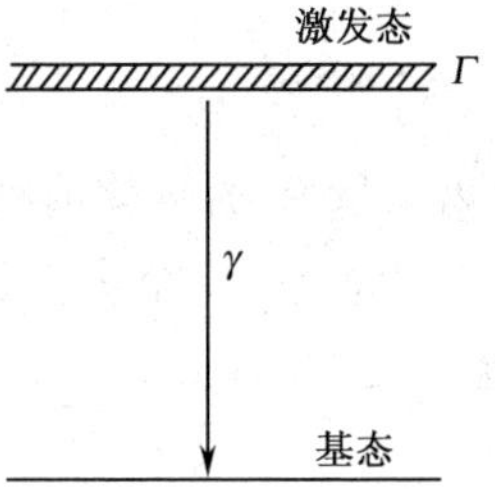

图 11.6

例 3 设原子处于激发态(图 11.6),它可以通过自发辐射(见 11.5 节)而衰变到基态(稳定态),寿命为 τ.这是一个非定态,其能量不确定度 ΔE,称为能级宽度 Γ.实验上可通过测量自发辐射光子的能量来测出激发态的能量.由于寿命的限制,自发辐射光子相应的辐射波列的长度 $\Delta x\approx c\tau$,因而光子动量不确定度 $\Delta p\approx\hbar/\Delta x\approx\hbar/c\tau$,能量($E=cp$)的不确定度 $\Delta E=c\Delta p\approx\hbar/\tau$.由于观测到的光子能量有这样一个不确定度,由之而得出的原子激发态能量也相应有一个不确定度,即宽度 Γ,而

$$\Gamma\tau\approx\hbar \tag{5}$$

下面对能量-时间不确定度关系给一个较普遍的描述.设体系的 Hamilton 量为 H,A 为另一个力学量(不显含 t).按 3.3.1 节式(8)给出的不确定度关系,可得

$$\Delta E\cdot\Delta A\gtrsim\frac{1}{2}\left|\overline{[A,H]}\right| \tag{6}$$

其中

$$\Delta E=\left[\overline{(H-\overline{H})^2}\right]^{1/2},\quad \Delta A=\left[\overline{(A-\overline{A})^2}\right]^{1/2}$$

分别表示在所给定的量子态下能量和力学量 A 的不确定度.利用 4.1 节的式(3),即

$$\frac{\mathrm{d}}{\mathrm{d}t}\overline{A}=\overline{[A,H]}\Big/\mathrm{i}\hbar \tag{7}$$

式(6)可表示为

$$\Delta E\cdot\Delta A\gtrsim\frac{\hbar}{2}\left|\frac{\mathrm{d}}{\mathrm{d}t}\overline{A}\right|$$

或

$$\Delta E \cdot \frac{\Delta A}{\left|\frac{\mathrm{d}}{\mathrm{d}t}\overline{A}\right|} \gtrsim \hbar/2 \tag{8}$$

令

$$\tau_A = \Delta A \Big/ \left|\frac{\mathrm{d}}{\mathrm{d}t}\overline{A}\right| \tag{9}$$

则得

$$\Delta E \cdot \tau_A \gtrsim \hbar/2 \tag{10}$$

这里 τ_A 是力学量 A 的平均值 $\overline{A}$ 改变 ΔA 所需的时间间隔，表征 $\overline{A}$ 变化快慢的周期. 在所给定状态下，每个力学量 A 都有相应的 τ_A. 在所有 τ_A 中，最小的一个记为 τ，它当然也满足式(10)，

$$\Delta E \cdot \tau \geqslant \hbar/2 \tag{11}$$

或写成

$$\Delta E \cdot \Delta t \gtrsim \hbar/2 \tag{12}$$

此即能量-时间测不准关系. 式中 ΔE 表示体系所处状态能量的不确定度，而 Δt 为该状态的特征时间，可理解为该状态性质有明显改变所需要的时间间隔，或变化的周期. 式(12)表明，Δt 与 ΔE 的乘积不能都任意小下去，而要受到一定的制约. 此即能量-时间不确定度关系的物理含义.

* 关于能量-时间的不确定度关系，往往容易为初学者误解. 应该提到，在非相对论情况下，时间 t 只是一个参量，而不是属于某一特定体系的力学量. 因此，既不能套用坐标-动量不确定度关系的普遍论证方法(见 3.3.1 节)，而且物理含义也不尽相同. 在不确定度关系 $\Delta x \cdot \Delta p_x \gtrsim \hbar/2$ 中，Δx 与 Δp_x 都是指同一时刻而言. 因此，如果把 x 或 p_x 之一换为 t，试问“同一时刻”的 Δt 表示何意？这是很难理解的. 此外，如要套用 3.3.1 节中不确定度关系的论证方法，就必须计算 $[H,t]$. 但与 H 不同，t 并非该体系所特有的力学量. 有人令 $H=\mathrm{i}\hbar\frac{\partial}{\partial t}$，于是得出

$$[H,t] = \left[\mathrm{i}\hbar\frac{\partial}{\partial t}, t\right] = \mathrm{i}\hbar$$

但此做法是不妥当的. 应该强调，H 是表征体系随时间演化特性的力学量，例如，由它可以判定哪些力学量是守恒量. 例如，中心力场 $V(r)$ 中的粒子，

$$H = p^2/2m + V(r)$$

由于 H 的各向同性，才有角动量 $\boldsymbol{l}=\boldsymbol{r}\times\boldsymbol{p}$ 守恒，即

$$[\boldsymbol{l}, H] = 0$$

如我们随便地令 $H=\mathrm{i}\hbar\frac{\partial}{\partial t}$，则不管是否中心力场，均可得出

$$[\boldsymbol{l}, H] = \left[\boldsymbol{l}, \mathrm{i}\hbar\frac{\partial}{\partial t}\right] = 0$$

即 $\boldsymbol{l}$ 都是守恒量，这显然是不妥当的. 以上做法系来自对 Schrödinger 方程的不正确理解. 事实上 Schrödinger 方程

$$i\hbar\frac{\partial}{\partial t}\psi(t)=H\psi(t)$$

只是表明:在自然界中真正能实现的 $\psi(t)$ 的演化,必须满足上述方程.它绝不表明对于随时间变化的任意函数 $\psi(t)$,上式都成立.因此,随便让 $H=i\hbar\frac{\partial}{\partial t}$,往往会引起误解.

11.5 光的吸收与辐射的半经典理论

关于原子结构的知识,主要来自对光(辐射场)与原子的相互作用的研究.在光的照射下,原子可能吸收光而从低能级跃迁到较高能级,或从较高能级跃迁到较低能级并放出光.这现象分别称为光的吸收(absorption)和受激辐射(induced radiation).实验上还观察到,如果原子本来处于激发能级,即使没有外界光的照射,也可能跃迁到某些较低能级而放出光来,这称为自发辐射(spontaneous radiation).如图 11.7 所示.

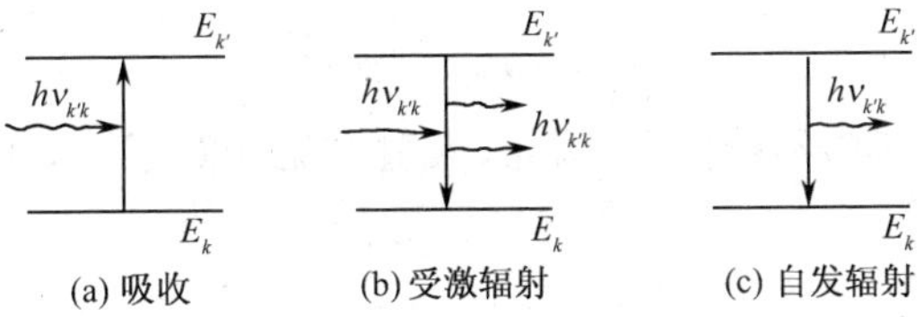

图 11.7

对原子吸收或放出的光进行光谱分析,可获得关于原子能级及有关性质的知识.光谱分析中有两个重要的观测量——谱线频率(或波数)与谱线相对强度,前者取决于初末态的能量差 ΔE($\nu=\Delta E/\hbar$,频率条件),后者则与跃迁速率成比例.光的吸收与辐射现象,涉及光子的产生与湮没,其严格处理需要用量子电动力学,即需要把电磁场量子化(光子即电磁场量子)①.但对于光的吸收和受激辐射现象.可以在非相对论量子力学的框架中采用半经典方法来处理,即把光子产生和湮没的问题,转化为在辐射场的作用下原子在不同能级之间跃迁的问题.在这里,原子是作为一个量子力学体系来对待,但辐射场仍然用一个连续变化的经典电磁场来描述,并未进行量子化,即把光辐射场当作一个与时间有关的外界微扰,用微扰论来近似计算原子的跃迁速率.但对于处理自发辐射,这个处理方法就无能为力了.有趣的是,在量子力学与量子电动力学建立之前,Einstein(1917)基于热力学和统计物理中平衡概念的考虑,回避了光子的产生和湮没,巧妙地说明了原子自发辐射现象.

① 例如,参阅 M. O. Scully and M. S. Zubairy, *Quantum Optics*, chap. 1(Cambridge Univ. Press, 1997).

11.5.1 光的吸收与受激辐射

为简单起见，先假设入射光为平面单色光，其电磁场强度为

$$\begin{aligned}\boldsymbol{E} &= \boldsymbol{E}_0\cos(\omega t - \boldsymbol{k}\cdot\boldsymbol{r})\\ \boldsymbol{B} &= \boldsymbol{k}\times\boldsymbol{E}/|\boldsymbol{k}|\end{aligned} \tag{1}$$

其中$\boldsymbol{k}$为波矢，其方向即光传播方向，ω为角频率. 在原子中，电子的速度 $v\ll c$（光速），磁场对电子的作用远小于电场作用，

$$\left|\frac{e}{c}\boldsymbol{v}\times\boldsymbol{B}\right| / |e\boldsymbol{E}| \approx \frac{v}{c} \ll 1$$

因此只需要考虑电场的作用. 此外，对于可见光，波长 $\lambda\approx(400\sim700)\mathrm{nm}\gg a$（Bohr 半径），在原子大小范围中，$\boldsymbol{k}\cdot\boldsymbol{r}\sim a/\lambda\ll1$，电场变化极微，可以看成均匀电场，所以

$$\boldsymbol{E} = \boldsymbol{E}_0\cos\omega t \tag{2}$$

它相应的电势为

$$\phi = -\boldsymbol{E}\cdot\boldsymbol{r} + \text{常数} \tag{3}$$

常数项对于跃迁无贡献，不妨略去. 因此，入射可见光对于原子中电子的作用可表示为

$$H' = -e\phi = -\boldsymbol{D}\cdot\boldsymbol{E}_0\cos\omega t = W\cos\omega t \tag{4}$$

其中

$$W = -\boldsymbol{D}\cdot\boldsymbol{E}_0,\quad \boldsymbol{D} = -e\boldsymbol{r}\text{（电偶极矩）}$$

把 H'代入跃迁振幅的一级微扰公式（11.1 节，式(31)）

$$\begin{aligned}C_{k'k}^{(1)}(t) &= \frac{1}{\mathrm{i}\hbar}\int_0^t \mathrm{e}^{\mathrm{i}\omega_{k'k}t}H'_{k'k}\,\mathrm{d}t\\ &= \frac{W_{k'k}}{2\mathrm{i}\hbar}\int_0^t \mathrm{e}^{\mathrm{i}\omega_{k'k}t}(\mathrm{e}^{\mathrm{i}\omega t}+\mathrm{e}^{-\mathrm{i}\omega t})\,\mathrm{d}t\\ &= -\frac{W_{k'k}}{2\hbar}\left[\frac{\mathrm{e}^{\mathrm{i}(\omega_{k'k}+\omega)t}-1}{\omega_{k'k}+\omega}+\frac{\mathrm{e}^{\mathrm{i}(\omega_{k'k}-\omega)t}-1}{\omega_{k'k}-\omega}\right]\end{aligned} \tag{5}$$

对于可见光，ω很大（例如，$\lambda\approx500\mathrm{nm}$ 的光，$\omega\sim4\times10^{15}/\mathrm{s}$）. 对于原子的光跃迁，$|\omega_{k'k}|$也很大. (5)式中的两项，只当 $\omega\approx|\omega_{k'k}|$时，才有显著的贡献. 为确切起见，下面讨论原子**吸收光**的跃迁，$E_{k'}>E_k$，此时，只当入射光 $\omega\approx\omega_{k'k}=(E_{k'}-E_k)/\hbar$ 的情况下，才会引起 $E_k\to E_{k'}$ 的跃迁. 此时

$$C_{k'k}^{(1)}(t) = -\frac{W_{k'k}}{2\hbar}\,\frac{\mathrm{e}^{\mathrm{i}(\omega_{k'k}-\omega)t}-1}{\omega_{k'k}-\omega} \tag{6}$$

因此，从 $k\to k'(\neq k)$的跃迁概率

$$P_{k'k}(t) = |C_{k'k}^{(1)}(t)|^2 = \frac{|W_{k'k}|^2}{4\hbar^2}\,\frac{\sin^2[(\omega_{k'k}-\omega)t/2]}{[(\omega_{k'k}-\omega)/2]^2} \tag{7}$$

当时间 t 充分长以后，只有 $\omega\approx\omega_{k'k}$ 的入射光才对 $E_k\to E_{k'}$ 的跃迁有明显贡献（共振

吸收). 此时(利用附录 A2,式(6))

$$P_{k'k}(t) = \frac{\pi t}{4\hbar^2}|W_{k'k}|^2\delta((\omega_{k'k}-\omega)/2) \tag{8}$$

而跃迁速率为

$$\begin{aligned} w_{k'k} &= \frac{\mathrm{d}}{\mathrm{d}t}P_{k'k} = \frac{\pi}{2\hbar^2}|W_{k'k}|^2\delta(\omega_{k'k}-\omega) \\ &= \frac{\pi}{2\hbar^2}|\boldsymbol{D}_{k'k}\cdot\boldsymbol{E}_0|^2\delta(\omega_{k'k}-\omega) \\ &= \frac{\pi}{2\hbar^2}|\boldsymbol{D}_{k'k}|^2E_0^2\cos^2\theta\delta(\omega_{k'k}-\omega) \end{aligned} \tag{9}$$

其中 θ 是 $\boldsymbol{D}_{k'k}$ 与 $\boldsymbol{E}_0$ 的夹角. 如入射光为非偏振光,光偏振($\boldsymbol{E}_0$)的方向是完全无规的,因此把 $\cos^2\theta$ 换为它对空间各方向的平均值,即

$$\begin{aligned} \overline{\cos^2\theta} &= \frac{1}{4\pi}\int\mathrm{d}\Omega\cos^2\theta \\ &= \frac{1}{4\pi}\int_0^{2\pi}\mathrm{d}\varphi\int_0^{\pi}\sin\theta\cos^2\theta\mathrm{d}\theta = 1/3 \end{aligned}$$

所以

$$w_{k'k} = \frac{\pi}{6\hbar^2}|\boldsymbol{D}_{k'k}|^2E_0^2\,\delta(\omega_{k'k}-\omega) \tag{10}$$

这里 E_0 是角频率为 ω 的单色光的电场强度值. 以上讨论的是理想的单色光. 自然界中不存在严格的单色光(只不过有的光的单色性较好,如激光). 对于这种自然光引起的跃迁,要对式(10)中各种频率的成分的贡献求和. 令 $\rho(\omega)$ 表示角频率为 ω 的电磁辐射场的能量密度. 利用

$$\begin{aligned} \rho(\omega) &= \frac{1}{8\pi}\overline{(E^2+B^2)}\left(\text{对时间求平均,周期 } T=\frac{2\pi}{\omega}\right) \\ &= \frac{1}{4\pi}\overline{E^2} = \frac{E_0^2(\omega)}{4\pi}\frac{1}{T}\int_0^T\mathrm{d}t\cos^2\omega t \\ &= \frac{1}{8\pi}E_0^2(\omega) \end{aligned} \tag{11}$$

可把式(10)中 E_0^2 换为 $\int\mathrm{d}\omega 8\pi\rho(\omega)$,就得出非偏振自然光引起的跃迁速率

$$\begin{aligned} w_{k'k} &= \frac{4\pi^2}{3\hbar^2}|\boldsymbol{D}_{k'k}|^2\rho(\omega_{k'k}) \\ &= \frac{4\pi^2e^2}{3\hbar^2}|\boldsymbol{r}_{k'k}|^2\rho(\omega_{k'k}) \end{aligned} \tag{12}$$

可以看出,跃迁快慢与入射光中角频率为 $\omega_{k'k}$ 的光强度 $\rho(\omega_{k'k})$ 成比例. 如入射光中没有这种频率成分,则不能引起 $E_k \leftrightarrow E_{k'}$ 两能级之间的跃迁. 跃迁速率还与 $|\boldsymbol{r}_{k'k}|^2$ 成比例,这就涉及初态与末态的性质. 设

$$\text{原子初态}: |k\rangle = |nlm\rangle, \text{宇称 } \Pi = (-)^{l}$$
$$\text{原子末态}: |k'\rangle = |n'l'm'\rangle, \text{宇称 } \Pi' = (-)^{l'} \tag{13}$$

考虑到 $\boldsymbol{r}$ 为奇宇称算符，只当宇称 $\Pi' = -\Pi$ 时，$\boldsymbol{r}_{k'k}$ 才可能不为零. 由此得出电偶极辐射的宇称选择定则：

$$\text{宇称，} \quad \text{改变} \tag{14}$$

其次，考虑角动量的选择定则. 利用(见附录 A. 4. 3，式(33))

$$x = r\sin\theta\cos\varphi = \frac{r}{2}\sin\theta(\mathrm{e}^{\mathrm{i}\varphi} + \mathrm{e}^{-\mathrm{i}\varphi})$$

$$y = r\sin\theta\sin\varphi = \frac{r}{2\mathrm{i}}\sin\theta(\mathrm{e}^{\mathrm{i}\varphi} - \mathrm{e}^{-\mathrm{i}\varphi})$$

$$z = r\cos\theta$$

$$\cos\theta \mathrm{Y}_{lm} = \sqrt{\frac{(l+1)^2 - m^2}{(2l+1)(2l+3)}}\mathrm{Y}_{l+1,m} + \sqrt{\frac{l^2 - m^2}{(2l-1)(2l+1)}}\mathrm{Y}_{l-1,m}$$

$$\mathrm{e}^{\pm\mathrm{i}\varphi}\sin\theta \mathrm{Y}_{lm} = \pm\sqrt{\frac{(l\pm m+1)(l\pm m+2)}{(2l+1)(2l+3)}}\mathrm{Y}_{l+1,m+1} + \sqrt{\frac{(l\mp m)(l\mp m+1)}{(2l-1)(2l+1)}}\mathrm{Y}_{l-1,m\pm1}$$

再根据球谐函数的正交性，可以看出，只当

$$l' = l \pm 1, \quad m' = m, m \pm 1$$

时 $\boldsymbol{r}_{k'k}$ 才可能不为 0. 此即电偶极辐射的角动量选择定则

$$\Delta l = l' - l = \pm 1, \qquad \Delta m = m' - m = 0, \pm 1 \tag{15}$$

以上未考虑电子自旋. 计及电子自旋及自旋-轨道耦合作用后，电子状态应该用好量子数 $nljm_j$ 来描述. 可以证明①，电偶极辐射的选择定则为

$$\begin{aligned} &\text{宇称，} \quad \text{改变} \\ &\Delta l = \pm 1 \\ &\Delta j = 0, \pm 1; \quad \Delta m_j = 0, \pm 1 \end{aligned} \tag{16}$$

11.5.2 自发辐射的 Einstein 理论

前已提及，原子自发辐射现象，在非相对论量子力学框架内是无法解释的. 因为按照量子力学一般原理，如无外界作用，原子的 Hamilton 量是守恒量，如果初始时刻原子处于某定态(Hamilton 量的本征态)，则原子将保持在该定态，不会跃迁到较低能级去.

Einstein(1917)曾经提出一个很巧妙的半惟象理论来说明原子自发辐射现象. 他借助于物体与辐射场达到平衡时的热力学关系，指出自发辐射现象必然存在，并给出了自发辐射与吸收和受激辐射之间的关系.

---

① 参阅钱伯初，曾谨言：《量子力学习题精选与剖析》(第三版)，p. 387，13. 7 题.(科学出版社，2008 年).

按前面讨论,在强度为 $\rho(\omega)$ 的辐射的照射下,原子从 k 态到 k' 态的跃迁速率为(设 $E_{k'}>E_k$)

$$w_{k'k} = B_{k'k}\rho(\omega_{k'k}) \tag{17}$$

其中

$$B_{k'k} = \frac{4\pi^2 e^2}{3\hbar^2}|\boldsymbol{r}_{k'k}|^2 \tag{18}$$

称为吸收系数. 与此类似,对于从 $k'\to k$ 态的受激辐射,跃迁速率为

$$w_{kk'} = B_{kk'}\rho(\omega_{k'k}) \tag{19}$$

其中

$$B_{kk'} = \frac{4\pi^2 e^2}{3\hbar^2}|\boldsymbol{r}_{kk'}|^2 \tag{20}$$

称为受激辐射系数. 由于 $\boldsymbol{r}$ 为厄米算符,所以

$$B_{k'k} = B_{kk'} \tag{21}$$

即受激辐射系数等于吸收系数. 它们都与入射光的强度无关.

设处于平衡态下的体系的绝对温度为 T,n_k 和 $n_{k'}$ 分别为处于能级 E_k 和 $E_{k'}$ 上的原子数目. 按 Boltzmann 分布律

$$n_k/n_{k'} = \mathrm{e}^{(E_{k'}-E_k)/kT} = \mathrm{e}^{\hbar\omega_{k'k}/kT} \tag{22}$$

式中 k 为 Boltzmann 常数. 显然,对于 $E_{k'}\neq E_k$,粒子数 $n_{k'}\neq n_k$(正常情况下,$n_{k'}<n_k$),因此

$$n_k B_{k'k}\rho(\omega_{k'k}) \neq n_{k'} B_{kk'}\rho(\omega_{k'k}) \tag{23}$$

因此,如只有受激辐射,就无法与吸收过程达到平衡. 出自热力学平衡的要求,必须引进自发辐射,即在式(23)右边再加上一项,使体系能达到热平衡

$$n_k B_{k'k}\rho(\omega_{k'k}) = n_{k'}[B_{kk'}\rho(\omega_{k'k}) + A_{kk'}] \tag{24}$$

$A_{k'k}$ 称为自发辐射系数. 它表示在没有外界光的照射之下,单位时间内原子从 k' 态$\to k$态的跃迁概率($E_{k'}>E_k$). 式(24)左边是单位时间内从 E_k 到 $E_{k'}$ 跃迁的原子数目(通过吸收),右边则是单位时间内从 $E_{k'}\to E_k$ 跃迁的原子数目(通过受激辐射与自发辐射).

利用式(21)、式(22)与式(24),得

$$\begin{aligned}\rho(\omega_{k'k}) &= \frac{A_{kk'}}{B_{kk'}}\frac{1}{n_k/n_{k'}-1} = \frac{A_{kk'}}{B_{kk'}}\frac{1}{\mathrm{e}^{\hbar\omega_{k'k}/kT}-1} \\ &\xrightarrow{T\to\infty} \frac{A_{kk'}}{B_{kk'}}\frac{kT}{\hbar\omega_{k'k}}\end{aligned} \tag{25}$$

在温度极高情况下,有大量原子处于激发能级,物体可以吸收和发射各种频率的辐射,接近于完全黑体,此时($kT\gg\hbar\omega_{k'k}$),可以用 Rayleigh-Jeans 公式来描述与黑体达到平衡的辐射场的强度分布,即

$$\rho(\omega) = \frac{\omega^2}{\pi^2 c^3}kT \tag{26}$$

比较式(25)与式(26),得

$$\frac{A_{kk'}}{B_{kk'}} = \frac{\hbar\omega_{k'k}^3}{\pi^2 c^3} \tag{27}$$

再利用式(20),就求出了自发辐射系数

$$A_{k'k} = \frac{4e^2\omega_{k'k}^3}{3\hbar c^3} |\boldsymbol{r}_{kk'}|^2 \tag{28}$$

自发辐射的选择定则,与受激辐射和吸收完全相同.

习 题 11

11.1 荷电 q 的离子在平衡位置附近作小振动(简谐振动).受到光照射而发生跃迁.设照射光的能量密度为 $\rho(\omega)$,波长较长.求:(a) 跃迁选择定则;(b) 设离子原来处于基态,求每秒跃迁到第一激发态的概率.

11.2 氢原子处于基态.受到脉冲电场 $\mathscr{E}(t)=\mathscr{E}_0\delta(t)$的作用.试用微扰论计算它跃迁到各激发态的概率以及仍然处于基态的概率(取 $\mathscr{E}_0$ 沿 z 轴方向来计算).

11.3 考虑一个二能级体系,Hamilton 量 H_0 表示为(能量表象)

$$H_0 = \begin{bmatrix} E_1 & 0 \\ 0 & E_2 \end{bmatrix}, E_1 < E_2$$

设 $t=0$ 时刻体系处于基态,后受到微扰 H'作用,

$$H' = \begin{pmatrix} \alpha & \gamma \\ \gamma & \beta \end{pmatrix}, (\alpha,\beta,\gamma \text{ 为实})$$

求 t 时刻体系跃迁到激发态的概率.

11.4 自旋为 1/2 的粒子,磁矩为 μ,处于沿 z 轴方向的常磁场 B_0 中,初始时刻粒子自旋向下($\sigma_z=-1$).后来加上沿 x 方向的常磁场 $B_1(\ll B_0)$,求 t 时刻测得粒子自旋向上的概率.提示:磁矩算符 $\boldsymbol{\mu}=\mu\boldsymbol{\sigma}$,与外磁场的作用 $H'=-\boldsymbol{\mu}\cdot\boldsymbol{B}=-\mu(B_1\sigma_x+B_0\sigma_z)$.

*11.5 一维谐振子(荷电 q),受到均匀外电场的作用

$$H = -\frac{\hbar^2}{2m}\frac{\mathrm{d}^2}{\mathrm{d}x^2} + \frac{1}{2}m\omega^2x^2 - q\mathscr{E}x = H_0 - q\mathscr{E}x$$

设它处于基态.在 $t=0$ 时刻外电场突然撤走.求粒子处于谐振子 H_0 的第 n 激发态的概率 $P(n)$.

答:$P(n)=\mathrm{e}^{-\lambda}\lambda^n/n!$, $\lambda=q^2\mathscr{E}^2/2m\omega^3\hbar$.

11.6 自旋为 1/2 的粒子,具有内禀磁矩 μ,受到旋转磁场(绕 z 轴方向)$\boldsymbol{B}(t)(B_1\cos2\omega_0t, -B_1\sin2\omega_0t, B_0)$的作用,

$$H = -\mu\boldsymbol{\sigma}\cdot\boldsymbol{B}(t) = -\mu\begin{pmatrix} B_0 & B_1\mathrm{e}^{2\mathrm{i}\omega_0t} \\ B_1\mathrm{e}^{-2\mathrm{i}\omega_0t} & -B_0 \end{pmatrix}$$

求粒子的瞬时本征能量和本征态.

答:$E=E_\pm=\pm\mu\sqrt{B_0^2+B_1^2}$,

$$\chi_-(t) = \begin{pmatrix} \cos(\theta/2) \\ \sin(\theta/2)\mathrm{e}^{-2\mathrm{i}\omega_0t} \end{pmatrix}, \quad \chi_+(t) = \begin{pmatrix} \sin(\theta/2) \\ -\cos(\theta/2)\mathrm{e}^{-2\mathrm{i}\omega_0t} \end{pmatrix}$$

式中 $\tan\theta = B_1/B_0$.

*11.7 同上题,设粒子初态为 $\chi(0)=\begin{pmatrix} a \\ b \end{pmatrix}$,求 $t(>0)$时刻的状态 $\chi(t)$.

答:提示,利用上题,$\chi(t)=\begin{pmatrix} (a\cos\omega_1 t + \mathrm{i}b\sin\omega_1 t)\mathrm{e}^{\mathrm{i}\omega_0 t} \\ (\mathrm{i}a\sin\omega_1 t + b\cos\omega_1 t)\mathrm{e}^{-\mathrm{i}\omega_0 t} \end{pmatrix}$

第 12 章　其他近似方法

12.1　Fermi 气体模型

全同 Fermi 子组成的多体系在自然界中广泛存在. 例如,原子中的多电子体系,原子核中的质子系和中子系,中子星等. 由于 Pauli 原理的限制,全同 Fermi 子多体系的性质与全同 Bose 子多体系迥异. 金属中的数量极大的导电电子组成的多体系,也是最常见的 Fermi 子多体系. 由于粒子之间存在相互作用,无论在经典力学中,还是量子力学中,多粒子体系的严格求解实际上是做不到的,因而都必须采用近似模型和近似计算方法来处理. 以下介绍的 Fermi 气体模型,是一个最简单的模型. 这个模型后来还被推广用来处理原子核中的质子系和中子系. 这个模型虽然很粗糙,但对于描述体系的某些粗块性质(bulk property)还是很有用的. 所谓粗块性质,是指大多数粒子都参与贡献的那些性质.

作为一个粗略的近似,金属中的导电电子可以视为限制在金属体内部自由运动的电子气. 为简单起见,考虑边长为 L 的方块金属. 按 2.2 节的计算,电子能级由下式给出

$$E = \frac{\hbar^2\pi^2}{2mL^2}(n_x^2 + n_y^2 + n_z^2)$$

$$n_x, n_y, n_z = 1, 2, 3, \cdots \tag{1}$$

设想以(n_x, n_y, n_z)为坐标的三维空间,每一组正整数(n_x, n_y, n_z)对应于该空间第一象限$(n_x, n_z, n_y > 0)$中的一个格点. 从原点引向此点的距离为 n,而 $n^2 = n_x^2 + n_y^2 + n_z^2$. 这样,式(1)可改写成

$$E = E_n = \frac{\pi^2\hbar^2 n^2}{2mL^2} \tag{2}$$

在大量子数$(n \gg 1)$情况下,以原点为球心,半径在$(n, n+\mathrm{d}n)$范围中的球壳在第一象限$(n_x, n_y, n_z > 0)$中的体积为

$$\frac{1}{8}4\pi n^2 \mathrm{d}n = \frac{\pi}{2}n^2 \mathrm{d}n$$

平均来说,每单位体积中有一个格点(用一组正整数标记). 考虑到电子自旋,每一格点对应有两个电子态,因此,在$(n, n+\mathrm{d}n)$范围中的量子态数目,即可容纳的电子数为

$$\mathrm{d}N = \pi n^2 \mathrm{d}n \tag{3}$$

以上分析基于如下物理考虑,即金属中自由电子的数目 N 极大,它的变化可近似视为连续的. 利用式(2),可将式(3)表示为

$$\mathrm{d}N = \pi n^2 \frac{mL^2}{n\pi^2\hbar^2}\mathrm{d}E = \frac{mL^2}{\pi\hbar^2} n\mathrm{d}E$$

$$= \frac{mL^2}{\pi\hbar^2}\sqrt{\frac{2mEL^2}{\pi^2\hbar^2}}\mathrm{d}E = \frac{mL^3}{\pi^2\hbar^3}\sqrt{2mE}\,\mathrm{d}E$$

从而可求出电子气的按能量分布的态密度

$$\frac{\mathrm{d}N}{\mathrm{d}E} = \frac{mL^3}{\pi^2\hbar^3}\sqrt{2mE} \tag{4}$$

对于电子气的基态，电子从最低能级开始填充，在不违反 Pauli 原理的原则下一直填充到能级 E_f. E_f 称为 Fermi 能量. $E>E_\mathrm{f}$ 的能级是空着的，而 $E\leqslant E_\mathrm{f}$ 的能级则都被电子占据. 这种分布称为完全简并的 Fermi 分布，如图 12.1 中实线所示. 图中 W 表示每个能态被电子占据的概率. 这是在极低温下的一种理想的分布. 在室温下，电子在各能态上的概率，如虚线所示，它表示 Fermi 能级之下的电子一部分激发到 Fermi 能级之上去了.

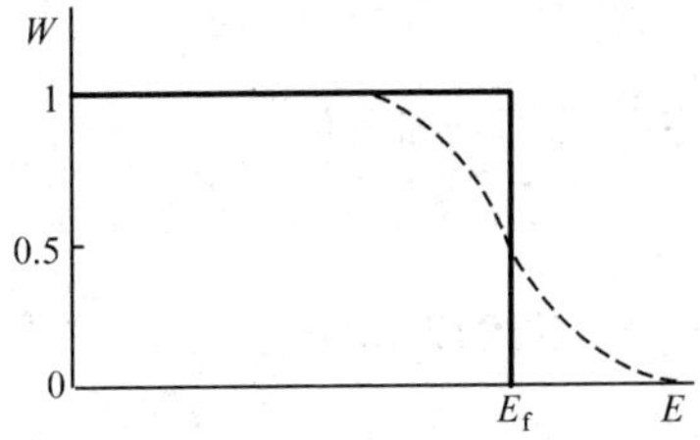

图 12.1　Fermi 电子气中各能级被电子占据的概率

显然，E_f 与电子总数 N 有关. 事实上，按式(4)，

$$N = \frac{mL^3}{\pi^2\hbar^3}\sqrt{2m}\int_0^{E_\mathrm{f}}\sqrt{E}\,\mathrm{d}E = \frac{L^3}{3\pi^2\hbar^3}(2mE_\mathrm{f})^{3/2} \tag{5}$$

令

$$p_\mathrm{f} = \sqrt{2mE_\mathrm{f}} = \hbar k_\mathrm{f} \quad \text{(Fermi 动量)} \tag{6}$$

由式(5)可求出电子气的空间分布密度 $\rho=N/L^3$ 为

$$\rho = k_\mathrm{f}^3/3\pi^2 \tag{7}$$

因此

$$k_\mathrm{f} = (3\pi^2\rho)^{1/3} = (3\pi^2/N/L^3)^{1/3} \tag{8}$$

式(5)还可改写成

$$E_\mathrm{f} = \frac{\hbar^2}{2m}\cdot(3\pi^2\rho)^{2/3} = \frac{\hbar^2}{2m}(3\pi^2 N/L^3)^{2/3} \tag{9}$$

所以 Fermi 能量 E_f 与电子气密度 $\rho^{2/3}$ 成比例.

利用式(4)，可以求出完全简并 Fermi 气体中电子的平均能量

$$E_\mathrm{av} = \int E\mathrm{d}N\Big/\int\mathrm{d}N$$

$$= \int_0^{E_\mathrm{f}} E\sqrt{E}\,\mathrm{d}E\Big/\int_0^{E_\mathrm{f}}\sqrt{E}\,\mathrm{d}E = \frac{3}{5}E_\mathrm{f} \tag{10}$$

例　金属银块，质量密度为 10.5g/cm^3，银原子质量为 1.80×10^{-22}g. 每个银原子有一个导电电子，所以电子气的空间密度 $\rho=(10.5/1.80)\times10^{22}\,\mathrm{cm}^{-3}=5.85\times10^{22}\,\mathrm{cm}^{-3}$. 代入式(8)，可

求出 $E_f=5.55\text{eV}$. 注意:在常温($T\sim300\text{K}$)下,$kT\approx0.026\text{eV}$(k 为 Boltzmann 常数). 所以 $kT\ll E_f$,热运动导致的电子气的能态分布与完全简并 Fermi 气体的差别很小,如图 12.1 的虚线所示.

* 电子气压强的估计. 设外界对电子气做功 dA,电子气的体积缩小 $d\Omega$,则电子气压强 p 定义为

$$dA=-p d\Omega \tag{11}$$

此时,电子气的内能增加 $dU=dA$,因此

$$p=-dU/d\Omega \tag{12}$$

对于完全简并 Fermi 气体

$$U=NE_{av}=\frac{3}{5}NE_f \tag{13}$$

利用式(8)(注意 $\Omega=L^3$),有

$$d\ln E_f=-\frac{2}{3}d\ln\Omega$$

即

$$\frac{dE_f}{d\Omega}=-\frac{2}{3}\frac{E_f}{\Omega} \tag{14}$$

因此,电子气的压强为

$$p=-\frac{3}{5}N\frac{dE_f}{d\Omega}=\frac{2}{5}N\frac{E_f}{\Omega}=\frac{2}{5}\rho E_f \tag{15}$$

对于银块,用前面求出的 ρ 和 E_f 代入,可得出 $p\approx20\times10^4\text{atm}$($1\text{atm}=101\ 325\text{Pa}$).

12.2 变 分 法

12.2.1 能量本征方程与变分原理

设量子体系的 Hamilton 量为 H,则体系的能量本征值可以在一定的边条件下求解能量本征方程

$$H\psi=E\psi \tag{1}$$

并要求满足归一化条件

$$(\psi,\psi)=1 \tag{2}$$

而得出. 可以证明,上述原则与变分原理等价. 变分原理说:设体系的能量平均值表示为

$$\langle H\rangle=(\psi,H\psi) \tag{3}$$

则体系的能量本征值和本征函数,可在条件(2)下让$\langle H\rangle$取极值而得到,即

$$\delta(\psi,H\psi)-\lambda\delta(\psi,\psi)=0 \tag{4}$$

式中 λ(实)为 Lagrange 乘子,待定. 将式(3)代入式(4),利用 H 的厄米性,得

$$(\delta\psi,H\psi)+(\psi,H\delta\psi)-\lambda[(\delta\psi,\psi)+(\psi,\delta\psi)]$$

$$= (\delta\psi, H\psi) - \lambda(\delta\psi, \psi) + (H\psi, \delta\psi) - \lambda(\psi, \delta\psi) \tag{5}$$

上式中 ψ 一般是复函数，$\delta\psi$ 与 $\delta\psi^*$ 都是任意的，因此要求

$$H\psi = \lambda\psi, \quad H^*\psi^* = \lambda\psi^* \tag{6}$$

此即能量本征方程，Lagrange 乘子 λ(实)即体系的能量本征值.

也可以反过来证明，满足能量本征方程的本征函数，一定使能量取极值. 这样就证明了变分原理与能量本征方程等价.

从应用来讲，变分原理的价值在于：根据具体问题在物理上的特点，先对能量本征函数作某种限制(即选择某种在数学形式上比较简单，在物理上也较合理的试探波函数)，然后给出该试探波函数形式下的能量平均值 $\langle H\rangle$，并让 $\langle H\rangle$ 取极值，从而定出在所取形式下的最佳的能量本征函数，用以作为严格解的一种近似.

可以证明，按变分原理求出的 $\langle H\rangle$，不小于体系的基态能量的严格值. 设体系的包括 H 在内的一组守恒量完全集的共同本征态为 $\psi_0, \psi_1, \psi_2, \cdots$，相应的能量本征值为 $E_0, E_1, E_2, \cdots$. 任何试探波函数总可以展开成

$$\varphi = \sum_n a_n \psi_n \tag{7}$$

于是

$$\begin{aligned}
\langle H\rangle &= (\varphi, H\varphi)/(\varphi, \varphi) \\
&= \sum_{nn'} a_n^* a_{n'} (\psi_n, H\psi_{n'}) \Big/ \sum_{nn'} a_n^* a_{n'} (\psi_n, \psi_{n'}) \\
&= \sum_{nn'} a_n^* a_{n'} E_n, \delta_{nn'} \Big/ \sum_{nn'} a_n^* a_{n'} \delta_{nn'} \\
&= \sum_n |a_n|^2 E_n \Big/ \sum_n |a_n|^2 \\
&\geqslant E_0 \sum_n |a_n|^2 \Big/ \sum_n |a_n|^2 = E_0
\end{aligned} \tag{8}$$

即 $\langle H\rangle \geqslant E_0$，它说明用变分法求出的能量平均值 $\langle H\rangle$，作为试探波函数 φ 的泛函，不管 φ 如何选取，$\langle H\rangle$ 总是不小于基态能量的严格值 E_0，即给出了体系基态能量的一个上限.

用变分法求激发态的波函数，要麻烦一些. 例如，求第一激发态的波函数，试取为 φ_1. 首先要求它与已求出的基态波函数 φ_0 正交. 若不正交，$(\varphi_1, \varphi_0) \neq 0$，则应换取 $\varphi_1' = \varphi_1 - \varphi_0(\varphi_0, \varphi_1)$，此时正交性 $(\varphi_1', \varphi_0) = 0$ 已满足. 然后再按照与处理基态相似的程序来处理. 若要找第二激发态波函数，则要求它与已求出的基态和第一激发态波函数都正交，依此类推. 可以看出，用变分法求基态波函数是比较方便的，而处理激发态则比较麻烦，而且一般说来，其近似性也稍差. 但应注意，有时候由于体系具有某种对称性，这种正交性要求往往能自动满足. 例如，球对称体系，由于角动量守恒，如第一激发态的角动量不同于基态，则正交性自动得到保证.

应该提到，用变分法计算出的能量与严格值的偏差，相对于试探波函数本身与严格波函数的偏差，是二级小，所以能级计算值相对说来比较准确. 例如，对于基

态,设试探波函数为$|\varphi\rangle=|E_0\rangle+|\delta\varphi\rangle$,$|E_0\rangle$为基态严格解. $|\delta\varphi\rangle=|\delta\varphi_{/\!/}\rangle+|\delta\varphi_\perp\rangle=\alpha|E_0\rangle+|\delta\varphi_\perp\rangle$,$|\delta\varphi_\perp\rangle$与$|E_0\rangle$正交,$|\delta\varphi_{/\!/}\rangle=\alpha|E_0\rangle$与$|E_0\rangle$只差一个归一化因子. 因此

$$
\begin{aligned}
E[\varphi] &= \langle\varphi|H|\varphi\rangle/\langle\varphi|\varphi\rangle \\
&= E_0(|1+\alpha|^2+O(|\delta\varphi_\perp\rangle^2))/(|1+\alpha|^2+O(|\delta\varphi_\perp\rangle^2)) \\
&= E_0+O(|\delta\varphi_\perp\rangle^2)
\end{aligned}
$$

12.2.2 Ritz 变分法

设已给出试探波函数的具体形式,其中含有待定的变分参数. 例如,设体系的基态试探波函数取为

$$\varphi(c_1,c_2,\cdots) \tag{9}$$

$c_1,c_2,\cdots$,为待定参数. 此时

$$\langle H\rangle=\langle\varphi|H|\varphi\rangle/\langle\varphi|\varphi\rangle \tag{10}$$

依赖于参数 $c_1,c_2,\cdots$. 按变分原理,变化参数使$\langle H\rangle$取极值,即 $\delta\langle H\rangle=0$,亦即

$$\sum_i \frac{\partial}{\partial c_i}\langle H\rangle\delta c_i=0 \tag{11}$$

由于 δc_i 是任意的,所以要求

$$\frac{\partial}{\partial c_i}\langle H\rangle=0,\quad i=1,2,\cdots \tag{12}$$

此即参数 c_i 满足的方程组. 解之,得 c_i,然后代入式(9)和式(10),即可得出体系的基态波函数和能量. 这就是试探波函数限制在式(9)形式下的最佳结果.

例 类氦离子的基态波函数.

在 10.1 节例 1 中曾用微扰论计算过类氦离子的基态能量. 零级近似波函数的空间部分(已归一化)取为两个类氢原子波函数的乘积(取原子单位 $\hbar=m_e=e=1$,参阅附录 A7)

$$\frac{Z^3}{\pi}e^{-Z(r_1+r_2)}$$

考虑到两个电子同处于 1s 轨道,除了感受原子核的 Coulomb 引力之外,每个电子还要受到另一电子的 Coulomb 斥力,它部分抵消了原子核的 Coulomb 引力,这称为屏蔽效应(screening effect). 因此,不妨把试探波函数取为

$$\varphi(r_1,r_2,\lambda)=u(r_1)u(r_2)=\frac{\lambda^2}{\pi}e^{-\lambda(r_1+r_2)} \tag{13}$$

式中,$\lambda=Z-\sigma$ 表示有效电荷,$\sigma=Z-\lambda$ 是刻画屏蔽效应大小的参数($0<\sigma<1$). 若 $\sigma=0$,则表示无屏蔽. $u(r)$满足方程

$$\left(-\frac{1}{2}\nabla^2-\frac{\lambda}{r}\right)u(r)=-\frac{\lambda^2}{2}u(r) \tag{14}$$

此即一个 1s 电子在一个有效电荷为 λ 的原子核的 Coulomb 引力场中的能量本征方程. 利用式(13)和式(14)可计算

$$\langle H\rangle=\iint\varphi^*\left(-\frac{1}{2}\nabla_1^2-\frac{Z}{r_1}-\frac{1}{2}\nabla_2^2-\frac{Z}{r_2}+\frac{1}{r_{12}}\right)\varphi\mathrm{d}\tau_1\mathrm{d}\tau_2$$

$$=\iint\varphi^*\left[\left(-\frac{1}{2}\nabla_1^2-\frac{\lambda}{r_1}\right)+\left(-\frac{1}{2}\nabla_2^2-\frac{\lambda}{r_2}\right)-\frac{\sigma}{r_1}-\frac{\sigma}{r_2}+\frac{1}{r_{12}}\right]\varphi\mathrm{d}\tau_1\mathrm{d}\tau_2$$

$$=-\lambda^2-2\sigma\frac{\lambda^3}{\pi}\int\frac{\mathrm{e}^{-2\lambda r_1}}{r_1}\mathrm{d}\tau_1+\frac{\lambda^6}{\pi^2}\iint\frac{\mathrm{e}^{-2\lambda(r_1+r_2)}}{r_{12}}\mathrm{d}\tau_1\mathrm{d}\tau_2 \tag{15}$$

经过计算(利用积分公式,见 10.1 节式(24)),得

$$\langle H\rangle=-\lambda^2-2(Z-\lambda)\lambda+\frac{5}{8}\lambda \tag{16}$$

所以

$$\frac{\partial}{\partial\lambda}\langle H\rangle=2\lambda-2Z+\frac{5}{8}=0$$

从而得出

$$\lambda=Z-\frac{5}{16} \tag{17}$$

代入式(16),所得$\langle H\rangle$,即基态能量

$$E=-\lambda^2=-\left(Z-\frac{5}{16}\right)^2$$

$$=-Z^2+\frac{5Z}{8}-\frac{25}{256} \tag{18}$$

而微扰论计算结果(见 10.1 节式(25),$E=-Z^2+5Z/8$,两者相差 $25/256=0.097\ 66$(原子单位).两种方法计算出的结果及其与实验的比较,列于表 12.1 中.实验上通常是测量原子的电离能 I——即从原子中剥掉一个电子(使原子电离)所需的能量.对于类氦离子,当剥掉一个电子后,剩下的一个电子仍处于 1s 轨道.按类氢原子能量公式,它的能量为 $-Z^2/2$.因此,按变分法的计算结果,类氦离子的电离能为

$$I=(-Z^2/2)-\left[-\left(Z-\frac{5}{16}\right)^2\right]$$

$$=\frac{Z}{2}\left(Z-\frac{5}{4}\right)+\frac{25}{256}\quad(\text{原子单位}) \tag{19}$$

而按微扰论一级近似计算结果为

$$I=(-Z^2/2)-\left(-Z^2+\frac{5}{8}Z\right)=\frac{Z}{2}\left(Z-\frac{5}{4}\right) \tag{20}$$

从表 12.1 可以看出,变分法的计算结果优于微扰论一级近似结果,其主要原因在于试探波函数(13)已计及屏蔽效应.此外还可看出,对 Z 越大的离子,计算值与实验值的相对偏离越小.这是可以理解的,因为 Z 越大的离子中,两个电子之间的 Coulomb 斥力的重要性,相对于原子核的 Coulomb 吸引力来说,要小一些.

表 12.1　类氦离子的基态能量及电离能　(单位:eV)

类氦离子	Z	$E_{实}$	$E_{计(微扰)}$	$E_{计(变分法)}$	$I_{实}^{a)}$	$I_{计(微扰)}$	$I_{计(变分法)}$
He	2	−79.010	−74.828	−77.485	24.590	20.408	23.065
Li^+	3	−198.087	−193.871	−196.528	75.642	71.426	74.083
Be^{++}	4	−371.574	−367.335	−369.992	153.894	149.655	152.312

续表

类氦离子	Z	$E_{实}$	$E_{计(微扰)}$	$E_{计(变分法)}$	$l_{实}^{a)}$	$l_{计(微扰)}$	$l_{计(变分法)}$
B^{+++}	5	−599.495	−595.219	−597.876	259.370	255.094	257.751
C^{4+}	6	−881.876	−877.523	−880.180	392.096	387.743	390.400
N^{5+}	7	−1218.709	−1214.246	−1216.903	552.064	547.601	550.258
O^{6+}	8	−1610.016	−1605.39	−1608.047	739.296	734.670	737.327

a)实验数据取自 Handbuch der Physik. Bd. **35**, p. 240, H. A. Bethe and E. E. Salpeter, *Quantum Mechanics of One and Two-Electron Systems*.

12.2.3 Hartree 自洽场方法

用变分原理来处理实际问题时,另一种常用办法是只对波函数的一般形式作某些假定,然后用变分原理求出相应的能量本征方程.这个方程比原来的能量本征方程的求解要容易一些.处理原子中的多电子问题时提出的 Hartee 自洽场方法,以及处理金属超导现象时提出的 BCS 方法,都是基于这种原则来处理的.以下以自洽场方法为例来讲述其基本精神.

Hartree 自洽场理论的物理根据是:在原子中,电子受到原子核及其他电子的作用,可以近似地用一个平均场来代替(平均场近似,或独立粒子模型).在此近似下,原子的基态波函数表示为

$$\psi(\boldsymbol{r}_1,\boldsymbol{r}_2,\cdots,\boldsymbol{r}_Z)=\phi_{k_1}(\boldsymbol{r}_1)\phi_{k_2}(\boldsymbol{r}_2)\cdots\phi_{k_Z}(\boldsymbol{r}_Z) \tag{21}$$

即各单电子波函数之积(未计及交换对称性).在此波函数形式下,Hamilton 量

$$H=\sum_{i=1}^{Z}h_i+\frac{1}{2}\sum_{i\neq j}\sum^{Z}\frac{1}{r_{ij}}$$

$$h_i=-\frac{1}{2}\nabla_i^2-\frac{Z}{r_i} \tag{22}$$

的平均值为

$$\langle H\rangle=\sum_{i=1}^{Z}\int\phi_{k_i}^*(\boldsymbol{r}_i)h_i\phi_{k_i}(\boldsymbol{r}_i)\mathrm{d}\tau_i+\frac{1}{2}\sum_{i\neq j}\sum^{Z}\iint|\phi_{k_i}(\boldsymbol{r}_1)|^2\frac{1}{r_{ij}}|\phi_{k_j}(\boldsymbol{r}_j)|^2\mathrm{d}\tau_i\mathrm{d}\tau_j \tag{23}$$

在归一化条件下

$$\int|\phi_{k_i}(\boldsymbol{r}_i)|^2\mathrm{d}\tau_i=1,\quad i=1,2,\cdots,Z \tag{24}$$

求$\langle H\rangle$的极值,即

$$\delta\langle H\rangle-\sum_i\varepsilon_i\delta\int|\phi_{k_i}(\boldsymbol{r}_i)|^2\mathrm{d}\tau_i=0 \tag{25}$$

其中,$\varepsilon_i(i=1,2,\cdots,Z)$是待定的 Lagrange 乘子.按式(23),有

$$\delta\langle H\rangle=\sum_i\int[\delta\phi_{k_i}^*h_i\phi_{k_i}+\phi_{k_i}^*h_i\delta\phi_{k_i}]\mathrm{d}\tau_i$$

$$+\frac{1}{2}\sum_{i\neq j}\sum\iint[\delta\phi_{k_i}^*\phi_{k_i}+\phi_{k_i}^*\delta\phi_{k_i}]\frac{1}{r_{ij}}|\phi_{k_j}(\boldsymbol{r}_j)|^2\mathrm{d}\tau_i\mathrm{d}\tau_j$$

$$+\frac{1}{2}\sum_{i\neq j}\sum\iint|\phi_{k_i}(\boldsymbol{r}_i)|^2\frac{1}{r_{ij}}[\delta\phi_{k_j}^*\phi_{k_j}+\phi_{k_j}^*\delta\phi_{k_j}]\mathrm{d}\tau_i\mathrm{d}\tau_j$$

$$=\sum_i\int[\delta\phi_{k_i}^*h_i\phi_{k_i}+\phi_{k_i}^*h_i\delta\phi_{k_i}]\mathrm{d}\tau_i$$

$$+\sum_{i\neq j}\sum\iint[\delta\phi_{k_i}^*\phi_{k_i}+\phi_{k_i}^*\delta\phi_{k_i}]\frac{1}{r_{ij}}|\phi_{k_j}(\boldsymbol{r}_j)|^2\mathrm{d}\tau_i\mathrm{d}\tau_j \tag{26}$$

代入式(25),并注意 $\delta\phi_{k_i}^*$,$\delta\phi_{k_i}$ 都是任意的,由此得到

$$\left[h_i+\sum_{j\neq i}\int|\phi_{k_j}|(\boldsymbol{r}_j)^2\frac{1}{r_{ij}}\mathrm{d}\tau_j\right]\phi_{k_i}=\varepsilon_i\phi_{k_i}$$

$$i=1,2,\cdots,Z \tag{27}$$

及其复共轭方程.此即 Hartree 方程,它是单电子波函数满足的方程.方程左边第二项表示其余电子对第 i 个电子的 Coulomb 排斥作用.

Hartree 单电子方程显然比原来的多电子能量本征方程简单一些,但它是一个非线性的微分积分方程,严格求解仍相当困难.Hartree 提出采用迭代(iteration)方法,最后达到自洽的方案来求解它.即先假设一个适当的中心势 $V^{(0)}(r_i)$ 来代替方程(见式(27),式(22))中的

$$-\frac{Z}{r_i}+\sum_{j\neq i}\int|\phi_{k_j}(\boldsymbol{r}_j)|^2\frac{1}{r_{ij}}\mathrm{d}\tau_j \tag{28}$$

求解出单电子波函数 $\phi_{k_i}^{(0)}$,($i=1,2,\cdots,Z$).然后用所得波函数代入式(28),计算出它的值.与原来假设的 $V^{(0)}(r_i)$ 比较,当然会有差别,人们可根据其差别,重新调整所设的中心势(包括势参数),取为 $V^{(1)}(r_i)$,再重复上述计算过程,直到在要求的精度范围内假设的中心势与计算出的中心势相一致为止,即前后自洽.此即 Hartree 自洽场方法.

注意,Hartree 波函数(21)没有考虑电子的交换反对称性.但 Hartree 自洽场方法中也部分地考虑了交换反对称性带来的后果,这表现在写出 Hartree 波函数(21)时,每个电子的量子态应取得不相同(Pauli 原理).

练习 在 Hartree 方法中

$$\langle H\rangle=\sum_i\varepsilon_i-\frac{1}{2}\sum_{i\neq j}\sum\iint\mathrm{d}\tau_i\mathrm{d}\tau_j|\phi_{k_i}(\boldsymbol{r}_i)|^2|\phi_{k_j}(\boldsymbol{r}_j)|^2\Big/r_{ij}\neq\sum_i\varepsilon_i \tag{29}$$

说明上式的物理意义.

12.3 分子结构

12.3.1 Born-Oppenheimer 近似

分子的运动比原子要复杂,它不仅涉及电子的运动,而且涉及原子核的运动.

在质心坐标系中，分子中的各原子核在其平衡位置邻近作小振动，各原子核的平衡位置在空间的构形，即分子的构形. 而整个构形还可以在空间转动，即分子的转动. 由于电子的质量 $m \ll$ 原子核质量 $M(m/M \lesssim 10^{-4})$，分子中的电子运动速度远大于原子核的速度. 所以在研究分子中电子的运动时，可忽略原子核的动能，即暂时把原子核看成不动，原子核之间相对间距看成参数（而不作为动力学变量），此即 Born-Oppenheimer 近似. 与此相应，当研究分子的振动和转动时，则可以把电子看成一种分布（"电子云"），原子核沉浸在此"电子云"之中. 它的存在，使原子核之间具有某种有效的相互作用，这种有效作用依赖于电子的组态，表现出与分子构形有关.

以下先粗略地分析一下分子中的电子激发能、振动能和转动能的相对大小. 设分子的大小 $\approx a$（一般为几个 Å，生物大分子则更大些）. 一部分电子可以在整个分子中运动，$\Delta x \approx a$（即电子运动的特征长度），所以电子的特征动量 $p_e \approx \hbar/a$，特征能量 $E_e \approx \hbar^2/2ma^2$. 其次，假设分子振动角频率为 ω，分子振动能 $\approx \frac{1}{2}m\omega^2\delta^2$，$\delta$ 为原子核偏离平衡位置的距离. 显然，当 $\delta \approx a$ 时，分子的大幅度的振荡已足以使分子中的电子激发，即

$$\frac{1}{2}m\omega^2 a^2 \approx \frac{\hbar^2}{2ma^2} \tag{1}$$

即 $\omega \approx \sqrt{\frac{m}{M}} \cdot \frac{\hbar}{ma^2}$，因而振动能与电子激发能之比为

$$\frac{E_{\text{vib}}}{E_e} \approx \frac{\hbar\omega}{E_e} \approx \sqrt{\frac{m}{M}} \tag{2}$$

再其次，分子的转动能为

$$\begin{aligned} E_{\text{rot}} &\approx \frac{\hbar^2}{2J}L(L+1) \quad (J \approx Ma^2\text{，分子转动惯量})\text{，} \\ &\gtrsim \frac{\hbar^2}{2Ma^2} \end{aligned} \tag{3}$$

因此，

$$\begin{aligned} E_e : E_{\text{vib}} : E_{\text{rot}} &\approx \frac{\hbar^2}{ma^2} : \sqrt{\frac{m}{M}}\frac{\hbar^2}{ma^2} : \frac{\hbar^2}{Ma^2} \\ &= 1 : \sqrt{\frac{m}{M}} : \frac{m}{M} \approx 1 : 10^{-2} : 10^{-4} \end{aligned} \tag{4}$$

即

$$\text{转动激发能} \ll \text{振动激发能} \ll \text{电子激发能}.$$

三种激发形式相应的特征频率（能量）相差很悬殊，常常可以把三种运动（自由度）近似地分开来处理.

* 分子的 Hamilton 量

$$H = T_e + T_N + V_{ee} + V_{eN} + V_{NN} \tag{5}$$

其中，V_{ee}是电子之间 Coulomb 排斥能，V_{NN}是原子核之间 Coulomb 排斥能，V_{eN}是电子与原子核之间 Coulomb 吸引能，

$$T_e = \sum_i \frac{p_i^2}{2m}（对所有电子求和） \tag{6}$$

是电子的动能.原子核动能为

$$T_N = \sum_a \frac{P_a^2}{2M_a}（对所有原子核求和） \tag{7}$$

由于 $m \ll M_a$，所以 $T_N \ll T_e$，T_N 项可以忽略，即讨论电子运动时，可以忽略 T_N，把原子核看成不动，此即 Born-Oppenheimer 近似. 而在研究分子振动和转动时，电子的组态近似地视为不变，并相应地提供原子核之间的一种有效势（依赖于原子核之间的距离，即分子的空间构形）. 把电子运动与原子核振动分离处理的近似性可用无量纲参数 $\sqrt{m/M}$ 来表征. 因为

$$\frac{1}{2}M\omega^2\delta^2 \approx \frac{1}{2}\hbar\omega \tag{8}$$

$$\delta^2 \approx \frac{\hbar}{m\omega} \approx \frac{\hbar}{M}\left(\frac{M}{m}\right)^{1/2} \cdot \frac{ma^2}{\hbar} = \left(\frac{m}{M}\right)^{1/2} a^2 \tag{9}$$

$$(\delta/a)^2 \approx \sqrt{m/M} \tag{10}$$

12.3.2 氢分子离子 H_2^+ 与氢分子 H_2

氢分子是最简单的中性分子，氢分子离子 H_2^+ 则更简单，它只有一个电子在两个原子核（质子）的 Coulomb 场中运动. H_2^+ 很活泼，很容易与一个电子结合而形成 H_2，并释放能量

$$H_2^+ + e^- \rightarrow H_2 + 354\ \text{kcal/mol}$$

H_2^+ 的存在是从它的光谱得以证实. H_2^+ 也可以吸收能量而离解，

$$H_2^+ + 61\ \text{kcal/mol} \rightarrow H + H^+$$

即离解能为 61kcal/mol，或每一个 H_2^+ 的离解能为 $D=2.65\text{eV}$. H_2^+ 的键长为 $R_0=1.06\text{Å}$. H_2 与 H_2^+ 的原子核部分相同，但 H_2 中有两个电子，比 H_2^+ 复杂一些. 从 Heitler-London 的氢分子的量子理论开始而发展起来的化学键的量子理论，是应用量子力学取得的一项很重要的成果. 在量子力学出现之前，化学与物理学被认为是互不相关的两门学科. 从原子的电子壳结构对化学元素周期律的解释，以及化学键的量子理论的建立，人们逐步认识到化学与物理学之间的密切联系. 这种联系目前已进一步推广到生物大分子的研究.

以下把 H_2^+ 与 H_2 对比起来讨论.

首先，讨论氢分子离子 H_2^+. 按 Born-Oppenheimer 近似，在讨论电子运动时，原子核的相对距离 R 视为参量（而不是动力学变量），H_2^+ 的 Hamilton 量（未计及电子自旋）为（原子单位，参见附录 A7）

$$H = H_e + \frac{1}{R} \tag{11}$$

$$H_e = -\frac{1}{2}\nabla^2 - \frac{1}{r_a} - \frac{1}{r_b}$$

$1/R$ 为两个原子核之间的 Coulomb 排斥能，H_e 为电子的 Hamilton 量，其本征方程表示为

$$H_e\psi = \left(-\frac{1}{2}\nabla^2 - \frac{1}{r_a} - \frac{1}{r_b}\right)\psi = \left(E - \frac{1}{R}\right)\psi \tag{12}$$

E 为 H_2^+ 能量，$E_e = (E - 1/R)$ 为电子能量. H_e 所描述的是单电子在双中心势中的运动(图 12.2(a)).

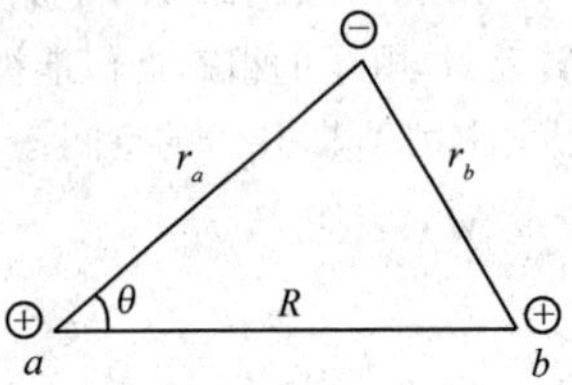

(a) 氢分子离子

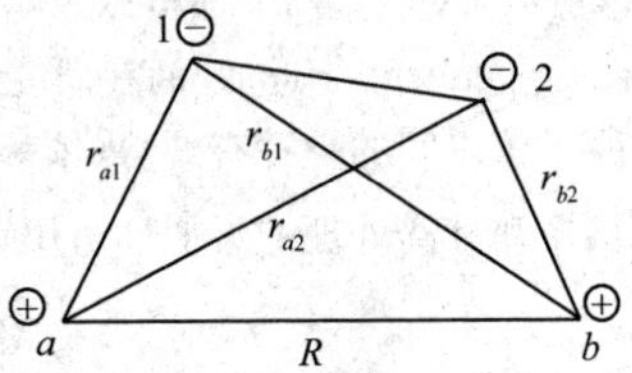

(b) 氢分子

图 12.2

下面用变分法来求 H_2^+ 的基态波函数. 由于 H 与自旋无关，以下只考虑波函数的空间积分. 从物理上考虑，H_2^+ 中的电子分别受到两个全同的原子核的 Coulomb 引力场的影响，因此容易想到，电子的波函数可以表示如下

$$\psi = c_a\psi_a + c_b\psi_b \tag{13}$$

$$\psi_a = \frac{\lambda^{3/2}}{\sqrt{\pi}}e^{-\lambda r_a}, \quad \psi_b = \frac{\lambda^{3/2}}{\sqrt{\pi}}e^{-\lambda r_b}$$

ψ_a 与 ψ_b 为归一化的类氢原子波函数，λ 作为变分参数($\lambda=1$，即氢原子基态波函数. 可以想到，由于另一个原子核的存在，λ 应略大于 1). 由于电子感受到的势场对于两个全同核的连线的中点 M 具有反射不变性(或者说，对于 $a \leftrightarrow b$ 交换是对称的)，因此电子状态可以按反射对称性来分类. 对于偶宇称 $c_a = c_b$，对于奇宇称，$c_a = -c_b$. 因此单电子的试探波函数可表示为

$$\psi_\pm = c_\pm(\psi_a \pm \psi_b) = c_\pm(|a\rangle \pm |b\rangle) \tag{14}$$

由归一化条件可得

$$|c_\pm|^2(2 \pm 2\mathscr{S}) = 1$$

不妨取 $c_\pm$ 为实

$$c_\pm = (2 \pm 2\mathscr{S})^{-1/2} \tag{15}$$

其中

$$\mathscr{S} = \langle a|b\rangle \tag{16}$$

为 ψ_a 与 ψ_b 的重叠积分. 不必计算就可以看出，当 $R\to 0$ 时，$\mathscr{S}=1$，而 $R\to\infty$ 时，$\mathscr{S}=0$

(参见式(19)).

按照试探波函数(14),可写出电子的能量平均值,分别为

$$E_{\pm}-\frac{1}{R}=\langle\psi_{\pm}|H_{e}|\psi_{\pm}\rangle=\frac{\langle a|H_{e}|a\rangle+\langle b|H_{e}|a\rangle}{1\pm\mathscr{S}} \tag{17}$$

这里利用了$\langle a|H_{e}|a\rangle=\langle b|H_{e}|b\rangle$,$\langle a|H_{e}|b\rangle=\langle b|H_{e}|a\rangle$. 经过计算后(见本节末[注])可得

$$E_{\pm}=\frac{1}{R}-\frac{1}{2}\lambda^{2}+\frac{\lambda(\lambda-1)-\mathscr{K}\pm(\lambda-2)\mathscr{E}}{1\pm\mathscr{S}} \tag{18}$$

其中

$$\mathscr{S}=\frac{\lambda^{3}}{\pi}\int d\tau e^{-\lambda(r_{a}+r_{b})}=\left(1+\lambda R+\frac{1}{3}\lambda^{2}R^{2}\right)e^{-\lambda R} \tag{19}$$

$$\begin{aligned}\mathscr{K}&=\int d\tau\psi_{a}^{2}/r_{b}=\int d\tau\psi_{b}^{2}/r_{a}=\frac{\lambda^{3}}{\pi}\int d\tau\frac{e^{-2\lambda r_{a}}}{r_{b}}\\&=\frac{1}{R}\left[1-(1+\lambda R)e^{-2\lambda R}\right]\end{aligned} \tag{20}$$

$$\begin{aligned}\mathscr{E}&=\int\frac{\psi_{a}\psi_{b}}{r_{a}}d\tau=\int\frac{\psi_{a}\psi_{b}}{r_{b}}d\tau\\&=\frac{\lambda^{3}}{\pi}\int d\tau\frac{e^{-\lambda(r_{a}+r_{b})}}{r_{b}}=\lambda(1+\lambda R)e^{-\lambda R}\end{aligned} \tag{21}$$

式(13)中的变分参数λ由

$$\frac{\partial E_{\pm}}{\partial\lambda}=0 \tag{22}$$

定出(λ值依赖于参数R). 所得结果$E_{\pm}(R)$作为参数R的函数,画于图12.3(a)中.

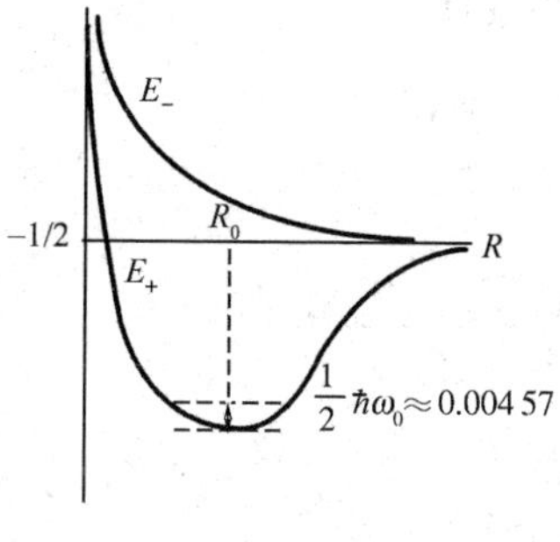

(a)氢分子离子

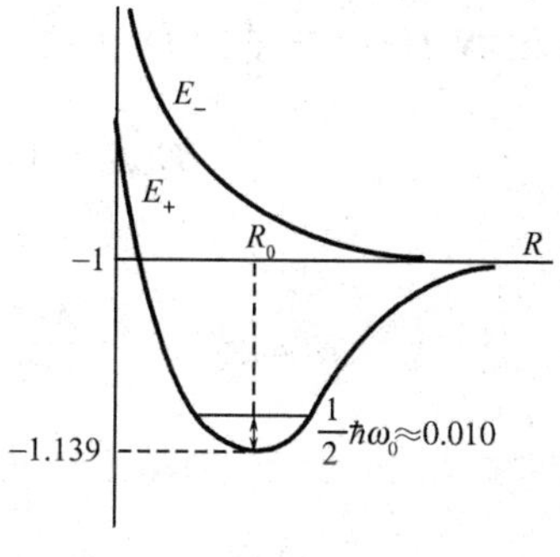

(b)氢分子

图 12.3

当$R\gg1$时(两个原子核离开很远),$\lambda\to1$,重叠积分$\mathscr{S}\to0$,交换积分$\mathscr{E}\to0$. $-\mathscr{K}\approx-1/R$,表示一个原子核对电子的Coulomb吸引能. 当$R\to\infty$时(图12.3(a))

$$E_{\pm} \to -\frac{1}{2} \tag{23}$$

此即氢原子的基态能量(自然单位).这是可以理解的,因为此时另一个原子核对电子的影响已经消失.

可以看出,E_- 随 R 单调下降,无极小点,表现为两个原子核之间具有排斥力,所以不能形成束缚态分子.从波函数 ψ_- 对 $a \leftrightarrow b$ 交换的反对称性(或对 M 点反射是奇宇称态),这是可以理解的.

与此相反,E_+-R 曲线呈现一个极小点,即可以形成束缚态 H_2^+.数值计算给出,极小点出现在 $R=R_0=2.08$(原子单位)$=1.10$Å 处,此即 H_2^+ 的键长.其实验值为 1.06Å.按数字计算结果①在 $R\sim R_0$ 领域,E_+ 可表示为

$$E_+ = -0.5866 + 0.0380(R-2.08)^2 \tag{24}$$

利用它可以计算 H_2^+ 的离解能,如图 12.3(a)中所示.这里需要扣除 H_2^+ 振动的零点能 $\frac{1}{2}\hbar\omega_0$,ω_0 由下式定出

$$\frac{1}{2}\mu\omega_0^2 = 0.0380, \quad \mu = \frac{1}{2}m_p \text{(}m_p\text{ 是质子质量)} \tag{25}$$

由此得出 $\hbar\omega_0 = 0.00913 = 0.248$eV.最后计算出 H_2^+ 离解能为

$$D = \left(0.5866 - \frac{1}{2}\hbar\omega_0\right) - \frac{1}{2} = 0.082 = 2.24\text{eV} \tag{26}$$

与观测值 2.65eV 接近.

[注] 积分 $\mathscr{K}$,$\mathscr{S}$和 $\mathscr{E}$ 的计算

利用公式 $\nabla^2 f(r) = \frac{1}{r}\frac{d^2}{dr^2}(rf)$,由式(11)与式(13)可求得

$$H_e\psi_a = \left(-\frac{\lambda^2}{2} + \frac{\lambda-1}{r_a} - \frac{1}{r_b}\right)\psi_a \tag{27}$$

可以得出

$$\begin{aligned}\langle a|H_e|a\rangle &= \frac{\lambda^3}{\pi}\int d\tau e^{-2\lambda r_a}\left(-\frac{\lambda^2}{2} + \frac{\lambda-1}{r_a} - \frac{1}{r_b}\right) \\ &= -\frac{\lambda^2}{2} + \lambda(\lambda-1) - \mathscr{K}\end{aligned} \tag{28}$$

$$\begin{aligned}\langle b|H_e|a\rangle &= \frac{\lambda^3}{\pi}\int d\tau e^{-\lambda(r_a+r_b)}\left(-\frac{\lambda^2}{2} + \frac{\lambda-1}{r_a} - \frac{1}{r_b}\right) \\ &= -\frac{\lambda^3}{2}\mathscr{S} + (\lambda-2)\mathscr{E}\end{aligned} \tag{29}$$

其中 $\mathscr{S}$,$\mathscr{K}$,$\mathscr{E}$ 分别如式(19),式(20),式(21)所示.积分 $\mathscr{K}$ 较易计算.利用

① 参阅 S. Flügge, *Practical Quantum Mechanics*, Vol. 1, p. 117.

$$\frac{1}{r_b}=\frac{1}{|\boldsymbol{r}_a-\boldsymbol{R}|}=\begin{cases}\dfrac{1}{R}\sum\limits_{l=0}^{\infty}\left(\dfrac{r_a}{R}\right)^l \mathrm{P}_l(\cos\theta), & r_a<R\\ \dfrac{1}{r_a}\sum\limits_{l=0}^{\infty}\left(\dfrac{R}{r_a}\right)^l \mathrm{P}_l(\cos\theta), & r_a>R\end{cases}\tag{30}$$

代入式(20)的积分,上式中只有 $l=0$ 项对积分有贡献,积分后即得式(20)右边的结果.

积分 $\mathscr{S}$ 与 $\mathscr{E}$ 的计算,要利用旋转椭球坐标系 ξ,η,φ,它的焦点在两个原子核 a 和 b 上,φ 角是绕分子对称轴(ab 连线)的转角,

$$\begin{gathered}\xi=\frac{1}{R}(r_a+r_b),\quad \eta=\frac{1}{R}(r_a-r_b)\\ 1\leqslant\xi\leqslant\infty,\quad -1\leqslant\eta\leqslant+1,\quad 0\leqslant\varphi<2\pi\end{gathered}\tag{31}$$

其逆表示为

$$r_a=\frac{R}{2}(\xi+\eta),\quad r_b=\frac{R}{2}(\xi-\eta)\tag{32}$$

体积元为

$$\mathrm{d}\tau=\left(\frac{R}{2}\right)^3(\xi^2-\eta^2)\mathrm{d}\xi\mathrm{d}\eta\mathrm{d}\varphi$$

经坐标变换后,可以计算出 $\mathscr{S}$ 和 $\mathscr{E}$,如式(19)和式(21)右边的结果.

作为对比,下面讨论 H_2 分子的结构. H_2 分子的 Hamilton 量为(原子单位)

$$H=H_e+\frac{1}{R}$$

$$H_e=\left(-\frac{1}{2}\nabla_1^2-\frac{1}{r_{a1}}-\frac{1}{r_{b1}}\right)+\left(-\frac{1}{2}\nabla_2^2-\frac{1}{r_{a2}}-\frac{1}{r_{b2}}\right)+\frac{1}{r_{12}}\tag{33}$$

式中各符号的意义见图 12.2(b). H_e 描述的是两个电子在双中心势中的运动.

以下采用变分法来求 H_2 的基态波函数. 考虑到当 R 很大时,H_2 的基态波函数可近似表成两个氢原子波函数之积,两个电子都处于 1s 态. 为计及另一个原子核和另一个电子的影响,与 H_2^+ 的处理类似,单电子波函数不妨取为

$$\psi(r)=\frac{\lambda^{3/2}}{\sqrt{\pi}}\mathrm{e}^{-\lambda r}\tag{34}$$

λ 作为变分参数,相当于有效电荷(λ 应略大于 1,当 $R\to\infty$ 时,$\lambda=1$). 计及 H_2 两个电子波函数的交换反对称性,基态试探波函数可取为(未计及归一化)

$$\begin{aligned}\psi_+(1,2)&=[\psi(r_{a1})\psi(r_{b2})+\psi(r_{a2})\psi(r_{b1})]\chi_0(s_{1z},s_{2z})\\ \psi_-(1,2)&=[\psi(r_{a1})\psi(r_{b2})-\psi(r_{a2})\psi(r_{b1})]\chi_1(s_{1z},s_{2z})\end{aligned}\tag{35}$$

其中 χ_0 和 χ_1 分别是两个电子的自旋单态($S=0$,两电子自旋"反平行")和三重态($S=1$,自旋"平行"). 由于 ψ_+ 的空间部分波函数是交换对称的,两个电子在空间靠近的概率较大(即处于两个原子核之间区域的概率较大),可以猜想到,借助于它们对两个原子核的 Coulomb 吸引力,是可以形成分子束缚态的.

利用式(33),式(34),式(35),可以计算 H_2 分子中电子的能量

$$E_{\pm}=\frac{1}{R}+(\psi_{\pm},H_{\mathrm{e}}\psi_{\pm}) \tag{36}$$

参数 λ 由

$$\frac{\partial}{\partial\lambda}E_{\pm}=0$$

确定. 经过较复杂的计算[①]可求出 $E_{\pm}$,作为参数 R 的函数画于图 12.3(b)中.

与 H_2^+ 相似,E_+-R 曲线有极小点,出现在 $R=R_0=1.458$(原子单位)$=0.077$nm 处. 此处 E_+ 的值为 -1.139. 实验测得的 H_2 键长为 0.0742nm. 当 $R\to\infty$(H_2 离解)后,变成两个中性氢原子,均处于基态,所以能量之和为 $2\times(-1/2)=-1$. 因此,H_2 的离解能 D 的计算值为

$$D=-1-\left(-1.139+\frac{1}{2}\hbar\omega_0\right)=0.139-\frac{1}{2}\hbar\omega_0$$

其中 $\hbar\omega_0/2$ 为零点振动能,可根据 $E_+(R)$ 在 $R\sim R_0$ 邻域的曲线(抛物线近似)来估算. 结果为 $\frac{1}{2}\hbar\omega_0\simeq 0.010=0.27$ eV,与从观测到的振动谱定出的值 $\hbar\omega_0=0.54$ eV 相符. 这样,可计算出 $D=0.139-0.010=0.129$(原子单位)$=3.54$ eV,比实验观测值 $D_{\exp}=4.45$ eV 略小一些. 如改进试探波函数(当然变分参数也会多一些),计算值会更接近观测值.

思考题. 根据以上计算结果,比较 H_2^+ 和 H_2 分子的键长和离解能的大小,并从物理上加以说明。

12.3.3 双原子分子的转动与振动

双原子分子包含两个原子核和若干个电子. 按 Born-Oppenheimer 近似,把原子核的运动与电子的运动近似分离. 这样,一个自由度较大的体系就简化为自由度较小的两个彼此独立的体系. 此时,分子的波函数表示为这些原子核组成的体系的波函数和诸电子的波函数之积,而能量则是两部分之和. 对于双原子分子,两原子核组成的体系的能量本征方程为

$$\left[-\frac{\hbar^2}{2M_a}\nabla_1^2-\frac{\hbar^2}{2M_b}\nabla_2^2+V(R)\right]\psi=E_{\mathrm{t}}\psi \tag{37}$$

$V(R)$ 是两个原子核之间的有效势,$R=|\boldsymbol{R}_a-\boldsymbol{R}_b|$ 是两个原子核的相对距离(即图 12.3 中的 R). $V(R)$ 形状大致如图 12.4 所示,其细节依赖于两原子中的电子的组态及激发状态. E_{t} 为总能量.

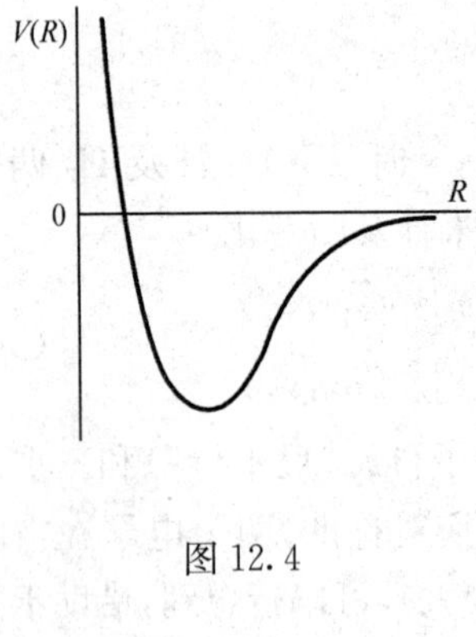

图 12.4

与所有两体问题相似,可引进相对坐标和质心

① 参阅 S. Flügge, *Practical Quantum Mechanics*, Vol. 2, p. 87.

坐标，

$$\boldsymbol{R}=\boldsymbol{R}_a-\boldsymbol{R}_b$$

$$\boldsymbol{R}_c=\frac{M_a\boldsymbol{R}_a+M_b\boldsymbol{R}_b}{M_a+M_b} \tag{38}$$

令

$$\psi=f(\boldsymbol{R}_c)\Phi(\boldsymbol{R}) \tag{39}$$

方程(37)可以分离变量，

$$-\frac{\hbar^2}{2M}\boldsymbol{\nabla}_R^2 f(\boldsymbol{R}_c)=E_c f(\boldsymbol{R}_c) \tag{40}$$

$$\left[-\frac{\hbar^2}{2\mu}\boldsymbol{\nabla}_R^2+V(R)\right]\Phi(\boldsymbol{R})=E\Phi(\boldsymbol{R}) \tag{41}$$

式中

$$M=M_a+M_b,\quad \mu=\frac{M_aM_b}{M_a+M_b} \tag{42}$$

E_c 为质心运动能量，$E=E_t-E_c$ 为两原子核的相对运动能量. 在研究分子内部结构时，不必考虑质心运动.

对于两个原子核的相对运动，考虑到相对运动角动量 $\boldsymbol{L}$ 为守恒量，波函数 Φ 可以选为$(\boldsymbol{L}^2,L_z)$的共同本征态. 此时，如采用球坐标，则 $\Phi(\boldsymbol{R})$可表示成

$$\Phi(\boldsymbol{R})=\frac{\chi(R)}{R}\mathrm{Y}_{LM}(\theta,\varphi) \tag{43}$$

$$L=0,1,2,\cdots,\quad M=L,L-1,\cdots,-L$$

代入式(41)，求得径向方程

$$\left[-\frac{\hbar^2}{2\mu}\frac{\mathrm{d}^2}{\mathrm{d}R^2}+\frac{L(L+1)\hbar^2}{2\mu R^2}+V(R)\right]\chi(R)=E\chi(R) \tag{44}$$

径向波函数 $\chi(R)$满足边条件

$$\chi(0)=0,\quad \chi(\infty)=0\quad(\text{束缚态}) \tag{45}$$

式(44)左边第二项是分子转动带来的离心势能. 令

$$W(R)=V(R)+\frac{L(L+1)\hbar^2}{2\mu R^2} \tag{46}$$

当 L 不太大时，$W(R)$仍有极小点(平衡点)R_0，由下式确定

$$\left.\frac{\mathrm{d}W}{\mathrm{d}R}\right|_{R_0}=0 \tag{47}$$

即

$$\left.\frac{\mathrm{d}V}{\mathrm{d}R}\right|_{R_0}-\frac{L(L+1)\hbar^2}{\mu R_0^3}=0$$

在 $R\approx R_0$ 邻域展开 $W(R)$，

$$W(R)=W(R_0)+\frac{1}{2}W''(R_0)(R-R_0)^2$$

$$= V(R_0) + \frac{L(L+1)\hbar^2}{2\mu R_0^2} + \frac{1}{2}W''(R_0)(R-R_0)^2 \tag{48}$$

令

$$\frac{1}{2}W''(R_0) = \frac{1}{2}\mu\omega_0^2 \tag{49}$$

$$R - R_0 = \xi \tag{50}$$

则式(44)与式(45)化为

$$-\frac{\hbar^2}{2\mu}\frac{d^2}{d\xi^2}\chi + \frac{1}{2}\mu\omega_0^2\xi^2\chi = E'\chi \tag{51}$$

$$\chi(\xi = -R_0) = 0, \quad \chi(\infty) = 0 \tag{52}$$

$$E' = E - V(R_0) - \frac{L(L+1)\hbar^2}{2\mu R_0^2} \tag{53}$$

方程(51)的(满足边条件(45),在$-R_0 \leqslant \xi < \infty$中有界)解为

$$\begin{aligned} &\chi(\xi) \propto e^{-\alpha^2\xi^2/2} H_\nu(\alpha\xi) \\ &\alpha = \sqrt{\mu\omega_0/\hbar} \end{aligned} \tag{54}$$

H_ν 为 Hermite 函数,

$$H_\nu(\xi) = \frac{1}{2\Gamma(-\nu)}\sum_{l=0}^{\infty}\frac{(-)^l}{l\,!}\Gamma\left(\frac{l-\nu}{2}\right)(2\xi)^l \tag{55}$$

ν 由边条件确定

$$H_\nu(-\alpha R_0) = 0 \tag{56}$$

一般说来,ν 不为正整数. 但如 L 不太大,αR_0 很小,ν 仍然接近于正整数. 方程(51)的本征值为

$$E' = \left(\nu + \frac{1}{2}\right)\hbar\omega_0 \tag{57}$$

代入式(49),可求出双原子分子的相对运动能为

$$E = E_{\nu L} = V(R_0) + \left(\nu + \frac{1}{2}\right)\hbar\omega_0 + \frac{L(L+1)\hbar^2}{2J} \tag{58}$$

其中

$$J = \mu R_0^2 \tag{59}$$

表示双原子分子的转动惯量. 式(58)右边第一项为常数项,与能谱无关. 第二项为振动能,第三项为转动能. 通常 $\hbar^2/2J \ll \hbar\omega_0$,能谱将出现转动带结构. 即给定的振动态(由振动量子数 ν 刻画),不同的 L 的诸能级构成一个转动带,能量遵守 $L(L+1)$的规律,因而相邻能级的间距随 L 增大而线性增大(参阅式(63)).

如双原子分子是由全同的原子构成,如 H_2,N_2,O_2 等,则波函数要求具有一定的交换对称性. 这类分子的转动谱线的强度将呈现强弱交替的现象.

例 H_2 分子转动谱线强度的交替变化

H_2 分子的两个原子核是质子，自旋为 1/2. 当两个质子的空间坐标交换时，即 $\boldsymbol{R}_1 \leftrightarrow \boldsymbol{R}_2$，它们的质心坐标 $\boldsymbol{R}_c$ 不变，而相对坐标 $\boldsymbol{R} \to -\boldsymbol{R}$，即

$$R \to R, \quad \theta \to \pi - \theta, \quad \varphi \to \pi + \varphi \tag{60}$$

所以当两个质子空间坐标交换时，质心运动与振动波函数不改变，但转动部分波函数改变如下(参见附录 A4.3，式(32))

$$Y_{lm}(\theta,\varphi) \to Y_{lm}(\pi-\theta,\pi+\varphi) = (-)^L Y_{lm}(\theta,\varphi) \tag{61}$$

考虑到 Fermi 子体系波函数的交换反对称性，H_2 分子的原子核部分的波函数有下列两种形式

$$\begin{aligned} L &= 偶, \quad R_\nu(R) Y_{lm}(\theta,\varphi)\chi_0(s_{1z},s_{2z}) \\ L &= 奇, \quad R_\nu(R) Y_{lm}(\theta,\varphi)\chi_1(s_{1z},s_{2z}) \end{aligned} \tag{62}$$

$R_\nu(R)$是振动波函数，χ_0 和 χ_1 分别是两个质子的自旋单态($S=0$)和三重态($S=1$)波函数. H_2 分子中两个原子核之间的作用力通常认为与核自旋无关，所以两个原子核自旋之和$\boldsymbol{S}=\boldsymbol{s}_1+\boldsymbol{s}_2$是守恒量，即 S 为好量子数. 处于 $S=0$ 态的称为仲氢(parahydrogen)，处于 $S=1$ 态的称为正氢(orthohydrogen). 在光跃迁的短暂过程中，两者不会转化. 在自然界中，正氢与仲氢分子数之比为 3∶1，因此正氢发出的光谱线强度较强. 图 12.5 给出了正氢和仲氢在一个转动带(具有相同的振动量子数 ν)的相邻能级之间的电四极跃迁. 例如，从能级 $L \to L-2$ 发射出的转动谱线的频率为

$$\frac{1}{h}\frac{\hbar^2}{2J}[L(L+1)-(L-2)(L-1)] = \frac{\hbar}{\pi J}L - 常数 \tag{63}$$

因此转动谱线随频率(或 L)作均匀分布. 相邻的两条亮线(或暗线)之间的频率相差$\Delta\nu = \hbar\Delta L/\pi J = 2\hbar/\pi J$.

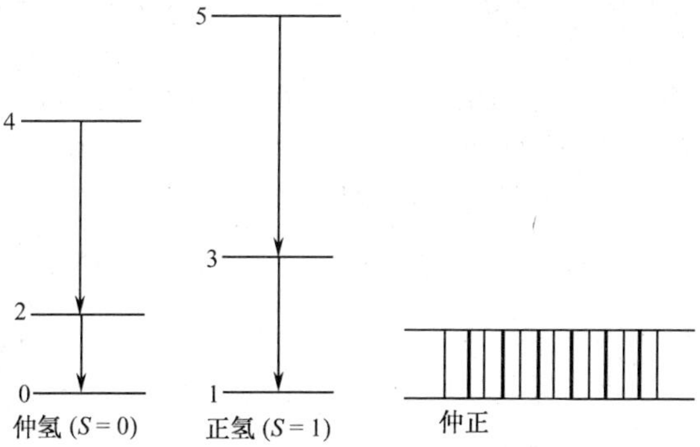

图 12.5 H_2 分子转动带内的电四极跃迁与转动谱线强度的交替变化

练习 1. 设两个全同原子核的自旋为 S，则转动谱的亮线与暗线的强度比为$(S+1)/S$.

练习 2. 比较 H_2，D_2(氘分子)，O_2 及 HD 分子的转动谱线强度的变化规律(D 核自旋为 1，O 核自旋为零.)

习 题 12

12.1 用类似于 12.1 节的方法讨论二维 Fermi 气体.

(a)设电子限制在边长为 L 的方框中.单粒子能级由下式给出

$$E(n)=\frac{\pi^2\hbar^2}{2mL^2}n^2,\quad n^2=n_x^2+n_y^2,\quad n_x,n_y=1,2,\cdots$$

在大量子数($n\gg1$)下,在($n,n+\mathrm{d}n$)中的量子态数目(计及自旋态)为 $\mathrm{d}N=\pi n\mathrm{d}n$.计算态密度 $\mathrm{d}N/\mathrm{d}E$.

答:$\frac{\mathrm{d}N}{\mathrm{d}E}=\frac{mL^2}{\pi\hbar^2}$.与 12.1 节式(4)比较,此处$\frac{\mathrm{d}N}{\mathrm{d}E}$与 E 无关.

(b)求二维 Fermi 气体的 Fermi 能量 E_{f} 和能量平均值 E_{av}.

答:$E_{\mathrm{f}}=\frac{\pi\hbar^2}{m}\rho$,$\rho=N/L^2$ 是面密度.$E_{\mathrm{av}}=\frac{1}{2}E_{\mathrm{f}}$.

12.2 对于一维谐振子,取基态试探波函数形式为 $\mathrm{e}^{-\lambda x^2}$,$\lambda$ 为参数.用变分法求基态能量,并与严格解比较.由于所取试探波函数的形式与严格解相同,所以结果也与严格解相同。

12.3 对于非简谐振子,$H=-\frac{\hbar^2}{2m}\frac{\mathrm{d}^2}{\mathrm{d}x^2}+\lambda x^4$.取试探波函数为

$$\psi_0(x)=\frac{\sqrt{\alpha}}{\pi^{1/4}}\mathrm{e}^{-\alpha^2x^2/2}$$

(与谐振子基态波函数形式相同),α 为参数.用变分法求基态能量.

答:$\frac{3^{4/3}}{4}\left(\frac{\hbar^2}{2m}\right)^{2/3}\lambda^{1/3}$.

12.4 氢原子基态试探波函数取为 $\mathrm{e}^{-\lambda(r/a)^2}$,$a=\hbar^2/\mu e^2$(Bohr 半径),$\lambda$ 为参数.用变分法求基态能量,并与严格解比较.

12.5 设在氘核中的质子与中子的相互作用为 $V(r)=-A\mathrm{e}^{-r/a}$($A=32\mathrm{MeV}$,$a=2.2\times10^{-15}\mathrm{m}$).设质子与中子相对运动波函数形式取为 $\mathrm{e}^{-\lambda r/2a}$,$\lambda$ 为变分参数.用变分法计算氘核的基态能量.

12.6 利用 12.2 题结果,求一维谐振子的第一激发态的能量的上界.

提示:所取试探波函数必须与已求得的基态波函数正交.出于宇称的考虑,第一激发态的试探波函数可取为 $\psi(x)=x\mathrm{e}^{-\lambda x^2}$(未归一化),$\lambda$ 为变分参数.

答:能量上限$\leqslant\frac{3}{2}\hbar\omega$.

数 学 附 录

A1 波 包

A1.1 波包的 Fourier 分析

具有一定波长 λ 的平面波可以表示为

$$\psi_k(x) = e^{ikx}, \quad k = 2\pi/\lambda(\text{波数}) \tag{1}$$

其波幅(或强度)在空间各点都相同. 严格的平面波是不存在的. 实际问题中碰到的都是波包,它们的强度只在空间有限区域中不为 0. 波包可以看成各种波数(长)的平面波的叠加,

$$\psi(x) = \frac{1}{\sqrt{2\pi}}\int_{-\infty}^{+\infty} \varphi(k) e^{ikx} dk \tag{2}$$

此即 $\psi(x)$的 Fourier 展开,$\varphi(k)$称为 $\psi(x)$的 Fourier 变换,由上式之逆确定

$$\varphi(k) = \frac{1}{\sqrt{2\pi}}\int_{-\infty}^{+\infty} \psi(x) e^{-ikx} dx \tag{3}$$

$\varphi(k)$表示波包 $\psi(x)$中所含波数为 k 的平面波的波幅,$|\varphi(k)|^2$ 则代表此分波的成分(强度). 例如,Gauss 波包

$$\psi(x) = e^{-\alpha^2 x^2/2} \tag{4}$$

的 Fourier 变换为

$$\varphi(k) = \frac{1}{\sqrt{2\pi}}\int_{-\infty}^{+\infty} e^{-\frac{1}{2}\alpha^2 x^2 - ikx} dx = \frac{1}{\alpha} e^{-k^2/2\alpha^2} \tag{5}$$

$|\psi(x)|^2$ 和 $|\varphi(k)|^2$ 的形状如图 A.1 所示. 可以看出,$|\psi(x)|^2$ 主要集中在 $|x| < \alpha^{-1}$ 区域中,即 $\Delta x \approx \alpha^{-1}$,而 $|\varphi(k)|^2$ 主要集中在 $|k| < \alpha$ 范围中,$\Delta k \approx \alpha$. 所以

$$\Delta x \cdot \Delta k \approx 1 \tag{6}$$

此关系式不限于 Gauss 波包,对于任何波包都适用.

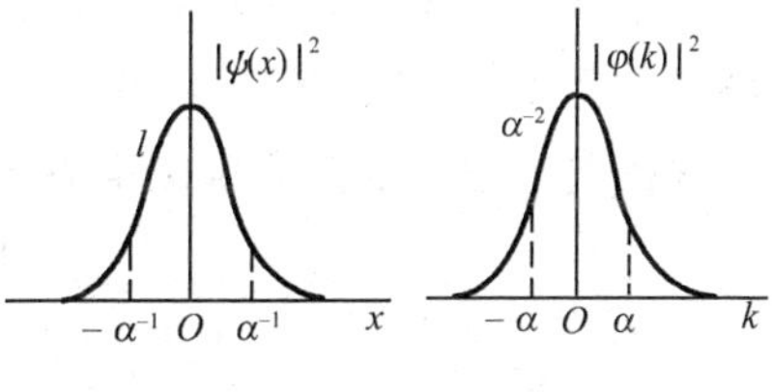

图 A.1

与上类似,对于时间的函数 $f(t)$也可作 Fourier 展开,

$$f(t) = \frac{1}{\sqrt{2\pi}}\int_{-\infty}^{+\infty} g(\omega) e^{i\omega t} d\omega \tag{7}$$

$$g(\omega)=\frac{1}{\sqrt{2\pi}}\int_{-\infty}^{+\infty} f(t)\mathrm{e}^{-\mathrm{i}\omega t}\,\mathrm{d}t \tag{8}$$

ω 为角频率($\omega=2\pi\nu$,ν 为频率). $|f(t)|^2$ 的宽度 Δt 与 $|g(\omega)|^2$ 的宽度 $\Delta\omega$ 满足下列关系式

$$\Delta t\cdot\Delta\omega\approx 1 \tag{9}$$

A1.2 波包的运动和扩散,相速与群速

对于平面单色波

$$\psi_k(x,t)=\mathrm{e}^{\mathrm{i}(kx-\omega t)} \tag{10}$$

其等相面是一个运动的平面,由下列方程给出

$$kx-\omega t=常数. \tag{11}$$

等相面移动速度,即相速 u,由上式可看出

$$u=\omega/k \tag{12}$$

现在来考虑波包,

$$\psi(x,t)=\frac{1}{\sqrt{2\pi}}\int_{-\infty}^{+\infty}\varphi(k)\mathrm{e}^{\mathrm{i}(kx-\omega t)}\,\mathrm{d}k \tag{13}$$

$\omega(k)$是波数(长)的函数. 对于真空中的电磁波

$$\omega=2\pi\nu=2\pi c/\lambda=c|k| \tag{14}$$

对于色散介质中传播的电磁波

$$\omega=2\pi c/\lambda n(\lambda) \tag{15}$$

$n(\lambda)$为介质的折射率. 对于 de Broglie 波(非相对论粒子)

$$\omega=\hbar k^2/2m \tag{16}$$

先考虑真空中的电磁波,

$$\psi(x,t)=\frac{1}{\sqrt{2\pi}}\int_{-\infty}^{+\infty}\varphi(k)\mathrm{e}^{\mathrm{i}k(x-ct)}\,\mathrm{d}k \tag{17}$$

在 $t=0$ 时刻,波包中心在 $x=0$ 点. 在 t 时刻,波包中心移到 $x_c=ct$ 处. 波包中心的运动速度为 c,即群速度(group velocity),它与相速度(phase velocity)同. 波包中心虽然在运动,但波包形状不变.

现在来考虑色散介质中的电磁波

$$\psi(x,t)=\frac{1}{\sqrt{2\pi}}\int_{-\infty}^{+\infty}\varphi(k)\mathrm{e}^{\mathrm{i}[kx-\omega(k)t]}\,\mathrm{d}k \tag{18}$$

波包中心在相位 $\theta=kx-\omega(k)t$ 取极值处(在这点的领域,不同波数的分波相干叠加的结果是加强最厉害,而不是相消). 此极点位置 x_c 由$\partial\theta/\partial k=0$ 决定,即

$$x_c-\left(\frac{\mathrm{d}\omega}{\mathrm{d}k}\right)t=0 \tag{19}$$

所以波包中心位置 x_c 位于 $x_c=(\mathrm{d}\omega/\mathrm{d}k)t$,它运动的速度即群速度

$$v_g = \frac{\mathrm{d}x_c}{\mathrm{d}t} = \frac{\mathrm{d}\omega}{\mathrm{d}k} \tag{20}$$

下面研究波包形状的变化，它依赖于 $\omega(k)$ 的函数关系. 设 $\varphi(k)$ 是一个颇窄的波包，波数集中在 k_0 附近一个小范围中，在 $k\approx k_0$ 附近对 $\omega(k)$ 作 Taylor 展开，

$$\begin{aligned}\omega(k) &= \omega(k_0) + \left(\frac{\mathrm{d}\omega}{\mathrm{d}k}\right)_{k_0}(k-k_0) \\ &\quad + \frac{1}{2}\left(\frac{\mathrm{d}^2\omega}{\mathrm{d}k^2}\right)_{k_0}(k-k_0)^2 + \cdots \\ &\simeq \omega(k_0) + v_g(k-k_0) + \frac{1}{2}\beta(k-k_0)^2 \end{aligned}\tag{21}$$

$$\beta = (\mathrm{d}^2\omega/\mathrm{d}k^2)_{k_0} \tag{22}$$

代入式(18)，得

$$\begin{aligned}\psi(x,t) &= \frac{\mathrm{e}^{-\mathrm{i}\omega_0 t}}{\sqrt{2\pi}}\int_{-\infty}^{+\infty}\mathrm{d}k\varphi(k) \\ &\quad \times \exp\left\{\mathrm{i}\left[kx - v_g(k-k_0)t - \frac{1}{2}\beta(k-k_0)^2 t\right]\right\} \\ &= \mathrm{e}^{\mathrm{i}(k_0x-\omega_0 t)}\int_{-\infty}^{+\infty}\mathrm{d}\xi\varphi(\xi+k_0) \\ &\quad \times \exp\left\{\mathrm{i}\left[\xi(x-v_g t) - \frac{1}{2}\beta\xi^2 t\right]\right\}\end{aligned}\tag{23}$$

式中 $\xi=k-k_0$. 对于 Gauss 波包，$\varphi(k)=\mathrm{e}^{-k^2/2\alpha^2}$，$k_0=0$，则得

$$\begin{aligned}\psi(x,t) &= \frac{\mathrm{e}^{-\mathrm{i}\omega_0 t}}{\sqrt{2\pi}}\int_{-\infty}^{+\infty}\mathrm{d}k\exp\left\{\mathrm{i}k(x-v_g t) - \frac{k^2}{2}(\mathrm{i}\beta t - 1/\alpha^2)\right\} \\ &= \mathrm{e}^{-\mathrm{i}\omega_0 t}\frac{\alpha}{\sqrt{1+\mathrm{i}\beta\alpha^2 t}}\exp\left\{-\frac{(x-v_g t)^2\alpha^2}{2(1+\mathrm{i}\beta\alpha^2 t)}\right\}\end{aligned}\tag{24}$$

强度分布为

$$|\psi(x,t)|^2 = \frac{\alpha^2}{\sqrt{1+\beta^2\alpha^4 t^2}}\exp\left[-\frac{\alpha^2(x-v_g t)^2}{1+\beta^2\alpha^4 t^2}\right] \tag{25}$$

波包宽度为

$$\Delta x \approx \frac{1}{\alpha}\sqrt{1+\beta^2\alpha^4 t^2} \tag{26}$$

令 $t=0$ 时刻波包宽度为 $\Delta x_0 = \alpha^{-1}$，则

$$\Delta x(t) = \Delta x_0\sqrt{1+\beta^2 t^2/(\Delta x_0)^4} \tag{27}$$

如 $\beta\neq 0$，则当 $t\to\infty$ 时，$\Delta x\to\infty$，波包将无限扩散开去，弥散到全空间. β 越大，Δx_0 越小，则波包扩散越快.

对于**真空中的电磁波**，$\beta=0$，**波包不扩散**，而对于 de Broglie 波

$$\beta = \hbar/m \neq 0 \tag{28}$$

所以自由运动的实物粒子的 de Broglie 波包是要扩散的.

A2 δ 函数

A2.1 δ 函数定义

$$\delta(x)=\begin{cases}\infty, & x=0\\ 0, & x\neq 0\end{cases} \tag{1}$$

$$\int_{-\varepsilon}^{+\varepsilon}\delta(x)\mathrm{d}x=\int_{-\infty}^{+\infty}\delta(x)\mathrm{d}x=1,\quad (\varepsilon>0).$$

数学性质上 δ 函数是很奇异的,没有一个平常的函数具有此奇异性. 严格说来,它不是传统数学中的函数,它只是一种分布(distribution). 在物理上是一种理想的点模型. 如果在数学上不过分追求严格,δ 函数可以当做某种非奇异函数的极限来处理. 例如

$$\lim_{\sigma\to 0}\frac{1}{\sqrt{\pi\sigma}}\mathrm{e}^{-x^2/\sigma}=\lim_{\alpha\to\infty}\sqrt{\frac{\alpha}{\pi}}\mathrm{e}^{-\alpha x^2}=\delta(x) \tag{2}$$

$$\lim_{\alpha\to\infty}\sqrt{\frac{\alpha}{\pi}}\mathrm{e}^{\mathrm{i}\pi/4}\mathrm{e}^{-\mathrm{i}\alpha x^2}=\delta(x) \tag{3}$$

$$\lim_{\alpha\to\infty}\frac{\sin\alpha x}{\pi x}=\delta(x) \tag{4}$$

$$\lim_{\alpha\to\infty}\frac{1}{2\pi}\int_{-\alpha}^{+\alpha}\mathrm{e}^{\mathrm{i}kx}\mathrm{d}k=\frac{1}{2\pi}\int_{-\infty}^{+\infty}\mathrm{e}^{\mathrm{i}kx}\mathrm{d}k=\delta(x) \tag{5}$$

$$\lim_{\alpha\to\infty}\frac{\sin^2\alpha x}{\pi\alpha x^2}=\delta(x) \tag{6}$$

$$\lim_{\varepsilon\to 0}\frac{1}{2\varepsilon}\mathrm{e}^{-|x|/\varepsilon}=\delta(x) \tag{7}$$

$$\lim_{\varepsilon\to 0}\frac{\varepsilon}{x^2+\varepsilon^2}=\pi\delta(x) \tag{8}$$

δ 函数还可用阶梯函数的微商来表示. 设

$$\theta(x)=\begin{cases}1, & x>0\\ 0, & x<0\end{cases} \tag{9}$$

则

$$\theta'(x)=\delta(x) \tag{10}$$

δ 函数还可以如下定义,设 $f(x)$ 是任意连续函数,则

$$\int_{-\infty}^{+\infty}f(x)\delta(x)\mathrm{d}x=f(0) \tag{11}$$

A2.2 δ 函数的一些简单性质

(a) $\delta(ax)=\frac{1}{|a|}\delta(x)$ (12)

(b) $\delta(-x)=\delta(x)$ (13)

(c) $\int_{-\infty}^{+\infty}f(x)\delta(x-a)\mathrm{d}x=f(a)$ (14)

(d) $\int_{-\infty}^{+\infty}\delta(x-a)\delta(x-b)\mathrm{d}x=\delta(a-b)$ (15)

(e) $x\delta(x)=0$ (16)

设方程 $\varphi(x)=0$ 只有单根，分别记为 $x_i(i=1,2,3,\cdots)$，即 $\varphi(x_i)=0$，但 $\varphi'(x_i)\neq0$，则

$$\delta[\varphi(x)]=\sum_i\frac{\delta(x-x_i)}{|\varphi'(x_i)|}=\sum_i\frac{\delta(x-x_i)}{|\varphi'(x)|}\tag{17}$$

特例

$$\delta[(x-a)(x-b)]=\frac{1}{|a-b|}[\delta(x-a)+\delta(x-b)],(a\neq b)\tag{18}$$

$$\begin{aligned}\delta(x^2-a^2)&=\frac{1}{2|a|}[\delta(x-a)+\delta(x+a)]\\&=\frac{1}{2|x|}[\delta(x-a)+\delta(x+a)]\end{aligned}\tag{19}$$

$$2|x|\delta(x^2-a^2)=\delta(x-a)+\delta(x+a)\tag{20}$$

$$|x|\delta(x^2)=\delta(x)\tag{21}$$

涉及 δ 函数的"微商"的积分. 设 $f(x)$ 微商连续（或分段连续）

$$\int_{-\infty}^{+\infty}\frac{\partial}{\partial x'}\delta(x'-x)\cdot f(x')\mathrm{d}x'=-f'(x)\tag{22}$$

类似，如 $\frac{\mathrm{d}^n}{\mathrm{d}x^n}f(x)$ 连续，则

$$\int_{-\infty}^{+\infty}\left[\frac{\partial^n}{\partial x'^n}\delta(x'-x)\right]\cdot f(x')\mathrm{d}x'=(-1)^n\frac{\mathrm{d}^n}{\mathrm{d}x^n}f(x)\tag{23}$$

δ 函数可以用任何一组正交归一完备函数组 $\psi_n(x)$ 来构成

$$\delta(x-x')=\sum_n\psi_n^*(x')\psi_n(x)\tag{24}$$

例

$$\delta(\varphi-\varphi')=\frac{1}{2\pi}\sum_{m=-\infty}^{+\infty}\mathrm{e}^{-\mathrm{i}m(\varphi-\varphi')}\tag{25}$$

$$\delta(\xi-\xi')=\sum_{l=0}^{\infty}\frac{2l+1}{2}\mathrm{P}_l(\xi')\mathrm{P}_l(\xi)\tag{26}$$

或

$$\delta(\cos\theta - \cos\theta') = \sum_{l=0}^{\infty} \frac{2l+1}{2} \mathrm{P}_l(\cos\theta')\mathrm{P}_l(\cos\theta)$$

令 $\theta'=0$,利用 $\mathrm{P}_l(1)=1$,得

$$2\delta(1-\cos\theta) = \sum_{l=0}^{\infty}(2l+1)\mathrm{P}_l(\cos\theta) \tag{27}$$

$$\delta(x-x') = \sum_{n=0}^{\infty} \frac{1}{\sqrt{\pi}2^n \cdot n!} \mathrm{e}^{-\frac{1}{2}(x^2+x'^2)} \mathrm{H}_n(x')\mathrm{H}_n(x) \tag{28}$$

$\mathrm{H}_n(x)$是 Hermite 多项式.

A3 Hermite 多项式

Hermite 方程为

$$u'' - 2zu' + (\lambda - 1)u = 0 \tag{1}$$

除无穷远点外,方程无奇点. 采用级数解法,在$|z|<\infty$范围中,令

$$u(z) = \sum_{k=0}^{\infty} c_k z^k \tag{2}$$

代入式(1),比较同幂项的系数,可得出 c_k 之间的递推关系,

$$c_{k+2} = \frac{2k-(\lambda-1)}{(k+2)(k+1)} c_k, \quad k = 0,1,2,\cdots \tag{3}$$

因此,所有偶次项的系数都可用 c_0 来表示,而所有奇次项的系数都可用 c_1 来表示. 把 c_0 与 c_1 作为两个任意常数,从而求得方程(1)的两个线性无关的解

$$\begin{cases} u_1(z) = c_0 + c_2 z^2 + c_4 z^4 + \cdots \\ u_2(z) = c_1 z + c_3 z^3 + c_5 z^5 + \cdots \end{cases} \tag{4}$$

当 z 取有限值时,它们都收敛. 下面讨论解在 $z\to\infty$时的渐近行为. 由式(3)可知,当 $k\to\infty$时,$c_{k+2}/c_k \sim 2/k$. 对于 $k=2m$(偶),$c_{2m+2}/c_{2m} \approx 1/m$. 它与 e^{z^2} 的 Taylor 展开

$$\mathrm{e}^{z^2} = \sum_{m=0}^{\infty} \frac{z^{2m}}{m!}$$

的相邻项的系数之比相同. 因此

$$\text{当}|z| \to \infty \text{时}, \quad u_1(z) \propto \mathrm{e}^{z^2} \tag{5}$$

类似可证明

$$\text{当}|z| \to \infty \text{时}, \quad u_2(z) \propto z\mathrm{e}^{z^2} \tag{6}$$

用这样的无穷级数解代入谐振子的波函数(见 2.4 节式(9)),$\psi \propto \mathrm{e}^{-\xi^2/2} u(\xi)$,不满足无穷远处的边条件(波函数是发散的). 要得到物理上可接受的解,必须要求 u_1 和 u_2 两个无穷级数解中**至少有一个中断为多项式**.

由式(3)可看出,当

$$\lambda - 1 = 2n, n = 0,1,2,\cdots \tag{7}$$

时，级数将中断为一个多项式($c_{n+2}=c_{n+4}=c_{n+6}=\cdots=0$)；当 n 为偶时，u_1 中断为多项式(u_2 仍为无穷级数)；当 n 为奇时，u_2 中断为多项式(u_1 仍为无穷级数). 但无论 n 为奇或偶，只要式(7)成立，我们就找到了一个多项式解(另一解为无穷级数). 习惯上规定此多项式的最高次项系数为 $c_n=2^n$. 利用式(3)，可依次求出各项的系数，得

$$\begin{aligned}\mathrm{H}_n(z) = &(2z)^n - n(n-1)(2z)^{n-2} + \cdots \\ &+ (-1)^{\left[\frac{n}{2}\right]} \frac{n!}{\left[\frac{n}{2}\right]!}(2z)^{n-2\left[\frac{n}{2}\right]}\end{aligned} \tag{8}$$

式中 $\left[\frac{n}{2}\right]$ 为不大于 $\frac{n}{2}$ 的最大整数，即

$$\left[\frac{n}{2}\right] = \begin{cases} n/2, & n \text{ 偶} \\ (n-1)/2, & n \text{ 奇} \end{cases}$$

H_n 即 Hermite 多项式.

$\mathrm{H}_n(z)$ 为 z 的 n 次幂多项式. 从式(8)可以看出

$$\mathrm{H}_n(-z) = (-1)^n \mathrm{H}_n(z) \tag{9}$$

最低的几个 $\mathrm{H}_n(z)$ 表达式为

$$\mathrm{H}_0(z) = 1, \mathrm{H}_1(z) = 2z, \mathrm{H}_2(z) = 4z^2 - 2, \cdots \tag{10}$$

可以证明，Hermite 多项式的生成函数为①

$$\mathrm{e}^{-s^2+2zs} = \sum_{n=0}^{\infty} \frac{\mathrm{H}_n(z)}{n!} s^n \tag{11}$$

由此可以证明 Hermite 多项式的正交归一性

$$\int_{-\infty}^{+\infty} \mathrm{H}_m(z)\mathrm{H}_n(z)\mathrm{e}^{-z^2}\,\mathrm{d}z = \sqrt{\pi}2^n \cdot n!\delta_{mn} \tag{12}$$

以及递推关系

$$\mathrm{H}_{n+1}(z) - 2z\mathrm{H}_n(z) + 2n\mathrm{H}_{n-1}(z) = 0 \tag{13}$$

$$\mathrm{H}_n'(z) = 2n\mathrm{H}_{n-1}(z) \tag{14}$$

A4 Legendre 多项式与球谐函数

采用球坐标，轨道角动量($\boldsymbol{l}^2, l_z$)的共同本征函数的 θ 部分 $\Theta(\theta)$ 满足微分方程(3.3.2 节式(16))

$$\frac{1}{\sin\theta}\frac{\mathrm{d}}{\mathrm{d}\theta}\left(\sin\theta\frac{\mathrm{d}}{\mathrm{d}\theta}\Theta\right) + \left(\lambda - \frac{m^2}{\sin^2\theta}\right)\Theta = 0$$

---

① 参阅：王竹溪，郭敦仁. 特殊函数概论. 北京：科学出版社，1979. §6.13

$$0 \leqslant \theta \leqslant \pi, \quad m = 0, \pm 1, \pm 2, \cdots \tag{1}$$

令

$$x = \cos\theta, \quad |x| \leqslant 1, \quad \Theta(\theta) = y(x) \tag{2}$$

则方程(1)化为连带(associated)Legendre 方程

$$\frac{\mathrm{d}}{\mathrm{d}x}\left[(1-x^2)\frac{\mathrm{d}y}{\mathrm{d}x}\right] + \left(\lambda - \frac{m^2}{1-x^2}\right)y = 0$$

$$|x| \leqslant 1, \quad m = 0, \pm 1, \pm 2, \cdots \tag{3}$$

$x=\pm 1$ 为方程的正则奇点. $m=0$ 时,上式化为 Legendre 方程

$$(1-x^2)\frac{\mathrm{d}^2 y}{\mathrm{d}x^2} - 2x\frac{\mathrm{d}y}{\mathrm{d}x} + \lambda y = 0 \tag{4}$$

A4.1 Legendre 多项式

采用级数解法求解 Legendre 方程(4). 令

$$y = \sum_{k=0}^{\infty} c_k x^k \tag{5}$$

代入方程(4),比较同幂次项系数,可得出 c_k 的递推关系

$$c_{k+2} = \frac{k(k+1)-\lambda}{(k+1)(k+2)} c_k \tag{6}$$

因此,$c_2, c_4, \cdots$均可用 c_0 表示出来,$c_1, c_5, \cdots$均可用 c_1 表示出来. c_0 与 c_1 是两个任意常数. 这样,方程(4)的两个线性独立解可表示为

$$\begin{cases} y_1(x) = c_0 + c_2 x^2 + c_4 x^4 + \cdots \\ y_2(x) = c_1 x + c_3 x^3 + c_5 x^5 + \cdots \end{cases} \tag{7}$$

下面讨论此无穷级数解在正则奇点($x=\pm 1$)邻域的行为. 由式(6)可以看出,当 $k \to \infty$ 时 $c_{k+2}/c_k \sim k/(k+2) \sim 1-2/k$. 对于 $k=2m$(偶),$c_{k+2}/c_k \sim 1-1/m$. 这与 $\ln(1+x)+\ln(1-x)=\ln(1-x^2)$的 Taylor 展开的相邻项的系数之比相同. 因此,当$|x| \to 1$ 时,$y_1(x) \to \infty$. 同理,$y_2(x) \to \infty$. 这种解不满足有界条件. 为得到物理上可以接受的解,必须要求级数解中断为多项式. 从式(6)可以看出,当

$$\lambda = l(l+1), \quad l = 0, 1, 2, \cdots \tag{8}$$

时,$c_{l+2}, c_{l+4}, \cdots$都为 0,y_1 和 y_2 之中有一个解将中断为 l 次多项式;当 l=偶时,y_1 为多项式(y_2 仍为无穷级数);当 l=奇时,y_2 为多项式(y_1 仍为无穷级数). 多项式解在$|x| \leqslant 1$ 范围中显然是有界的. 总之,当条件(8)满足时,方程(4)存在一个多项式解(在$|x| \leqslant 1$ 区域中有界). 通常规定多项式的最高次项 x^l 的系数为

$$c_l = (2l)!2^l \cdot (l!)^2 \tag{9}$$

利用式(6)和式(8),可以依次求出较低次项的系数,得出的多项式称为 Legendre 多项式 $\mathrm{P}_l(x)$,

$$\mathrm{P}_l(x) = \sum_{k=0}^{[l/2]} \frac{(2l-2k)!}{2^l \cdot k!(l-k)!(l-2k)!} x^{l-2k} \tag{10}$$

显然

$$\mathrm{P}_l(-x) = (-)^l \mathrm{P}_l(x) \tag{11}$$

最低的几个 Legendre 多项式为

$$\mathrm{P}_0(x) = 1$$
$$\mathrm{P}_1(x) = x$$
$$\mathrm{P}_2(x) = \frac{1}{2}(3x^2 - 1)$$

用二项式定理及直接微商，可证明下列公式

$$\mathrm{P}_l(x) = \frac{1}{2^l \cdot l!} \frac{\mathrm{d}^l}{\mathrm{d}x^l}(x^2 - 1)^l \quad \text{(Rodrigues)} \tag{12}$$

Legendre 多项式的生成函数为

$$[1 - 2xt + t^2]^{-1/2} = \sum_{l=0}^{\infty} \mathrm{P}_l(x) t^l \tag{13}$$

上式左边规定：$t=0$ 时根式等于 1.

利用生成函数公式(13)，可证明 $\mathrm{P}_l(x)$ 的正交性公式

$$\int_{-1}^{+1} \mathrm{P}_l(x) \mathrm{P}_{l'}(x) \mathrm{d}x = \frac{2}{2l+1} \delta_{ll'} \tag{14}$$

以及 $\mathrm{P}_l(x)$ 的递推关系

$$\begin{aligned}
&(l+1)\mathrm{P}_{l+1} - (2l+1)x\mathrm{P}_l + l\mathrm{P}_{l-1} = 0 \\
&x\mathrm{P}'_l - \mathrm{P}'_{l-1} = l\mathrm{P}_l \\
&\mathrm{P}'_{l+1} = x\mathrm{P}'_l + (l+1)\mathrm{P}_l \\
&\mathrm{P}'_{l+1} - \mathrm{P}'_{l-1} = (2l+1)\mathrm{P}_l \\
&(x^2 - 1)\mathrm{P}'_l = xl\mathrm{P}_l - l\mathrm{P}_{l-1} \\
&(2l+1)(x^2-1)\mathrm{P}'_l = l(l+1)(\mathrm{P}_{l+1} - \mathrm{P}_{l-1})
\end{aligned} \tag{15}$$

A4.2 连带 Legendre 多项式

先讨论连带(associated)Legendre 方程(3)在正则奇点 $x=+1$ 邻域的行为. 令 $z=1-x$，则式(3)化为

$$\frac{\mathrm{d}^2 y}{\mathrm{d}z^2} + \frac{2(1-z)}{z(2-z)} \frac{\mathrm{d}y}{\mathrm{d}z} + \left[\frac{\lambda}{z(2-z)} - \frac{m^2}{z^2(2-z)^2}\right] y = 0 \tag{16}$$

在 $z \approx 0 (x \approx +1)$ 邻域，上式化为

$$\frac{\mathrm{d}^2 y}{\mathrm{d}z^2} + \frac{1}{z} \frac{\mathrm{d}y}{\mathrm{d}z} - \frac{m^2}{4z^2} y = 0 \tag{17}$$

令 $y=z^s$ 代入，得

$$s(s-1) + s - m^2/4 = 0 \tag{18}$$

解之，得 $s = \pm |m|/2$. 但在 $z \approx 0$ 邻域，解 $y \propto z^{-|m|/2}$ 不满足物理上的要求. 因此在 $z \approx 0 (x \approx +1)$ 邻域，我们有 $y \propto z^{|m|/2} = (1-x)^{|m|/2}$.

类似可讨论 $x=-1$ 邻域的解的行为，得 $y\propto(1+x)^{|m|/2}$. 因此，可以令方程(3)的解表示为

$$\begin{aligned} y(x) &= (1+x)^{|m|/2}(1-x)^{|m|/2}v(x) \\ &= (1-x^2)^{|m|/2}v(x) \end{aligned} \tag{19}$$

代入方程(3)，得

$$(1-x^2)v''-2(|m|+1)xv'+[\lambda-|m|(|m|+1)]v=0 \tag{20}$$

上式对 x 微商，得

$$(1-x^2)v'''-2(|m|+2)xv''+[\lambda-(|m|+1)(|m|+2)]v'=0 \tag{21}$$

比较式(20)与式(21)，只不过 $|m|\to|m|+1, v\to v'$. 考虑到 $m=0$ 时，式(20)即 Legendre 方程(4). 因此，方程(20)的解可以用方程(4)的解对 x 求导 $|m|$ 次得出. 当条件(8)满足时，方程(4)有一个物理上可接受的解，即 $\mathrm{P}_l(x)$. 因此，$v(x)$ 可表示为

$$v(x)=\frac{\mathrm{d}^{|m|}}{\mathrm{d}x^{|m|}}\mathrm{P}_l(x) \tag{22}$$

这样就找到了连带 Legendre 方程(3)的物理上允许的解，即连带 Legendre 多项式

$$\mathrm{P}_l^{|m|}(x)=(1-x^2)^{|m|/2}\frac{\mathrm{d}^{|m|}}{\mathrm{d}x^{|m|}}\mathrm{P}_l(x) \tag{23}$$

对于 $m\geqslant 0$，

$$\mathrm{P}_l^m(x)=(1-x^2)^{m/2}\frac{\mathrm{d}^m}{\mathrm{d}x^m}\mathrm{P}_l(x) \tag{24}$$

用 Rodrigues 公式(12)代入，得

$$\mathrm{P}_l^m(x)=\frac{1}{2^l\cdot l!}(1-x^2)^{m/2}\frac{\mathrm{d}^{l+m}}{\mathrm{d}x^{l+m}}(x^2-1)^l \tag{25}$$

上式对于 m 取负值($|m|\leqslant l$)时也有意义. 可以证明

$$\mathrm{P}_l^{-m}(x)=(-1)^m\frac{(l-m)!}{(l+m)!}\mathrm{P}_l^m(x) \tag{26}$$

上式无论 m 是正或负，都成立.

从连带 Legendre 方程(3)可以证明 P_l^m 的正交性公式

$$\int_{-1}^{+1}\mathrm{P}_l^m(x)\mathrm{P}_{l'}^m(x)\mathrm{d}x=\frac{(l+m)!}{(l-m)!}\frac{2}{(2l+1)}\delta_{ll'} \tag{27}$$

A4.3 球谐函数

定义

$$\mathrm{Y}_{lm}(\theta,\varphi)=(-1)^m\sqrt{\frac{(2l+1)}{4\pi}\frac{(l-m)!}{(l+m)!}}\mathrm{P}_l^m(\cos\theta)\mathrm{e}^{\mathrm{i}m\varphi} \tag{28}$$

$$l=0,1,2,\cdots;\quad m=l,l-1,\cdots,-l$$

称为球谐函数(spherical harmonic function)，是($\boldsymbol{l}^2, l_z$)的共同本征函数.

$$\begin{aligned} \boldsymbol{l}^2 Y_{lm} &= l(l+1)\hbar^2 Y_{lm} \\ l_z Y_{lm} &= m\hbar Y_{lm} \end{aligned} \tag{29}$$

可以证明

$$Y_{lm}^* = (-1)^m Y_{l-m} \tag{30}$$

$$\int_0^{2\pi} d\varphi \int_0^{\pi} \sin\theta d\theta Y_{lm}^*(\theta,\varphi) Y_{l'm'}(\theta,\varphi) = \delta_{ll'}\delta_{mm'} \tag{31}$$

在空间反射下，矢量 $\boldsymbol{r}\to-\boldsymbol{r}$. 在球坐标系中 $\boldsymbol{r}(r,\theta,\varphi)$，相应 $-\boldsymbol{r}$ 的球坐标为 $(r,\pi-\theta,\pi+\varphi)$. 考虑到 $P_l^m(\cos\theta)$ 为 $\cos\theta$ 的 $(l-m)$ 次幂多项式，$P_l^m(\cos(\pi-\theta))=P_l^m(-\cos\theta)=(-1)^{l-m}P_l^m(\cos\theta)$，而 $e^{im(\pi+\varphi)}=(-1)^m e^{im\varphi}$，由此可得

$$Y_{lm}(\pi-\theta,\pi+\varphi) = (-1)^l Y_{lm}(\theta,\varphi) \tag{32}$$

最简单的几个球谐函数如下：

lm	$Y_{lm}(\theta,\varphi)$	$r^l Y_{lm}(\theta,\varphi)$
00	$1/\sqrt{4\pi}$	$1/\sqrt{4\pi}$
10	$\sqrt{3/4\pi}\cos\theta$	$\sqrt{3/4\pi}\, z$
1 ± 1	$\mp\sqrt{3/8\pi}\sin\theta e^{\pm i\varphi}$	$\mp\sqrt{3/8\pi}(x\pm iy)$
20	$\sqrt{5/16\pi}(3\cos^2\theta-1)$	$\sqrt{5/16\pi}(2z^2-x^2-y^2)$
2 ± 1	$\mp\sqrt{15/8\pi}\cos\theta\cdot\sin\theta e^{\pm i\varphi}$	$\mp\sqrt{15/8\pi}(x\pm iy)z$
2 ± 2	$\frac{1}{2}\sqrt{15/8\pi}\sin^2\theta e^{\pm 2i\varphi}$	$\frac{1}{2}\sqrt{15/8\pi}(x\pm iy)^2$

下列公式对于计算电偶极算符 $\boldsymbol{D}=-e\boldsymbol{r}$ 的矩阵元是有用的.

$$\begin{aligned} \frac{z}{r}Y_{lm} &= \cos\theta Y_{lm} = a_{lm}Y_{l+1,m} + a_{l-1,m}Y_{l-1,m} \\ \frac{x+iy}{r}Y_{lm} &= e^{+i\varphi}\sin\theta Y_{lm} \\ &= b_{l-1,-(m+1)}Y_{l-1,m+1} - b_{lm}Y_{l+1,m+1} \\ \frac{x-iy}{r}Y_{lm} &= e^{-i\varphi}\sin\theta Y_{lm} \\ &= -b_{l-1,m-1}Y_{l-1,m-1} + b_{l,-m}Y_{l+1,m-1} \end{aligned} \tag{33}$$

式中

$$a_{lm} = \sqrt{\frac{(l+1)^2-m^2}{(2l+1)(2l+3)}}$$

$$b_{lm} = \sqrt{\frac{(l+m+1)(l+m+2)}{(2l+1)(2l+3)}}$$

A4.4 几个有用的展开式

(a)

$$\mathrm{e}^{\mathrm{i}kz}=\mathrm{e}^{\mathrm{i}kr\cos\theta}=\sum_{l=0}^{\infty}(2l+1)\mathrm{i}^l\cdot \mathrm{j}_l(kr)\mathrm{P}_l(\cos\theta)$$
$$=\sum_{l=0}^{\infty}\sqrt{4\pi(2l+1)}\mathrm{i}^l\,\mathrm{j}_l(kr)\mathrm{Y}_{l0}(\theta) \tag{34}$$

其中

$$\mathrm{Y}_{l0}(\theta)=\sqrt{\frac{2l+1}{4\pi}}\mathrm{P}_l(\cos\theta) \tag{35}$$

(b)

$$\frac{1}{|\boldsymbol{r}_1-\boldsymbol{r}_2|}=\begin{cases}\dfrac{1}{r_2}\sum\limits_{l=0}^{\infty}\left(\dfrac{r_1}{r_2}\right)^l\cdot \mathrm{P}_l(\cos\theta), & r_1<r_2\\ \dfrac{1}{r_1}\sum\limits_{l=0}^{\infty}\left(\dfrac{r_2}{r_1}\right)^l\cdot \mathrm{P}_l(\cos\theta), & r_2<r_1\end{cases} \tag{36}$$

θ 是 $\boldsymbol{r}_1$ 与 $\boldsymbol{r}_2$ 的夹角.

(c)

$$\mathrm{P}_l(\cos\theta)=\frac{4\pi}{2l+1}\sum_{m=-l}^{l}\mathrm{Y}_{lm}^*(\theta_1,\varphi_1)\mathrm{Y}_{lm}(\theta_2,\varphi_2) \tag{37}$$

θ 是 $\boldsymbol{r}_1$ 的指向(θ_1,φ_1)与 $\boldsymbol{r}_2$ 的指向(θ_2,φ_2)的夹角. 如 $\boldsymbol{r}_1$ 与 $\boldsymbol{r}_2$ 指向相同,则夹角 $\theta=0$,利用 $\mathrm{P}_l(1)=1$,在上式中,记 $\theta_1=\theta_2=\theta,\varphi_1=\varphi_2=\varphi$,得

$$\sum_{m=-l}^{+l}\mathrm{Y}_{lm}^*(\theta,\varphi)\mathrm{Y}_{lm}(\theta,\varphi)=\frac{2l+1}{4\pi} \tag{38}$$

此即球谐函数的相加定理.

A5 合流超几何函数

合流超几何微分方程的形式如下

$$z\frac{\mathrm{d}^2y}{\mathrm{d}z^2}+(\gamma-z)\frac{\mathrm{d}y}{\mathrm{d}z}-\alpha y=0 \tag{1}$$

α,γ 为两个参数. $z=0$ 是方程的正则奇点,$z=\infty$为非正则奇点. 先讨论方程的解在正则奇点 $z=0$ 邻域的行为. 在 $z\sim0$ 邻域,方程(1)可近似表示为

$$\frac{\mathrm{d}^2y}{\mathrm{d}z^2}+\frac{\gamma}{z}\frac{\mathrm{d}y}{\mathrm{d}z}-\frac{\alpha}{z}y=0 \tag{2}$$

令 $y=z^s$ 代入式(2),可得出指标 s 满足的方程

$$s(s-1)+\gamma s=0 \tag{3}$$

解之得两个根,$s_1=0,s_2=1-\gamma$. 按微分方程理论,当两根之差 $s_2-s_1=1-\gamma\neq$整数

时，用级数解法求出的（与 s_1 和 s_2 相应的）两个解是线性独立的.

先讨论与 $s_1=0$ 根相应的级数解，

$$y=\sum_{k=0}^{\infty}c_k z^k \tag{4}$$

代入方程(1)，要求方程左边各次项的系数为0，得出

$$c_k=\frac{\alpha+k-1}{(\gamma+k-1)k}c_{k-1} \tag{5}$$

由此得出

$$c_k=\frac{\alpha(\alpha+1)\cdots(\alpha+k-1)\cdot 1}{\gamma(\gamma+1)\cdots(\gamma+k-1)\cdot k!}c_0 \tag{6}$$

所有系数均用 c_0 表示出来. c_0 为任意常数. 取 $c_0=1$，得出级数解，记为 $\mathrm{F}(\alpha,\gamma,z)$

$$\begin{aligned}\mathrm{F}(\alpha,\gamma,z)&=1+\frac{\alpha}{\gamma}z+\frac{\alpha(\alpha+1)}{\gamma(\gamma+1)}\frac{z^2}{2!}+\cdots\\&=\sum_{k=0}^{\infty}\frac{(\alpha)_k}{(\gamma)_k}\frac{z^k}{k!}\end{aligned} \tag{7}$$

式中

$$(\alpha)_k\equiv\alpha(\alpha+1)\cdots(\alpha+k-1)$$
$$(\gamma)_k\equiv\gamma(\gamma+1)\cdots(\gamma+k-1)$$

此级数解只当参数 $\gamma\neq0$ 或负整数时才有意义①. 由式(7)定义的函数称为合流超几何函数(confluent hypergeometric function).

按式(6)，当 $k\to\infty$ 时，$c_k/c_{k-1}\sim1/k$，这比值与 e^z 的幂级数展开系数的比值相同. 因此

$$\lim_{z\to\infty}\mathrm{F}(\alpha,\gamma,z)=\mathrm{e}^z \tag{8}$$

当 $1-\gamma\neq$ 整数（即 $\gamma\neq$ 整数）时，方程(1)的另一个线性独立级数解（与 $s_2=1-\gamma$ 相应）可表示为

$$y=z^{1-\gamma}u \tag{9}$$

代入方程(1)，得

$$z\frac{\mathrm{d}^2u}{\mathrm{d}z^2}+(2-\gamma-z)\frac{\mathrm{d}u}{\mathrm{d}z}-(\alpha-\gamma+1)u=0 \tag{10}$$

与方程(1)相比，形式相同，只是参数不同. 方程(10)的一个解可表为 $\mathrm{F}(\alpha-\gamma+1,2-\gamma,z)$，因而方程(1)的另一线性独立解可表示为 $z^{1-\gamma}\mathrm{F}(\alpha-\gamma+1,2-\gamma,z)$，此解只当 $2-\gamma\neq0$ 或负整数时才有意义.

关于参数 α 和 γ 为其他情况下的解的详细讨论，可参阅王竹溪，郭敦仁，《特殊函数概论》，科学出版社，第六章.

---

① 氢原子(Coulomb 场)的径向方程中 $\gamma=2(l+2)\geqslant2$，三维各向同性谐振子的径向方程中 $\gamma=l+3/2\neq$ 整数，均符合此条件.

A6 Bessel 函数

A6.1 Bessel 函数

Bessel 方程形式如下

$$\frac{\mathrm{d}^2 y}{\mathrm{d}z^2}+\frac{1}{z}\frac{\mathrm{d}y}{\mathrm{d}z}+\left(1-\frac{\nu^2}{z^2}\right)y=0 \tag{1}$$

参数 ν 可取复值. 这个方程的一个解是

$$\mathrm{J}_\nu(z)=\sum_{k=0}^{\infty}\frac{(-1)^k}{k\,!\,\Gamma(\nu+k+1)}\left(\frac{z}{2}\right)^{2k+\nu},\quad |\arg z|<\pi \tag{2}$$

可以证明,Wronski 行列式

$$\begin{vmatrix} \mathrm{J}_\nu & \mathrm{J}_{-\nu} \\ \mathrm{J}'_\nu & \mathrm{J}'_{-\nu} \end{vmatrix}=-\frac{2\sin\nu\pi}{\pi z} \tag{3}$$

当 $\nu\neq n$(整数)时,它不为 0,因而 J_ν 与 $\mathrm{J}_{-\nu}$是线性独立的. 但 $\nu=n$ 时,Wronski 行列式=0,J_n 与 J_{-n}是不独立的. 事实上,$\mathrm{J}_{-n}(z)=(-1)^n\mathrm{J}_n(z)$,$\mathrm{J}_n$ 与 J_{-n}实际上是同一个解. 方程(1)的两个线性独立解常选为 J_ν 和 N_ν,

$$\mathrm{N}_\nu=\frac{\cos(\nu\pi)\mathrm{J}_\nu(z)-\mathrm{J}_{-\nu}(z)}{\sin\nu\pi} \tag{4}$$

J_ν 和 N_ν 分别称为 Bessel 函数和 Neumann 函数. 利用式(3)容易证明

$$\begin{vmatrix} \mathrm{J}_\nu & \mathrm{N}_\nu \\ \mathrm{J}'_\nu & \mathrm{N}'_\nu \end{vmatrix}=\frac{2}{\pi z} \tag{5}$$

无论 ν 是否整数,J_ν 与 N_ν 都是线性独立的.

为了适应不同问题中的边条件,常常还引进另外一组线性独立解,即第一类和第二类 Hankel 函数,

$$\begin{aligned} \mathrm{H}_\nu^{(1)}(z)&=\mathrm{J}_\nu(z)+\mathrm{i}\mathrm{N}_\nu(z) \\ \mathrm{H}_\nu^{(2)}(z)&=\mathrm{J}_\nu(z)-\mathrm{i}\mathrm{N}_\nu(z) \end{aligned} \tag{6}$$

可以证明

$$\begin{vmatrix} \mathrm{H}_\nu^{(1)} & \mathrm{H}_\nu^{(2)} \\ \mathrm{H}_\nu^{(1)\prime} & \mathrm{H}_\nu^{(2)\prime} \end{vmatrix}=-\frac{4\mathrm{i}}{\pi z} \tag{7}$$

即 $\mathrm{H}_\nu^{(1)}$ 与 $\mathrm{H}_\nu^{(2)}$ 是线性独立的.

当$|z|\to\infty$时,

$$\mathrm{J}_\nu(z)\approx\sqrt{\frac{2}{\pi z}}\cos\left[z-\left(\nu+\frac{1}{2}\right)\frac{\pi}{2}\right]$$

$$\mathrm{N}_\nu(z)\approx\sqrt{\frac{2}{\pi z}}\sin\left[z-\left(\nu+\frac{1}{2}\right)\frac{\pi}{2}\right]$$

$$H_\nu^{(1)}(z) \approx \sqrt{\frac{2}{\pi z}} \exp\left\{ i\left[z - \left(\nu + \frac{1}{2}\right)\frac{\pi}{2} \right] \right\}$$

$$H_\nu^{(2)}(z) \approx \sqrt{\frac{2}{\pi z}} \exp\left\{ -i\left[z - \left(\nu + \frac{1}{2}\right)\frac{\pi}{2} \right] \right\} \tag{8}$$

整数阶 Bessel 函数为

$$J_n(z) = \sum_{k=0}^{\infty} \frac{(-)^k}{k!(n+k)!}\left(\frac{z}{2}\right)^{2k+n}, \quad n = 0,1,2,\cdots \tag{9}$$

$z=0$ 点是 $J_n(z)$ 常点，但为 $N_n(z)$ 的奇点，当 $z\to 0$ 时，

$$J_0(0)=1, \qquad J_n(0)=0, \quad n\geqslant 1$$

$$N_0(z) \approx \frac{2}{\pi}\ln\left(\frac{z}{2}\right), \qquad N_n(z) \approx -\frac{(n-1)!}{\pi}\left(\frac{z}{2}\right)^{-n} \qquad n\geqslant 1,$$

$$H_0^{(1)}(z) \approx i\,\frac{\pi}{2}\ln\left(\frac{z}{2}\right) \qquad H_n^{(1)}(z) \approx -i\,\frac{(n-1)!}{\pi}\left(\frac{z}{2}\right)^{-n} \qquad n\geqslant 1,$$

$$H_0^{(2)}(z) \approx -i\,\frac{\pi}{2}\ln\left(\frac{z}{2}\right), \qquad H_n^{(2)}(z) \approx i\,\frac{(n-1)!}{\pi}\left(\frac{z}{2}\right)^{-n} \qquad n\geqslant 1. \tag{10}$$

A6.2 球 Bessel 函数

球(spherical)Bessel 方程为

$$\frac{d^2 y}{dx^2} + \frac{2}{x}\frac{dy}{dx} + \left[1 - \frac{l(l+1)}{x^2}\right]y = 0, \quad l = 0,1,2,\cdots \tag{11}$$

令

$$y = \frac{1}{\sqrt{x}} v(x) \tag{12}$$

则

$$\frac{d^2 v}{dx^2} + \frac{1}{x}\frac{dv}{dx} + \left[1 - \frac{(l+1/2)^2}{x^2}\right]v = 0 \tag{13}$$

这正是半奇数$(l+1/2)$阶 Bessel 方程. 其解可以用初等函数表示出来. 方程(11)的一组线性独立解常选为球 Bessel 函数和球 Neumann 函数

$$\begin{aligned} j_l(x) &= \sqrt{\frac{\pi}{2x}} J_{l+1/2}(x) \\ n_l(x) &= (-1)^{l+1}\sqrt{\frac{\pi}{2x}} J_{-l-1/2}(x) = (-)^{l+1} j_{-l-1}(x) \end{aligned} \tag{14}$$

或者它们的线性叠加，即球 Hankel 函数，

$$\begin{aligned} h_l(x) &= j_l(x) + i n_l(x) \\ h_l^*(x) &= j_l(x) - i n_l(x) \end{aligned} \tag{15}$$

$j_l(x)$，$n_l(x)$ 与 $h_l(x)$ 可用初等函数表示如下

$$
\begin{aligned}
\mathrm{j}_l(x) &= (-1)^l x^l \left(\frac{1}{x}\frac{\mathrm{d}}{\mathrm{d}x}\right)^l \frac{\sin x}{x} \\
\mathrm{n}_l(x) &= (-1)^{l+1} x^l \left(\frac{1}{x}\frac{\mathrm{d}}{\mathrm{d}x}\right)^l \frac{\cos x}{x} \\
\mathrm{h}_l(x) &= -\mathrm{i}(-1)^l \left(\frac{1}{x}\frac{\mathrm{d}}{\mathrm{d}x}\right)^l \frac{\mathrm{e}^{\mathrm{i}x}}{x}
\end{aligned}
\tag{16}
$$

最简单的几个如下

$$
\begin{aligned}
&\mathrm{j}_0(x) = \frac{\sin x}{x}, && \mathrm{j}_1(x) = \frac{\sin x}{x^2} - \frac{\cos x}{x} \\
&\mathrm{n}_0(x) = -\frac{\cos x}{x}, && \mathrm{n}_1(x) = -\frac{\cos x}{x^2} - \frac{\sin x}{x} \\
&\mathrm{h}_0(x) = -\frac{\mathrm{i}}{x}\mathrm{e}^{\mathrm{i}x}, && \mathrm{h}_1(x) = -\left(\frac{1}{x} + \frac{\mathrm{i}}{x^2}\right)\mathrm{e}^{\mathrm{i}x}
\end{aligned}
\tag{17}
$$

$x \to 0$ 时的渐近行为

$$
\begin{aligned}
\mathrm{j}_l(x) &\approx \frac{x^l}{(2l+1)!!} \\
\mathrm{n}_l(x) &\approx -\frac{(2l-1)!!}{x^{l+1}} \\
\mathrm{h}_l(x) &\approx -\mathrm{i}\,\frac{(2l-1)!!}{x^{l+1}}
\end{aligned}
\tag{18}
$$

$x \to \infty$ 时的渐近行为

$$
\begin{aligned}
\mathrm{j}_l(x) &\approx \frac{1}{x}\sin(x - l\pi/2) \\
\mathrm{n}_l(x) &\approx -\frac{1}{x}\cos(x - l\pi/2) \\
\mathrm{h}_l(x) &\approx \frac{-\mathrm{i}}{x}\mathrm{e}^{\mathrm{i}(x - l\pi/2)}
\end{aligned}
\tag{19}
$$

A7 自 然 单 位

采用自然单位,就是以体系的几个基本的特征量作为相应的物理量的单位.在具体的计算中,可令相应的物理量或参数为 1,因而在运算过程中这些参数不再出现.我们只需在最后的计算结果中按照各物理量的量纲添上相应的单位即可.自然单位的优点是,一方面运算过程的书写可以简化,另一方面是使人对体系的各种特征量的数量级有清楚的印象.此外,使用自然单位还便于研究不同体系的数学处理之间可能存在的密切关系,例如,研究各向同性谐振子势和 Coulomb 势中粒子的能量本征值和本征函数的关系.

表 A.1 自然单位

	δ势	谐振子势	Coulomb 势	
	$V(x)=\gamma\delta(x)$	一维 $V(x)=\frac{1}{2}\mu\omega^2x^2$ 二维 $V(\rho)=\frac{1}{2}\mu\omega^2\rho^2$ 三维 $V(r)=\frac{1}{2}\mu\omega^2r^2$	类氢原子 $(\kappa=Ze^2)$ $V(r)=-\frac{\kappa}{r}$	氢原子 $(\kappa=e^2)$ $V=-\frac{e^2}{r}$
特征量 \ 自然单位	$\mu=\hbar=\gamma=1$	$\mu=\hbar=\omega=1$	$\mu=\hbar=\kappa=1$	$\mu=\hbar=e=1$ （原子单位）
能量$[E]$	$\mu\gamma^2/\hbar^2$	$\hbar\omega$	$\mu\kappa^2/\hbar^2$	$\mu e^4/\hbar^2$
长度$[L]$	$\hbar^2/\mu\gamma$	$\sqrt{\hbar/\mu\omega}$	$\hbar^2/\mu\kappa$	$\hbar^2/\mu e^2=a$
时间$[T]$	$\hbar^3/\mu\gamma^2$	ω^{-1}	$\hbar^3/\mu\kappa^2$	$\hbar^3/\mu e^4$
速度$[v]$	$\gamma/\hbar$	$\sqrt{\hbar\omega/\mu}$	$\kappa/\hbar$	$e^2/\hbar$
动量$[p]$	$\mu\gamma/\hbar$	$\sqrt{\mu\hbar\omega}$	$\mu\kappa/\hbar$	$\mu e^2/h$

常用物理常数简表

	国际单位制	Gauss 单位制
Planck 数量	$h=6.626\ 075\ 5(40)\times10^{-34}\mathrm{J\cdot s}$ $\hbar=h/2\pi=1.054\ 572\ 66(63)\times10^{-34}\mathrm{J\cdot s}$ $=6.582\ 122\ 0(20)\times10^{-22}\mathrm{MeV\cdot s}$	$h=6.626\times10^{-27}\mathrm{erg\cdot s}$ $\hbar=1.055\times10^{-27}\mathrm{erg\cdot s}$ $=6.582\times10^{-22}\mathrm{MeV\cdot s}$
真空光速	$c=2.997\ 924\ 58\times10^{8}\mathrm{m\cdot s^{-1}}$	$c=2.998\times10^{10}\mathrm{cm\cdot s^{-1}}$
电子电荷	$e=1.602\ 177\ 33(49)\times10^{-19}\mathrm{C}$	$e=4.803\times10^{-10}\mathrm{esu}$
原子质量单位	$u=\frac{1}{2}$(^{12}C 原子质量) $=1.660\ 540\ 2(10)\times10^{-27}\mathrm{kg}$ $=931.494\ 32(28)\mathrm{MeV}/c^2$	$u=1.660\ 5\times10^{-24}\mathrm{g}$
真空电容率 真空磁导率	$\left.\begin{matrix}\varepsilon_0\\ \mu_0\end{matrix}\right\}\varepsilon_0\mu_0=1/c^2$ $\varepsilon_0=8.854\ 187\ 817\cdots\times10^{-12}\mathrm{F\cdot m^{-1}}$ $\mu_0=4\pi\times10^{-7}\mathrm{N\cdot A^{-2}}$	$\varepsilon_0=1$ $\mu_0=1$
精细结构常数	$\alpha=e^2/4\pi\varepsilon_0\hbar c$ $=1/137.035\ 989\ 5(61)$	$\alpha=e^2/\hbar c\simeq1/137$
电子质量	$m_e=9.109\ 389\ 7(54)\times10^{-31}\mathrm{kg}$ $=0.510\ 999\ 06(15)\mathrm{MeV}/c^2$	$m_e=9.109\times10^{-28}\mathrm{g}$ $=0.511\mathrm{MeV}/c^2$
Bohr 半径	$a=4\pi\varepsilon_0\hbar^2/m_ee^2$ $=0.529\ 177\ 249(24)\times10^{-10}\mathrm{m}$	$a=\hbar^2/m_ee^2$ $=0.529\times10^{-8}\mathrm{cm}$
电子 Compton 波长	$\bar{\lambda}_e=\hbar/m_ec$ $=3.861\ 593\ 23(35)\times10^{-13}\mathrm{m}$	$\bar{\lambda}_e=\hbar/m_ec$ $=3.862\times10^{-11}\mathrm{cm}$
电子经典半径	$r_e=e^2/4\pi\varepsilon_0m_ec^2$ $=2.817\ 940\ 92(38)\times10^{-15}\mathrm{m}$	$r_e=e^2/m_ec^2$ $=2.818\times10^{-13}\mathrm{cm}$
Rydberg 能量	$hcR_\infty=m_ee^4/(4\pi\varepsilon_0)^2 2\hbar^2=m_ec^2\alpha^2/2$ $=13.605\ 6981(40)\ \mathrm{eV}$	$hcR_\infty=m_ee^4/2\hbar^2$ $=13.61\ \mathrm{eV}$
Bohr 磁子	$\mu_B=e\hbar/2m_e$ $=5.788\ 382\ 63(52)\times10^{-11}\mathrm{MeV\cdot T^{-1}}$	$\mu_B=e\hbar/2m_ec$ $=9.273\times10^{-21}\mathrm{erg/Gauss}$

续表

	国际单位制	Gauss 单位制
质子质量	$m_p = 1.672\ 623\ 1(10)\times10^{-27}$kg $=938.272\ 31(28)\mathrm{MeV}/c^2$ $=1.007\ 276\ 470(12)$u $=1836.152\ 701(37)m_e$	$m_p = 1.672\ 6\times10^{-24}$g $=938.272\ \mathrm{MeV}/c^2$ $=1\ 836\ 15m_e$
中子质量	$m_n=939.565\ 63(28)\mathrm{MeV}/c^2$ $m_n-m_p=1.293\ 318(9)\mathrm{MeV}/c^2$	$m_n=939.566\ \mathrm{MeV}/c^2$ $m_n-m_p=1.293\ \mathrm{MeV}/c^2$
Boltzmann 常数	$k=1.380\ 658(12)\times10^{-23}\mathrm{J\cdot K^{-1}}$ $=8.617\ 385(73)\times10^{-5}\mathrm{eV\cdot K^{-1}}$	$k=1.3807\times10^{-10}\mathrm{erg\cdot K^{-1}}$ $=8.617\ 4\times10^{-5}\mathrm{eV\cdot K^{-1}}$
Avogadro 数	$N_A=6.022\ 136\ 7(36)\times10^{23}\mathrm{mol^{-1}}$	$N_A=6.022\times10^{23}\mathrm{mol^{-1}}$

换算关系：$1\text{Å}=10^{-10}\mathrm{m}=10^{-8}\mathrm{cm}=0.1\mathrm{nm}$

$1\mathrm{fm}=10^{-15}\mathrm{m}=10^{-13}\mathrm{cm}$

$1\mathrm{b(barn)}=10^{-28}\mathrm{m}^2=10^{-24}\mathrm{cm}^2$

$1\mathrm{eV}=1.602\ 177\ 33(49)\times10^{-19}\mathrm{J}=1.602\times10^{-12}\mathrm{erg}$

$0℃=273.15\mathrm{K}$

$1\mathrm{Gs}=10^{-4}\mathrm{T}$

$\hbar c=1973.3\ \mathrm{eV}\cdot\text{Å}$

$kT\approx\frac{1}{40}\mathrm{eV}(T=300\mathrm{K}$，室温)

量子力学参考书

英文参考书

Basdevant J L, Dalibaed J. Quantum Mechanics. 2nd ed. Berlin: Springer, 2005.

Gottfried K, Yan T M. Quantum Mechanics: Fundamentals. 2nd ed. New York: Springer-Verlag, 2003.

Hey T, Walters P. The New Quantum Universe, Cambridge University Press, 2003.

中译本. 雷奕安. 新量子世界，湖南科技出版社，2005.

Landau L D, Lifshitz E M. Quantum Mechanics, Non-Relativistic Theory. Oxford: Pergamon Press, 1977.

Merzbacher E. Quantum Mechanics. New York: Wiley, 1970.

Schiff L. Quantum Mechanics. 3rd ed. New York: McGraw-Hill, 1967.

Shankar R. Principles of Quantum Mechanics. 2nd ed. New York: Plenum Press, 1994.

Tipler P A, Llewellyn R A. Modern Physics. 3rd ed. W. H. Freeman and Co, 2000.

Wichmann E H. Berkley Physics Course. vol. 4. Quantum Mechanics. McGraw-Hill, 1971.

Cohen-Tannoudji C, Diu B, Laloe F. Quantum Mechanics. vol. 1, 2. John-Wiley & Sons, 1977.

Dirac P A M. The Principles Of Quantum Mechanics, 4th ed. Clarenden, Oxford, 1984.

Feynman R P, Leighton N B, Sands M. The Feynmann Lectures on Physics. Vol. 3 Quantum Mechanics, Addison-Wesley, Reading MA, 1965.

Messiah A. Quantum Mechanics. vol. 1, 2. Amsterdam: North-Holland, 1961.

Weinberg S. Lectures on Quantum Mechanics. 2nd ed. Cambridge University Press, 2013.

中文参考书

曾谨言. 量子力学. 第五版，卷Ⅰ，Ⅱ. 北京：科学出版社，2013.

周世勋. 量子力学. 第二版. 北京：高等教育出版社，2009.

钱伯初. 量子力学. 北京：高等教育出版社，2006.

彭桓武，徐锡申. 理论物理基础. 北京：北京大学出版社，1998.

张永德. 量子力学. 北京：科学出版社，2002.

裴寿镛. 量子力学. 北京：高等教育出版社，2008.

柯善哲，肖福康，江兴方. 量子力学. 北京：科学出版社，2006.

井孝功. 量子力学. 哈尔滨：哈尔滨工业大学出版社，2004.

量子力学习题参考书

钱伯初，曾谨言. 量子力学习题精选与剖析. 第三版. 北京：科学出版社，2008.

张鹏飞，阮图南，朱栋培，吴强. 量子力学习题解答与剖析. 北京：科学出版社，2011.

吴强，柳盛典. 量子力学习题精解. 北京：科学出版社，2003.

Flugge S. Practical Quantum Mechanics. 2nd ed. Berlin: Springer-Verlag 1974;北京:世界图书出版公司重印,1994.

Basdevant J L, Daliberd J. Quantum Mechanics Solver,2005.

ter Haar D. Problems in Quantum Mechanics. 3rd ed. London: Pion Ltd, 1975.

Kogan V I, Galitski V M. Problems in Quantum Mechanics. Printice Hall,1963.

Constantmescu F, Magyari Z. 量子力学习题与解答. 葛源,译. 北京:高等教育出版社,1985.